JN245291

# 微分・積分
## *Rudimentary Calculus*

高瀬将道・清水達郎　著

共立出版

# まえがき

1 変数微分（第 1 部）→ 2 変数微分（第 2 部）→ 1 変数積分（第 3 部）→ 2 変数積分（第 4 部）の順に書かれた**手頃な難易度の**テキストブックが必要となりました。数学の必修科目が初年次前期にしかない譎詭なカリキュラムに出くわしたからです。それでもすべての学生が 2 変数関数について多少は学んで大学を卒業してほしいと思ったからです。つまり、初年次に教えるべき内容を（大幅に減じたうえで [i)]）四分割し冒頭の順に組み直したところ、数学科目を通年受講する学生は 1 年間使用でき、前半部分が上記目的の役に立つ [ii)] テキストブックが必要となったというわけです。

結果、学生側からの視点として、高校までに学んだ事柄が大学初年次の前期・後期に分散するという利点が生まれました。この利点を最大化するため、小学算数と中高数学は躊躇なく利用することにし、説明の論理的順序にはこだわらないことにしました。この無節操のおかげで、第 1 部→第 3 部→第 2 部→第 4 部の順でも（実際どの順にでも）違和感なく読めるものになっています。

ただし当初の目的からして、できるだけ早く Taylor 展開に辿りつき、どうにか少し偏微分に触れることが最優先です。そのために実数・数列・級数・極限などの話題をごっそり省いてしまいました。昭和時代の高等学校の科目名から拝借した題名「微分・積分」の通り、微分と積分のことしか書かれていないのですが [iii)]、前半（第 1 部と第 2 部）の「手早さ」のためにはかなりの工夫がなされています。他の特徴は、今風の絵 [iv)]、3 種類の演習問題と近接して与えらえる丁寧な解答、くどめの脚註 [v)] といったところでしょうか。

さて、上に述べたような動機はあったものの、この企画は共立出版株式会社の稲沢会（さとる）投手（千代田クラブ）の長年にわたるトレーニングなしには始まりませんでした。同じく共立出版株式会社の松永立樹氏と菅沼正裕氏の学術的なコメントを含む温かいサポートなしには終えられませんでした。心から御礼申し上げます。弘前大学の山本稔先生には別冊正誤表ができそうなほど多くの要修正箇所を指摘していただきました。また、大阪大学の森山知則先生と成蹊大学の石井卓（たく）先生にはたくさんのアドバイスをいただきました。皆様に心から感謝いたします。

---

i) これはまた別の事情から。

ii) 大雑把に言えば、有理関数の積分より偏微分を優先したということ。

iii) つまり拝借できているのは題名だけ、加えて、ほとんどの証明が省略されていることから当初の題名は「微積本（非数学科用）」でした。

iv) テクノロジーの力を借りて素人が描いた絵という意味。作画には関数グラフソフト GRAPES ／ 3D-GRAPES（友田勝久氏作：https://tomodak.com/grapes/）と Python + Matplotlib を大いに活用しました。

v) 諄めの脚註。

# 目　次

# 第 0 章

# 準備体操

## 0.1　関数のグラフ

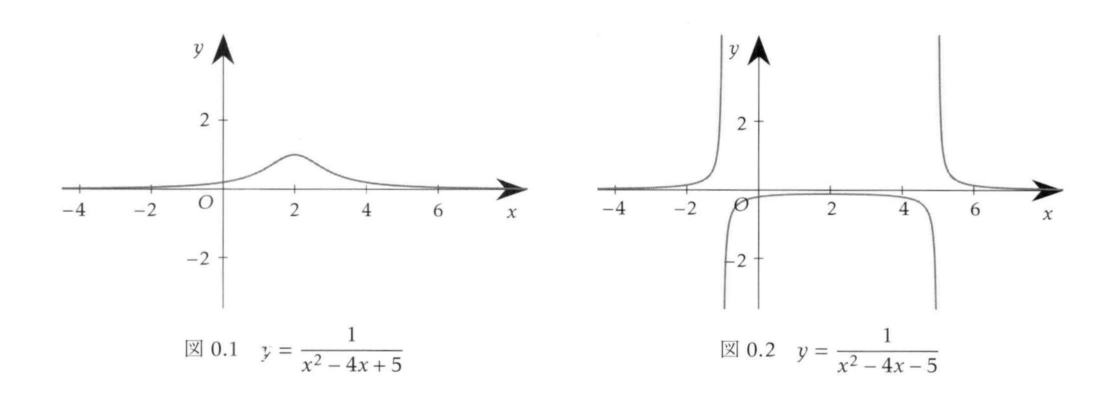


図 0.1　$y = \dfrac{1}{x^2 - 4x + 5}$　　　図 0.2　$y = \dfrac{1}{x^2 - 4x - 5}$

図 0.1 と図 0.2 はよく似た形の式で表される 2 つの関数

$$f(x) = \frac{1}{x^2 - 4x + 5} \qquad と \qquad g(x) = \frac{1}{x^2 - 4x - 5}$$

のグラフである．このようなグラフの概形を知るにはどうすればよいだろうか．

■ 定義域，不連続点　まず**定義域**，すなわち変数 $x$ が取りうる値の範囲を知ることが大事である．関数 $f(x)$, $g(x)$ の定義域は「分母」が 0 にならない点全体であり，定義域においてはどちらも連続である．つまり

$$x^2 - 4x + 5 = (x-2)^2 + 1 \qquad より \qquad 常に\ x^2 - 4x + 5 > 0 \tag{0.1}$$

$$\begin{aligned} x^2 - 4x - 5 &= (x-2)^2 - 9 \\ &= (x+1)(x-5) \end{aligned} \qquad より \qquad \begin{cases} \boldsymbol{x^2 - 4x + 5 = 0 \Leftrightarrow x = -1,\ 5} \\ x^2 - 4x + 5 > 0 \Leftrightarrow x < -1,\ x > 5 \\ x^2 - 4x + 5 < 0 \Leftrightarrow -1 < x < 5 \end{cases} \tag{0.2}$$

であるから，$f(x)$ は実数全体で連続，$g(x)$ の不連続点は $x = -1, 5$ であって

- $f(x)$ の定義域は実数全体 $(-\infty, \infty)$ であり，
- $g(x)$ の定義域は開区間 $I_1 = (-\infty, -1)$, $I_2 = (-1, 5)$, $I_3 = (5, \infty)$ の和集合である [i]．

---

[i] $a < x < b$ を満たす実数 $x$ の集合を $(a, b)$ で表す．$a$ が $-\infty$ であったり $b$ が $\infty$ であったりしてもよいとする．例えば，$(-\infty, b)$ は $b$ より小さい実数の集合，$(a, \infty)$ は $a$ より大きい実数の集合，$(-\infty, \infty)$ は実数全体を表す．また $(-\infty, b]$ は $b$ 以下の実数の集合，$[a, \infty)$ は $a$ 以上の実数の集合である．

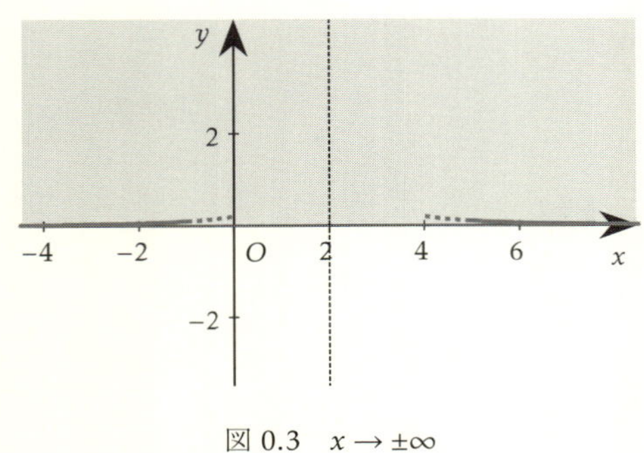


図 0.3　$x \to \pm\infty$

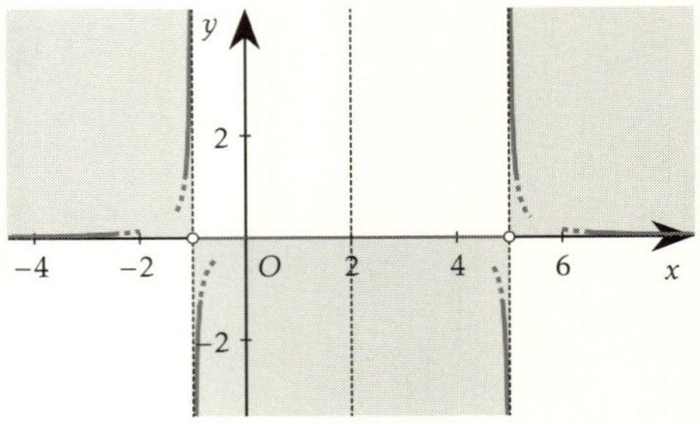

図 0.4　$x \to \pm\infty$, $x \to -1 \pm 0$, $x \to 5 \pm 0$

■ 正負　$f(x)$, $g(x)$ の値はそれぞれ「分母」と同じ符号（正負）を持つので，式 (0.1) と式 (0.2) より

- 定義域全体で $f(x) > 0$ であり，
- $I_1$ では $g(x) > 0$，$I_2$ では $g(x) < 0$，$I_3$ では $g(x) > 0$ である．

ここまでで $f(x)$, $g(x)$ のグラフがそれぞれ図 0.3 と図 0.4 の灰色部分に描かれることが分かる．

■ 定義域の「端」での挙動　定義域の「端」での挙動を調べるためには，極限や**片側極限**（**右側極限**・**左側極限**）の概念が必要である．「分母」の 2 次関数の様子を観察すれば

$$\lim_{x\to-\infty} f(x) = 0, \quad \lim_{x\to\infty} f(x) = 0, \quad \lim_{x\to-\infty} g(x) = 0, \quad \lim_{x\to\infty} g(x) = 0,$$

$$\lim_{x\to-1-0} g(x) = \infty, \quad \lim_{x\to-1+0} g(x) = -\infty, \quad \lim_{x\to5-0} g(x) = -\infty, \quad \lim_{x\to5+0} g(x) = \infty$$

は容易に分かる [ii]．これで図 0.3 と図 0.4 の実線部分が描ける．

■ 増減・最大値・最小値　関数 $f(x)$, $g(x)$ の絶対値と各「分母」の絶対値は増減が逆になる．$f(x)$ は常に正だから図 0.5 と逆に増減することになり，グラフは $x = 2$ において最大値 $f(2) = 1$ をとる山形（やまなり）になる．$g(x)$ は，値が正の部分 $I_1$, $I_3$ では図 0.6 と逆に，値が負の部分 $I_2$ では図 0.6 と同様に増減する．つまり $g(x)$ は $I_1$ において単調増加，$I_3$ において単調減少であり，$I_2$ においては $x = 2$ で最大値 $g(2) = -\frac{1}{9}$ をとる山形のグラフを持つ．

■ 対称性など　「分母」の形（式 (0.1) と式 (0.2)）から，$f(x)$, $g(x)$ のグラフはそれぞれ直線 $x = 2$ に関して対称である．

以上を考慮し，全体が「なめらか」になるように，残りを描けば図 0.1 と図 0.2 のようになる．

## 0.2　本書について

§0.1 では，**極限**や**連続性**などの概念を利用して，「微分」に頼らずに [iii] 関数の「形」について調べ

---

[ii] $x \to c-0$ は左側から（$x < c$ のまま），$x \to c+0$ は右側から（$x > c$ のまま）$c$ に近づくという意味．$x \to 0 \pm 0$ は $x \to \pm 0$ と略記する．

[iii] 微分可能であることはグラフを「なめらかに」繋ぐときに利用されている．

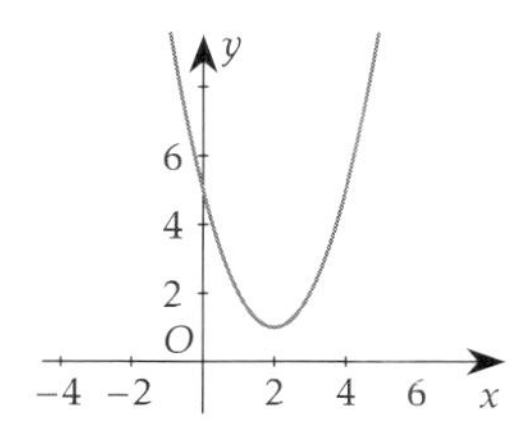


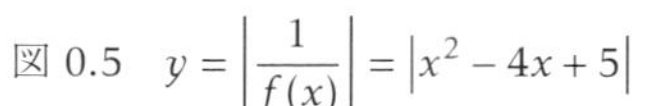
図 0.5　$y=\left|\dfrac{1}{f(x)}\right|=\left|x^2-4x+5\right|$

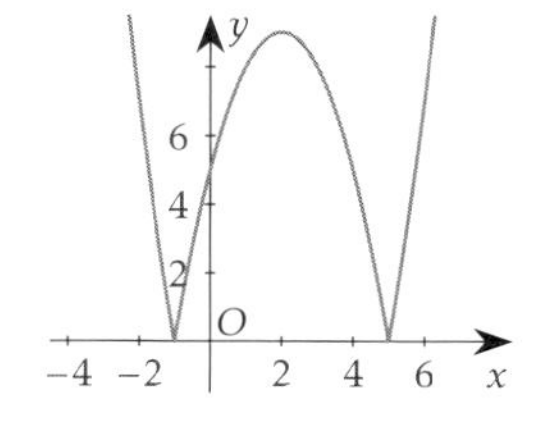


図 0.6　$y=\left|\dfrac{1}{g(x)}\right|=\left|x^2-4x-5\right|$

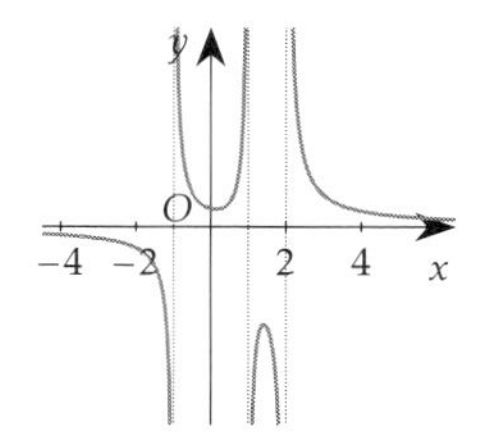


図 0.7　$y=\dfrac{x^2-x+1}{(x+1)(x-1)(x-2)}$

た．有理関数，すなわち $\dfrac{(多項式)}{(多項式)}$ の形の式で表される関数については，よく知られた「微分して増減表を作る」方法より手間が少なくうまくいくことが多い[iv]．増減表による方法がうまくいくのは大まかに言って，導関数が元の関数より簡単になる場合の話だろう[v]．

さりとて微分が捉えるのは関数の局所的な性質ばかりでもない．導関数が複雑でも微分係数を求めるのはそうでもないこともあり，それを利用すれば**Taylor**（テイラー）**の定理**（第 5 章）のようなすごい道具をあてにできる[vi]．第 I 部では，極限や連続性については上で使った程度の理解のまま，Taylor の定理に到達することを目標とする[vii]．第 II 部では，高校では扱わない 2 変数関数，すなわち 2 つの実数の組に対して実数の値を対応させる関数の性質を「微分」を使って調べる．変数の数が 3 以上になっても同様に成り立つ議論が多く，重要な拡張である．

さて「積分」を微分の逆操作として導入したとしても結局，積分は「面積」を表すものだとか，「平均値」を一般化するものだとかといった興味深い解釈や応用が付いてくる．とりわけ 2 変数関数の積分には楽しい応用が多い．第 III 部で 1 変数関数の積分を，第 IV 部で 2 変数関数の積分を扱う．計算技法に重点をおく．

本文のあちこちで利用されるため，集約しておく方が便利であろう事柄を本章の残りの部分にまとめ，章末に小学算数と中高数学の範囲で解ける問題群を与える．

## 0.3　よく使う言葉・概念

### 0.3.1　2 項展開と 2 項係数

$$
\begin{aligned}
(a+b)^2 &= a^2+2ab+b^2,\\
(a+b)^3 &= a^3+3a^2b+3ab^2+b^3,\\
(a+b)^4 &= a^4+4a^3b+6a^2b^2+4ab^3+b^4,
\end{aligned}
$$

---

[iv] 第 13 章で有理関数の積分を扱うが，その前に有理関数の「形」を見る方法を知っておくべきだろう．例えば有理関数 $y=\frac{x^2-x+1}{(x+1)(x-1)(x-2)}$ のグラフを描け（図 0.7，例 13.4 参照）．I. M. Gel'fanč, E. G. Glagoleva, E. E. Shnol' 著; 坂本實訳『関数とグラフ』（ちくま学芸文庫）にはグラフを描くための様々な「技」が紹介されている．

[v] 多項式関数であっても因数分解（零点）が分かっているなら微分している場合ではない．

[vi] 寺沢寛一著『数学概論』（岩波書店）によれば「もしこの定理がなければ微分学の活用範囲は実にあわれなもの」らしい．

[vii] 〔最大値・最小値の〕定理 0.1 と〔中間値の〕定理 0.2 を認めて Taylor の定理まで辿りつく．極限や級数の扱いをさぼったツケがそのあと随所に現れる．

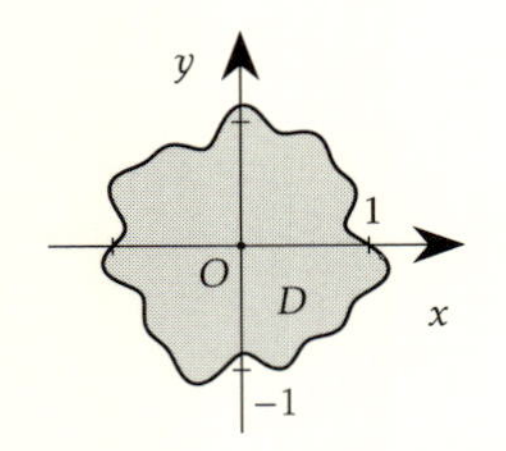

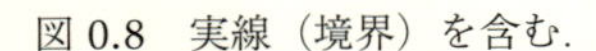

図 0.8　実線（境界）を含む.

図 0.9　点線上の点を含まない.

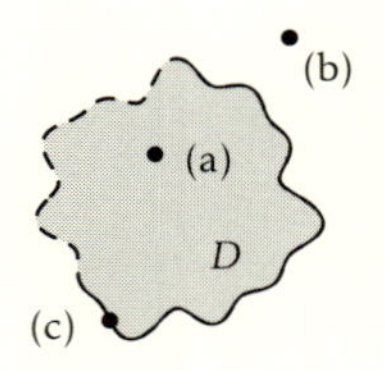


図 0.10　開でも閉でもない集合

$$\vdots$$

$$(a+b)^n = a^n + na^{n-1}b + \frac{n!}{2!(n-2)!}a^{n-2}b^2 + \cdots + \frac{n!}{k!(n-k)!}a^{n-k}b^k + \cdots + nab^{n-1} + b^n$$

に現れる係数を**2 項係数**（binomial coefficients）とよぶ．正確には非負の整数 $n$ と $k$ $(\leqq n)$ に対して $(a+b)^n$ の $a^{n-k}b^k$ の係数を $\binom{n}{k}$ で表す．これは $n$ 個のモノの中から $k$ 個を選ぶやり方の個数を表し，高校では ${}_nC_k$ の記法を用いることが多い．すなわち

$$\binom{n}{k} = {}_nC_k = \frac{n!}{k!(n-k)!} = \frac{\boldsymbol{n(n-1)(n-2)\cdots(n-k+1)}}{\boldsymbol{k!}} \tag{0.3}$$

である[viii]．自然数 $k$ に対して $k! = 1 \cdot 2 \cdot 3 \cdots (k-1) \cdot k$ は $k$ の**階乗**を表す．今後 $\mathbf{0! = 1}$ も約束する．一番右の式は，$n$ が勝手な実数であっても $k$ が $n$ 以下の非負の整数であれば，意味を持つ．このことが §4.2 で重要になる．また階乗についても，いまのところ非負整数に対してしか意味をもたないが，これを正の実数に対して一般化する議論を §16.2 で扱う（註 21.12 も参照）．

### 0.3.2　開集合・閉集合

$n$ 個の実数の組全体を**$n$ 次元空間 $\mathbb{R}^n$** とよぶ．例えば数直線 $\mathbb{R}$ や $xy$ 平面 $\mathbb{R}^2$，$xyz$ 空間 $\mathbb{R}^3$ などである．$\mathbb{R}^n$ の 2 点 $(a_1,\ldots,a_n)$ と $(b_1,\ldots,b_n)$ に対し実数 $\sqrt{(a_1-b_1)^2+\cdots+(a_n-b_n)^2}$ をその 2 点の**距離**とよぶ．

$\mathbb{R}^n$ の部分集合 $D$ を考える．点 $p \in \mathbb{R}^n$ に対し，$p$ との距離が $\varepsilon$（エプシロン）$(>0)$ 未満である点全体（半径 $\varepsilon$ の $n$ 次元**開球体**）$U_\varepsilon(p)$ を考え，$\varepsilon$ を小さくしていくとき，次の 3 つの場合がある（図 0.10）．

(a) $\varepsilon$ を小さくしていくと $U_\varepsilon(p)$ 全体が $D$ に含まれてしまう場合，

(b) $\varepsilon$ を小さくしていくと $U_\varepsilon(p)$ 全体が $D$ の**補集合**（$\mathbb{R}^n - D$）に含まれてしまう場合，

(c) $\varepsilon$ をいくら小さくしても $U_\varepsilon(p)$ が $D$ の点と $D$ の補集合の点の両方を含んでしまう場合．

(a) の状況のとき点 $p$ を $D$ の**内点**とよぶ．(c) の状況の点 $p$ 全体を $D$ の**境界**という[ix]．

$\mathbb{R}^n$ の部分集合 $D$ が内点ばかりからなるとき $D$ を**開集合**とよぶ．つまり開集合には境界がない．$D$ の補集合が開集合となっているとき $D$ を**閉集合**とよぶ．閉集合は境界を含む集合である．微妙な性質を持つ開集合や閉集合を考えることもできるが，今後扱う内容で「$\mathbb{R}^2$ の閉集合」という言葉に出くわしたら，大抵図 0.8 の $D$ のようなものを想像すれば事足りる[x]．図 0.9 は開集合，図 0.10 は開集

[viii] 具体的な展開の係数を求めるには **Pascal（パスカル）の三角形**（図 0.11）が便利．

[ix] (c) は $p$ が $D$ のちょうど「淵」にあり，ある方向にちょっとでも足を踏み出すと「崖」から落ちてしまうような状況である．(b) の状況の点 $p$ は $D$ の補集合の内点ということになる．

図 0.11　Pascal の三角形

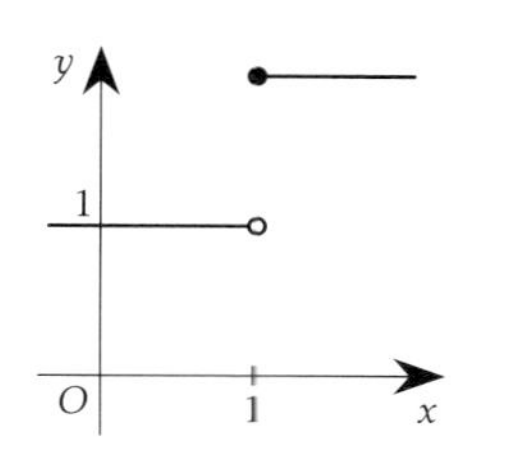


図 0.12　$x=1$ で不連続

合でも閉集合でもない．

開集合（または閉集合）$D$ が**連結**であるとはそれが共有点を持たない 2 つの空でない開集合（または閉集合）に分割できないことをいう．連結な開集合 $D$ 内の任意の 2 点は $D$ 内の連続曲線によって結べる．今後，連結な開集合を（時に連結な閉集合も）**領域**とよぶ．閉区間 $[a,b]$ を一般化するものとしてよく使われるのは，**有界閉領域**，すなわち有界（次節 §0.3.3）で連結な閉集合である（図 0.8）．

### 0.3.3　有界，上限・下限

**無限に広がっていないことを有界**という．正確には，$n$ 次元空間 $\mathbb{R}^n$ の部分集合が**有界**（bounded）であるとは，それが適当な長さの半径の**球体**（ball）（ある点との距離が「半径」以下の点の集合；$n=1$ なら区間，$n=2$ なら円板）で含まれることをいう．有界な値域を持つ関数を有界な関数という．

数直線 $\mathbb{R}$ 内の空集合ではない有界集合 $S$ に対して，実数 $\alpha$ が $S$ の**上限 $\sup S$** であるとは

- $x \in S \Rightarrow x \leqq \alpha$ であり（$\alpha$ は**上界**であるという），かつ
- $\varepsilon > 0$ のとき $\alpha - \varepsilon \leqq x$ なる $x \in S$ が存在する（少しでも小さくすると上界でなくなる）

ことである．ギリギリまで低くした天井が上限である．上の定義において $\alpha \in S$ であるとき $\alpha$ を $S$ の**最大 $\max S$** という．等号付不等号の向きを逆にすれば，$\alpha$ が $S$ の**下限 $\inf S$** あるいは**最小 $\min S$** であることの定義を得る．上限・下限は常に存在する．最大・最小は存在するとは限らないが[xi]，存在すればそれぞれ上限・下限に一致する．例えば閉区間 $S=[2,5]$ の上限は 5，下限は 2 であり，それぞれ最大と最小に一致している．また，半開区間 $S=(2,5]$ の上限は 5，下限は 2 であるが，$S$ に最小は存在しない（最大は 5 である）．

### 0.3.4　連続関数

はじめに考えるのは，実数（**変数**）1 つに対して実数（**値**）1 つを対応させる 1 変数関数である．変数を小さく変化させたとき値も小さく変化するような関数を連続関数という．関数 $f(x)$ が点 $a$ で**連続**であるとは $\lim_{x\to a} f(x) = f(a)$ が成り立つことであり，ある集合のすべての点で連続な関数をその集合上の**連続関数**とよぶ．

**有界閉領域上の連続関数の値域は（有界）閉区間**である．値域が閉区間 $[\alpha,\beta]$ であるということは，関数が最小値 $\alpha$ および最大値 $\beta$ を必ずとること，ならびに，中間のすべての値をとることの 2 つを意

---

[x] ちなみに図 0.8 の $D$ の境界は曲線 $r = 1 - \frac{1}{15}(\sin 4\theta + \sin 7\theta + \sin 11\theta)$（極方程式）によって描かれている．式 (17.4) を用いて $D$ の面積を求めると $\frac{151}{150}\pi$ である．

[xi] 天井は見えるとは限らない．

味している．これらのことは連続な**多変数関数**，すなわち複数個の数の組に対して実数 1 つを与える関数に対しても成り立ち，**最大値・最小値の定理**ならびに**中間値の定理**とよばれる．

**定理 0.1（最大値・最小値の定理）**　有界閉領域（例えば閉区間）$D$ 上の連続関数は $D$ 内で最大値と最小値をとる（[4, 定理 13]）． □

中間値の定理を小学校以来なじみの 1 変数関数の場合に書けば以下のようになる．

**定理 0.2（中間値の定理）**　閉区間 $[a,b]$ 上の連続関数 $f$ が $f(a) < f(b)$ を満たすとき，$f(a) \leqq \gamma \leqq f(b)$ なる任意の値 $\gamma$ に対して，$\gamma = f(c)$ となる $c \in [a,b]$ が存在する（[4, 定理 12]）． □

定理 0.1 と定理 0.2 は連続関数の性質と理解するべきである [xii]．例えば，図 0.12 が表す関数に対して 1 を内点に含む区間では〔中間値の〕定理 0.2 を使えない．

## 0.4　早晩記憶すべきこと

以下の事柄は高校生・大学生の「九九」であって，結局覚えてしまった方が便利である．

### 0.4.1　対数法則

掛け算を足し算に，割り算を引き算に換える対数は，John Napier（ジョン・ネイピア）による大発明である．

指数関数 $y = a^x$（$a > 0$ かつ $a \neq 1$）は実数全体で定義される単調増加または単調減少関数だから（図 0.13，図 0.14），逆関数を持つ．それを $y = \log_a x$ とする．つまり，$a^y = x$ を満たす実数 $y$ が $\boldsymbol{\log_a x}$ である．

関数 $y = \log_a x$ は正の実数に対して定義される単調増加または単調減少関数である．底が Napier（ネイピア）数 $e$（例 1.3）であるときの $\log_e x$ を**自然対数**関数とよび，$\boldsymbol{\log x}$ と底を省略した形（または $\boldsymbol{\ln x}$）で表す（図 0.15）．対数関数は指数関数の逆関数であるから当然

$$a^{\log_a x} = x, \qquad \log_a (a^x) = x.$$

対数法則は，**指数法則**

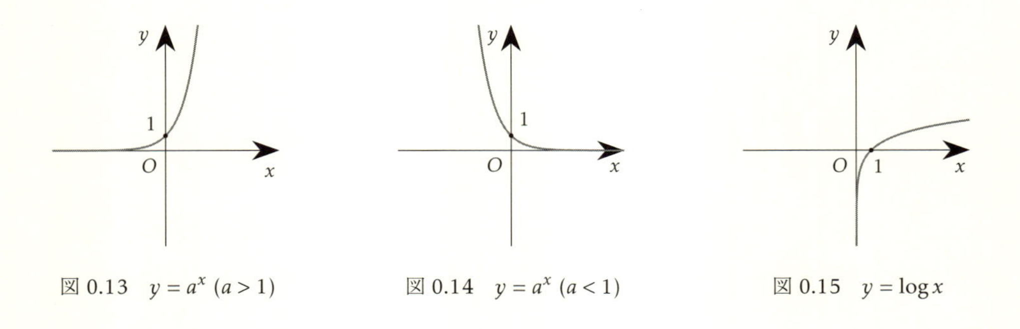

図 0.13　$y = a^x \ (a > 1)$　　図 0.14　$y = a^x \ (a < 1)$　　図 0.15　$y = \log x$

xii) 身長が 165cm から 170cm になる間には必ず $54\pi$cm になっている（瞬間変身しなければ）という程度の「当たり前」の主張だが，証明は少し難しい [4, §11]．「**Bolzano（ボルツァノ）– Weierstrass（ヴァイヤシュトラス）の定理**」をキーワードに調べるとよい．

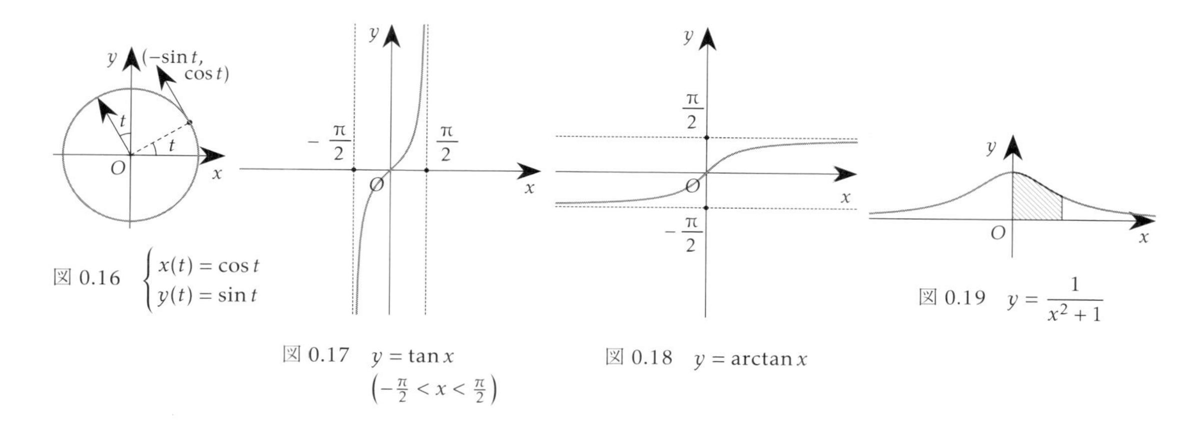


図 0.16 $\begin{cases} x(t) = \cos t \\ y(t) = \sin t \end{cases}$

図 0.17 $y = \tan x$ $\left(-\frac{\pi}{2} < x < \frac{\pi}{2}\right)$

図 0.18 $y = \arctan x$

図 0.19 $y = \dfrac{1}{x^2+1}$

正の実数 $a,b$ と実数 $x,y$ に対して $a^x a^y = a^{x+y}$, $(a^x)^y = a^{xy}$, $(ab)^x = a^x b^x$

から導けるとはいえ，指数法則に比べ直感的に捉えづらいので頭に刷り込んでおくべきである．

**対数法則**

$x > 0,\ y > 0,\ a \neq 1,\ b \neq 1$ と勝手な実数 $p$ に対して

- $\log_a(xy) = \log_a x + \log_a y$
- $\log_a \dfrac{x}{y} = \log_a x - \log_a y$
- $\log_a(x^p) = p \log_a x$
- $\log_{(a^p)} x = \dfrac{1}{p} \log_a x \quad (p \neq 0)$
- $\log_a x = \dfrac{\log_b x}{\log_b a}$ （底の変換公式，$\because \log_b x = \log_b(a^{\log_a x}) = \log_a x \cdot \log_b a$）

そして次はコメント不要であろう（例 1.3，[例題 1⟨1⟩] と例 2.4 参照）．

**指数関数と対数関数の微分**

$$(e^x)' = e^x, \qquad (\log x)' = \frac{1}{x}$$

## 0.4.2 逆正接関数の微分（第 3 章）

原点を中心とする単位円周は $\begin{cases} x(t) = \cos t, \\ y(t) = \sin t \end{cases}$ と，時刻 $t$ に関し単位時間に長さ 1 の速さで円運動する点 $(x(t), y(t))$ の軌跡として，パラメータ表示される．この運動の速度ベクトル xiii) は円周に接する大きさ 1 のベクトルになるから（図 0.16），$(x'(t), y'(t)) = \left(\cos\left(t + \frac{\pi}{2}\right), \sin\left(t + \frac{\pi}{2}\right)\right) = (-\sin t, \cos t)$ である（式 (3.3)）．

**三角関数の微分**

$$(\cos x)' = -\sin x, \qquad (\sin x)' = \cos x.$$

さて，高校までは脇役だった正接関数 $y = \tan x$ の $-\frac{\pi}{2} < x < \frac{\pi}{2}$ における逆関数，「逆正接関数 **arctan**（アークタンジェント）」

xiii) このベクトルの大きさを積分したものを曲線の長さとすることになる（§17.1）．

を第3章で学ぶ（図 0.17，図 0.18）．これは有理関数の積分（第13章）で主役となる．

いま $y = \arctan x$ ならば $x = \tan y = \dfrac{\sin y}{\cos y}$ より $x \cos y = \sin y$ である．この両辺を，「$y$ は $x$ の関数だぞ (2.1)」と念じながら，$x$ で微分して

$$1 \cdot \cos y + x(-\sin y) \cdot y' = \cos y \cdot y' \quad \therefore\ 1 - x \tan y \cdot y' = y' \quad \therefore\ 1 - x^2 y' = y' \quad \therefore\ y' = \frac{1}{x^2+1}.$$

つまり $(\arctan x)' = \dfrac{1}{x^2+1}$ である．関数 $y = \dfrac{1}{x^2+1}$ は §0.1 で扱った2つの関数のうちの $f(x)$ の方の「仲間」であり，グラフは図 0.19 のようになる．図 0.19 の中に $\arctan x$ を見出せるだろうか．

$$\int \frac{1}{x^2+1}\,dx = \arctan x + C.$$

**註 0.3** 一般に，微分と積分の操作は関数の積と相性が悪いので，様々な方法で積を「解消」することが必要になる．典型的なのは，関数の積の微分公式（式 (1.8)）、部分積分（§12.3）、置換積分（式 (12.2)）、（掛け算を足し算に換える）対数微分法（§2.3）、倍角の公式（§3.1）を含む三角関数の積→和の公式（p. 146 の脚註 xiii)）の利用などである．

### 0.4.3 有名な関数の Maclaurin（マクローリン）展開（第5章）

Taylor の定理（第5章）によって重要な関数を「無限次数の多項式」で記述できる．

$$e^x = 1 + x + \frac{x^2}{2!} + \frac{x^3}{3!} + \frac{x^4}{4!} + \cdots \tag{0.4}$$

$$\cos x = 1 - \frac{x^2}{2!} + \frac{x^4}{4!} - \frac{x^6}{6!} + \frac{x^8}{8!} - \cdots \tag{0.5}$$

$$\sin x = x - \frac{x^3}{3!} + \frac{x^5}{5!} - \frac{x^7}{7!} + \frac{x^9}{9!} - \cdots \tag{0.6}$$

$$(1+x)^\alpha = 1 + \alpha x + \frac{\alpha(\alpha-1)}{2!}x^2 + \frac{\alpha(\alpha-1)(\alpha-2)}{3!}x^3 + \frac{\alpha(\alpha-1)(\alpha-2)(\alpha-3)}{4!}x^4 + \cdots \quad (-1 < x < 1) \quad (\alpha \text{ は実数}) \tag{0.7}$$

$$\frac{1}{1+x} = 1 - x + x^2 - x^3 + x^4 - x^5 + \cdots^{\text{xiv)}} \quad (-1 < x < 1) \tag{0.8}$$

$$\frac{1}{1-x} = 1 + x + x^2 + x^3 + x^4 + x^5 + \cdots^{\text{xv)}} \quad (-1 < x < 1) \tag{0.9}$$

$$\log(1+x) = x - \frac{x^2}{2} + \frac{x^3}{3} - \frac{x^4}{4} + \frac{x^5}{5} - \cdots^{\text{xvi)}} \quad (-1 < x \leqq 1) \tag{0.10}$$

---

xiv) 式 (0.7) で $\alpha = -1$ とおく．ちなみに，式 (0.7) は $a > -1$ ならば $-1 < x \leqq 1$ の範囲で成り立つ [2, pp.188-192]．
xv) 式 (0.8) に「$-x$ を代入」する．
xvi) 式 (0.8) の「両辺を積分」する．

### 0.4.4 定積分の「公式」

定積分は本来，不定積分とは無関係に，関数のグラフと $x$ 軸に挟まれた図形の符号付面積として定義される（第 15 章）．したがって定積分の計算では，いくつかの特徴的な図形の面積を（円板や三角形など種々の図形の面積公式と同様）既知としてしまい，積極的に利用する方が格段に楽であることが多い．また，その方が理に適っている[xvii]．例えば以下のようなものは有用性が高い．

- $\int_{-1}^{1}\sqrt{1-x^2}\,dx = 2\int_0^1\sqrt{1-x^2}\,dx = \frac{\pi}{2}$ （図 0.20）
- $\int_{-1}^{1}\frac{1}{\sqrt{1-x^2}}\,dx = \pi$ （図 0.21）
- $\int_{-\infty}^{\infty}\frac{1}{x^2+1}\,dx = \pi$ （図 0.22）
- $\int_{-\infty}^{\infty}e^{-x^2}\,dx = \sqrt{\pi}$ （図 0.23）
- $\int_0^{\frac{\pi}{2}}\cos x\,dx = 1$ （図 0.24）
- $\int_0^{\frac{\pi}{2}}\sin x\,dx = 1$ （図 0.25）
- $\int_0^{\infty}e^{-x}\,dx = 1$ （図 0.26）

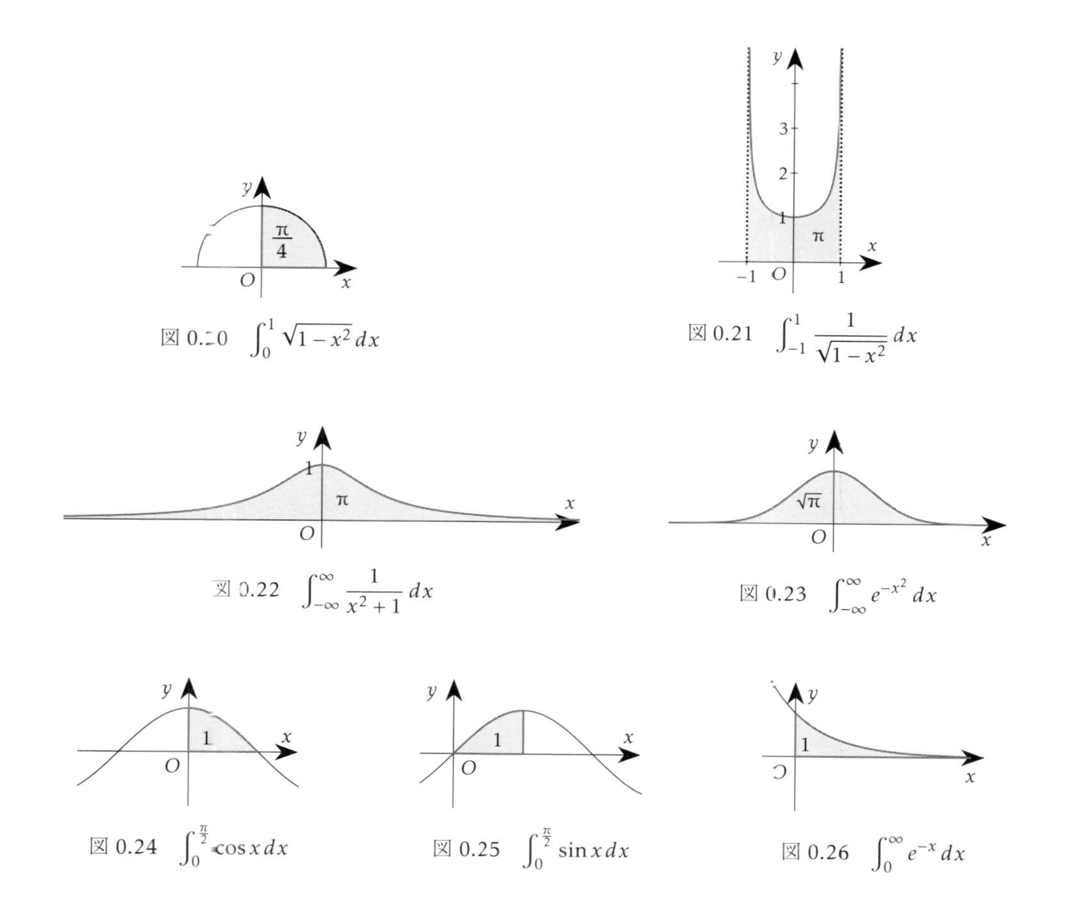


図 0.20 $\int_0^1\sqrt{1-x^2}\,dx$

図 0.21 $\int_{-1}^{1}\frac{1}{\sqrt{1-x^2}}\,dx$

図 0.22 $\int_{-\infty}^{\infty}\frac{1}{x^2+1}\,dx$

図 0.23 $\int_{-\infty}^{\infty}e^{-x^2}\,dx$

図 0.24 $\int_0^{\frac{\pi}{2}}\cos x\,dx$

図 0.25 $\int_0^{\frac{\pi}{2}}\sin x\,dx$

図 0.26 $\int_0^{\infty}e^{-x}\,dx$

xvii) 平面図形の求積において適切な面積公式を目指して「補助線」を引くのと同様に，（広義積分を含む）定積分の計算においてはおおよそのコタエ（目標）を先に知りつつ「置換」などを行うことが多い．そのような場合は，不定積分の導出を目指すのではなく，ここに挙げる例に帰着することを考える方が楽であるし見通しがよい．

## 準備体操第一

**〈1〉** 次の関数の逆関数を求めよ．
(a) $y = 3x - 1$　(b) $y = \dfrac{4x+1}{1-x}$　(c) $y = x^2 + 1\ (x \leqq 0)$
(d) $y = \sqrt{x+1}$　(e) $y = 3^x$

**〈2〉** 次の 2 次曲線の種類（**放物線**[xviii]・**楕円**[xix]・**双曲線**[xx]）を答えよ．放物線については頂点の座標，双曲線については 2 つの焦点の座標と漸近線の方程式，楕円については 2 つの焦点の座標を答えよ．
(a) $x^2 - 3y^2 = 3$　(b) $y^2 + 4y = x + 1$　(c) $y^2 = x^2 + 2x - 1$
(d) $xy + x = 1$　(e) $\dfrac{x^2}{9} + y^2 = 1$　(f) $x^2 + 3x + y^2 = 1$

**〈3〉** $x$ 軸からの距離と点 $(0,1)$ からの距離の比が以下となる点の軌跡の方程式とその名称を答えよ．
(a) $1:1$　(b) $2:1$　(c) $1:2$

**〈4〉** $k$ を定数とする．楕円 $\dfrac{x^2}{4} + y^2 = 1$ と $y = x + k$ の交点の数が 2 であるような $k$ の範囲を求めよ．

**〈5〉** $y = x^2 + 1$ に接し，点 $(2,4)$ を通る直線の方程式を求めよ．

**〈6〉** 次の複素数を $a + bi$（$a, b$ は実数）の形で表せ．
(a) $(1+i)(2-i)$　(b) $\dfrac{1}{1+i}$　(c) $z^2 + z + 1 = 0$ を満たす $z$ のうち $\mathrm{Im}z \geqq 0$ のもの　(d) $z = 2e^{\frac{\pi i}{6}}$ の 5 乗 $z^5$
(e) $z = 1 - i$ の 8 乗 $z^8$　(f) $2 + i$ を，原点を中心に反時計回りに 30 度回転して得られる点

**〈7〉** $O$ を原点とする座標平面内に $\triangle A_0B_0C_0$ を考え，各頂点の位置ベクトルを $\mathbf{a} = \overrightarrow{OA_0}$, $\mathbf{b} = \overrightarrow{OB_0}$, $\mathbf{c} = \overrightarrow{OC_0}$ とする．$0 < p < 1$ と $n \geqq 1$ に対し，線分 $A_{n-1}B_{n-1}$ を $p : 1-p$ に内分する点を $A_n$，線分 $B_{n-1}C_{n-1}$ を $p : 1-p$ に内分する点を $B_n$，線分 $C_{n-1}A_{n-1}$ を $p : 1-p$ に内分する点を $C_n$ とする（図 0.27）．
(a) $A_2$, $B_2$, $C_2$ の位置ベクトルを $\mathbf{a}, \mathbf{b}, \mathbf{c}$ で表せ．
(b) $\triangle A_nB_nC_n$ の重心の位置ベクトルを $\mathbf{a}, \mathbf{b}, \mathbf{c}$ で表せ．
(c) $\displaystyle\lim_{n\to\infty} A_n$ は $\triangle ABC$ の重心であることを示せ．

**〈8〉** 次の数列 $\{a_n\}$ の第 1 項から第 10 項までの和を求めよ．
(a) $a_n = 2n + 1$　(b) $a_n = 3^n$　(c) $a_n = n^2$
(d) $a_n = \dfrac{1}{n(n+1)}$

**〈9〉** 図 0.28 の短い辺の長さは全て 1 である．
(a) $P$ から $Q$ へ辺に沿って最短距離で行く方法は何通りか．
(b) $P$ から $Q$ へ $A$ を経由して辺に沿って最短距離で行く方法は何通りか．
(c) $P$ から $Q$ へ $B$ を経由して辺に沿って最短距離で行く方法は何通りか．
(d) ${}_nC_k + {}_nC_{k+1} = {}_{n+1}C_{k+1}$（$0 \leqq k < n$）を示せ．

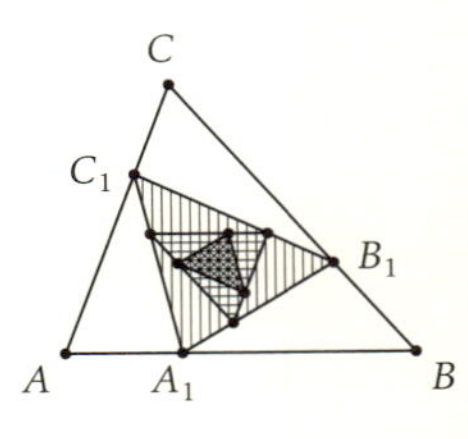

図 0.27　Droste 効果[xxi]

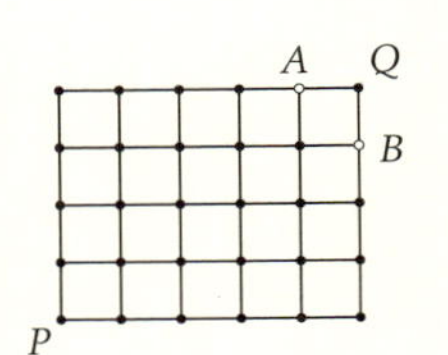

図 0.28　条坊制

## 準備体操第二

**〈1〉** 次の関数の定義域（$x$ に代入できる値の範囲）と値域（$y$ の取りうる範囲）を答えよ．
(a) $y = \sqrt{x-1}$　(b) $y = \dfrac{x+1}{x-4}$　(c) $y = \log\left|x^2 - 1\right|$
(d) $y = \tan x$

**〈2〉** 次の極限を求めよ．
(a) $\displaystyle\lim_{x\to 2} \frac{\sqrt{2+x} - 2}{x-2}$　(b) $\displaystyle\lim_{x\to\infty} \frac{x^3 + 2x + 3}{2x^3 + 1}$
(c) $\displaystyle\lim_{x\to\infty} \frac{\sin(x+1)}{x^2+1}$　(d) $\displaystyle\lim_{x\to +0} \frac{1}{x}$　(e) $\displaystyle\lim_{x\to \frac{\pi}{2}-0} \tan x$
(f) $\displaystyle\lim_{x\to\infty} \left\{\log_2(x+2) - \log_2 x\right\}$　(g) $\displaystyle\lim_{x\to 0} (1+3x)^{\frac{1}{x}}$

**〈3〉** 次の関数 $f(x)$ の $x = 0$ における連続性を調べよ（$x$ を超えない最大の整数を $[x]$ で表す）．
(a) $f(x) = \sin\dfrac{1}{x}$　(b) $f(x) = [x] + [-x]$
(c) $f(x) = x\sin\dfrac{1}{x}$

**〈4〉** 次の多項式を因数分解せよ．
(a) $x^3 - y^3$　(b) $x^4 - y^4$　(c) $x^2 - 3x + 2$　(d) $x^2 + 3xy + 2y^2$
(e) $x^3 - 9x^2y + 27xy^2 - 27y^3$

**〈5〉** 次の 2 次式 $f(x)$ を平方完成し，$f(x) = 0$ の解を求めよ．
(a) $f(x) = x^2 - 4x + 4$　(b) $f(x) = x^2 + 4x$
(c) $f(x) = x^2 + 6x + 2$　(d) $f(x) = 2x^2 - 4x + 1$

**〈6〉** それぞれ多項式 $p(x)$ を多項式 $q(x)$ で割ったあまりを求めよ．
(a) $p(x) = x^3 - 2x^2 + x - 1$, $q(x) = x^2 + 1$

---

[xviii] 座標平面上の定点（焦点）と，焦点を通らない定直線（準線）までの距離が等しい点の軌跡．
[xix] 座標平面上の相異なる 2 定点（焦点）からの距離の和が一定である点の軌跡．
[xx] 座標平面上の相異なる 2 定点（焦点）からの距離の差が一定である点の軌跡．
[xxi] 画像の中に同じ画像が小さく描かれ，その小さな画像の中にはまた同じ画像がさらに小さく描かれ……と繰り返されることによって生まれる視覚効果．

(b) $p(x) = x^4 + 4x^2 + x - 4,\ q(x) = x^2 + x + 1$
(c) $p(x) = x^{25} - 2x + 1,\ q(x) = x - 1$
(d) $p(x) = x^{25} - 2x + 1,\ q(x) = x^2 - 1$

**⟨7⟩** 次の不等式を解け.
(a) $1 - x \leqq 3 < 1 - 2x$　(b) $(x-1)^2 \leqq 4$　(c) $2x < x^2 - 3$

**⟨8⟩** 関数 $y = x^2 + e^x$ を偶関数と奇関数の和で表せ.

**⟨9⟩** 次の集合または関数は上限・下限を持つか. 持つ場合はそれらを求めよ.
(a) $S = \left\{x^2 \;\middle|\; x < 2\right\}$　(b) $S = \left\{\frac{1}{x^2} \;\middle|\; x \text{ は正の整数}\right\}$
(c) $S = \{\sin x \mid x \text{ は整数}\}$　(d) $y = e^{2x+1}$　(e) $y = \frac{1}{x^2+1}$

**⟨10⟩** 〔中間値の〕定理 0.2 を用いて, $3^x - 5x = 0$ は $1 < x < 2$ を満たす解を持つことを示せ.

**⟨11⟩** 次の等式を満たす実数 $a, b, c, d$ を定めよ.
(a) $\frac{x^2\sqrt[3]{xy^2}}{x^4y^2} = x^a y^b$　(b) $2^x = e^c$
(c) $\log x^3 + \log_2 x - \log\sqrt{x} = \log x^d$

**⟨12⟩** $4^{10}$ と $\sqrt{8}^{15}$ の大小を比較せよ.

**⟨13⟩** $\log_9 10$ と $\log_3 5$ の大小を比較せよ.

**⟨14⟩** $5^{10}$ は（10 進法で）何桁か. $2^{10} = 1024$ を用いよ.

**⟨15⟩** $a = \cos\frac{\pi}{7},\ b = \cos\frac{\pi}{5}$ とするとき, 以下を $a, b$ で表せ.
(a) $\sin\frac{\pi}{7}$　(b) $\sin\frac{2\pi}{7}$　(c) $\cos\frac{2\pi}{5}$　(d) $\tan\frac{\pi}{35}$

**⟨16⟩** $\sin\frac{\pi}{7} + \sqrt{3}\cos\frac{\pi}{7} = a\sin b$ を満たす実数 $a, b$ を定めよ.

**⟨17⟩** 次の定積分の値を, 実際の積分計算なしに, 求めよ.
(a) $\int_0^4 \left(-\frac{1}{2}x + 2\right) dx$　(b) $\int_{-2}^2 \sqrt{9 - \frac{9}{4}x^2}\, dx$[xxii]
(c) $\int_{-1}^0 (\sqrt{1 - x^2} - x - 1)\, dx$　(d) $\int_{-1}^1 x^4 \sin x\, dx$[xxiii]

---

[xxii] $y = \sqrt{9 - \frac{9}{4}x^2}$ を変形すると $\frac{x^2}{4} + \frac{y^2}{9} = 1$ となる.
[xxiii] $f(x) = x^4 \sin x$ は $f(-x) = -f(x)$ を満たす（奇関数）.

# 第 I 部

# 微分（1変数）

# 第1章

# 微分

## 1.1 微分

関数 $f(x)$ の $x$ における**微分係数**を

$$\boldsymbol{f'(x) = \lim_{\xi \to x} \frac{f(\xi) - f(x)}{\xi - x}} \tag{1.1}$$

によって定める．$h = \xi$（クシー）$- x$ とおけば

$$f'(x) = \lim_{h \to 0} \frac{f(x+h) - f(x)}{h}. \tag{1.2}$$

当然これらの極限が存在するときの話であり [i]，このとき $f(x)$ は $x$ において**微分可能**であるという．ある区間（のすべての点）において微分可能な $f(x)$ に対して $f'(x)$ はその区間上の関数を定める．それを $f(x)$ の**導関数**とよぶ．導関数 $f'(x)$ を

$$\frac{df}{dx}, \qquad \frac{df}{dx}(x), \qquad \frac{d}{dx}f(x)$$

とも書く．導関数を求めることを微分するともいう．

$f'(x)$ を再度微分して 2 階導関数

$$f''(x) = \lim_{\xi \to x} \frac{f'(\xi) - f'(x)}{\xi - x} = \lim_{h \to 0} \frac{f'(x+h) - f'(x)}{h}$$

を，さらに繰り返して

$$f'''(x), \quad f^{(4)}(x), \quad \ldots, \quad f^{(n)}(x) \quad （\boldsymbol{n}\ \textbf{階導関数}）$$

などを考えることができる．$f^{(n)}(x)$ を $\dfrac{d^n f}{dx^n}$ とも書く．

微分は，入力を小さく変化させたとき出力も小さく変化するような関数（つまり連続関数）について，小さい入力の変化量と出力の変化量の比を調べるものである [ii]．例えば，$x$ が時刻を表すときには，$f'(x)$ は何らかの**速度**を表し，$f''(x)$ は**加速度**を表す（図 1.1）．

幾何的には，$f'(a)$ は $y = f(x)$ のグラフ上の点 $(a, f(a))$ における接線の傾きを表す．

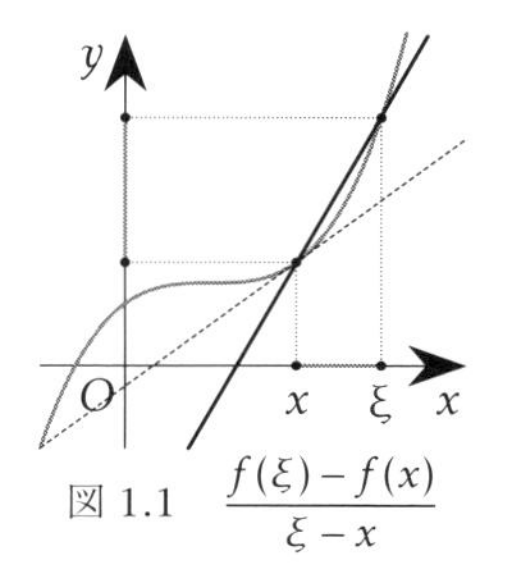


図 1.1 $\dfrac{f(\xi) - f(x)}{\xi - x}$

---

i) 極限「$\lim\limits_{\xi \to x}$」については直感的な理解のまま話を進める．ただし例えば $\lim\limits_{x \to 1} \frac{x^2-1}{x-1} = \lim\limits_{x \to 1}(x+1) = 2$ の中の $x \to 1$ は $\boldsymbol{x \neq 1}$ **を保って** $x$ を 1 に近づけることであり，2 つめの等号も $x = 1$ の代入から得られるわけではない．

ii) 小さいものどうしを比べるために差をとるのは得策ではない（差も小さいに決まっている）．

**例 1.1**　自然数 $n$ に対して，因数分解

$$a^n - b^n = (a-b)(a^{n-1} + a^{n-2}b + a^{n-3}b^2 + \cdots + ab^{n-2} + b^{n-1}) \tag{1.3}$$

が成り立つので（文字 $a$ を $\xi$ に，$b$ を $x$ に置き換えて，両辺を $\xi - x$ で割れば）

$$\frac{\xi^n - x^n}{\xi - x} = \xi^{n-1} + \xi^{n-2}x + \xi^{n-3}x^2 + \cdots + \xi x^{n-2} + x^{n-1} \tag{1.4}$$

となる．式 (1.4) において $\xi \to x$ とすると，右辺は $x^{n-1}$ の $n$ 個の和「$nx^{n-1}$」に近づく．式 (1.1) より，これが関数 $f(x) = x^n$ の微分である．すなわち **自然数 $n$ に対して** $\boldsymbol{\left(x^n\right)' = nx^{n-1}}$.

**例 1.2**　式 (1.4) の $\xi$ に「$1/\xi$」を，$x$ に「$1/x$」を代入すると

$$\frac{1/\xi^n - 1/x^n}{1/\xi - 1/x} = \frac{1}{\xi^{n-1}} + \frac{1}{\xi^{n-2}x} + \frac{1}{\xi^{n-3}x^2} + \cdots + \frac{1}{\xi x^{n-2}} + \frac{1}{x^{n-1}}.$$

両辺を $-\xi x$ で割れば（すなわち両辺の各項に分母に $-\xi x$ を掛ければ）

$$\frac{1/\xi^n - 1/x^n}{\xi - x} = -\left(\frac{1}{\xi^n x} + \frac{1}{\xi^{n-1}x^2} + \frac{1}{\xi^{n-2}x^3} + \cdots + \frac{1}{\xi^2 x^{n-1}} + \frac{1}{\xi x^n}\right).$$

この式において $\xi \to x$ とすれば，右辺は $-\dfrac{n}{x^{n+1}} = -nx^{-n-1}$ になるので

$$\textbf{自然数 } \boldsymbol{n} \textbf{ に対して} \quad \boldsymbol{\left(\frac{1}{x^n}\right)' = -\frac{n}{x^{n+1}}} \quad \textbf{すなわち} \quad \boldsymbol{\left(x^{-n}\right)' = -nx^{-n-1}}.$$

**例 1.3**　自然対数の底（**Napier 数**（ネイピア））$e$ は

$$\boldsymbol{e = \lim_{h\to 0}(1+h)^{\frac{1}{h}}}$$

によって定義される $2.71828\cdots$ に近い値の無理数である．$h \to 0$ のとき $(1+h)^{\frac{1}{h}} \to e$ だから

$$1 + h \to e^h \qquad \therefore\ \frac{e^h - 1}{h} \to 1 \qquad \therefore\ \frac{e^x(e^h - 1)}{h} = \frac{e^{x+h} - e^x}{h} \to e^x.$$

したがって，式 (1.2) より指数関数 $y = e^x$ の微分は

$$\boldsymbol{\left(e^x\right)' = e^x}. \tag{1.5}$$

　実数全体で定義された単調増加関数 $y = e^x$ の逆関数が自然対数関数 $y = \log x$ であり

$$\boldsymbol{\left(\log x\right)' = \frac{1}{x}} \tag{1.6}$$

である（証明は [例題 1⟨1⟩] または例 2.4 参照）.

## 1.2　微分の計算法則

　具体的な関数の微分の計算は，以下の法則といくつかの公式を組み合わせて行うことが多い．以下，関数は微分可能であるとする．まず定義から線形性が成り立つ（証明略）.

**線形性**

- $\{f(x)+g(x)\}'=f'(x)+g'(x)$,
- $\{cf(x)\}'=cf'(x)$ （$c$ は実数）.

次は合成関数の微分法則（**連鎖律**，**チェイン・ルール**）である．

**連鎖律**（**合成関数の微分法則**）

$$\{f(g(x))\}'=f'(g(x))g'(x)^{\text{iii)}}. \tag{1.7}$$

**連鎖律の証明** [iv)]

$$\{f(g(x))\}'=\lim_{h\to 0}\frac{f(g(x+h))-f(g(x))}{h}=\lim_{h\to 0}\frac{f(g(x+h))-f(g(x))}{g(x+h)-g(x)}\cdot\frac{g(x+h)-g(x)}{h}.$$

ここで $g(x+h)-g(x)=k$ とおくと $h\to 0$ のとき $k\to 0$ であり，$\dfrac{k}{h}\to g'(x)$ である．

$g'(x)\neq 0$ のとき，$\dfrac{k}{h}\to g'(x)$ から十分 0 に近い $h(\neq 0)$ に対して $k\neq 0$ である．よって

$$\{f(g(x))\}'\underset{\text{v)}}{=}\lim_{h\to 0}\frac{f(g(x)+k)-f(g(x))}{k}\cdot\frac{g(x+h)-g(x)}{h}=f'(g(x))g'(x)$$

であり，連鎖律が成り立っている．

$g'(x)=0$ であって，十分小さい $h(\neq 0)$ に対して $k\neq 0$ であるとき

$$\{f(g(x))\}'=\lim_{h\to 0}\frac{f(g(x)+k)-f(g(x))}{k}\cdot\frac{g(x+h)-g(x)}{h}=f'(g(x))\cdot\lim_{h\to 0}\frac{k}{h}=f'(g(x))\cdot 0=0$$

であり，連鎖律が成り立っている．

$g'(x)=0$ であって，$h\,(\neq 0)$ をいくら小さくしても $k=g(x+h)-g(x)=0$ となるとき

$$\{f(g(x))\}'=\lim_{h\to 0}\frac{f(g(x+h))-f(g(x))}{h}=\lim_{h\to 0}\frac{f(g(x))-f(g(x))}{h}=0$$

であり，連鎖律が成り立っている． □

**Leibniz（ライプニッツ）則**（**積の微分法則**）

$$\{f(x)g(x)\}'=f'(x)g(x)+f(x)g'(x). \tag{1.8}$$

**Leibniz 則の証明** $f(x)\neq 0$ かつ $g(x)\neq 0$ のとき，積 $f(x)g(x)$ の絶対値と対数をとると（§2.3 参照）

$$\log|f(x)g(x)|=\log|f(x)|+\log|g(x)|$$

であるから，式 (1.6) と連鎖律を使って両辺を微分すると

---

iii) 「合成関数の微分は微分の積」と読める．

iv) G. H. Hardy: *A Course of Pure Mathematics*, Cambridge University Press, 1960, 10th Edition, p. 217 による．

v) $k=0$ となる場合にこの式変形ができないので，続く議論が必要になっている．

$$\frac{1}{f(x)g(x)}\cdot\left\{f(x)g(x)\right\}' = \frac{1}{f(x)}\cdot f'(x) + \frac{1}{g(x)}\cdot g'(x) \qquad \therefore\ \left\{f(x)g(x)\right\}' = f'(x)g(x) + f(x)g'(x)$$

である[vi]．$f(x) = 0$ のときは

$$\left\{f(x)g(x)\right\}' = \lim_{\xi\to x}\frac{f(\xi)g(\xi) - 0}{\xi - x} = \lim_{\xi\to x}\frac{f(\xi) - f(x)}{\xi - x}\cdot g(\xi) = f'(x)g(x)$$

より，Leibniz 則が成り立つ．$g(x) = 0$ のときも同様である．□

また $g(x) \neq 0$ とし，$f(x) = \dfrac{f(x)}{g(x)}g(x)$ の両辺を $x$ で微分すると，Leibniz 則 (1.8) より[vii]

$$f'(x) = \left\{\frac{f(x)}{g(x)}\right\}' g(x) + \frac{f(x)}{g(x)}g'(x) \qquad \therefore\left\{\frac{f(x)}{g(x)}\right\}' = \frac{f'(x)}{g(x)} - \frac{f(x)g'(x)}{\{g(x)\}^2}.$$

**商の微分法則**

$$\left\{\frac{f(x)}{g(x)}\right\}' = \frac{f'(x)g(x) - f(x)g'(x)}{\{g(x)\}^2} \qquad (g(x) \neq 0). \tag{1.9}$$

## 1.3　微分可能な関数の性質

連続関数に関する〔最大値・最小値の〕定理 0.1 と〔中間値の〕定理 0.2 を用いて，微分可能な関数に関する以下の定理が示される．

**定理 1.4**（**Rolle**（ロル）**の定理**）　閉区間 $[a,b]$ で連続かつ開区間 $(a,b)$ で微分可能な関数 $f$ が $f(a) = f(b)$ をみたすとき，$f'(c) = 0$ をみたす $c \in (a,b)$ が存在する．

**証明**　〔最大値・最小値の〕定理 0.1 より $f(x)$ は閉区間 $[a,b]$ 内に最大値と最小値をとる．その両方が閉区間の端点にあれば，$f(a) = f(b)$ より「最大値＝最小値」であり $f(x)$ は定数関数である．つまり開区間 $(a,b)$ の任意の点 $c$ において $f'(c) = 0$ である．最大値と最小値のいずれかが開区間 $(a,b)$ の点 $c$ でとられるとき，$f(c)$ は極値であり $f'(c) = 0$ である[viii]．□

**定理 1.5**（**平均値の定理**）[ix]　関数 $f(x)$ が閉区間 $[a,b]$ で連続かつ開区間 $(a,b)$ で微分可能であるとき，$f'(c) = \dfrac{f(b) - f(a)}{b - a}$ をみたす $c \in (a,b)$ が存在する．

---

[vi] この計算は 2 つ以上の関数の積を微分するときに便利である．$f_i(x) \neq 0$ $(i = 1, 2, \ldots, k)$ であるとき

$$\frac{\left\{f_1(x)f_2(x)\cdots f_k(x)\right\}'}{f_1(x)f_2(x)\cdots f_k(x)} = \frac{f_1'(x)}{f_1(x)} + \frac{f_2'(x)}{f_2(x)} + \cdots + \frac{f_k'(x)}{f_k(x)}.$$

[vii] あるいは，Leibniz 則 (1.8) と連鎖律 (1.7) と例 1.2 を組み合わせて以下のようにしてもよい．

$$\left\{\frac{f(x)}{g(x)}\right\}' = \left\{f(x)\cdot\{g(x)\}^{-1}\right\}' = f'(x)\cdot\{g(x)\}^{-1} + f(x)\cdot(-1)\{g(x)\}^{-2}\cdot g'(x).$$

[viii] $f$ は微分可能だから，$f(c)$ が極大値なら $0 \leqq \displaystyle\lim_{x\to c-0}\frac{f(c)-f(x)}{c-x} = \lim_{x\to c}\frac{f(c)-f(x)}{c-x} = \lim_{x\to c+0}\frac{f(c)-f(x)}{c-x} \leqq 0$ である．よって $f'(c) = 0$ である．$f(c)$ が極小値のときも同様．

[ix] 「吉祥寺から松本までドライブしたら 1 時間半で着いちゃった」と呟くと逮捕されるという定理．

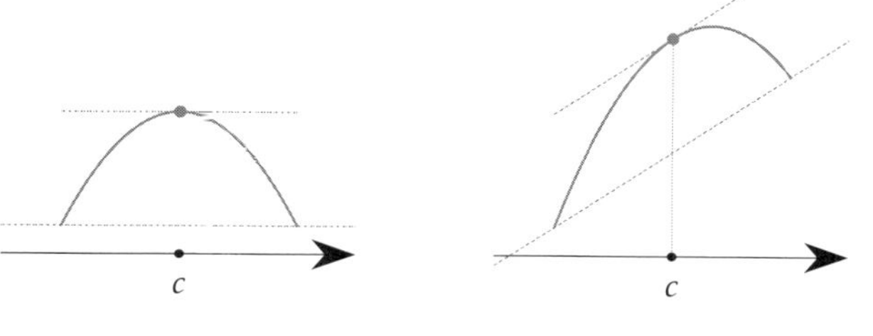


図 1.2　Rolle の定理　　図 1.3　平均値の定理

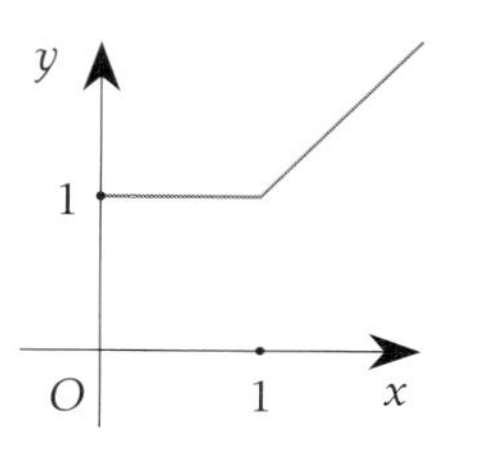


図 1.4　$x=1$ で微分不可能

**証明**　（図 1.2 と図 1.3 をヒントに）$k=\dfrac{f(b)-f(a)}{b-a}$ とおき，関数 $f(x)-kx$ に〔Rolle の〕定理 1.4 を適用すればよい．実際，$k(b-a)=f(b)-f(a)$ より $f(a)-ka=f(b)-kb$ だから，Rolle の定理によって $f'(c)-k=0$ となる $c\in(a,b)$ の存在が分かる．□

今後は何回でも微分できる関数を扱うことが多く，上の定理を暗黙に使うことがある．しかし例えば，図 1.4 が表す関数に対して 1 を内点に含む区間で平均値の定理を使ってはいけない．

## 1.4　高階導関数

自然数 $k,n$ に対して，$x^k$ を繰り返し微分すると

$$\left\{x^k\right\}'=kx^{k-1},\quad \left\{x^k\right\}''=k(k-1)x^{k-2},\quad \left\{x^k\right\}'''=k(k-1)(k-2)x^{k-3},$$
$$\cdots,\quad \left\{x^k\right\}^{(n)}=k(k-1)(k-2)\cdots(k-(n-1))\,x^{k-n}.$$

このように関数 $f(x)$ が $n$ 回微分可能で，その $n$ 階導関数 $f^{(n)}(x)$ が連続であるとき，$f(x)$ を **$C^n$ 級関数**とよぶ．何回でも微分可能な関数を **$C^\infty$ 級関数**とよぶ．連続関数 $f(x)$ を **$C^0$ 級関数**ともよぶ．多項式関数，三角関数，指数関数，対数関数はそれぞれの定義域において $C^\infty$ 級関数である．

$n$ 回微分可能な関数 $f(x),g(x)$ に対して，Leibniz 則 (1.8) を繰り返し用いると

$$\{fg\}'=f'g+fg'$$
$$\{fg\}''=(f'g+fg')'=(f''g+f'g')+(f'g'+fg'')=f''g+2f'g'+fg''$$
$$\{fg\}'''=(f''g+2f'g'+fg'')'=f'''g+3f''g'+3f'g''+fg'''$$

となる．計算の経過から各項の係数に 2 項係数（§0.3.1，図 0.11）が現れることが分かる．

**高階微分に関する Leibniz 則**

$n$ 回微分可能な関数 $f(x),g(x)$ について

$$\left\{f(x)g(x)\right\}^{(n)}=\sum_{p=0}^{n}\binom{n}{p}f^{(n-p)}(x)\,g^{(p)}(x)$$

である．ただし $\dbinom{n}{p}=\dfrac{n(n-1)\cdots(n-p+1)}{p!}=\dfrac{n!}{p!(n-p)!}$　（2 項係数）である．

**例 1.6**　$f(x)=(x-1)^4e^x$ とすると，$(x-1)^4$ は5回以上微分すると0になることより

$$
\begin{aligned}
f^{(n)}(x) &= e^x\left\{(x-1)^4+\binom{n}{1}\cdot 4(x-1)^3+\binom{n}{2}\cdot 12(x-1)^2+\binom{n}{3}\cdot 24(x-1)+\binom{n}{4}\cdot 24\right\}\\
&= e^x\left\{(x-1)^4+4n(x-1)^3+6n(n-1)(x-1)^2+4n(n-1)(n-2)(x-1)+n(n-1)(n-2)(n-3)\right\}
\end{aligned}
$$

である．例えば $f^{(n)}(1)=n(n-1)(n-2)(n-3)e$ である．

**例題 1**

**〈1〉** 次の関数を導関数の定義にしたがって微分せよ．

(a) $f(x) = \frac{1}{x}$　(b) $f(x) = \sqrt{x}$　(c) $f(x) = \log x$

**〈2〉** 次の極限を求めよ．

(a) $\lim_{x\to 0}(1 + 3x)^{\frac{1}{x}}$　(b) $\lim_{x\to 0}(1 - x)^{\frac{1}{x}}$　(c) $\lim_{x\to\infty}\left(1 + \frac{2}{3x}\right)^x$

(d) $\lim_{x\to 0}\frac{e^{2x} - 1}{4x}$

**〈3〉** 次の関数を微分せよ．

(a) $y = x^5 + 5x^3 - 10x + 2$　(b) $y = \sqrt[5]{x^3} + \log 2$

(c) $y = \frac{1}{x} + \frac{1}{\sqrt{x}}$　(d) $y = (x^2 + 3)^3$　(e) $y = \sqrt{3x^2 + 5}$

(f) $y = \sqrt{(x - a)(x - b)}$　(g) $y = x^3\sqrt{3x^2 + 1}$

(h) $y = (x^5 + 5x^3 - 10x)(x^4 + 3x^2 - 2)$

(i) $y = (x + 1)(x - 1)(x^2 - 1)$　(j) $y = \frac{4x^2 + 1}{x^3}$

(k) $y = \frac{x^5}{(1 - x)^3}$　(l) $y = \frac{3x + 4}{x + 2}$

**〈4〉** 次の関数を微分せよ．

(a) $y = a^x$（$a > 0$）　(b) $y = \log(x^2 + 5)$　(c) $y = \log_a x$（$a > 0$）　(d) $y = \log_2(3x + 4)$　(e) $y = e^{x^2+5x-2}$

(f) $y = x^2 \log x$　(g) $y = 3^{-7x}$　(h) $y = (x - 1)e^x$

(i) $y = \log\sqrt{\frac{1 + x^2}{1 - x^2}}$　(j) $y = \log\left(\sqrt{x - 1} + \sqrt{x + 1}\right)$

**〈5〉** 方程式 $x2^x = 1$ は 1 より小さい正の解を持つことを証明せよ．

**〈6〉** $a > 0$ に対して不等式 $\frac{1}{a + 1} < \log(a + 1) - \log a < \frac{1}{a}$ を証明せよ．

**〈7〉** 次の関数 $f(x)$ の $n$ 階導関数 $f^{(n)}(x)$ と $n$ 階微分係数 $f^{(n)}(0)$ を求めよ（$n \geqq 1$）．

(a) $f(x) = x^3 + x^2 + x + 1$　(b) $f(x) = a^x$

(c) $f(x) = \frac{x}{x - 1}$　(d) $f(x) = \frac{1}{x^2 - 3x + 2}$

**類題 1**

**〈1〉** 次の関数を導関数の定義にしたがって微分せよ．

(a) $f(x) = -x^2 + x$　(b) $f(x) = \frac{1}{x + 1}$　(c) $f(x) = \frac{1}{\sqrt{x}}$

**〈2〉** 次の極限を求めよ．

(a) $\lim_{x\to 0}(1 + 2x)^{\frac{1}{3x}+1}$　(b) $\lim_{x\to\infty} x\{\log(x - 2) - \log x\}$

(c) $\lim_{x\to 0}\frac{e^{2x} + e^{3x} - 2}{x}$

**〈3〉** 次の関数を微分せよ．

(a) $\sqrt{x^3} + 1$　(b) $(2x - 1)^4$　(c) $(x^2 + 2x + 1)^5$

(d) $\frac{1}{(x + 1)^2}$　(e) $\frac{1}{x^2 - x + 1}$　(f) $\frac{1}{(x^2 - 1)^3}$

(g) $\frac{2x^2 - 3}{x^3}$　(h) $\frac{x}{x^2 - 1}$　(i) $\frac{x^3 + 1}{x - 1}$

(j) $\frac{x^n}{x^n + 1}$（$n$ は自然数）　(k) $\left(\frac{1}{x^2 - 2x + 3}\right)^3$

(l) $x^3(x^2 - 1)^3$　(m) $\left(\frac{x - 1}{x}\right)^2$　(n) $\frac{x - 1}{x + 1}$　(o) $\frac{1}{\sqrt{x + 1}}$

**〈4〉** 次の関数を微分せよ．

(a) $\log(x^2 + 1)$　(b) $\log_2(e^x)$　(c) $\{\log(x^2 + 1)\}^3$

(d) $e^{x^2+1}$　(e) $e^{x+\log x}$　(f) $\sqrt{e^x}$　(g) $\frac{e^{x^2}}{x}$

(h) $x^2 \log\{(x^2 + 1)^3\}$　(i) $\log\sqrt{x^3 + 1}$　(j) $3^{x^2+1}$

**〈5〉** 方程式 $x^3 - 5x^2 + x + 1 = 0$ は 1 より小さい正の解を持つことを証明せよ．

**〈6〉** 平均値の定理を利用して $\frac{1}{e^2} < a < b < 1 \Rightarrow a - b < b\log b - a\log a < b - a$ を示せ．

**〈7〉** 次の関数 $f(x)$ の $n$ 階導関数 $f^{(n)}(x)$ と $n$ 階微分係数 $f^{(n)}(0)$ を求めよ（$n \geqq 1$）．

(a) $f(x) = e^{2x}$　(b) $f(x) = \frac{1}{1 - 2x}$　(c) $f(x) = xe^x$

**発展 1**

**〈1〉** $f(x) = \begin{cases} x^2 + 1 & (x > 0) \\ 1 & (x \leqq 0) \end{cases}$ とするとき，定義にしたがって微分係数 $f'(0)$ を求めよ．

---

**●例題 1 解答**

**〈1〉** (a) $f'(x) = \lim_{h\to 0}\frac{\frac{1}{x+h} - \frac{1}{x}}{(x + h) - x} = \lim_{h\to 0}\frac{1}{h}\cdot\frac{x - (x + h)}{(x + h)x}$

$= \lim_{h\to 0}\frac{-1}{x^2 + hx} = -\frac{1}{x^2}$.

(b) $f'(x) = \lim_{h\to 0}\frac{\sqrt{x + h} - \sqrt{x}}{(x + h) - x}$

$= \lim_{h\to 0}\frac{(\sqrt{x + h} - \sqrt{x})(\sqrt{x + h} + \sqrt{x})}{h(\sqrt{x + h} + \sqrt{x})}$

$= \lim_{h\to 0}\frac{1}{\sqrt{x + h} + \sqrt{x}} = \frac{1}{2\sqrt{x}}$.

(c) $f'(x) = \lim_{h\to 0}\frac{\log\frac{x + h}{x}}{h} = \lim_{h\to 0}\frac{1}{x}\cdot\frac{\log(1 + \frac{h}{x})}{\frac{h}{x}}$

$\underset{k=\frac{h}{x}}{=} \frac{1}{x}\lim_{k\to 0}\frac{\log(1 + k)}{k} = \frac{1}{x}\lim_{k\to 0}\log(1 + k)^{\frac{1}{k}} = \frac{1}{x}\log e$

$= \frac{1}{x}$.

**〈2〉** (a) $3x = t$ とおくと $\lim_{x\to 0}(1 + 3x)^{\frac{1}{x}} = \lim_{t\to 0}(1 + t)^{\frac{3}{t}}$

$= \lim_{t\to 0}\left\{(1 + t)^{\frac{1}{t}}\right\}^3 = e^3$.

(b) $-x=t$ とおくと, $\lim_{x\to0}(1-x)^{\frac{1}{x}}=\lim_{t\to0}\left((1+t)^{\frac{1}{t}}\right)^{-1}=e^{-1}$.

(c) $\frac{2}{3x}=\frac{1}{t}$ とおくと, $\lim_{x\to\infty}\left(1+\frac{2}{3x}\right)^x=\lim_{t\to\infty}\left\{\left(1+\frac{1}{t}\right)^t\right\}^{\frac{2}{3}}$ $=e^{\frac{2}{3}}(=\sqrt[3]{e^2})$.

(d) $2x=h$ とおくと $\lim_{x\to0}\frac{e^{2x}-1}{4x}=\lim_{h\to0}\frac{1}{2}\frac{e^h-1}{h}=\frac{1}{2}$.

【別解】 $\lim_{x\to0}\frac{e^{2x}-1}{4x}=\lim_{x\to0}\frac{e^x-1}{x}\cdot\frac{e^x+1}{4}=1\cdot\frac{2}{4}=\frac{1}{2}$.

**〈3〉** (a) $y'=5x^4+15x^2-10$

(b) $y'=\left(x^{\frac{3}{5}}\right)'+(\log 2)'=\frac{3}{5}x^{-\frac{2}{5}}+0=\frac{3}{5}x^{-\frac{2}{5}}$

(c) $y'=-x^{-2}-\frac{1}{2}x^{-\frac{3}{2}}$

(d) $y'=6x(x^2+3)^2$

(e) $y'=\left\{(3x^2+5)^{\frac{1}{2}}\right\}'=\frac{1}{2}(3x^2+5)^{\frac{1}{2}-1}\cdot(3x^2+5)'$ $=3x(3x^2+5)^{-\frac{1}{2}}=\frac{3x}{\sqrt{3x^2+5}}$.

(f) $y'=\frac{1}{2\sqrt{(x-a)(x-b)}}\cdot((x-a)(x-b))'$ $=\frac{2x-(a+b)}{2\sqrt{(x-a)(x-b)}}$.

(g) $y'=(x^3)'\cdot\sqrt{3x^2+1}+x^3\cdot\left(\sqrt{3x^2+1}\right)'=3x^2\sqrt{3x^2+1}+x^3\cdot\frac{6x}{2\sqrt{3x^2+1}}=\frac{3x^2(4x^2+1)}{\sqrt{3x^2+1}}$.

(h) $y'=(x^5+5x^3-10x)'(x^4+3x^2-2)+(x^5+5x^3-10x)(x^4+3x^2-2)'$ $=(5x^4+15x^2-10)(x^4+3x^2-2)+(x^5+5x^3-10x)(4x^3+6x)$ $=9x^8+56x^6+15x^4-120x^2+20$ [x].

(i) $y'=(x-1)(x^2+1)+(x+1)(x^2+1)+2(x+1)(x-1)x=4x^3$ [x].

(j) $y'=\frac{(4x^2+1)'\cdot x^3-(4x^2+1)\cdot(x^3)'}{(x^3)^2}=\frac{-4x^2-3}{x^4}$.

【別解】 $y'=(4x^{-1}+x^{-3})'=-4x^{-2}-3x^{-4}$.

(k) $y'=\frac{(x^5)'\cdot(1-x)^3-x^5\cdot\{(1-x)^3\}'}{(1-x)^6}$ $=\frac{5x^4(1-x)+3x^5}{(1-x)^4}=\frac{x^4(5-2x)}{(1-x)^4}$.

(l) $y'=\left(3+\frac{-2}{x+2}\right)'=\frac{2}{(x+2)^2}$.

**〈4〉** (a) $a^x=\left(e^{\log a}\right)^x=e^{x\log a}$ より $(a^x)'=\left(e^{x\log a}\right)'$ $=e^{x\log a}\cdot\log a$.　$\therefore\ \boldsymbol{(a^x)'=a^x\log a}$.

(b) $y'=\frac{1}{x^2+5}\cdot(x^2+5)'=\frac{2x}{x^2+5}$.

(c) $y'=\left(\frac{\log x}{\log a}\right)'=\frac{1}{x\log a}$.

(d) $y'=\left\{\frac{\log(3x+4)}{\log 2}\right\}'=\frac{1}{\log 2}\cdot\frac{1}{3x+4}\cdot(3x+4)'$ $=\frac{3}{(3x+4)\log 2}$.

(e) $y'=e^{x^2+5x-2}\cdot(x^2+5x-2)'=(2x+5)e^{x^2+5x-2}$.

(f) $y'=(x^2)'\log x+x^2(\log x)'=2x\log x+x^2\cdot\frac{1}{x}$ $=x(2\log x+1)$.

(g) 上の「$(a^x)'=a^x\log a$」より
$y'=3^{-7x}(\log 3)(-7x)'=(-7\log 3)\,3^{-7x}$.

【別解】 $y'=\left\{\left(e^{\log 3}\right)^{-7x}\right\}'=\left(e^{(-7\log 3)x}\right)'$ $=(-7\log 3)e^{(-7\log 3)x}=(-7\log 3)\,3^{-7x}$.

(h) $y'=(x-1)'e^x+(x-1)(e^x)'=e^x+(x-1)e^x=xe^x$.

(i) $y'=\left\{\frac{1}{2}\log\frac{1+x^2}{1-x^2}\right\}'=\frac{1}{2}\left(\frac{1+x^2}{1-x^2}\right)^{-1}\left(\frac{1+x^2}{1-x^2}\right)'$ $=\frac{1}{2}\cdot\frac{1-x^2}{1+x^2}\cdot\frac{2x(1-x^2)+(1+x^2)\cdot 2x}{(1-x^2)^2}=\frac{2x}{1-x^4}$.

【別解】 $y'=\left\{\frac{1}{2}\log\frac{1+x^2}{1-x^2}\right\}'=\frac{1}{2}\left\{\log(1+x^2)-\log(1-x^2)\right\}'$ $=\frac{1}{2}\left\{\frac{2x}{1+x^2}-\frac{-2x}{1-x^2}\right\}=\frac{2x}{1-x^4}$.

(j) $y'=\frac{1}{\sqrt{x-1}+\sqrt{x+1}}\cdot\left(\sqrt{x-1}+\sqrt{x+1}\right)'$ $=\frac{1}{\sqrt{x-1}+\sqrt{x+1}}\cdot\left\{\frac{1}{2\sqrt{x-1}}+\frac{1}{2\sqrt{x+1}}\right\}$ $=\frac{1}{2}\cdot\frac{1}{\sqrt{x-1}+\sqrt{x+1}}\cdot\frac{\sqrt{x+1}+\sqrt{x-1}}{\sqrt{(x-1)(x+1)}}$ $=\frac{1}{2\sqrt{(x-1)(x+1)}}=\frac{1}{2\sqrt{x^2-1}}$.

**〈5〉** $f(x)=x2^x-1$ は実数全体で連続で $f(0)=-1<0$ かつ $f(1)=1>0$ だから，中間値の定理より $f(c)=c2^c-1=0$ なる $c$ が $0<c<1$ に存在する．この $c$ が方程式 $x2^x=1$ の 1 より小さい正の解である．

**〈6〉** $f(x)=\log x$ は $[a,a+1]$ で連続かつ $(a,a+1)$ で微分可能なので，平均値の定理（定理 1.5）より

$$f'(c)=\frac{1}{c}=\frac{\log(a+1)-\log a}{(a+1)-a}=\log(a+1)-\log a$$

なる $c$ が $a<c<a+1$ に存在する．$a>0$ に注意して $\frac{1}{a+1}<\frac{1}{c}<\frac{1}{a}$ より $\frac{1}{a+1}<\log(a+1)-\log a<\frac{1}{a}$.

**〈7〉** (a) $f'(x)=3x^2+2x+1$, $f''(x)=6x+2$, $f'''(x)=6$, $f^{(n)}(x)=f^{(n)}(0)=0\ (n\geq 4)$. $f'(0)=1$, $f''(0)=2$, $f'''(0)=6$.

(b) $(a^x)'=a^x\log a$ より $(a^x)^{(n)}=a^x(\log a)^n$ だから $f^{(n)}(0)=(\log a)^n$.

(c) $\frac{x}{x-1}=1+\frac{1}{x-1}$. $f'(x)=-(x-1)^{-2}$, $f''(x)=-(-2)(x-1)^{-3}$, $f'''(x)=-(-2)(-3)(x-1)^{-4}$ より $f^{(n)}(x)=-(-2)(-3)\cdots(-n)(x-1)^{-(n+1)}$ $=\frac{(-1)^n\cdot n!}{(x-1)^{n+1}}=-\frac{n!}{(1-x)^{n+1}}$.　$\therefore\ f^{(n)}(0)=-n!$.

(d) $f(x)=\frac{1}{1-x}-\frac{1}{2-x}$ と前問と同様の計算により，
$f^{(n)}(x)=\frac{n!}{(1-x)^{n+1}}-\frac{n!}{(2-x)^{n+1}}$.
$\therefore\ f^{(n)}(0)=n!-\frac{n!}{2^{n+1}}$.

**●類題 1 解答**

**〈1〉** (a) $-2x+1$　(b) $-\frac{1}{(x+1)^2}$　(c) $-\frac{1}{2(\sqrt{x})^3}$

**〈2〉** (a) $e^{\frac{2}{3}}$

[x] 展開してから微分した方が楽かもしれない．

(b) $\displaystyle\lim_{x\to\infty} x\{\log(x-2)-\log x\} = \lim_{x\to\infty}\log\left(1-\frac{2}{x}\right)^x$

$\displaystyle\underset{t=-\frac{2}{x}}{=}\lim_{t\to-0}\left\{\log(1+t)^{\frac{1}{t}}\right\}^{-2} = \log e^{-2} = -2.$

(c) $\displaystyle\lim_{x\to0}\frac{e^{2x}+e^{3x}-2}{x} = \lim_{x\to0}\frac{e^{2x}-1}{x} + \lim_{x\to0}\frac{e^{3x}-1}{x} = 5.$

**〈3〉** (a) $\frac{3}{2}\sqrt{x}$　(b) $8(2x-1)^3$

(c) $\left\{(x+1)^{10}\right\}' = 10(x+1)^9$　(d) $-\dfrac{2}{(x+1)^3}$

(e) $-\dfrac{2x-1}{(x^2-x+1)^2}$　(f) $-\dfrac{6x}{(x^2-1)^4}$　(g) $-\dfrac{2}{x^2}+\dfrac{9}{x^4}$

(h) $-\dfrac{x^2+1}{(x^2-1)^2}$　(i) $\dfrac{2x^3-3x^2-1}{(x-1)^2}$　(j) $\dfrac{nx^{n-1}}{(x^n+1)^2}$

(k) $-\dfrac{6(x-1)}{(x^2-2x+3)^4}$　(l) $3x^2(3x^2-1)(x^2-1)^2$

(m) $\dfrac{2(x-1)}{x^3}$　(n) $\dfrac{2}{(x+1)^2}$　(o) $y = -\dfrac{1}{2(x+1)\sqrt{x+1}}$

**〈4〉** (a) $\dfrac{2x}{x^2+1}$　(b) $\dfrac{1}{\log 2}$　(c) $\dfrac{6x\{\log(x^2+1)\}^2}{x^2+1}$

(d) $2xe^{x^2+1}$　(e) $(x+1)e^x$　(f) $\dfrac{\sqrt{e^x}}{2}$　(g) $2e^{x^2}-\dfrac{e^{x^2}}{x^2}$

(h) $\dfrac{6x^3}{x^2+1}+6x\log(x^2+1)$　(i) $\dfrac{3x^2}{2(x^3+1)}$

(j) $2x\cdot3^{x^2+1}\log 3$

**〈5〉**（略）

**〈6〉** $f(x) = x\log x$（$0 < x$ で微分可能）について $[a, b]$ で平均値の定理を適用し，結論の式を $\dfrac{1}{e^2} < a < b < 1$ を使って評価する（略）.

**〈7〉** (a) $f^{(n)}(x) = 2^n e^{2x}$, $f^{(n)}(0) = 2^n$

(b) $f^{(n)}(x) = \dfrac{2^n n!}{(1-2x)^{n+1}}$, $f^{(n)}(0) = 2^n n!$

(c) $f^{(n)}(x) = (x+n)e^x$, $f^{(n)}(0) = n$

## ●発展 1 解答

**〈1〉** $\displaystyle\lim_{h\to+0}\frac{f(h)-f(0)}{h-0} = \lim_{h\to+0}\frac{h^2}{h} = 0,$

$\displaystyle\lim_{h\to-0}\frac{f(h)-f(0)}{h-0} = 0$ より $\displaystyle f'(0) = \lim_{h\to0}\frac{f(h)-f(0)}{h-0} = 0.$

# 第 2 章

# 陰関数の微分

単位円周 $x^2+y^2-1=0$ 上の点 $P\left(-\frac{\sqrt{3}}{2}, \frac{1}{2}\right)$ における接線 $\ell$ を求めたい（図 2.1）．まず式を「**変形**」すると $y=\sqrt{1-x^2}$ または $y=-\sqrt{1-x^2}$ を得る．点 $P$ の $y$ 座標が正であることから $y=\sqrt{1-x^2}$ の方を「**微分**」して $x=-\frac{\sqrt{3}}{2}$ を「**代入**」すれば，点 $P$ における接線 $\ell$ の傾きを得る．しかし各点での微分係数は「$x$ の微小変化と $y$ の微小変化の比の極限」という関数の局所的様相で決まるはずであり，接線の傾きを求めるのに「$y=(x$ の式$)$」という関数の大域的表示を経由する必要はないように思える．

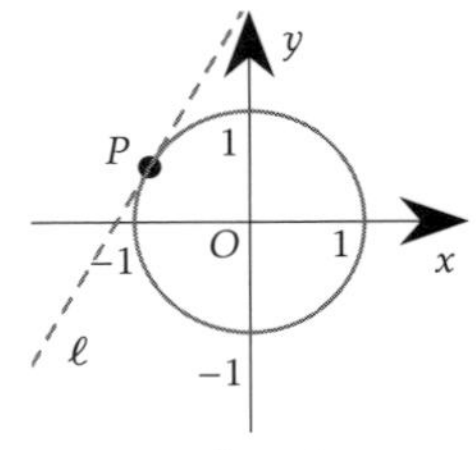

図 2.1　$x^2+y^2-1=0$

## 2.1　陰関数の微分

一般に「$(x$ と $y$ の式$)=0$」の形の関係式があるとき，$x$ の値を定めると $y$ の値が定まる．対応する $y$ の値は 2 つ以上ある場合もあるが，これが 1 つになるように $x$ や $y$ の値の範囲を適切に制限できれば，$x$ の関数 $y$ が定まることが多い．このような関数を**陰関数**という [i]．

陰関数の微分を計算するのに，それを「$y=(x$ の式$)$」の形（陽関数表示）まで変形する必要はない（等式を，変形してから微分しても，微分してから変形しても同じことだろう）．

**陰関数の微分**

元の関係式の両辺をそのまま，あるいは勝手な式変形を行ってから

$$y\text{ は }x\text{ の関数だぞ} \tag{2.1}$$

などと唱えつつ $x$ で微分するのが**陰関数の微分法**である．

先の例の場合，単位円周の方程式 $x^2+y^2-1=0$ の両辺を (2.1) を唱えつつ $x$ で微分すると

$$2x+2y\frac{dy}{dx}=0 \tag{2.2}$$

という具合である．左辺の $y^2$ を $x$ で微分するときには連鎖律（合成の微分）(1.7) を使っている．この式に点 $P$ の座標 $(x,y)=\left(-\frac{\sqrt{3}}{2}, \frac{1}{2}\right)$ を代入すると $-\sqrt{3}+\frac{dy}{dx}=0$ となるから，点 $P$ における $\frac{dy}{dx}$ の値，すなわち接線 $\ell$ の傾き $\sqrt{3}$ が得られる．よって，接線 $\ell$ を表す方程式は

$$y=\sqrt{3}\left(x+\frac{\sqrt{3}}{2}\right)+\frac{1}{2} \qquad \therefore\ y=\sqrt{3}x+2$$

---

[i] $F(x,y)=0$ という式が与えられたとき，ある区間の $x$ に対して $F(x,f(x))=0$ を成り立たせる連続関数 $f(x)$ を陰関数という．その存在に関する陰関数定理については §8.3 で扱う．

である．本章の冒頭に述べた「変形」→「微分」→「代入」の手順を並べ換えて，「微分」→「代入」→「変形」の順に行ったわけである．



**註 2.1** 式 (2.2) より $y \neq 0$ のとき $\dfrac{dy}{dx} = -\dfrac{x}{y}$ である．つまり，単位円周上の点 $(x, y)$ における接線の傾きは $-\dfrac{x}{y}$ である [ii]．これを $\dfrac{dy}{dx} = -\dfrac{x}{y} = \begin{cases} -\dfrac{x}{\sqrt{1-x^2}} & (y > 0) \\ \dfrac{x}{\sqrt{1-x^2}} & (y < 0) \end{cases}$ と書き換える必要はないだろう．

**例 2.2** $a \neq 0$ とする．曲線 [iii]（図 2.2）

$$x^3 + y^3 - 3axy = 0$$

上の点 $P\left(\frac{3}{2}a, \frac{3}{2}a\right)$ における接線 $\ell$ と法線 $n$ を求めよう．

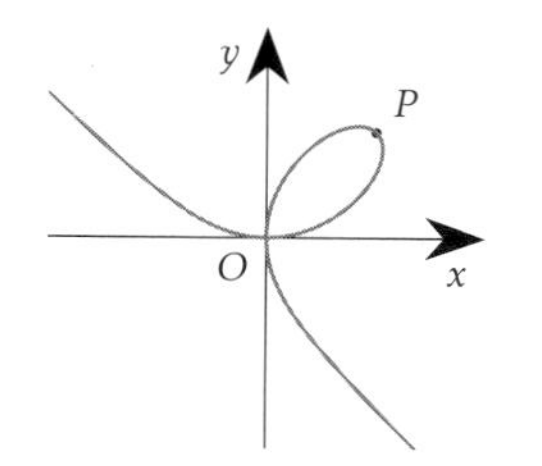


図 2.2 $x^3+y^3-3axy = 0\ (a = 1)$

$y$ を $x$ の関数と考え，$x^3 + y^3 - 3axy = 0$ の両辺を (2.1) を唱えつつ $x$ で微分して

$$3x^2 + 3y^2\frac{dy}{dx} - \left(3ay + 3ax\frac{dy}{dx}\right) = 0 \qquad \therefore \quad \frac{dy}{dx} = -\frac{x^2 - ay}{y^2 - ax}.$$

これに $(x, y) = \left(\dfrac{3}{2}a, \dfrac{3}{2}a\right)$ を代入して，接線 $\ell$ の傾き $-1$，法線 $n$ の傾き $\dfrac{-1}{-1} = 1$ を得る．よって

$$\ell:\ y - \frac{3}{2}a = -(x - \frac{3}{2}a) \qquad \therefore \quad y = -x + 3a,$$

$$n:\ y - \frac{3}{2}a = x - \frac{3}{2}a \qquad \therefore \quad y = x.$$

陰関数の微分法のアイディアは様々な場面で有用である．例えば陽関数表示された関数であっても，微分しやすい形まで式変形をしてから，微分した方がよい場合がある．

**例 2.3** $m, n$ を整数とするとき，$y = \sqrt[m]{x^n} = x^{\frac{n}{m}}$ の微分を求めよう．両辺を $m$ 乗すると $y^m = x^n$ であるから，この式の両辺を (2.1) を唱えつつ $x$ で微分すると

$$my^{m-1}\frac{dy}{dx} = nx^{n-1} \qquad \therefore \quad \frac{dy}{dx} = \frac{nx^{n-1}}{my^{m-1}} = \frac{n}{m} \cdot \frac{x^{n-1}}{\left(x^{\frac{n}{m}}\right)^{m-1}} = \frac{n}{m}x^{\frac{n}{m}-1}.$$

## 2.2 逆関数の微分

関数 $f(x)$ が逆関数 $y = f^{-1}(x)$ を持つとき，その微分は§2.1 と同じアイディアで求められる．$y = f(x)$ の逆関数とは，$x$ と $y$ を入れ替えて得られる式 $x = f(y)$ が定める陰関数に他ならないからである．つ

---

[ii] $y = 0$ となる点においては微分不可能である．接線は $y$ 軸に平行になる．

[iii] **Descartes（デカルト）の正葉線**（folium of Descartes）とよばれる．パラメータ $t$ を用いて $x = \frac{3at}{1+t^3}$, $y = \frac{3at^2}{1+t^3}$ $(t \neq -1)$ とパラメータ表示することもできる．

まり，$y=f^{-1}(x)$ のとき $x=f(y)$ であるから，両辺を (2.1) と連鎖律 (1.7) によって $x$ で微分すると $1=f'(y)\dfrac{dy}{dx}$ となる．すなわち次を得る．

**逆関数の微分公式**

$f'(y)\neq 0$ のとき $y=f^{-1}(x)$ の微分 $\left\{f^{-1}(x)\right\}'$ は

$$\frac{dy}{dx}=\frac{1}{f'(y)}=\frac{1}{f'(f^{-1}(x))}\left(=\frac{1}{\frac{dx}{dy}}\right). \tag{2.3}$$

証明のためには微分可能な関数の逆関数が微分可能であることをまず示す必要がある．しかし，具体的に与えられた関数 $y=f(x)$ の逆関数の微分を求めるには

**$x$ と $y$ を交換した式 $x=f(y)$ の両辺を** (2.1) **を唱えつつ $x$ で微分する**

だけのことである．

**例 2.4**　$y=e^x$ の逆関数の微分を求めよう．（$x$ と $y$ を交換して得られる式[iv]）$x=e^y$ の両辺を $x$ で微分すると $1=e^y\cdot y'$　$\therefore\ y'=\dfrac{1}{e^y}=\dfrac{1}{x}$ である．$e^x$ の逆関数は $\log x$ だから（§0.4.1），この結果は $(\log x)'=\dfrac{1}{x}$ を意味している．$(|x|)'=\begin{cases}1 & (x>0),\\ -1 & (x<0)\end{cases}$ に注意すれば，次が得られる．

$$\left(\log|x|\right)'=\frac{1}{x},\qquad \text{および}\qquad \left(\log_a|x|\right)'=\frac{1}{x\log a}.$$

## 2.3　対数微分法

式変形してから微分する技法（§2.1）の特別な場合として，対数微分法がある．$y=f(x)$ の導関数を求めたいとき，両辺の（絶対値と）対数をとったのちに両辺を $x$ で微分するというものである．

**例 2.5**　$y=\dfrac{(x+1)^2}{(x+2)^3(x+3)^4}$ の微分を求めよう．両辺を $\log|\cdots|$ に入れ対数法則（§0.4.1）を駆使すると

$$\log|y|=\log\left|\frac{(x+1)^2}{(x+2)^3(x+3)^4}\right|=2\log|x+1|-3\log|x+2|-4\log|x+3|.$$

これを $x$ について微分すると

$$\frac{1}{y}\cdot y'=\frac{2}{x+1}-\frac{3}{x+2}-\frac{4}{x+3}=-\frac{5x^2+14x+5}{(x+1)(x+2)(x+3)}$$

$$\therefore\ y'=-\frac{5x^2+14x+5}{(x+1)(x+2)(x+3)}\cdot y=-\frac{(x+1)(5x^2+14x+5)}{(x+2)^4(x+3)^5}.$$

---

[iv] この式は $y=e^x$ の逆関数を陰関数に持つ．

**例 2.6**　曲線 $y = \sqrt[5]{(x+1)^2(x+2)^3}$ 上の点 $\left(-\frac{3}{2}, \frac{1}{2}\right)$ における接線 $\ell$ を求めよう[v]．$y = \sqrt[5]{(x+1)^2(x+2)^3}$ の両辺を $\log|\cdots|$ の中に入れ，右辺に対数法則（§0.4.1）を駆使すると

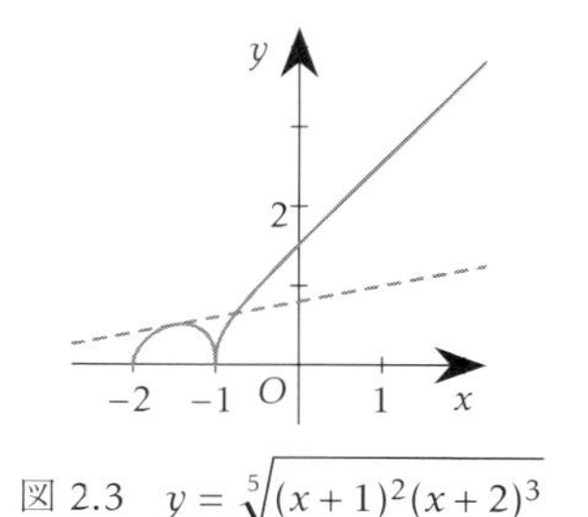

図 2.3　$y = \sqrt[5]{(x+1)^2(x+2)^3}$

$$\log|y| = \log\left|\left\{(x+1)^2(x+2)^3\right\}^{\frac{1}{5}}\right|$$
$$= \frac{1}{5}\left(2\log|x+1| + 3\log|x+2|\right).$$

ここで両辺を $x$ について微分すると

$$\frac{1}{y}\cdot y' = \frac{1}{5}\left(\frac{2}{x+1} + \frac{3}{x+2}\right) \qquad \therefore\ y' = \frac{y}{5}\left(\frac{2}{x+1} + \frac{3}{x+2}\right).$$

よって $\ell$ の傾きは $\dfrac{1}{10}\left(\dfrac{2}{-\frac{3}{2}+1} + \dfrac{3}{-\frac{3}{2}+2}\right) = \dfrac{1}{5}$ であり，$\ell$ の式は $y = \dfrac{1}{5}\left(x + \dfrac{3}{2}\right) + \dfrac{1}{2}$ である．

**対数微分法**

複雑な積や冪（べき）の形をした関数 $y = f(x)$ の導関数を求めたいときには，まず $\log|y| = \log|f(x)|$ の両辺を微分するとよい．

**註 2.7**　結局のところ，連鎖律 (1.7) により

$$\left\{\log|f(x)|\right\}' = \frac{f'(x)}{f(x)} \qquad \therefore\quad f'(x) = f(x)\cdot\left\{\log|f(x)|\right\}'$$

であるから，$\log|f(x)|$ の微分が計算しやすい形になるときに用いるとよい．

**例 2.8**　**実数 $\boldsymbol{\alpha}$ に対して $\boldsymbol{(x^\alpha)' = \alpha x^{\alpha-1}}$** $(x > 0)$ を示しておこう．$y = x^\alpha$ の両辺を $\log|\cdots|$ の中に入れると $\log|y| = \log|x^\alpha| = \alpha\log|x|$．これを $x$ について微分して $\dfrac{y'}{y} = \dfrac{\alpha}{x}$　$\therefore\ y' = \dfrac{\alpha y}{x} = \dfrac{\alpha x^\alpha}{x} = \alpha x^{\alpha-1}$．

対数微分法（§2.3）などを繰り返し用いることもできる．

**例 2.9**　対数微分法により関数 $y = \dfrac{x^3}{(x+1)^2}$ の 1 次導関数と 2 次導関数を求めよう．

$y = \dfrac{x^3}{(x+1)^2}$ の両辺の絶対値と対数をとると

$$\log|y| = \log\frac{|x^3|}{|(x+1)^2|} = \log|x|^3 - \log|x+1|^2 = 3\log|x| - 2\log|x+1|.$$

$x$ で微分して

$$\frac{1}{y}\cdot y' = \frac{3}{x} - \frac{2}{x+1} = \frac{x+3}{x(x+1)} \qquad \therefore\ y' = \frac{x+3}{x(x+1)}\cdot y = \frac{x+3}{x(x+1)}\cdot\frac{x^3}{(x+1)^2} = \frac{x^2(x+3)}{(x+1)^3}.$$

---

[v] 曲線 $y = \sqrt[5]{(x+1)^2(x+2)^3}$ のグラフ（図 2.3）を描くのは難儀であるが，曲線上の各点における接線ならばこの程度の計算で求められる．各点のまわりでもっとよい近似を得る方法を第 4 章で学ぶ．

さらに絶対値と対数をとって

$$\log\left|y'\right| = \log\frac{\left|x^2(x+3)\right|}{\left|(x+1)^3\right|} = \log\left|x^2(x+3)\right| - \log|x+1|^3 = 2\log|x| + \log|x+3| - 3\log|x+1|.$$

$x$ で微分すると $\frac{1}{y'}\cdot y'' = \frac{2}{x} + \frac{1}{x+3} - \frac{3}{x+1} = \frac{6}{x(x+1)(x+3)}$ となるので

$$y'' = \frac{6}{x(x+1)(x+3)}\cdot y' = \frac{6}{x(x+1)(x+3)}\cdot\frac{x^2(x+3)}{(x+1)^3} = \frac{6x}{(x+1)^4}.$$

## 2.4 パラメータ表示の微分

本章冒頭の単位円周は $\begin{cases} x = \cos t, \\ y = \sin t \end{cases}$ $(0 \leqq t < 2\pi)$ とパラメータ表示できる．この表示から直接（$x^2+y^2=1$ や $y=\pm\sqrt{1-x^2}$ を経由せずに）$\frac{dy}{dx}$ を得るための公式を見つけたい．

パラメータ表示 $\begin{cases} x = \overset{\text{ファイ}}{\phi}(t), \\ y = \overset{\text{プサイ}}{\psi}(t) \end{cases}$ が与えられたとき，$\phi(t)$ が逆関数 $t = \phi^{-1}(x)$ を持つ範囲では，$y = \psi(t) = \psi(\phi^{-1}(x))$ が成り立つ．連鎖律 (1.7) と逆関数の微分法則（式 (2.3)）を用いれば

$$\frac{dy}{dx} \underset{\text{式 (1.7)}}{=} \psi'\left(\phi^{-1}(x)\right)\cdot\frac{d}{dx}\left\{\phi^{-1}(x)\right\} \underset{\text{式 (2.3)}}{=} \psi'(\phi^{-1}(x))\cdot\frac{1}{\phi'(\phi^{-1}(x))} \underset{t=\phi^{-1}(x)}{=} \frac{\psi'(t)}{\phi'(t)}.$$

**パラメータ表示された関数の微分公式**

$$\begin{cases} x = \phi(t), \\ y = \psi(t) \end{cases} \quad \text{のとき} \quad \frac{dy}{dx} = \frac{\psi'(t)}{\phi'(t)} = \frac{\frac{dy}{dt}}{\frac{dx}{dt}}.$$

**註 2.10** $\phi'(t) = 0$ となる $t$ に対応する点では $\frac{dy}{dx}$ が定まらない．しかし $\psi(t)$ が逆関数を持つ範囲では，$\phi$ と $\psi$ および $x$ と $y$ の役割を交換して $x$ を $y$ の関数とみなして同様に $\frac{dx}{dy} = \frac{\phi'(t)}{\psi'(t)}$ を得る．

上の公式では導関数がパラメータの文字を含む形で記述されるが，それは時に便利である．

**註 2.11** $\phi'(t)$ と $\psi'(t)$ が同時に零になることはないと仮定すれば，曲線 $\begin{cases} x = \phi(t), \\ y = \psi(t) \end{cases}$ 上の点 $(\phi(t_0), \psi(t_0))$ における接線は（$\phi'(t_0) = 0$ のときも含めて）次の式で表される．

$$\boldsymbol{\psi'(t_0)(x - \phi(t_0)) = \phi'(t_0)(y - \psi(t_0))}.$$

すなわち，ベクトル $(\phi'(t), \psi'(t))$ は各点で曲線に接するベクトル（**接ベクトル**）である．

**例 2.12** 原点を中心とする単位円周 $C:\begin{cases} x = \cos t, \\ y = \sin t \end{cases}$ $(0 \leqq t \leqq 2\pi)$ の $t = \frac{5\pi}{6}$ に対応する点 $P$ における接線 $\ell$ を求める．（高校で学んだ）$\cos t$ と $\sin t$ の微分（§0.4.2）は既知とすると

$$\frac{dy}{dx} = \frac{\frac{dy}{dt}}{\frac{dx}{dt}} = \frac{\cos t}{-\sin t}$$

より，点 $P\left(\cos\frac{5\tau}{6}, \sin\frac{5\pi}{6}\right) = \left(-\frac{\sqrt{3}}{2}, \frac{1}{2}\right)$ における傾き $\ell$ は $\frac{-\sqrt{3}/2}{-1/2} = \sqrt{3}$ である．よって接線 $\ell$ は

$$y - \frac{\sqrt{3}}{2} = \sqrt{3}\left(x + \frac{1}{2}\right) \qquad \therefore\ y = \sqrt{3}x + 2.$$

**例題 2**

**〈1〉** $x^2+2xy+4y^2=1$ のとき $\dfrac{dy}{dx}$ を求めよ．

**〈2〉** 曲線 $x^2-\dfrac{y^2}{9}=1$ の点 $\left(\dfrac{-5}{3},4\right)$ における接線と法線の方程式を求めよ．

**〈3〉** 逆関数を求め，その微分を求めよ．
(a) $y=-3x+1$　(b) $y=2^x$　(c) $y=x^3$（$x>0$）
(d) $y=\sqrt{x-1}$　(e) $y=\dfrac{1}{2}\left(x-\dfrac{1}{x}\right)$（$x>0$）

**〈4〉**（対数微分法を用いて）微分せよ．
(a) $y=\dfrac{(2x+1)^5(3x+2)^7}{(x^2+3)^3}$　(b) $y=2^x$
(c) $y=x^x$　(d) $y=\sqrt[3]{\log x}$　(e) $y=(x^2+1)^x$
(f) $y=\sqrt[3]{(2x+1)(x^3+1)}$　(g) $y=\sqrt[5]{x(x-1)^2}$（$x>0$, $x\neq 1$）　(h) $y=x^{\log x}$　(i) $y=e^{\log x}$　(j) $y=3^{-7x}$

**〈5〉** サイクロイド vi) $\begin{cases} x=\theta-\sin\theta, \\ y=1-\cos\theta \end{cases}$ 上の $\theta=\dfrac{3\pi}{2}$ に対応する点における接線 $\ell$ の方程式を求めよ（図 2.4）．

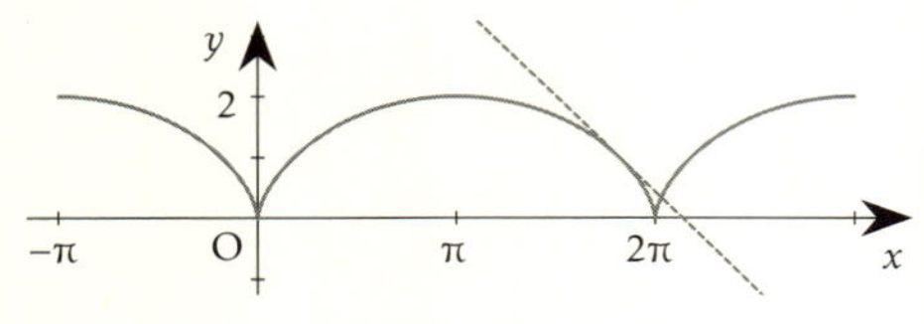


図 2.4　$\begin{cases} x=\theta-\sin\theta \\ y=1-\cos\theta \end{cases}$

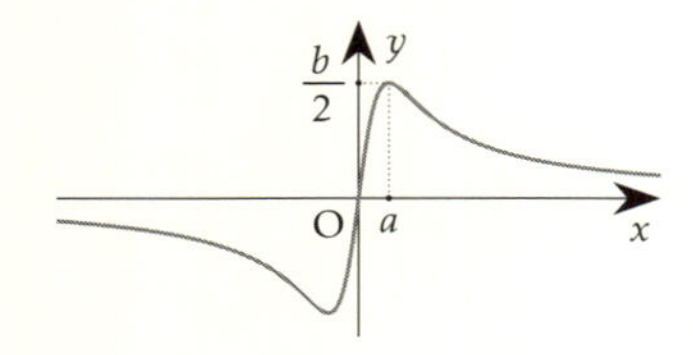


図 2.5　$\begin{cases} x=a\tan\theta, \\ y=b\sin\theta\cos\theta \end{cases}$

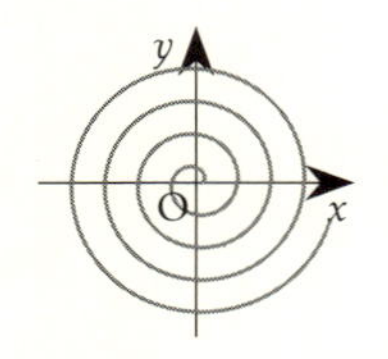


図 2.6　$\begin{cases} x=\cos\theta+\theta\sin\theta \\ y=\sin\theta-\theta\cos\theta \end{cases}$

**類題 2**

**〈1〉** 曲線 $C_1: 3x^2+y^2=12$ と $C_2: e^{xy-y}-y^2=-8$ のそれぞれについて，点 $(1,-3)$ における接線と法線の方程式を求めよ．

**〈2〉** 次の関数の逆関数を微分せよ．
(a) $-2x-1$　(b) $2^{2x+3}$　(c) $\dfrac{1}{x}$（$x>0$）　(d) $\sqrt[3]{x}$（$x>0$）
(e) $x^2+2x+1$（$x>-1$）

**〈3〉**（対数微分法を用いて）微分せよ．
(a) $x^3(x^2-1)^3$　(b) $\left(\dfrac{x-1}{x}\right)^2$　(c) $\left(\dfrac{x}{x-1}\right)^3$
(d) $\left(\dfrac{x-2}{x^2+1}\right)^3$　(e) $2^{x^2+1}$　(f) $\left(\dfrac{x^2+1}{x^2+2x-1}\right)^3$
(g) $\dfrac{(x^2-1)^6}{(x^4-1)^3}$　(h) $(x+1)^x$

**〈4〉** $a>0$, $b>0$ とする．パラメータ表示
$\begin{cases} x=a\tan\theta, \\ y=b\sin\theta\cos\theta \end{cases}$ $\left(-\dfrac{\pi}{2}<\theta<\dfrac{\pi}{2}\right)$ が表す，**Newton**（ニュートン）**の蛇形**（じゃぎょう）（serpentine curve）とよばれる曲線（図 2.5）について vii)：
(a) $\dfrac{dy}{dx}=0$ となる $\theta$ を求めよ．
(b) この関数を陽関数表示せよ（$y=(x$ の式$)$ の形に表せ）．

**発展 2**

**〈1〉** パラメータ表示 $\begin{cases} x=\cos\theta+\theta\sin\theta, \\ y=\sin\theta-\theta\cos\theta \end{cases}$（$\theta\geqq 0$）が表す，**インボリュート曲線**（**円の伸開線**）とよばれる曲線（図 2.6）について：
(a) 点 $P(\cos\theta+\theta\sin\theta, \sin\theta-\theta\cos\theta)$ における法線 $\ell$ を求めよ．
(b) 直線 $\ell$ は単位円周 $x^2+y^2=1$ に接することを示せ．

**〈2〉** $\begin{cases} x=x(t), \\ y=y(t) \end{cases}$ に対し $\dfrac{dy}{dx}=\dfrac{\dot{y}}{\dot{x}}$, $\dfrac{d^2y}{dx^2}=\dfrac{\ddot{y}\dot{x}-\dot{y}\ddot{x}}{\dot{x}^3}$ を示せ．
ただし $\dot{x}=\dfrac{dx}{dt}$, $\dot{y}=\dfrac{dy}{dt}$, $\ddot{x}=\dfrac{d^2x}{dt^2}$, $\ddot{y}=\dfrac{d^2y}{dt^2}$ とする．

---

vi) 円板が直線に沿って滑らずに回転するときの円周上の定点の軌跡．
vii) $0<\theta<\pi$ とし，$x=a\cot\theta$ としてもよい．

**● 例題 2 解答**

〈1〉 両辺を $x$ で微分すると
$2x+\left(2y+2x\cdot\frac{dy}{dx}\right)+8y\cdot\frac{dy}{dx}=0.\ \therefore\ \frac{dy}{dx}=-\frac{x+y}{x+4y}.$

〈2〉 $x^2-\frac{y^2}{9}=1$ の両辺を $x$ で微分すると $2x-\frac{2}{9}y\frac{dy}{dx}=0$. $(x,y)=\left(\frac{-5}{3},4\right)$ を代入して接線の傾き $\frac{dy}{dx}=-\frac{15}{4}$ が分かる．接線は接点 $\left(\frac{-5}{3},4\right)$ を通るので，求める方程式は $y-4=-\frac{15}{4}\left(x+\frac{5}{3}\right)$ $\left(\Leftrightarrow y=-\frac{15}{4}x-\frac{9}{4}\right)$. 法線の方程式は $y-4=\frac{4}{15}\left(x+\frac{5}{3}\right)$ $\left(\Leftrightarrow y=\frac{4}{15}x+\frac{40}{9}\right)$.

〈3〉 (a) $y=-3x+1\Leftrightarrow x=-\frac{1}{3}y+\frac{1}{3}$ より逆関数は $y=-\frac{1}{3}x+\frac{1}{3}$. 微分して $\frac{dy}{dx}=-\frac{1}{3}$.
(b) 逆関数は $y=\log_2 x$. 微分は $\frac{dy}{dx}=\frac{1}{x\log 2}$.
(c) 逆関数は $y=\sqrt[3]{x}\ (x\geq 0)$. 微分は $\frac{dy}{dx}=\frac{1}{3\sqrt[3]{x^2}}$.
(d) 逆関数は $y=x^2+1$. 微分は $\frac{dy}{dx}=2x$.
(e) $y=\frac{1}{2}\left(x-\frac{1}{x}\right)\Leftrightarrow x^2-2xy-1=0$ と $x>0$ より $x=y+\sqrt{y^2+1}$ である．よって逆関数は $y=x+\sqrt{x^2+1}$ である．これを微分して $\frac{dy}{dx}=1+\frac{x}{\sqrt{x^2+1}}$.

〈4〉 (a) 両辺の絶対値の対数をとって (2.1) を唱えつつ $x$ で微分すると $\frac{y'}{y}=\frac{10}{2x+1}+\frac{21}{3x+2}-\frac{6x}{x^2+3}$. よって $y'=\frac{(2x+1)^5(3x+2)^7}{(x^2+3)^3}\left(\frac{10}{2x+1}+\frac{21}{3x+2}-\frac{6x}{x^2+3}\right)$.
(b) 両辺の対数をとると $\log y=(\log 2)x$. これを $x$ で微分して $\frac{y'}{y}=\log 2$. よって $y'=(\log 2)2^x$.
(c) 両辺の対数をとると $\log y=x\log x$. これを $x$ で微分して整理すると $y'=(1+\log x)x^x$.
(d) 両辺を 3 乗した $y^3=\log x$ の両辺を $x$ で微分して $3y^2y'=\frac{1}{x}\ \therefore y'=\frac{1}{3xy^2}=\frac{1}{3x(\log x)^{\frac{2}{3}}}$.
(e) 両辺の対数をとると $\log y=x\log(x^2+1)$. これを $x$ で微分して $\frac{1}{y}y'=1\cdot\log(x^2+1)+x\cdot\frac{2x}{x^2+1}$. $\therefore\ y'=y\left\{\log(x^2+1)+\frac{2x^2}{x^2+1}\right\}=(x^2+1)^x\left\{\log(x^2+1)+\frac{2x^2}{x^2+1}\right\}$.

(f) 両辺の絶対値と対数をとると $\log|y|=\log\left|\left((2x+1)(x^3+1)\right)^{\frac{1}{3}}\right|=\frac{1}{3}\left(\log|2x+1|+\log|x^3+1|\right)$.
これを $x$ で微分して $\frac{1}{y}\cdot y'=\frac{1}{3}\left(\frac{2}{2x+1}+\frac{3x^2}{x^3+1}\right)$
$=\frac{8x^3+3x^2+2}{3(2x+1)(x^3+1)}$. $\therefore\ y'=\frac{8x^3+3x^2+2}{3(2x+1)(x^3+1)}\cdot\sqrt[3]{(2x+1)(x^3+1)}=\frac{8x^3+3x^2+2}{3\sqrt[3]{(2x+1)^2(x^3+1)^2}}$.
(g) 両辺の対数をとると $\log y=\frac{1}{5}\log x(x-1)^2$
$=\frac{1}{5}\{\log x+2\log|x-1|\}$ である．$x$ で微分して
$\frac{1}{y}y'=\frac{1}{5}\left(\frac{1}{x}+\frac{2}{x-1}\right)$. $\therefore\ y'=\frac{y}{5}\left(\frac{1}{x}+\frac{2}{x-1}\right)$
$=\sqrt[5]{x(x-1)^2}\cdot\frac{3x-1}{5x(x-1)}=\frac{3x-1}{5x^{\frac{4}{5}}(x-1)^{\frac{3}{5}}}$.
(h) 両辺の対数をとると，$\log y=\log x\cdot\log x=(\log x)^2$ となる．これを $x$ で微分すれば
$\frac{1}{y}y'=2\log x(\log x)'=\frac{2}{x}\log x$.
$\therefore\ y'=y\cdot\frac{2}{x}\log x=\frac{2x^{\log x}}{x}\log x=2x^{\log x-1}\log x$.
(i) $y=e^{\log x}=x$ なので $y'=1$.
(j) 両辺の対数をとると $\log y=\log 3^{-7x}=-7x\log 3$ となる．これを $x$ で微分して $\frac{1}{y}\cdot y'=-7\log 3$
$\therefore\ y'=(-7\log 3)\,y=(-7\log 3)\,3^{-7x}$.

〈5〉 $\frac{dy}{dx}=\frac{\frac{dy}{d\theta}}{\frac{dx}{d\theta}}=\frac{\sin\theta}{1-\cos\theta}$ より $\ell$ の傾きは $\frac{\sin\frac{3\pi}{2}}{1-\cos\frac{3\pi}{2}}=-1$ である．
$\ell$ は $\theta=\frac{3\pi}{2}$ に対応する点 $\left(\frac{3\pi}{2}-\sin\frac{3\pi}{2},1-\cos\frac{3\pi}{2}\right)=\left(\frac{3\pi}{2}+1,1\right)$ を通るから

$$y-1=-1\left\{x-\left(\frac{3\pi}{2}+1\right)\right\}\quad\therefore\ y=-x+\frac{3\pi}{2}+2.$$

**● 類題 2 解答**

〈1〉 $C_1$ の接線 $y=x-4$ $(\Leftrightarrow y-3=x-1)$，法線 $y=-x-2$ $(\Leftrightarrow y+3=-(x-1))$.
$C_2$ の接線 $y=\frac{1}{2}x-\frac{7}{2}$ $\left(\Leftrightarrow y+3=\frac{1}{2}(x-1)\right)$，法線 $y=-2x-1$ $(\Leftrightarrow y+3=-2(x-1))$.

〈2〉 (a) $-\frac{1}{2}$　(b) $\frac{1}{2x\log 2}$　(c) $-\frac{1}{x^2}$　(d) $3x^2$
(e) $\frac{1}{2\sqrt{x}}$

〈3〉 (a) $3x^2(3x^2-1)(x^2-1)^2$　(b) $\frac{2(x-1)}{x^3}$
(c) $-\frac{3x^2}{(x-1)^4}$　(d) $-\frac{3(x-2)^2(x^2-4x-1)}{(x^2+1)^4}$
(e) $x2^{x^2+2}\log 2$　(f) $\frac{6(x^2-2x-1)(x^2+1)^2}{(x^2+2x-1)^4}$
(g) $\frac{12x(x^2-1)^2}{(x^2+1)^4}$　(h) $(x+1)^x\left\{\log(x+1)+\frac{x}{x+1}\right\}$

〈4〉 (a) $\theta=\pm\frac{\pi}{4}$　(b) $y=\frac{abx}{x^2+a^2}$

**● 発展 2 解答**

〈1〉 (a) $y=-\frac{x}{\tan\theta}+\frac{1}{\sin\theta}$　(b) （略）

〈2〉 $\frac{dy}{dx}=\frac{\frac{dy}{dt}}{\frac{dx}{dt}}=\frac{\dot{y}}{\dot{x}}$ より $\frac{d^2y}{dx^2}=\frac{d}{dx}\left(\frac{\dot{y}}{\dot{x}}\right)$
$\underset{式(1.7)}{=}\frac{d}{dt}\left(\frac{\dot{y}}{\dot{x}}\right)\frac{dt}{dx}\underset{式(2.3)}{=}\frac{d}{dt}\left(\frac{\dot{y}}{\dot{x}}\right)\frac{1}{\frac{dx}{dt}}\underset{式(1.9)}{=}\frac{\ddot{y}\dot{x}-\dot{y}\ddot{x}}{\dot{x}^2}\cdot\frac{1}{\dot{x}}$
$=\frac{\ddot{y}\dot{x}-\dot{y}\ddot{x}}{\dot{x}^3}$.

# 第 3 章

# 逆三角関数

「直径 $2r$ の円周の長さは $2r\pi$」は円周率 $\pi$ の定義である[i]．「**弧度法**で表した中心角が $\theta$（**ラジアン**）で直径が $2r$ の扇形の弧の長さは $2r\pi\cdot\dfrac{\theta}{2\pi}=r\theta$」は若干あべこべな感じがする．そもそも（半径一定の扇形の弧長が中心角の大きさに比例することに注目し）弧長によって角度を表すのが弧度法である．つまり**半径 1 で弧長 $\theta$ の扇形の中心角が $\theta$** である（図 3.1）．また，小学校で学んだ **Archimedes（アルキメデス）の方法**（図 3.2）によって半径 $r$ の円板の面積を $r^2\pi$ とするなら

$$(\text{半径 } r \text{ で中心角 } \theta \text{ の扇形の面積}) = r^2\pi\cdot\frac{\theta}{2\pi}=\frac{r^2\theta}{2}. \tag{3.1}$$

## 3.1 三角関数

円周と密接に関係し，**円関数**（circular function）ともよばれる，**三角関数**について復習する．

**三角関数の定義**

実数 $\theta$ に対し，$xy$ 平面上の原点 $O$ を中心とする半径 1 の円周上を，**点 $(1,0)$ から反時計回りに長さ $\theta$ だけ進んだ点 $P$ の**

- $x$ 座標を**余弦**（**コサイン**）$\cos\theta$，
- $y$ 座標を**正弦**（**サイン**）$\sin\theta$

と定める（図 3.3）．それぞれが定める $\theta$ の関数を**余弦関数**と**正弦関数**とよぶ．また**正接関数**（**タンジェント**）$\tan\theta$ を $\tan\theta=\dfrac{\sin\theta}{\cos\theta}$ で定める．$\tan\theta$ は $xy$ 平面内の直線 $OP$ の傾きに等しい．

この定義から次の関係がすぐ分かる．

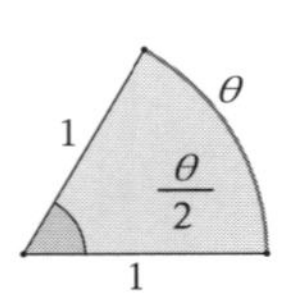


図 3.1　中心角 $\theta$ の扇形の面積

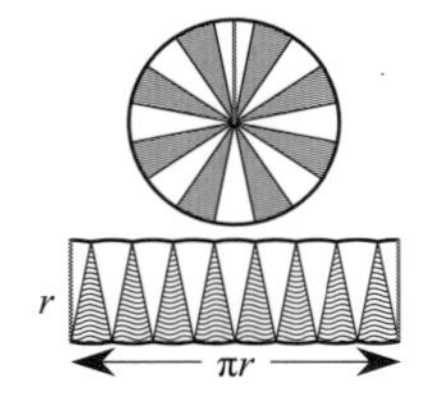


図 3.2　円板の面積

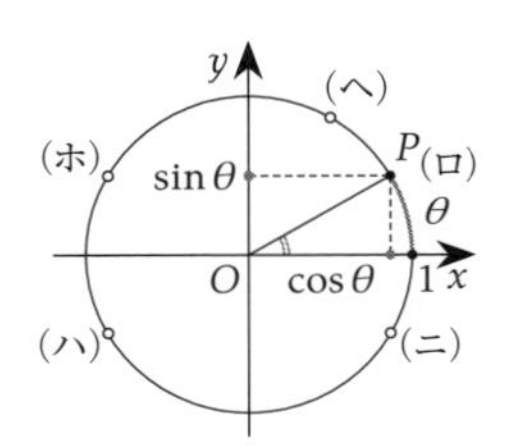


図 3.3　$\cos\theta$ と $\sin\theta$

---

[i] 今後の話のためには**半径 1 の円板の面積を $\pi$ と定義**してしまう方が好都合（[2, p. 122] 参照）．つまり**円積率**（円法）（吉田光由著「塵劫記」岩波文庫，p. 147 など）を用いて $\pi=(\text{円積率})\times 4$ である．いずれにしても「曲線の長さ」や「面積」の意味をまず考える必要があるが，小学校以来馴染んでいることは信じるのが実用的．

（イ）対として単位円周のパラメータ表示を与える：

$$\cos^2\theta + \sin^2\theta = 1$$

　このように元来 $\cos\theta$ と $\sin\theta$ は対として円周上の点を表すものであるから，大抵は**対で扱うと便利**である．例えば，定義中の点 $P(\cos\theta, \sin\theta)$ の動き方を変え，本来の動き（点 $(1,0)$ から反時計回り）と比較することによって以下が分かる．

（ロ）1 周先回りすると同じ場所に：

$$(\cos(2\pi+\theta), \sin(2\pi+\theta)) = (\cos\theta, \sin\theta)$$

（ハ）半周先回りして点 $(-1,0)$ からスタートすると原点対称の位置に：

$$(\cos(\pi+\theta), \sin(\pi+\theta)) = (-\cos\theta, -\sin\theta)$$

（ニ）点 $(1,0)$ からスタートして逆回りすると $x$ 軸に関して線対称の位置に：

$$(\cos(-\theta), \sin(-\theta)) = (\cos\theta, -\sin\theta)$$

（ホ）点 $(-1,0)$ からスタートして逆回りすると $y$ 軸に関して線対称の位置に：

$$(\cos(\pi-\theta), \sin(\pi-\theta)) = (-\cos\theta, \sin\theta)$$

（ヘ）点 $(0,1)$ からスタートして逆回りすると直線 $y=x$ に関して線対称の位置に：

$$\left(\cos\left(\frac{\pi}{2}-\theta\right), \sin\left(\frac{\pi}{2}-\theta\right)\right) = (\sin\theta, \cos\theta) \tag{3.2}$$

式 (3.2) の $\theta$ に「$-\theta$」を代入して得られる次の式はよく使われる．

$$\boldsymbol{\cos\left(\theta+\frac{\pi}{2}\right) = -\sin\theta, \qquad \sin\left(\theta+\frac{\pi}{2}\right) = \cos\theta.} \tag{3.3}$$

　また，ともに大きさが 1 である 2 つのベクトル $(\cos\alpha, \sin\alpha)$ と $(\cos\beta, \sin\beta)$ の内積は，2 つのベクトルがなす角 $\alpha-\beta$ のコサインに等しくなるので

$$\cos\alpha\cos\beta + \sin\alpha\sin\beta = \cos(\alpha-\beta). \tag{3.4}$$

さらに $\alpha$ に「$\frac{\pi}{2}-\alpha$」を代入 [ii]，$\beta$ に「$\pm\beta$」を代入などにより以下を得る（図 3.4）．

**三角関数の加法定理，倍角の公式**

- $\cos(\alpha\pm\beta) = \cos\alpha\cos\beta \mp \sin\alpha\sin\beta$
- $\cos 2\alpha = \cos^2\alpha - \sin^2\alpha$
- $\sin(\alpha\pm\beta) = \sin\alpha\cos\beta \pm \cos\alpha\sin\beta$
- $\sin 2\alpha = 2\sin\alpha\cos\alpha$
- 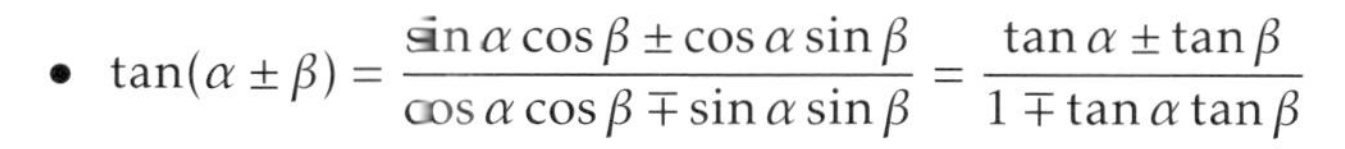 $\tan(\alpha\pm\beta) = \dfrac{\sin\alpha\cos\beta \pm \cos\alpha\sin\beta}{\cos\alpha\cos\beta \mp \sin\alpha\sin\beta} = \dfrac{\tan\alpha \pm \tan\beta}{1 \mp \tan\alpha\tan\beta}$
- $\tan 2\alpha = \dfrac{2\tan\alpha}{1-\tan^2\alpha}$

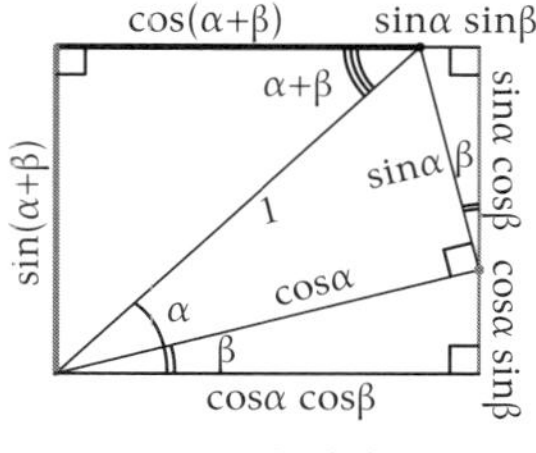


図 3.4　加法定理

[ii] $\cos\left(\frac{\pi}{2}-\alpha\right)\cos\beta + \sin\left(\frac{\pi}{2}-\alpha\right)\sin\beta = \cos\left(\frac{\pi}{2}-(\alpha+\beta)\right)$ に式 (3.2) を用いれば $\sin\alpha\cos\beta + \cos\alpha\sin\beta = \sin(\alpha+\beta)$．このように，内積を表す式としてまず式 (3.4) を得るのが加法定理の最軽量の「証明」だろう．

## 3.2 逆三角関数

三角関数は増減を繰り返す関数であるから逆関数を持たない．しかし，狭義単調増加または狭義単調減少[iii]である部分に定義域を制限すれば逆関数（**逆三角関数**）を考えられる．

**逆三角関数の定義**

- $\cos x$ $(0 \leqq x \leqq \pi)$ の逆関数を**アークコサイン $\arccos x$**（または$\cos^{-1} x$）という．
  $y = \arccos x$ の定義域は $-1 \leqq x \leqq 1$，値域は $0 \leqq y \leqq \pi$ である[iv]．
- $\sin x$ $\left(-\frac{\pi}{2} \leqq x \leqq \frac{\pi}{2}\right)$ の逆関数を**アークサイン $\arcsin x$**（または$\sin^{-1} x$）という．
  $y = \arcsin x$ の定義域は $-1 \leqq x \leqq 1$，値域は $-\frac{\pi}{2} \leqq y \leqq \frac{\pi}{2}$ である．
- $\tan x$ $\left(-\frac{\pi}{2} < x < \frac{\pi}{2}\right)$ の逆関数を**アークタンジェント $\arctan x$**（または$\tan^{-1} x$）という．
  $y = \arctan x$ の定義域は実数全体，値域は $-\frac{\pi}{2} < y < \frac{\pi}{2}$ である．

グラフは図 3.5，図 3.6，図 3.7 に示す通りである[v]計算の中に逆三角関数が現れる場合は都度，以下のように言い換えると見やすい．

**逆三角関数（定義の言い換え）**

- $y = \arccos x \iff x = \cos y$ かつ $0 \leqq y \leqq \pi$,
- $y = \arcsin x \iff x = \sin y$ かつ $-\frac{\pi}{2} \leqq y \leqq \frac{\pi}{2}$,
- $y = \arctan x \iff x = \tan y$ かつ $-\frac{\pi}{2} < y < \frac{\pi}{2}$.

$y = \arcsin x$ とすると，$x = \sin y = \cos\left(\frac{\pi}{2} - y\right)$ かつ $-\frac{\pi}{2} \leqq y \leqq \frac{\pi}{2}$ より

$$\frac{\pi}{2} - y = \arccos x \quad \therefore\ \boldsymbol{\arcsin x + \arccos x = \frac{\pi}{2}}. \tag{3.5}$$

**例 3.1**　$\arcsin \frac{\sqrt{3}}{2}$ の値を求めよう．$\arcsin \frac{\sqrt{3}}{2} = \alpha$ とおくと

$$\sin \alpha = \frac{\sqrt{3}}{2} \text{ かつ } -\frac{\pi}{2} \leqq \alpha \leqq \frac{\pi}{2} \quad \therefore\ \alpha = \frac{\pi}{3} \quad \therefore\ \arcsin \frac{\sqrt{3}}{2} = \frac{\pi}{3}.$$

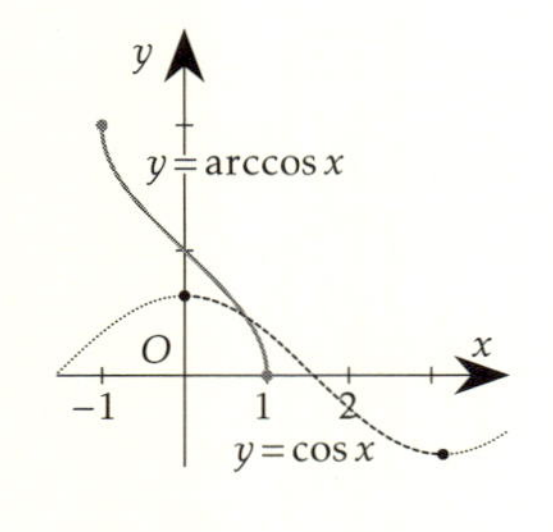


図 3.5　$y = \arccos x$

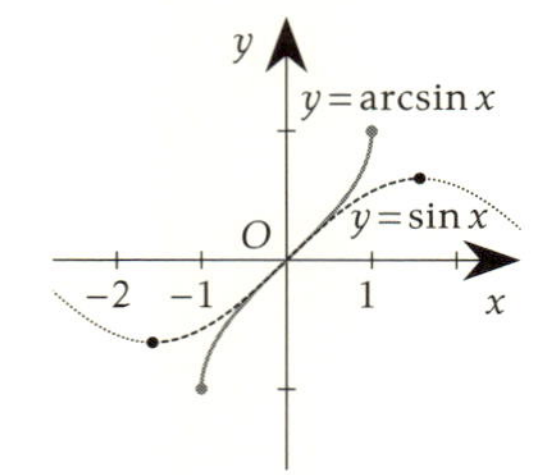


図 3.6　$y = \arcsin x$

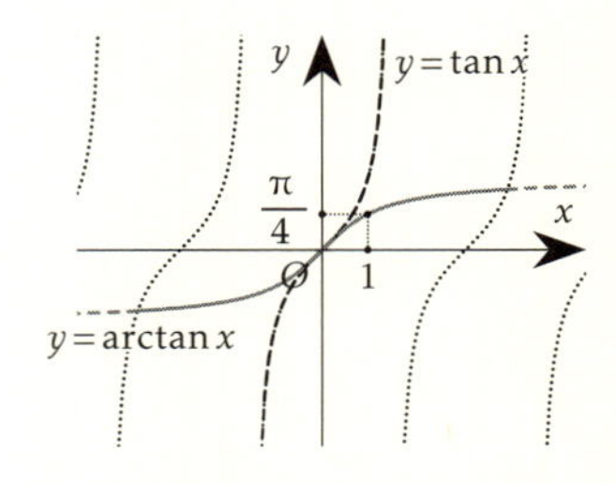


図 3.7　$y = \arctan x$

[iii] 関数 $f(x)$ が**狭義単調増加**とは「$a < b \Rightarrow f(a) < f(b)$」が成り立つことであり，**狭義単調減少**とは「$a < b \Rightarrow f(a) > f(b)$」が成り立つことである．

[iv] 弧の長さから $x$ 座標を読み取るのが cos だったので（p. 32），arccos は $x$ 座標から弧の長さを読み取るものである．**アーク**（arc）は弧の意味（arcus は弓の意味）．

[v] 奇関数の逆関数は（あれば）奇関数．偶関数の逆関数は ……

**例 3.2** $\sin\left(\arccos\frac{\sqrt{7}}{4}\right)$ の値を求めよう．$\arccos\frac{\sqrt{7}}{4}=\alpha$ とおくと，$\cos\alpha=\frac{\sqrt{7}}{4}$ かつ $0\leqq\alpha\leqq\pi$ だから，$\sin\alpha\geqq 0$ に注意して（図 3.8 参照）

$$\sin\left(\arccos\frac{\sqrt{7}}{4}\right)=\sin\alpha=\sqrt{1-\cos^2\alpha}=\sqrt{1-\left(\frac{\sqrt{7}}{4}\right)^2}=\frac{3}{4}.$$

**例 3.3** $\tan(2\arctan 3)$ の値を求めよう．$\arctan 3=\alpha$ とおくと，$\tan\alpha=3$（かつ $-\frac{\pi}{2}<\alpha<\frac{\pi}{2}$）だから，倍角の公式によって

$$\tan(2\arctan 3)=\tan 2\alpha=\frac{2\tan\alpha}{1-\tan^2\alpha}=\frac{2\cdot 3}{1-3^2}=-\frac{3}{4}.$$

**例 3.4** $\boldsymbol{\arctan\frac{1}{2}+\arctan\frac{1}{3}=\frac{\pi}{4}}$（Euler（オイラー））を示そう．$\alpha=\arctan\frac{1}{2}$, $\beta=\arctan\frac{1}{3}$ とおくと

$$\tan\alpha=\frac{1}{2},\ \tan\beta=\frac{1}{3}\quad \text{かつ}\quad -\frac{\pi}{2}<\alpha,\ \beta<\frac{\pi}{2}$$

である（tan の値が 0 と 1 の間にあるので実際には $0<\alpha,\ \beta<\frac{\pi}{4}$ である）．加法定理によって

$$\tan(\alpha+\beta)=\frac{\tan\alpha+\tan\beta}{1-\tan\alpha\tan\beta}=\frac{\frac{1}{2}+\frac{1}{3}}{1-\frac{1}{2}\cdot\frac{1}{3}}=1$$

である．したがって $\arctan 1=\frac{\pi}{4}$ に注意して $\alpha+\beta=\arctan\frac{1}{2}+\arctan\frac{1}{3}=\frac{\pi}{4}$ を得る．

さて，高校程度の積分と円板の面積の公式を既知として，逆三角関数の「中身」を調べよう．

例えばアークコサイン arccos について考える．原点を中心とする単位円周上の点 $P$ と点 $A(1,0)$ をとる．図 3.9 において弧 $\widehat{AP}$ の長さ $\theta$ から点 $P$ の $x$ 座標 $\alpha$ を読み取るのが cos であるから，arccos は点 $P$ の $x$ 座標 $\alpha$ から $\theta$ を読み取るものである．そこで $\theta$ を $\alpha$ を用いて表すことを考える．$\alpha$ は $-1$ から 1 まで動くが $\theta$ は $0\leqq\theta\leqq\pi$ の範囲で考えれば十分である．

弧 $\widehat{AP}$ の長さ $\theta$ より扇形 $OAP$ の面積 $\frac{\theta}{2}$（図 3.1）を $\alpha$ で記述する方が易しい．図 3.9 において，直線 $OP$ は $y=\frac{\sqrt{1-\alpha^2}}{\alpha}x$ で表され，円周の $y\geqq 0$ の部分は $y=\sqrt{1-x^2}$ で表されるから

$$(\text{扇形 } OAP \text{ の面積})=\frac{\theta}{2}=\int_0^\alpha\frac{\sqrt{1-\alpha^2}}{\alpha}x\,dx+\int_\alpha^1\sqrt{1-x^2}\,dx^{\text{vi)}}$$

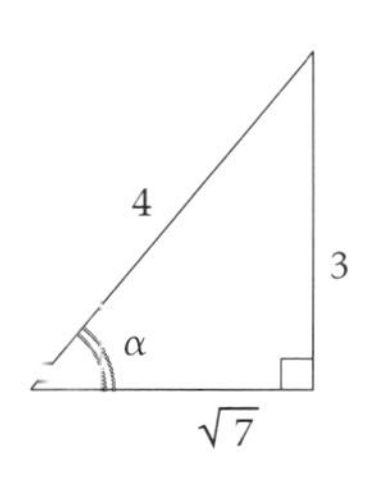


図 3.8 例 3.2

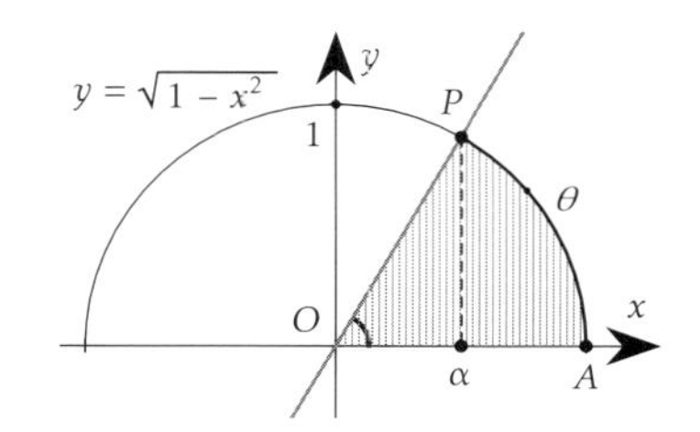


図 3.9 直線 $OP$: $y=\frac{\sqrt{1-\alpha^2}}{\alpha}x$

vi) この式は $0>\alpha\geqq -1$ でも正しい．また，$\alpha=0$ のときは $\theta=\frac{\pi}{2}$ である．

となる．したがって

$$\frac{\theta}{2} = \frac{\sqrt{1-\alpha^2}}{\alpha}\left[\frac{1}{2}x^2\right]_0^{\alpha} - \int_1^{\alpha}\sqrt{1-x^2}\,dx = \frac{1}{2}\alpha\sqrt{1-\alpha^2} - \int_1^{\alpha}\sqrt{1-x^2}\,dx$$

$$\therefore\ \theta = \alpha\sqrt{1-\alpha^2} - 2\int_1^{\alpha}\sqrt{1-x^2}\,dx \tag{3.6}$$

である．この右辺を $\alpha$ の関数とみなし $\arccos\alpha$ とするのである．

## 3.3　逆三角関数の微分

$y = \arccos x$ の微分を求めよう．式 (3.6) より（$x$ を $t$ に，$\alpha$ を $x$ に換えて）

$$\arccos x = x\sqrt{1-x^2} - 2\int_1^{x}\sqrt{1-t^2}\,dt$$

である．$-1 < x < 1$ において [vii] これを $x$ で微分すると

$$(\arccos x)' = \left(\sqrt{1-x^2} + x\cdot\frac{-x}{\sqrt{1-x^2}}\right) - 2\sqrt{1-x^2} = -\frac{1}{\sqrt{1-x^2}}. \tag{3.7}$$

$$\therefore\ (\arcsin x)' \underset{式 (3.5)}{=} \left(\frac{\pi}{2} - \arccos x\right)' = -\left(\arccos x\right)' = \frac{1}{\sqrt{1-x^2}}.$$

また，$y = \arctan x$ とすると $x = \tan y$ かつ $-\frac{\pi}{2} < y < \frac{\pi}{2}$ より，$\cos y = \dfrac{1}{\sqrt{x^2+1}}$（図 3.10），すなわち $y = \boldsymbol{\arctan x = \arccos\left(\dfrac{1}{\sqrt{x^2+1}}\right)}$ であるから，式 (3.7) と連鎖律により

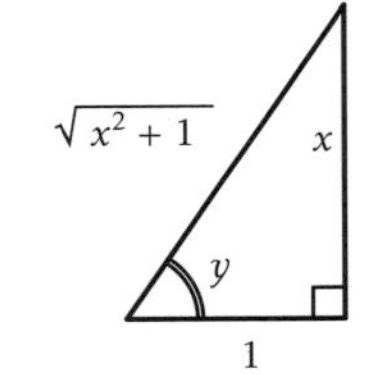


図 3.10　$y = \arctan x$

$$(\arctan x)' = -\frac{1}{\sqrt{1-\left(\frac{1}{\sqrt{x^2+1}}\right)^2}}\cdot\left(\frac{1}{\sqrt{x^2+1}}\right)'$$

$$= -\frac{\sqrt{x^2+1}}{x}\cdot\frac{-x}{(x^2+1)\sqrt{x^2+1}} = \frac{1}{x^2+1}.$$

**逆三角関数の微分公式**

- $\boldsymbol{(\arccos x)' = -\dfrac{1}{\sqrt{1-x^2}}}$ $(-1 < x < 1)$
- $\boldsymbol{(\arcsin x)' = \dfrac{1}{\sqrt{1-x^2}}}$ $(-1 < x < 1)$
- $\boldsymbol{(\arctan x)' = \dfrac{1}{x^2+1}}$

三角関数の微分公式は第 2 章までに何度か使ってきたが，三角関数を逆三角関数の逆関数（!）と考えてこれを確かめておく．$y = \cos x$（$0 < x < \pi$）とすると $x = \arccos y$ であるから，この両辺を (2.1) を唱えつつ $x$ で微分すれば

$$1 = -\frac{1}{\sqrt{1-y^2}}\cdot\frac{dy}{dx} \qquad \therefore\ \frac{dy}{dx} = -\sqrt{1-y^2} = -\sqrt{1-\cos^2 x} = -\sin x.$$

周期性からこれは $0 < x < \pi$ 以外の範囲でも成り立つので，$(\cos x)' = -\sin x$ である．また

$$(\sin x)' = \left\{-\cos\left(x+\frac{\pi}{2}\right)\right\}' = \sin\left(x+\frac{\pi}{2}\right) = \cos x,$$

$$\therefore\ (\tan x)' = \left\{\frac{\sin x}{\cos x}\right\}' = \frac{\cos x\cos x - \sin x(-\sin x)}{\cos^2 x} = \frac{1}{\cos^2 x}$$

---

[vii] $\arccos x$ は閉区間 $[-1,1]$ で定義されているが，区間の端点では微分可能でない．

$$\left(\text{または} = \frac{\cos^2 x}{\cos^2 x} + \frac{\sin^2 x}{\cos^2 x} = 1 + \tan^2 x\right).$$

**三角関数の微分公式**

- $(\cos x)' = -\sin x$
- $(\sin x)' = \cos x$
- $(\tan x)' = \dfrac{1}{\cos^2 x}$



また式 (3.3) を使って得られる以下の公式は高階導関数を扱う際などに便利である．

**三角関数の微分公式（自己完結版）**

- $(\cos x)' = \cos\left(x + \dfrac{\pi}{2}\right)$
- $(\sin x)' = \sin\left(x + \dfrac{\pi}{2}\right)$
- $(\tan x)' = \tan^2 x + 1$ (3.8)

**註 3.5** $(\cos x)' = \cos\left(x + \frac{\pi}{2}\right)$ および $(\sin x)' = \sin\left(x + \frac{\pi}{2}\right)$ を繰り返し用いれば

$$(\cos x)^{(n)} = \cos\left(x + \frac{n\pi}{2}\right), \qquad (\sin x)^{(n)} = \sin\left(x + \frac{n\pi}{2}\right). \tag{3.9}$$

当然，次のようにも書ける（$k = 0, 1, 2, \ldots$）．

$$(\cos x)^{(n)} = \begin{cases} \cos x & (n = 4k), \\ -\sin x & (n = 4k+1), \\ -\cos x & (n = 4k+2), \\ \sin x & (n = 4k+3), \end{cases} \qquad (\sin x)^{(n)} = \begin{cases} \sin x & (n = 4k), \\ \cos x & (n = 4k+1), \\ -\sin x & (n = 4k+2), \\ -\cos x & (n = 4k+3). \end{cases}$$

**註 3.6** 上の $(\tan x)' = \dfrac{1}{\cos^2 x} = \tan^2 x + 1$ の式と似た形の

$$\left(\frac{1}{\tan x}\right)' = -\frac{1}{\sin^2 x} = -\left(\frac{1}{\tan^2 x} + 1\right)$$

が成り立つ．$\tan x$ の逆数 $\dfrac{1}{\tan x}$ は**余接関数**（**コタンジェント**）$\boldsymbol{\cot x}$ と表される [viii]．

$$(\cot x)' = -\frac{1}{\sin^2 x} = -\left(\cot^2 x + 1\right).$$

---

[viii] **正割関数**（**セカント**）$\boldsymbol{\sec x} = \frac{1}{\cos x}$，**余割関数**（**コセカント**）$\boldsymbol{\csc x} = \frac{1}{\sin x}$ などの記号もある．

**例題 3**

〈1〉 次の値を求めよ.
(a) $\arcsin(-1)$　(b) $\arcsin\frac{1}{\sqrt{2}}$　(c) $\arccos\left(-\frac{1}{2}\right)$
(d) $\arctan(-1)$　(e) $\cos\left(2\arccos\frac{1}{3}\right)$
(f) $\cos\left(\arctan\sqrt{2}\right)$　(g) $\arcsin\frac{1}{\sqrt{5}}+\arcsin\frac{2}{\sqrt{5}}$
(h) $\lim_{x\to 0}\frac{\arcsin x}{x}$　(i) $\lim_{x\to 1}\arctan\frac{1}{|x^2-1|}$

〈2〉 $\arctan x+\arctan y=\arctan\frac{x+y}{1-xy}$
$\left(-\frac{\pi}{2}<\arctan x+\arctan y<\frac{\pi}{2}\right)$ を示せ.

〈3〉 次の関数を微分せよ.
(a) $y=\cos(2x+4)$　(b) $y=\cos^2 x\sin^3 x$
(c) $y=\frac{\sin x}{2+\cos x}$　(d) $y=\frac{\tan x}{x}$　(e) $y=\sin 2x\cos^2 x$
(f) $y=\frac{\cos x}{1-\sin x}$　(g) $y=\sqrt{1+\sin^2 x}$
(h) $y=e^{-ax}\sin bx$　(i) $y=\sin(\log x)$

〈4〉 次の関数を微分せよ.
(a) $y=\arccos 2x$　(b) $y=\arcsin x^2$　(c) $y=\arctan 2x$
(d) $y=\arctan\frac{1}{x}$　(e) $y=\frac{\arctan x}{1+x^2}$

〈5〉 $n$ 階導関数 $f^{(n)}(x)$ と $n$ 階微分係数 $f^{(n)}(0)$ を求めよ $(n\geqq 1)$.
(a) $f(x)=\cos 2x$　(b) $f(x)=e^x\sin x$

**類題 3**

〈1〉 次の値を求めよ.
(a) $\arcsin\frac{1}{\sqrt{2}}$　(b) $\arccos\frac{1}{2}$　(c) $\arctan\sqrt{3}$
(d) $\cos(\arctan 3)$　(e) $\tan\left(\arccos\frac{3}{5}+\arcsin\frac{12}{13}\right)$

〈2〉 次の方程式を満たす $x$ の値を求めよ.
(a) $\arctan 3=\arcsin x$　(b) $\arcsin\frac{2}{3}=\arctan x$
(c) $2\arccos\frac{2\sqrt{2}}{3}=\arcsin x$　(d) $\arcsin\frac{5}{13}+\arcsin\frac{3}{5}=\arccos x$　(e) $\arccos\frac{2\sqrt{2}}{3}+\arccos\frac{7}{9}=\arcsin x$
(f) $\arctan x+\arctan\frac{1}{4}=\frac{\pi}{4}$

〈3〉 以下を示せ.
(a) $2\arctan\frac{1}{2}-\arctan\frac{1}{7}=\frac{\pi}{4}$
(b) $\arctan x+\arctan\frac{1}{x}=\frac{\pi}{2}$ $(x>0)$

〈4〉 次の関数を微分せよ.
(a) $\sin x-3\cos x$　(b) $\sin 3x$　(c) $3\tan 2x$
(d) $\cos(1-2x)$　(e) $\tan x^2+\cos x$　(f) $\sin\frac{1}{x}$
(g) $\tan\sqrt{x}$　(h) $\tan\frac{1}{x}$　(i) $\sin^3 x$　(j) $\frac{1}{\cos^2 x}$
(k) $\cos^3 2x$　(l) $\sin(\cos x)$　(m) $x^3\cos 2x$
(n) $\frac{1-\cos x}{1+\cos x}$　(o) $\sqrt{\tan 2x}$　(p) $\sqrt{\frac{1+\sin x}{1-\sin x}}$

〈5〉 次の関数を微分せよ.
(a) $\arcsin x+\arccos x$　(b) $\arccos 2x$　(c) $\arctan(-2x)$
(d) $\arctan\frac{x}{2}$　(e) $\arctan\frac{x}{a}$ $(a\neq 0)$　(f) $y=\arcsin(e^x)$
(g) $y=\arctan\frac{1}{\sqrt{x}}$　(h) $\arcsin\frac{x}{\sqrt{1+x^2}}$
(i) $\arcsin\sqrt{1-x^2}$ $(0<x<1)$　(j) $\arccos\frac{1}{x}$ $(x>0)$
(k) $\arctan(e^{2x})$　(l) $\arctan\frac{1-x^2}{1+x^2}$
(m) $(\arcsin x)(\arccos x)$　(n) $\frac{\arcsin x}{x}$　(o) $\frac{\arctan x}{\sqrt{x}}$
(p) $\frac{\arctan x-1}{\arctan x+1}$　(q) $\arctan\frac{2}{x}$　(r) $\arcsin\sqrt{x}$
(s) $x\sqrt{1-x^2}+\arcsin x$

〈6〉 $n$ 階導関数 $f^{(n)}(x)$ と $n$ 階微分係数 $f^{(n)}(0)$ を求めよ $(n\geqq 1)$.
(a) $f(x)=\sin 2x$　(b) $f(x)=e^x\cos x$

**発展 3**

〈1〉 セカント $\sec x=\frac{1}{\cos x}$ に対して, 以下を示せ.
(a) $\sec^2 x-\tan^2 x=1$　(b) $(\sec x)'=\sec x\tan x$
(c) $(\tan x)'=\sec^2 x$

〈2〉 **Machin(マチン)の公式** $\frac{\pi}{4}=4\arctan\frac{1}{5}-\arctan\frac{1}{239}$ を示せ.

〈3〉 次の関数のグラフを描け.
(a) $y=\sin(\arcsin x)$　(b) $y=\arcsin(\sin x)$

---

**●例題 3 解答**

〈1〉 (a) $\arcsin(-1)=\alpha$ とおくと $\sin\alpha=-1$ かつ $-\frac{\pi}{2}\leqq\alpha\leqq\frac{\pi}{2}$ より $\alpha=\arcsin(-1)=-\frac{\pi}{2}$.
(b) $\arcsin\frac{1}{\sqrt{2}}=\alpha$ とおくと $\sin\alpha=\frac{1}{\sqrt{2}}$ かつ $-\frac{\pi}{2}\leqq\alpha\leqq\frac{\pi}{2}$ であるから $\alpha=\frac{\pi}{4}$.
(c) $\arccos\left(-\frac{1}{2}\right)=\alpha$ とおくと $\cos\alpha=-\frac{1}{2}$ かつ $0\leqq\alpha\leqq\pi$ であるから $\alpha=\frac{2\pi}{3}$.
(d) $\arctan(-1)=\alpha$ とおくと $\tan\alpha=-1$ かつ $-\frac{\pi}{2}<\alpha<\frac{\pi}{2}$ であるから $\alpha=-\frac{\pi}{4}$.
(e) $\alpha=\arccos\frac{1}{3}$ とおくと $\cos\alpha=\frac{1}{3}$ より
$\cos\left(2\arccos\frac{1}{3}\right)=\cos 2\alpha=2\cos^2\alpha-1=-\frac{7}{9}$.
(f) $\alpha=\arctan\sqrt{2}$ とおくと $\tan\alpha=\sqrt{2}$ かつ $-\frac{\pi}{2}<\alpha<\frac{\pi}{2}$ である. $2=\tan^2\alpha=\frac{1}{\cos^2\alpha}-1$ より $\cos^2\alpha=\frac{1}{3}$ だから

$\cos\alpha = \frac{1}{\sqrt{3}}$. すなわち $\cos\left(\arctan\sqrt{2}\right) = \frac{1}{\sqrt{3}}$.

(g) $\arcsin\frac{1}{\sqrt{5}} = \alpha$, $\arcsin\frac{2}{\sqrt{5}} = \beta$ とおくと

$\sin\alpha = \frac{1}{\sqrt{5}}$, $\sin\beta = \frac{2}{\sqrt{5}}$ かつ $-\frac{\pi}{2} \leqq \alpha,\ \beta \leqq \frac{\pi}{2}$ より

$\cos\alpha = \frac{2}{\sqrt{5}}$, $\cos\beta = \frac{1}{\sqrt{5}}$. $\therefore\ \sin(\alpha+\beta) = \sin\alpha\cos\beta + \cos\alpha\sin\beta = \frac{1}{\sqrt{5}}\cdot\frac{1}{\sqrt{5}} + \frac{2}{\sqrt{5}}\cdot\frac{2}{\sqrt{5}} = 1$.

$-\pi \leqq \alpha+\beta \leqq \pi$ より $\alpha+\beta = \frac{\pi}{2}$. すなわち $\arcsin\frac{1}{\sqrt{5}} + \arcsin\frac{2}{\sqrt{5}} = \frac{\pi}{2}$.

(h) $x \to 0$ のとき $\alpha = \arcsin x \to 0$ より

$$\lim_{x\to 0}\frac{\arcsin x}{x} = \lim_{\alpha\to 0}\frac{\alpha}{\sin\alpha} = \lim_{\alpha\to 0}\frac{1}{\frac{\sin\alpha}{\alpha}} = 1.$$

(i) $x \to 1$ のとき $\beta = \frac{1}{|x^2-1|} \to \infty$ より

$$\lim_{x\to 1}\arctan\frac{1}{|x^2-1|} = \lim_{\beta\to\infty}\arctan\beta = \frac{\pi}{2}.$$

⟨2⟩ $\alpha = \arctan x$, $\beta = \arctan y$ とおくと tan の加法定理から $\tan(\alpha+\beta) = \frac{\tan\alpha + \tan\beta}{1-\tan\alpha\tan\beta} = \frac{x+y}{1-xy}$.

$-\frac{\pi}{2} < \alpha+\beta < \frac{\pi}{2}$ に注意して

$\alpha+\beta = \arctan x + \arctan y = \arctan\frac{x+y}{1-xy}$.

⟨3⟩ (a) $y' = -\sin(2x+4)\cdot(2x+4)' = -2\sin(2x+4)$.

(b) $y' = (\cos^2 x)'\sin^3 x + \cos^2 x(\sin^3 x)'$

$= 2\cos x(-\sin x)\cdot\sin^3 x + \cos^2 x\cdot 3\sin^2 x\cos x$

$= -2\cos x\sin^4 x + 3\cos^3 x\sin^2 x$

$= -\cos x(1-\cos^2 x)(2-5\cos^2 x)$.

または，先に変形を行って

$y' = \{(1-\sin^2 x)\sin^3 x\}' = (\sin^3 x - \sin^5 x)'$

$= 3\sin^2 x\cos x - 5\sin^4 x\cos x$

$= \sin^2 x\cos x(3-5\sin^2 x)$

$= -\cos x(1-\cos^2 x)(2-5\cos^2 x)$.

(c) $y' = \frac{(\sin x)'\cdot(2+\cos x) - \sin x(2+\cos x)'}{(2-\cos x)^2}$

$= \frac{\cos x(2+\cos x) - \sin x(-\sin x)}{(2+\cos x)^2} = \frac{1+2\cos x}{(2+\cos x)^2}$.

(d) $y' = \frac{\frac{1}{\cos^2 x}\cdot x - \tan x\cdot 1}{x^2} = \frac{1}{x\cos^2 x} - \frac{\tan x}{x^2}$

$= \frac{x - \sin x\cos x}{x^2\cos^2 x}$.

(e) $y' = (\sin 2x)'\cdot\cos^2 x + \sin 2x(\cos^2 x)'$

$= 2\cos 2x\cos^2 x + \sin 2x(-2\cos x\sin x)$

$= 2\cos x(\cos 2x\cos x - \sin 2x\sin x) = 2\cos x\cos 3x$.

(f) $y' = \frac{(\cos x)'\cdot(1-\sin x) - \cos x(1-\sin x)'}{(1-\sin x)^2}$

$= \frac{-\sin x(1-\sin x) + \cos^2 x}{(1-\sin x)^2} = \frac{1}{1-\sin x}$.

(g) $y' = \left\{(1+\sin^2 x)^{\frac{1}{2}}\right\}' = \frac{1}{2}(1+\sin^2 x)^{-\frac{1}{2}}\cdot 2\sin x\cos x$

$= \frac{\sin 2x}{2\sqrt{1+\sin^2 x}}$.

(h) $y' = -ae^{-ax}\cdot\sin bx + e^{-ax}\cdot b\cos bx$

$= -e^{-ax}(a\sin bx - b\cos bx)$.

(i) $y' = \cos(\log x)\cdot\frac{1}{x} = \frac{\cos(\log x)}{x}$.

⟨4⟩ (a) $y' = -\frac{1}{\sqrt{1-(2x)^2}}(2x)' = -\frac{2}{\sqrt{1-4x^2}}$.

(b) $y' = \frac{1}{\sqrt{1-(x^2)^2}}(x^2)' = \frac{2x}{\sqrt{1-x^4}}$.

(c) $y' = \frac{1}{1+(2x)^2}(2x)' = \frac{2}{1+4x^2}$.

(d) $y' = \frac{1}{1+(1/x)^2}\left(\frac{1}{x}\right)' = \frac{-1/x^2}{1+1/x^2} = -\frac{1}{1+x^2}$.

(e) $y' = \frac{(\arctan x)'(1+x^2) - \arctan x(1+x^2)'}{(1+x^2)^2}$

$= \frac{\frac{1+x^2}{1+x^2} - 2x\arctan x}{(1+x^2)^2} = \frac{1-2x\arctan x}{(1+x^2)^2}$.

⟨5⟩ (a) $(\cos 2x)' = -2\sin 2x = 2\cos\left(2x+\frac{\pi}{2}\right)$ より

$f^{(n)}(x) = 2^n\cos\left(2x+\frac{n\pi}{2}\right)$ だから（式 (3.9)）

$$f^{(n)}(0) = 2^n\cos\left(\frac{n\pi}{2}\right) = \begin{cases}(-1)^k 2^{2k} & (n=2k)\\ 0 & (n=2k+1)\end{cases}$$

$(k = 0, 1, 2, \ldots)$ である．

(b) $(e^x)' = (e^x)'' = \cdots = (e^x)^{(n)} = e^x$ であるから，Leibniz 則（§1.4）より

$$\{e^x\sin x\}^{(n)} = \sum_{p=0}^{n}\binom{n}{p}e^x(\sin x)^{(p)}$$

$$= \sum_{p=0}^{n}\frac{n!}{(n-p)!\,p!}e^x\sin\left(x+\frac{p\pi}{2}\right).$$

よって $f^{(n)}(0) = \sum_{p=0}^{n}\frac{n!}{(n-p)!\,p!}\sin\left(\frac{p\pi}{2}\right)$ である．

## ●類題 3 解答

⟨1⟩ (a) $\frac{\pi}{4}$　(b) $\frac{\pi}{3}$　(c) $\frac{\pi}{3}$　(d) $\frac{1}{\sqrt{10}}$　(e) $-\frac{56}{33}$

⟨2⟩ (a) $\frac{3}{\sqrt{10}}$　(b) $\frac{2}{\sqrt{5}}$　(c) $\frac{4\sqrt{2}}{9}$　(d) $\frac{33}{65}$　(e) $\frac{23}{27}$　(f) $\frac{3}{5}$

⟨3⟩ （略）

⟨4⟩ (a) $\cos x + 3\sin x$　(b) $3\cos 3x$　(c) $\frac{6}{\cos^2 2x}$

(d) $2\sin(1-2x)$　(e) $\frac{2x}{\cos^2(x^2)} - \sin x$

(f) $-\frac{1}{x^2}\cos\frac{1}{x}$　(g) $\frac{1}{2\sqrt{x}\cos^2\sqrt{x}}$　(h) $-\frac{1}{x^2\cos^2(1/x)}$

(i) $3\sin^2 x\cos x$　(j) $\frac{2\sin x}{\cos^3 x}$　(k) $-6\sin 2x\cos^2 2x$

(l) $-\sin x\cos(\cos x)$　(m) $3x^2\cos 2x - 2x^3\sin 2x$

(n) $\frac{2\sin x}{(1+\cos x)^2}$　(o) $\frac{1}{\cos^2 2x\sqrt{\tan 2x}}$

(p) $\frac{\cos x}{\sqrt{(1+\sin x)(1-\sin x)^3}}$

⟨5⟩ (a) 0　(b) $-\frac{2}{\sqrt{1-4x^2}}$　(c) $-\frac{2}{1+4x^2}$

(d) $\frac{2}{x^2+4}$　(e) $\frac{a}{x^2+a^2}$　(f) $\frac{e^x}{\sqrt{1-e^{2x}}}$

(g) $-\dfrac{1}{2\sqrt{x}(x+1)}$　(h) $\dfrac{1}{1+x^2}$　(i) $-\dfrac{1}{\sqrt{1-x^2}}$

(j) $\dfrac{1}{x\sqrt{x^2-1}}$　(k) $\dfrac{2e^{2x}}{1+e^{4x}}$　(l) $-\dfrac{2x}{1+x^4}$

(m) $\dfrac{\arccos x-\arcsin x}{\sqrt{1-x^2}}$　(n) $\dfrac{1}{x\sqrt{1-x^2}}-\dfrac{\arcsin x}{x^2}$

(o) $\dfrac{1}{x}\left(\dfrac{\sqrt{x}}{1+x^2}-\dfrac{\arctan x}{2\sqrt{x}}\right)$

(p) $\dfrac{2}{(1+x^2)(\arctan x+1)^2}$　(q) $-\dfrac{2}{x^2+4}$

(r) $\dfrac{1}{2\sqrt{x(1-x)}}$　(s) $2\sqrt{1-x^2}$

**⟨6⟩** (a) $f^{(n)}(x)=2^n\sin\left(2x+\dfrac{n\pi}{2}\right)$,

$$f^{(n)}(0)=\begin{cases}0 & (n=2k)\\ (-1)^k2^{2k+1} & (n=2k+1)\end{cases}$$

(b) $f^{(n)}(x)=\displaystyle\sum_{p=0}^{n}\frac{n!}{(n-p)!\,p!}\ e^x\cos\left(x+\frac{p\pi}{2}\right)$,

$$f^{(n)}(0)=\sum_{p=0}^{n}\frac{n!}{(n-p)!\,p!}\ \cos\left(\frac{p\pi}{2}\right)$$

## ●発展 3 解答

**⟨1⟩**（略）

**⟨2⟩** [例題 3⟨2⟩] より $2\arctan\dfrac{1}{5}=\arctan\dfrac{1/5+1/5}{1-1/25}$

$=\arctan\dfrac{5}{12}$ だから

$4\arctan\dfrac{1}{5}=2\arctan\dfrac{5}{12}=\arctan\dfrac{10/12}{1-25/144}$

$=\arctan\dfrac{120}{119}$.

$-\dfrac{\pi}{4}=\arctan(-1)$ より $4\arctan\dfrac{1}{5}-\dfrac{\pi}{4}=\arctan\dfrac{120}{119}+$

$\arctan(-1)=\arctan\dfrac{\frac{120}{119}-1}{1-\frac{120}{119}\cdot(-1)}=\arctan\dfrac{1}{239}$.

**⟨3⟩** (a)（図 3.11）　(b)（図 3.12）

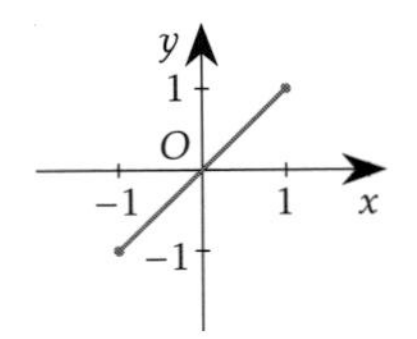


図 3.11　$y=\sin(\arcsin x)$

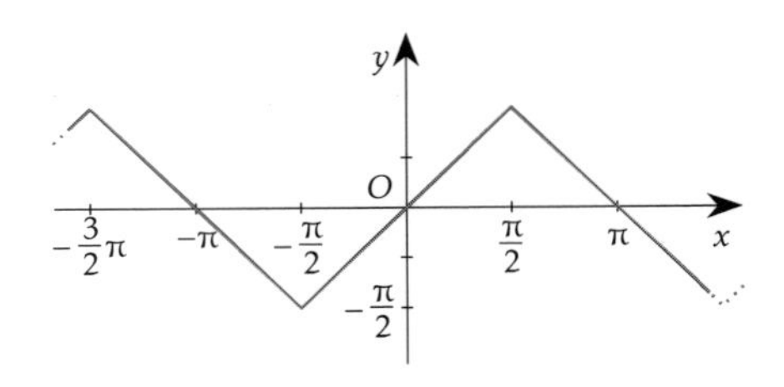


図 3.12　$y=\arcsin(\sin x)$

# 第 4 章

# Taylor 多項式

微分可能な関数のグラフ $y=f(x)$ の接線は，接点において $f(x)$ と同じ微分係数（傾き）を持つ直線（1 次曲線）だった．高階の微分係数によって「接放物線（接 2 次曲線）」や「接 3 次曲線」のようなものを表したいというのが，Taylor（テイラー）多項式を考える 1 つの動機である．

## 4.1　Taylor 多項式

$n$ 回微分可能な関数 $f(x)$ が与えられたとき（$n \geqq 1$），$x=a$ のまわりで $f(x)$ に「近い」**$n$ 次多項式 $p(x)$** を見つけたい．ここで「近い」とは $n$ 階までの微分係数が等しいこと，つまり

$$f(a)=p(a), \qquad f'(a)=p'(a), \qquad f''(a)=p''(a), \qquad \cdots, \qquad f^{(n)}(a)=p^{(n)}(a) \tag{4.1}$$

であることとする．多項式 $p(x)$ を

$$p(x)=A_0+A_1(x-a)+A_2(x-a)^2+\cdots+A_n(x-a)^n$$

の形に書いておけば

$$p(a)=A_0, \quad p'(a)=A_1, \quad p''(a)=2A_2, \quad p'''(a)=6A_3, \quad \ldots, \quad p^{(n)}(a)=n!A_n$$

であるから，式 (4.1) の条件は

$$A_0=f(a), \quad A_1=f'(a), \quad A_2=\frac{f''(a)}{2}, \quad A_3=\frac{f'''(a)}{6}, \quad \cdots, \quad A_n=\frac{f^{(n)}(a)}{n!}$$

を意味している．これによって定まる多項式を Taylor 多項式という．

**Taylor 多項式**

$n$ 回微分可能な関数 $f(x)$ に対して（$n \geqq 1$）

$$f(a)+f'(a)(x-a)+\frac{f''(a)}{2!}(x-a)^2+\frac{f'''(a)}{3!}(x-a)^3+\cdots+\frac{f^{(n)}(a)}{n!}(x-a)^n$$

を $f(x)$ の $x=a$ における $n$ 次 **Taylor（テイラー）多項式**とよぶ．$\boldsymbol{T_n(f(x);a)}$ で表すことにする．

**註 4.1**　関数 $f(x)$ の $x=a$ における 1 次 Taylor 多項式は

$$y=T_1(f(x);a)=f(a)+f'(a)(x-a)$$

のように曲線 $y=f(x)$ 上の点 $(a,f(a))$ における接線の式を与える．

**例 4.2**　指数関数 $f(x)=e^x$ について，$e^x=f'(x)=f''(x)=f'''(x)=\cdots=f^{(n)}(x)$ より

$$f(0)=f'(0)=f''(0)=f'''(0)=\cdots=f^{(n)}(0)=1$$

であるから，$x=0$ における $n$ 次 Taylor 多項式は

$$T_n(e^x;0)=\mathbf{1}+\boldsymbol{x}+\frac{\boldsymbol{x}^2}{\mathbf{2!}}+\frac{\boldsymbol{x}^3}{\mathbf{3!}}+\cdots+\frac{\boldsymbol{x}^n}{\boldsymbol{n}!}\quad \text{（図 4.1）.}$$

**例 4.3**　関数 $f(x)=x^3+6x^2+10x-1$ を考える．

$$f'(x)=3x^2+12x+10,\ f''(x)=6x+12,\ f'''(x)=6,\ f^{(4)}(x)=\cdots=f^{(k)}(x)=0\ \ (k\geqq 4)$$

であるから，$x=-2$ における 3 次 Taylor 多項式は

$$\begin{aligned}&f(-2)+f'(-2)(x+2)+\frac{f''(-2)}{2!}(x+2)^2+\frac{f'''(-2)}{3!}(x+2)^3\\&=-5-2(x+2)+0(x+2)^2+(x+2)^3=(x+2)^3-2(x+2)-5\end{aligned}$$ [i].

$x=0$ における Taylor 多項式のことをMaclaurin（マクローリン）多項式ともよぶ．

**Maclaurin 多項式**

$n$ 回微分可能な関数 $f(x)$ の $x=0$ における $n$ 次 Taylor 多項式（$n\geqq 1$）

$$T_n(f(x);0)=f(0)+f'(0)x+\frac{f''(0)}{2!}x^2+\frac{f'''(0)}{3!}x^3+\cdots+\frac{f^{(n)}(0)}{n!}x^n$$

を $f(x)$ の $n$ 次 **Maclaurin（マクローリン）多項式**とよぶ．$\boldsymbol{T_n(f(x))}$ あるいは $T_nf(x)$ で表すことにする．

関数 $f(x)$ の $x=a$ における Taylor 多項式 $T_n(f(x);a)$ は，$f(x+a)$ の Maclaurin 多項式 $T_n(f(x+a))=T_n(f(x+a);0)$ の $x$ に「$x-a$」を代入することにより求められるので，今後は Maclaurin 多項式を主に扱う．

**例 4.4**　関数 $f(x)=\cos x$ の Maclaurin 多項式を求めよう．式 (3.9) より $f^{(n)}(x)=\cos\left(x+\dfrac{n\pi}{2}\right)$ であり，$f^{(n)}(0)=\cos\dfrac{n\pi}{2}$ は $n=0,1,2,\ldots$ に対し $1,0,-1,0,1,0,-1,0,1,\ldots$ と繰り返す [ii]．

$$\therefore\ T_{2k}(\cos x)=\mathbf{1}-\frac{\boldsymbol{x}^2}{\mathbf{2!}}+\frac{\boldsymbol{x}^4}{\mathbf{4!}}-\frac{\boldsymbol{x}^6}{\mathbf{6!}}+\cdots+\frac{\mathbf{(-1)}^{\boldsymbol{k}}}{\mathbf{(2\boldsymbol{k})!}}\boldsymbol{x}^{2\boldsymbol{k}}\ \ (=T_{2k+1}(\cos x))\quad \text{（図 4.2）.}$$

**例 4.5**　関数 $f(x)=\sin x$ の Maclaurin 多項式を求めよう．式 (3.9) より $f^{(n)}(x)=\sin\left(x+\dfrac{n\pi}{2}\right)$ であり，$f^{(n)}(0)=\sin\dfrac{n\pi}{2}$ は $n=0,1,2,\ldots$ に対し $0,1,0,-1,0,1,0,-1,0,\ldots$ と繰り返す [iii]．

---

[i] この結果を展開すると元の式に一致する．つまり，グラフ $y=f(x)$ は曲線 $y=x^3-2x-5$ を $x$ 方向に $-2$ だけ平行移動したものであることが分かる．この式変形を微分を使わずに行うのはそれなりに大変である．$k$ 次の項を $x^k=\{(x+2)-2\}^k$ の 2 項展開で表すのが得策か．

[ii] 単位円周上の点 $\left(\cos\frac{n\pi}{2},\sin\frac{n\pi}{2}\right)$ の $x$ 座標をみる．

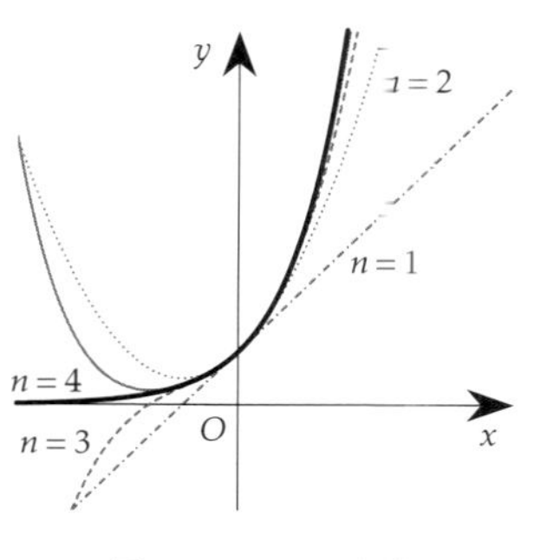


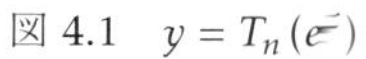

図 4.1　$y = T_n(e^x)$

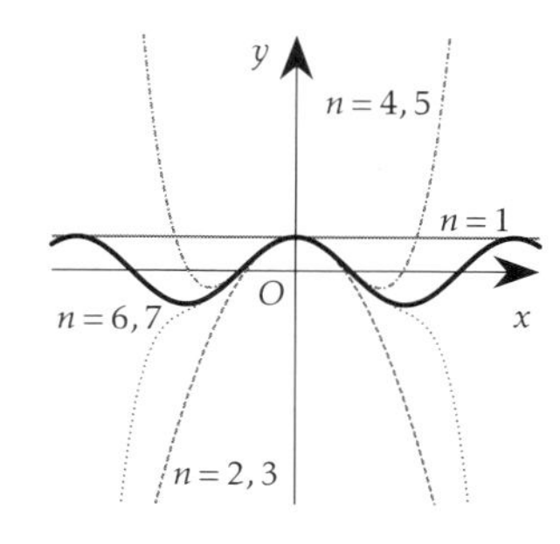


図 4.2　$y = T_n(\cos x)$

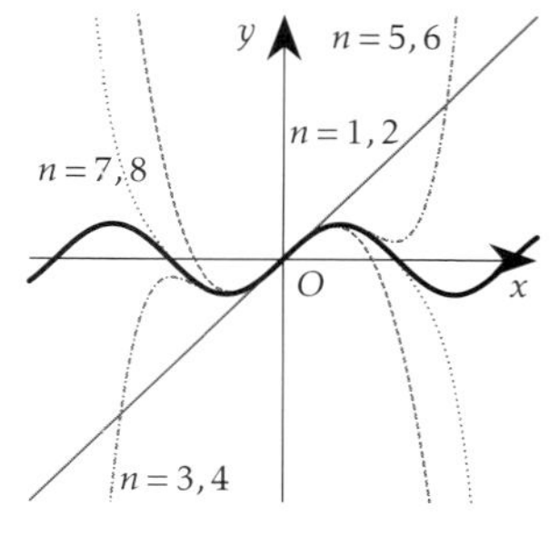


図 4.3　$y = T_n(\sin x)$

$$\therefore\ T_{2k+1}(\sin x) = \boldsymbol{x - \frac{x^3}{3!} + \frac{x^5}{5!} - \frac{x^7}{7!} \cdots + \frac{(-1)^k}{(2k+1)!} x^{2k+1}} \quad (= T_{2k+2}(\sin x)) \quad (図 4.3).$$

**例 4.6**　$f(x) = \dfrac{1}{1-x}$ とすると $f^{(k)}(x) = \dfrac{k!}{(1-x)^{k+1}}$ より $f^{(k)}(0) = k!$ であるから

$$T_n\left(\frac{1}{1-x}\right) = \boldsymbol{1 + x + x^2 + x^3 + x^4 + \cdots + x^n}.$$

## 4.2　一般化された 2 項係数

$\alpha$ を実数とし，$f(x) = (1+x)^\alpha$ とする．§1.4 冒頭と同様の計算により

$$f^{(n)}(x) = \alpha(\alpha-1)(\alpha-2)\cdots(\alpha-(n-1))(1+x)^{\alpha-n}$$
$$\therefore\ f^{(n)}(0) = \alpha(\alpha-1)(\alpha-2)\cdots(\alpha-(n-1))$$

である．よって

$$T_n((1+x)^\alpha) = \boldsymbol{1 + \alpha x + \frac{\alpha(\alpha-1)}{2!} x^2 + \frac{\alpha(\alpha-1)(\alpha-2)}{3!} x^3 + \cdots + \frac{\alpha(\alpha-1)\cdots(\alpha-n+1)}{n!} x^n}. \quad (4.2)$$

**註 4.7**　式 (4.2) 中の $n$ 次の係数は式 (0.3) の右辺の式の $n$ を $\alpha$ に換えたものになっている．

$$\binom{\boldsymbol{\alpha}}{\boldsymbol{k}} = \boldsymbol{\frac{\alpha(\alpha-1)\cdots(\alpha-k+1)}{k!}}$$

を一般化された **2 項係数**（generalized binomial coefficients）とよぶ（左辺の記号も流用する）．

**例 4.8**　関数 $\sqrt{1+x}$ の 4 次 Maclaurin 多項式 $T_4\left(\sqrt{1+x}\right) = T_4\left((1+x)^{\frac{1}{2}}\right)$ は

$$1 + \frac{1}{2}x + \frac{\frac{1}{2}(\frac{1}{2}-1)}{2!}x^2 + \frac{\frac{1}{2}(\frac{1}{2}-1)(\frac{1}{2}-2)}{3!}x^3 + \frac{\frac{1}{2}(\frac{1}{2}-1)(\frac{1}{2}-2)(\frac{1}{2}-3)}{4!}x^4$$
$$= 1 + \frac{1}{2}x - \frac{1}{8}x^2 + \frac{1}{16}x^3 - \frac{5}{128}x^4 \quad (図 4.4).$$

---

iii) 単位円周上の点 $\left(\cos\frac{n\pi}{2}, \sin\frac{n\pi}{2}\right)$ の $y$ 座標をみる．

## 4.3　Taylor 多項式の計算例

Taylor 多項式を求める作業は高階の微分係数を求めることの有限回の繰り返しだから，様々な操作と「可換（実行の順序を交換可能）」である．Maclaurin 多項式について書き下すと以下のようになる．

**Maclaurin 多項式の性質**

$k, \ell$ を実数，$f(x), g(x)$ は $n$ 回微分可能とする．

**線形性:**
$$T_n(kf(x)+\ell g(x)) = kT_nf(x)+\ell T_ng(x).$$

**微分:**
$$\{T_nf(x)\}' = T_{n-1}f'(x).$$

**積分:**
$$\int_0^x T_nf(t)\,dt = T_{n+1}\left(\int_0^x f(t)\,dt\right).$$

**変数の定数倍の代入:**　$g(x)=f(kx)$ であるとき $T_ng(x)=(T_nf)(kx)$.

これらの性質は唱えるより使用例を多く見る方が理解しやすいだろう．特に，$(1+x)^\alpha$ の展開（式 (4.2)）との組み合わせは用途が広い．

**例 4.9**　例 4.6 の $x$ に「$-x$」を代入すれば，$T_n\left(\dfrac{1}{1+x}\right) = \boldsymbol{1-x+x^2-x^3+x^4+\cdots+(-x)^n}$（図 4.5）.

**例 4.10**　$\{\log(1+x)\}' = \dfrac{1}{1+x}$ すなわち $\log(1+x)=\displaystyle\int_0^x \frac{1}{1+t}\,dt$ であることに注意して

$$\begin{aligned}T_n(\log(1+x)) &= T_n\left(\int_0^x \frac{1}{1+t}\,dt\right) = \int_0^x T_{n-1}\left(\frac{1}{1+t}\right)dt\\ &= \int_0^x \left\{1-t+t^2-t^3+\cdots+(-t)^{n-1}\right\}dt = \boldsymbol{x-\frac{x^2}{2}+\frac{x^3}{3}-\frac{x^4}{4}+\cdots+(-1)^{n-1}\frac{x^n}{n}}.\end{aligned}$$

**例 4.11**　関数 $\dfrac{1}{\sqrt{2x+1}}$ の 3 次 Maclaurin 多項式 $T_3\left(\dfrac{1}{\sqrt{2x+1}}\right) = T_3\left(\{1+(2x)\}^{-\frac{1}{2}}\right)$ は

$$1-\frac{1}{2}(2x)+\frac{-\frac{1}{2}(-\frac{1}{2}-1)}{2!}(2x)^2+\frac{-\frac{1}{2}(-\frac{1}{2}-1)(-\frac{1}{2}-2)}{3!}(2x)^3 = 1-x+\frac{3}{2}x^2-\frac{5}{2}x^3 \quad (\text{図 } 4.6).$$

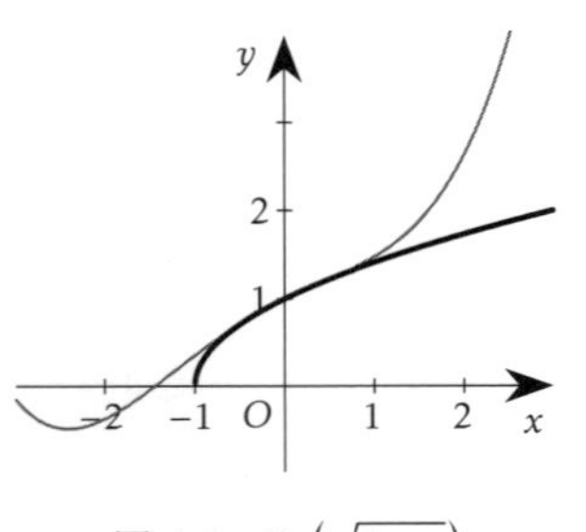


図 4.4　$T_4\left(\sqrt{1+x}\right)$

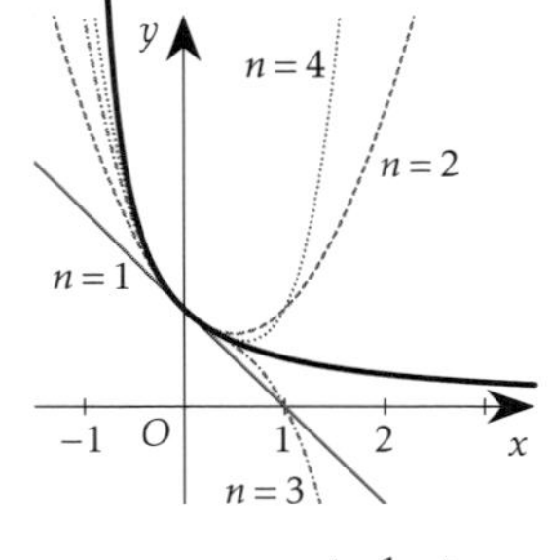


図 4.5　$T_n\left(\dfrac{1}{1+x}\right)$

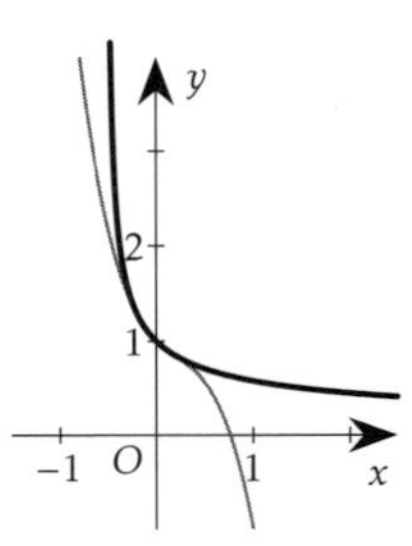


図 4.6　$T_3\left(\dfrac{1}{\sqrt{2x+1}}\right)$

さらに実際的な観点で言えば，**関数の積や合成の Maclaurin 多項式は各関数の Maclaurin 多項式どうしの積や合成をとって適当な次数で切ることにより求められる**（註 5.9 参照）．このことは §5.3 で正しく理解できることであるが，先に具体的な計算例をいくつか挙げておく．

**例 4.12**　$e^x \cos x$ の 3 次 Maclaurin 多項式を求めよう．例 4.2 と例 4.4 より

$$\left\{1 + x + \frac{x^2}{2!} + \frac{x^3}{3!} + (4\text{ 次以上の項})\right\}\left\{1 - \frac{x^2}{2!} + (4\text{ 次以上の項})\right\} = x + x^2 + \frac{x^3}{3} + (4\text{ 次以上の項}).$$

したがって $T_3(e^x \cos x) = 1 + x - \dfrac{x^3}{3}$ である（3 次で切って掛け合わせて 3 次で切る）．

**例 4.13**　$\dfrac{1}{1 + x + x^2}$ の 3 次 Maclaurin 多項式を求めよう．例 4.9 に「$x + x^2$ を代入（合成）」して

$$1 - \left(x + x^2\right) + \left(x + x^2\right)^2 - \left(x + x^2\right)^3 + \left(「x + x^2」\text{ の 4 次以上の項}\right) = 1 - x + x^3 + (4\text{ 次以上の項})$$

より，$T_3\left(\dfrac{1}{1 + x + x^2}\right) = 1 - x + x^3$ である（3 次で切ったものに代入して 3 次で切る）．

**例 4.14**　$e^{xe^x}$ の 3 次 Maclaurin 多項式を求めよう．$X = xe^x$ とおくと $e^{xe^x} = e^X$ である．$X = xe^x$ の 3 次 Maclaurin 多項式は式 (4.3) を利用して

$$x\left(1 + x + \frac{1}{2}x^2\right) = x + x^2 + \frac{1}{2}x^3.$$

$x = 0$ のとき $X = 0$ であることに注意し，これを，$e^X$ の 3 次 Maclaurin 多項式 $1 + X + \dfrac{1}{2}X^2 + \dfrac{1}{6}X^3$ の $X$ に代入すると

$$1 + \left(x + x^2 + \frac{1}{2}x^3\right) + \frac{1}{2}\left(x + x^2 + \frac{1}{2}x^3\right)^2 + \frac{1}{6}\left(x + x^2 + \frac{1}{2}x^3\right)^3 = 1 + x + \frac{3}{2}x^2 + \frac{5}{3}x^3 + (4\text{ 次以上の項}).$$

したがって $e^{xe^x}$ の 3 次 Maclaurin 多項式は $1 + x + \dfrac{3}{2}x^2 + \dfrac{5}{3}x^3$ である．

**註 4.15**　「$f(x)$ の 3 次 Maclaurin 多項式（$x = 0$ における Taylor 多項式）を求めよ」という問いは，「$f(x)$ の 3 次の**近似多項式**を求めよ」，「$f(x)$ の 3 次近似を求めよ」，「$f(x)$ を 3 次まで展開せよ」など様々な言い回しでされる．「$n$ 次近似」の意味は §5.3 でより明瞭になる．

ここで用いた便利な技法を大いに活用するために以下は記憶してしまった方がよい．

**基本的な関数の Maclaurin 多項式**

$$T_n(e^x) = 1 + x + \frac{x^2}{2!} + \frac{x^3}{3!} + \frac{x^4}{4!} + \cdots + \frac{x^n}{n!} \tag{4.3}$$

$$T_{2k}(\cos x) = 1 - \frac{x^2}{2!} + \frac{x^4}{4!} - \frac{x^6}{6!} + \cdots + \frac{(-1)^k}{(2k)!}x^{2k} \quad (= T_{2k+1}(\cos x)) \tag{4.4}$$

$$T_{2k+1}(\sin x) = x - \frac{x^3}{3!} + \frac{x^5}{5!} - \frac{x^7}{7!} \cdots + \frac{(-1)^k}{(2k+1)!}x^{2k+1} \quad (= T_{2k+2}(\sin x)) \tag{4.5}$$

$$T_n(\log(1 + x)) = x - \frac{x^2}{2} + \frac{x^3}{3} - \frac{x^4}{4} + \cdots + (-1)^{n+1}\frac{x^n}{n} \tag{4.6}$$

$$T_n\left(\frac{1}{1-x}\right) = 1 + x + x^2 + x^3 + x^4 + \cdots + x^n \tag{4.7}$$

$$T_n\left(\frac{1}{1+x}\right) = 1 - x + x^2 - x^3 + x^4 - \cdots + (-x)^n \tag{4.8}$$

$$T_n\left((1+x)^\alpha\right) = 1 + \alpha x + \frac{\alpha(\alpha-1)}{2!}x^2 + \frac{\alpha(\alpha-1)(\alpha-2)}{3!}x^3 + \cdots + \frac{\alpha(\alpha-1)\cdots(\alpha-n+1)}{n!}x^n \tag{4.9}$$

**例題 4**

**〈1〉** 次の関数 $f(x)$ について，$f(0)$, $f'(0)$, $f''(0)$, $f'''(0)$, $\cdots$ を計算し，Maclaurin 多項式を求めよ．

(a) $f(x) = (x-1)^3$（3 次まで）　(b) $f(x) = \sin x$（7 次まで）　(c) $f(x) = \cos x$（6 次まで）　(d) $f(x) = 2^x$（4 次まで）　(e) $f(x) = \dfrac{1}{1+x}$（$n$ 次まで）　(f) $f(x) = \cos^2 x$（4 次まで）

**〈2〉** 次の関数の与えられた次数の Maclaurin 多項式を求めよ．

(a) $\cos 2x$（4 次）　(b) $\sin^2 x$（4 次）　(c) $\dfrac{1}{\sqrt{2-x}}$（4 次）　(d) $x^2 e^x$（6 次）　(e) $e^x \sin x$（3 次）

**〈3〉** 次の関数の $x = 1$ における与えられた次数の Talyor 多項式を求めよ．

(a) $f(x) = (x-1)^3$（3 次）　(b) $f(x) = x^4 + 2x + 1$（4 次）　(c) $f(x) = e^{2x}$（3 次）

**〈4〉** 次の関数の $n$ 次 Maclaurin 多項式を求めよ．

(a) $a^x$（$a > 0$）　(b) $\dfrac{x}{x-1}$　(c) $\dfrac{1}{1-x^2}$

**類題 4**

**〈1〉** 次の関数の 3 次 Maclaurin 多項式を求めよ．

(a) $x^5 + 2x^4 + 3x^3 + 4x^2 + 5x + 6$　(b) $(x+1)^2 - 2$　(c) $\sin 3x$　(d) $e^{2x}$　(e) $e^{-4x}$　(f) $\dfrac{1}{x^2 - x + 1}$　(g) $\sqrt{3x+1}$　(h) $e^x \tan x$　(i) $\sqrt{1-2x}$　(j) $\log(1+2x)$　(k) $\log(1-2x)$　(l) $\sqrt[5]{1+x}$　(m) $\sin x \cos x$　(n) $\tan x$　(o) $\log(x+1)\cos x$　(p) $\dfrac{1}{\tan x + 1}$　(q) $e^x \sin 2x$　(r) $\cos x \sin 2x$　(s) $(\cos x)\sqrt[3]{1+x}$

**〈2〉** 次の関数の $x = 1$ における 3 次 Talyor 多項式を求めよ．

(a) $x^5+2x^4+3x^3+4x^2+5x+6$　(b) $x^2-2x+1$　(c) $\sin \pi x$　(d) $e^{3x}$　(e) $\log x$

**〈3〉** 次の関数の 5 次 Maclaurin 多項式を求めよ．

(a) $x\cos x$　(b) $x\log(1+x)$　(c) $x^2(e^x - 1)$

**〈4〉** 次の関数の $n$ 次 Maclaurin 多項式を求めよ．

(a) $\dfrac{e^x - e^{-x}}{2}$　(b) $\dfrac{1}{2}\log\dfrac{1+x}{1-x}$　(c) $\dfrac{x}{1-x^2}$

**発展 4**

**〈1〉** 2 つの曲線が点 $(a,b)$ で 2 次の接触をするとは，それぞれの曲線を表す（陰）関数 $y = f(x)$, $y = g(x)$ が $f(a) = b$, $g(a) = b$, $f'(a) = g'(a)$, $f''(a) = g''(a)$ を満たすこととする iv)．

(a) 原点を中心とする円周 $C$ および $C$ 上の点 $(a,b)$ $(b \neq 0)$ を考える．点 $(a,b)$ で円周 $C$ と 2 次の接触をする放物線の方程式を求めよ．

(b) 点 $(t, t^2)$ において放物線 $y = x^2$ と 2 次の接触をする円周の半径 $R$ を $t$ を用いて表せ．

---

**● 例題 4 解答**

**〈1〉** (a) $f'(x) = 3(x-1)^2, f''(x) = 6(x-1), f'''(x) = 6$ より $f(0) = -1, f'(0) = 3, f''(0) = -6, f'''(0) = 6$．よって $T_3 f(x) = -1 + 3x - 3x^2 + x^3$．

(b) $T_7 f(x) = x - \dfrac{1}{3!}x^3 + \dfrac{1}{5!}x^5 - \dfrac{1}{7!}x^7$．

(c) $T_6 f(x) = 1 - \dfrac{1}{2!}x^2 + \dfrac{1}{4!}x^4 - \dfrac{1}{6!}x^6$．

(d) $f'(x) = (\log 2)2^x, f''(x) = (\log 2)^2 2^x, \ldots, f^{(n)}(x) = (\log 2)^n 2^x$ より $f^{(n)}(0) = (\log 2)^n$ だから，$T_4 f(x) = 1 + (\log 2)x + \dfrac{(\log 2)^2}{2!}x^2 + \dfrac{(\log 2)^3}{3!}x^3 + \dfrac{(\log 2)^4}{4!}x^4$．

【別解】 $2^x = e^{(\log 2)x}$ より，$e^x$ のマクローリン多項式に $(\log 2)x$ を代入してもよい．

(e) $f'(x) = (-1)(1+x)^{-2}$　$f''(x) = (-1)(-2)(1+x)^{-3}$, $f^{(3)}(x) = (-1)(-2)(-3)(1+x)^{-4}$ より $f^{(n)}(x) = (-1)^n n!(1+x)^{-(n+1)}$　$\therefore f^{(n)}(0) = (-1)^n n!$ だから $T_n f(x) = 1 - x + x^2 - x^3 + x^4 - x^5 + x^6 + \cdots + (-1)^n x^n$．

(f) $f'(x) = -2\cos x \sin x = -\sin 2x$, $f''(x) = -2\cos 2x$, $f^{(3)}(x) = 4\sin 2x$, $f^{(4)}(x) = 8\cos 2x$．$\therefore f(0) = 1$, $f'(0) = 0$, $f''(0) = -2$, $f^{(3)}(0) = 0$, $f^{(4)}(0) = 8$

$\therefore T_4 f(x) = 1 - x^2 + \dfrac{1}{3}x^4$．

**〈2〉** (a) 式 (4.4) に「$2x$」を代入して

$T_4(\cos 2x) = 1 - \dfrac{(2x)^2}{2!} + \dfrac{(2x)^4}{4!} = 1 - 2x^2 + \dfrac{2}{3}x^4$．

(b) $T_4\left(\sin^2 x\right) = T_4\left(\dfrac{1-\cos 2x}{2}\right)$

$= \dfrac{1}{2}\left\{1 - \left(1 - 2x^2 + \dfrac{2}{3}x^4\right)\right\} = x^2 - \dfrac{1}{3}x^4$．

(c) $T_4\left(\dfrac{1}{\sqrt{2-x}}\right) = T_4\left(\dfrac{1}{\sqrt{2}}\left(1 - \dfrac{x}{2}\right)^{-\frac{1}{2}}\right)$

$$\underset{\text{式 (4.9)}}{=} \frac{1}{\sqrt{2}}\left\{1 - \frac{1}{2}\left(-\frac{x}{2}\right) + \frac{-\frac{1}{2}\left(-\frac{1}{2}-1\right)}{2!}\left(-\frac{x}{2}\right)^2 + \frac{-\frac{1}{2}\left(-\frac{1}{2}-1\right)\left(-\frac{1}{2}-2\right)}{3!}\left(-\frac{x}{2}\right)^3 + \frac{-\frac{1}{2}\left(-\frac{1}{2}-1\right)\left(-\frac{1}{2}-2\right)\left(-\frac{1}{2}-3\right)}{4!}\left(-\frac{x}{2}\right)^4\right\}$$

---

iv) 共通の 2 次 Taylor 多項式を持つということである．

$= \frac{1}{\sqrt{2}}\left(1 + \frac{1}{4}x + \frac{3}{32}x^2 + \frac{5}{128}x^3 + \frac{35}{2048}x^4\right).$

(d) $T_4\left(x^2 e^x\right)$

$= x^2\left\{1 + x + \frac{x^2}{2!} + \frac{x^3}{3!} + \frac{x^4}{4!} + (5\text{ 次以上の項})\right\}$

$= x^2 + x^3 + \frac{x^4}{2} + \frac{x^5}{6} + \frac{x^6}{24} + (7\text{ 次以上}).$

(e) $T_4\left(e^x \sin x\right)$

$= \left\{1 + x + \frac{x^2}{2!} + \frac{x^3}{3!} + (4\text{ 次以上})\right\}\left\{x - \frac{x^3}{3!} + (4\text{ 次以上})\right\}$

$= x + x^2 + \frac{x^3}{3} + (4\text{ 次以上}).$

⟨3⟩ (a) $f(1) = f'(1) = f''(1) = 0, f'''(1) = 6$ より $(x-1)^3$.

(b) $4 + 6(x-1) + 6(x-1)^2 + 4(x-1)^3 + (x-1)^4$

(c) $e^2 + 2e^2(x-1) + 2e^2(x-1)^2 + \frac{4}{3}e^2(x-1)^3$

⟨4⟩ (a) $(a^x)^{(n)} = a^x(\log a)^n$ より $T_n(a^x) = 1 + (\log a)x + \frac{(\log a)^2}{2!}x^2 + \frac{(\log a)^3}{3!}x^3 + \cdots + \frac{(\log a)^n}{n!}x^n$

$= \sum_{k=0}^{n} \frac{(\log a)^k}{k!}x^k.$

(b) $\frac{x}{x-1} = 1 - \frac{1}{1-x}$ より

$T_n\left(\frac{x}{x-1}\right) \underset{\text{式 (4.7)}}{=} 1 - \left(1 + x + x^2 + x^3 + \cdots + x^n\right)$

$= -x\left(1 + x + x^2 + x^3 + \cdots + x^{n-1}\right).$

(c) $T_n\left(\frac{1}{1-x^2}\right) = T_n\left(\frac{1}{2}\left(\frac{1}{1-x} + \frac{1}{1+x}\right)\right)$

$= \frac{1}{2}\left\{T_n\left(\frac{1}{1-x}\right) + T_n\left(\frac{1}{1-x}\right)\right\}$

$= \frac{1}{2}\left\{\left(1 + x + x^2 + \cdots + x^n\right) + \left(1 - x + x^2 - \cdots + (-x)^n\right)\right\}$

$= 1 + x^2 + x^4 + \cdots + x^{2k} \quad (n = 2k,\ 2k+1).$

【別解】式 (4.7) に「$x^2$ を代入」して $T_n\left(\frac{1}{1-x^2}\right) = 1 + x^2 + x^4 + \cdots + x^{2k}$.

### ●類題 4 解答

⟨1⟩ (a) $6+5x+4x^2+3x^3$　(b) $-1+2x+x^2$　(c) $3x - \frac{9}{2}x^3$

(d) $1 + 2x + 2x^2 + \frac{4}{3}x^3$　(e) $1 - 4x + 8x^2 - \frac{32}{3}x^3$

(f) $1+x-x^3$　(g) $1 + \frac{3}{2}x - \frac{9}{8}x^2 + \frac{27}{16}x^3$　(h) $x + x^2 + \frac{5x^3}{6}$

(i) $1 - x - \frac{x^2}{2} - \frac{x^3}{2}$　(j) $2x - 2x^2 + \frac{8}{3}x^3$　(k) $-2x - 2x^2 - \frac{8}{3}x^3$

(l) $1 + \frac{1}{5}x - \frac{2}{25}x^2 + \frac{6}{125}x^3$　(m) $x - \frac{2}{3}x^3$　(n) $x + \frac{1}{3}x^3$

(o) $x - \frac{x^2}{2} - \frac{x^3}{6}$　(p) $1 - x + x^2 - \frac{4x^3}{3}$　(q) $2x + 2x^2 - \frac{x^3}{3}$

(r) $2x - \frac{7x^3}{3}$　(s) $1 + \frac{x}{3} - \frac{11x^2}{18} - \frac{17x^3}{162}$

⟨2⟩ (a) $21+35(x-1)+35(x-1)^2+21(x-1)^3$　(b) $(x-1)^2$

(c) $-\pi(x-1) + \frac{\pi^3}{6}(x-1)^3$

(d) $e^3 + 3e^3(x-1) + \frac{9}{2}e^3(x-1)^2 + \frac{9}{2}e^3(x-1)^3$

(e) $(x-1) - \frac{1}{2}(x-1)^2 + \frac{1}{3}(x-1)^3$

⟨3⟩ (a) $x - \frac{x^3}{2} + \frac{x^5}{24}$　(b) $x^2 - \frac{x^3}{2} + \frac{x^4}{3} - \frac{x^5}{4}$

(c) $x^3 + \frac{x^4}{2} + \frac{x^5}{6}$

⟨4⟩ $n = 2k+1$ または $n = 2k+2$ に対して

(a) $T_{2k+1} = T_{2k+2} = x + \frac{x^3}{3!} + \frac{x^5}{5!} + \cdots + \frac{x^{2k+1}}{(2k+1)!}$

(b) $T_{2k+1} = T_{2k+2} = x + \frac{x^3}{3} + \frac{x^5}{5} + \cdots + \frac{x^{2k+1}}{2k+1}$

(c) $T_{2k+1} = T_{2k+2} = x + x^3 + x^5 + \cdots + x^{2k+1}$

### ●発展 4 解答

⟨1⟩ (a) 円周 $C$ は $x^2 + y^2 = a^2 + b^2$ と書ける．この式の両辺を $x$ で微分すると $2x + 2yy' = 0$，再度 $x$ で微分すると $2 + 2y'y' + 2yy'' = 0$ となる．これらの式に $(x, y) = (a, b)$ を代入すると $2a + 2by' = 0$ より点 $(a, b)$ において $y' = -\frac{a}{b}$．また $2 + 2\left(-\frac{a}{b}\right)^2 + 2by'' = 0$ より点 $(a, b)$ において $y'' = -\frac{a^2+b^2}{b^3}$ となる．

したがって，点 $(a, b)$ を通る放物線 $y = g(x) = \alpha(x-a)^2 + \beta(x-a) + b$ が円周 $C$ と点 $(a, b)$ で 2 次の接触をするための条件は

$$g'(a) = \beta = -\frac{a}{b},\quad g''(a) = 2\alpha = -\frac{a^2+b^2}{b^3}$$

である．よって求める放物線は

$$y = -\frac{a^2+b^2}{2b^3}(x-a)^2 - \frac{a}{b}(x-a) + b.$$

(b) 放物線 $y = x^2 = h(x)$ と半径 $R$ の円周が点 $(t, t^2)$ で 2 次の接触をしているとする．この 2 曲線を同時に平行移動して円周の中心が原点になるようにしたとき，点 $(t, t^2)$ が写される点を $(a, b)$ とする．曲線の各点における微分係数や 2 階微分係数は平行移動しても変わらないことから，(a) より

$$h'(t) = 2t = -\frac{a}{b},\quad h''(t) = 2 = -\frac{a^2+b^2}{b^3}$$

である．これら 2 つの式から $R = \sqrt{a^2+b^2}$ を表す $t$ の式を得たい．1 つめの式から $1 + 4t^2 = \frac{a^2+b^2}{b^2} = \frac{R^2}{b^2}$，2 つめの式から $2 = -\frac{R^2}{b^3}$ が分かるので，$R^2 = \frac{(R^2/b^2)^3}{(-R^2/b^3)^2} = \frac{(1+4t^2)^3}{2^2}$．よって $R = \frac{(\sqrt{1+4t^2})^3}{2}$ である [v]．

---

[v] 放物線の**曲率半径**が得られたことになる．

# 第 5 章

# Taylorの定理

Taylorの定理は，$x = a$ のまわりで $n$ 回微分可能な関数とその $(n-1)$ 次 Taylor 多項式の「誤差」$R_n$ を書き下すものである．Taylor の定理には例えば次のような産物がある．

- $\boldsymbol{n \to \infty}$ のときの $R_n$ の挙動を調べることができ，$\boldsymbol{R_n \to 0}$ **となる** $\boldsymbol{x}$ **の範囲で**，関数を「無限次数の多項式」として表せる（式 (5.7)，§5.2）．
- $\boldsymbol{x \to a}$ のとき誤差 $R_n$ は，$\boldsymbol{x = a}$ **のまわりで**，$(x-a)^{n-1}$ に比べて「小さい」ものであることが分かる（§5.3）．

## 5.1 Taylorの定理への準備

関数 $f(x) = \dfrac{1}{1-x}$ の $n$ 次 Maclaurin 多項式（例 4.6）

$$T_n f(x) = T_n\left(\frac{1}{1-x}\right) = 1 + x + x^2 + x^3 + x^4 + x^5 + \cdots + x^n$$

は，原点のまわりで $f(x)$ に「近い」ものだった．しかし $n \to \infty$ のとき，定義域全体で $T_n f(x)$ が $f(x)$ に収束する保証はない．実は $n \to \infty$ のとき，この式は一般に決まった関数に収束しない．

実際，式 (1.4) において $\xi = 1$ とすると

$$\frac{1-x^n}{1-x} = 1 + x + x^2 + x^3 + x^4 + \cdots + x^{n-1}$$

$$\therefore\ \frac{1}{1-x} = 1 + x + x^2 + x^3 + x^4 + \cdots + x^{n-1} + \boldsymbol{\frac{x^n}{1-x}} \tag{5.1}$$

となるので，関数 $\dfrac{1}{1-x}$ とその $(n-1)$ 次 Maclaurin 多項式の「誤差」は，右辺の最終項 $R = \dfrac{x^n}{1-x}$ ということになる．$x$ が勝手な値をとるなら，$n \to \infty$ のとき $R \to 0$ とならないことは明らかである．

しかし，もし $\boldsymbol{|x| < 1}$ **ならば**，$n \to \infty$ のとき $R \to 0$ であるから

$$\frac{1}{1-x} = 1 + x + x^2 + x^3 + x^4 + \cdots, \quad |x| < 1 \tag{5.2}$$

が分かる．また，式 (1.4) において $\xi = 1$, $x$ に「$-x$ を代入」したもの

$$\frac{1}{1+x} = 1 - x + x^2 - x^3 + x^4 - x^5 + \cdots + (-x)^{n-1} + \boldsymbol{\frac{(-x)^n}{1+x}} \tag{5.3}$$

から話を始めれば次式が得られる．

$$\frac{1}{1+x} = 1 - x + x^2 - x^3 + x^4 - \cdots, \quad |x| < 1. \tag{5.4}$$

さて，一般の関数についてこのようなことを考えるには Taylor の定理が便利である．

## 5.2 Taylorの定理

§5.1 でみたように，関数 $f(x)$ の $n$ 次 Taylor 多項式 $T_n(f(x);a)$ は，次数 $n$ を大きくすることにより関数として $f(x)$ に近づくとは限らない．そこで $T_n(f(x);a)$ と $f(x)$ の差を $n$ を使って評価したい．

$\boldsymbol{C^n}$ **級**関数とその $(n-1)$ 次 Taylor 多項式の差を評価する形で **Taylor の定理** を述べる．

**定理 5.1**（**Taylor の定理**） $a$ のまわりで定義された $C^n$ 級関数 $f(x)$（$n \geqq 1$）と定義域内の $x$ に対して

$$f(x) = f(a) + f'(a)(x-a) + \frac{f''(a)}{2!}(x-a)^2 + \cdots + \frac{f^{(n-1)}(a)}{(n-1)!}(x-a)^{n-1} + \boldsymbol{\frac{f^{(n)}(c)}{n!}(x-a)^n}$$

を満たす $c$ が $a$ と $x$ の間に存在する．

**証明**[i] $x = a$ のときには示すことがないので，$x \neq a$ とする．まず，$t$ に関する関数

$$p(t) = f(t) + f'(t)(x-t) + \frac{f''(t)}{2!}(x-t)^2 + \cdots + \frac{f^{(n-1)}(t)}{(n-1)!}(x-t)^{n-1} \tag{5.5}$$

を考える．この $p(t)$ は次の 3 つを満たすよう巧妙に作ってある．

(A) $p(x) = f(x)$,

(B) $p(a) = f(a) + f'(a)(x-a) + \frac{f''(a)}{2!}(x-a)^2 + \cdots + \frac{f^{(n-1)}(a)}{(n-1)!}(x-a)^{n-1} \quad (= T_{n-1}(f(x);a))$,

(C) $p'(t) = \frac{f^{(n)}(t)}{(n-1)!}(x-t)^{n-1}$.

(A) と (B) は明らかである．(C) は，式 (5.5) の右辺の第 $k$ 項（$k \geqq 2$）の $t$ に関する微分が

$$\frac{d}{dt}\left\{\frac{f^{(k-1)}(t)}{(k-1)!}(x-t)^{k-1}\right\} = \frac{f^{(k)}(t)}{(k-1)!}(x-t)^{k-1} - \frac{f^{(k-1)}(t)}{(k-2)!}(x-t)^{k-2}$$

となることから分かる．(A) と (B) を考慮すると，示すべきことは

$$p(x) = p(a) + \frac{f^{(n)}(c)}{n!}(x-a)^n \quad \text{すなわち} \quad \frac{p(x)-p(a)}{(x-a)^n} = \frac{f^{(n)}(c)}{n!} \tag{5.6}$$

となる $c$ が $a$ と $x$ の間に存在することである．

さて[ii] $[x,a]$ または $[a,x]$ において

$$g(t) = p(t) + \frac{p(x)-p(a)}{(x-a)^n}(x-t)^n$$

と定める．明らかに $g(x) = g(a)$ である．また $g(t)$ は $a$ と $x$ の間で微分可能で

$$g'(t) \underset{(C)}{=} \frac{f^{(n)}(t)}{(n-1)!}(x-t)^{n-1} - n\frac{p(x)-p(a)}{(x-a)^n}(x-t)^{n-1} = -n(x-t)^{n-1}\left\{\frac{p(x)-p(a)}{(x-a)^n} - \frac{f^{(n)}(t)}{n!}\right\}.$$

したがって〔Rolle の〕定理 1.4 より

$$g'(c) = -n(x-c)^{n-1}\left\{\frac{p(x)-p(a)}{(x-a)^n} - \frac{f^{(n)}(c)}{n!}\right\} = 0$$

となる $c$ が $a$ と $x$ の間に存在する．$x \neq c$ に注意すれば (5.6) を得る． □

---

[i] T. M. Apostol: *Calculus, Vol. I, One-variable calculus, with an introduction to linear algebra*, p. 283 の真似．

[ii] 以降，区間 $[a,x]$ または $[x,a]$ において $p(t)$ と $q(t) = (x-t)^n$ に **Cauchy（コーシー）の平均値の定理** [2, p. 142] を適用しているだけである．別の $q(t)$ に対して同じことをすれば剰余項（註 5.4）の別の表示が得られる．

**註 5.2** $n=1$ のとき，定理 5.1 の式は

$$f(x)=f(a)+f'(c)(x-a) \iff \frac{f(x)-f(a)}{x-a}=f'(c)$$

となるから，定理 5.1 は区間 $[x,a]$（または $[a,x]$）における〔平均値の〕定理 1.5 に他ならない．

Taylor の定理の $a=0$ の場合を **Maclaurin の定理** とよぶ．

**定理 5.3**（**Maclaurin の定理**） 0 のまわりで定義された $C^n$ 級関数 $f(x)$（$n \geqq 1$）と定義域内の $x$ に対して

$$f(x)=f(0)+f'(0)x+\frac{f''(0)}{2!}x^2+\cdots+\frac{f^{(n-1)}(0)}{(n-1)!}x^{n-1}+\boldsymbol{\frac{f^{(n)}(\theta x)}{n!}x^n}$$

を満たす $\theta$（$0<\theta<1$）が存在する [iii]．



**註 5.4** Taylor の定理の式の最後の項 $\frac{f^{(n)}(c)}{n!}(x-a)^n$ を **剰余項**（remainder term）という．剰余項を $R_n(x)$ で表せば

$$f(x)=\sum_{k=0}^{n-1}\frac{f^{(k)}(a)}{k!}(x-a)^k+R_n(x)$$

である．さらにもし $f(x)$ が $C^\infty$ 級であって，$\boldsymbol{n\to\infty}$ **のとき剰余項** $\boldsymbol{R_n(x)}$ **が 0 に近づくならば** [iv]

$$f(x)=\sum_{k=0}^{\infty}\frac{f^{(k)}(a)}{k!}(x-a)^k \tag{5.7}$$

と表せる．このとき $f(x)$ は点 $a$ で **Taylor 展開可能** であるといい，式 (5.7) の右辺を $f(x)$ の **Taylor 展開** または **Taylor 級数** とよぶ．$a=0$ のときには **Maclaurin 展開** または **Maclaurin 級数** とよぶ．

なお剰余項の表し方は一通りではなく，他の表し方を用いるとその収束の議論が簡単になる場合がある [4, p. 127]．実際，式 (5.1) や式 (5.3) がそうだった．

**例 5.5** 関数 $\log(1+x)$ の場合，式 (5.3) より

$$\frac{1}{1+t}=1-t+t^2-t^3+t^4-t^5+\cdots+(-t)^{n-1}-\frac{(-t)^n}{1+t}$$

である．両辺を辺を 0 から $x$ まで積分すると

$$\int_0^x \frac{1}{1+t}\,dt=\int_0^x\left\{1-t+t^2-t^3+t^4-t^5+\cdots+(-t)^{n-1}-\frac{(-t)^n}{1+t}\right\}dt$$

$$\therefore\quad \log(1+x)=x-\frac{x^2}{2}+\frac{x^3}{3}-\frac{x^4}{4}+\cdots+(-1)^{n-1}\frac{x^n}{n}-\int_0^x\frac{(-t)^n}{1+t}\,dt$$

---

[iii] Taylor の定理に現れる，0 と $x$ の間の数 $c$ を $\theta x$（$0<\theta<1$）によって表した．

[iv] 実際 $f$ が $C^\infty$ 級（何回でも微分可能）であっても $R_n\to 0$ であるとは限らない．「級数」の準備不足のため，$R_n\to 0$ となる条件の議論には深入りしない．ある点のまわりでの関数の近似として Taylor 多項式を用いるだけなら不要であるという現時点での動機不足もあるし，そもそも複素変数の関数として考察する方がずっとシンプルである（ある領域内で複素変数の関数として 1 回微分できれば，つまり **正則** であればよい）という逃げ口上もある．

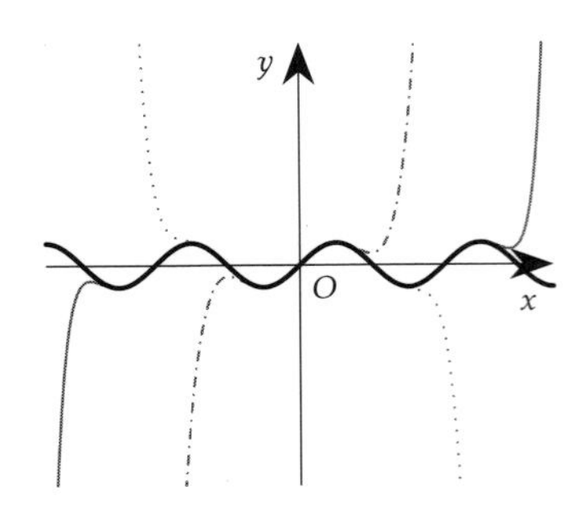


図 5.1　$y = \sin x$ と 5, 13, 21 次 Maclaurin 多項式（次数を大きくすると Maclaurin 多項式は実数全体で $\sin x$ に近づく）.

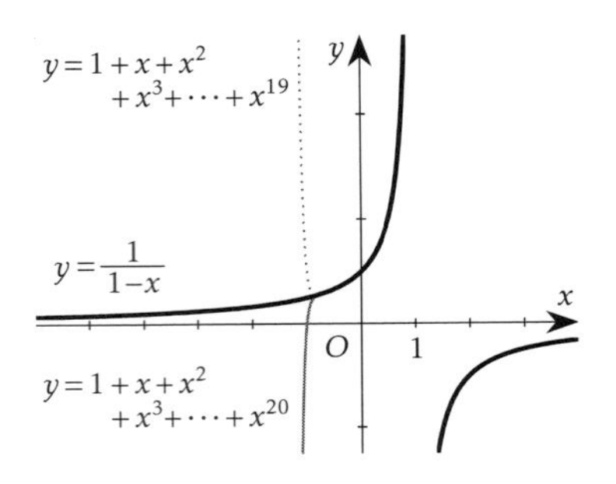


図 5.2　$y = \frac{1}{1-x}$ と 19, 20 次 Maclaurin 多項式（Maclaurin 多項式が $-1 < x < 1$ の外側で $\frac{1}{1-x}$ に近づく気配はない）.

となる．$n \to \infty$ のとき，この最後の項 $R = -\int_0^x \frac{(-t)^n}{1+t}\,dt$ が $-1 < x \leqq 1$ に対して 0 に収束することを示すのは難しくない[v)]．したがって

$$\log(1+x) = x - \frac{x^2}{2} + \frac{x^3}{3} - \frac{x^4}{4} + \cdots = \sum_{k=1}^{\infty} \frac{(-1)^{k+1}x^k}{k} \quad (-1 < x \leqq 1).$$

実は上の例に加えて，$(1+x)^{\alpha}$ $(-1 < x < 1)$（[4, p. 201] など参照）や $e^x$, $\cos x$, $\sin x$（[発展 5⟨2⟩] 参照）はすべて Taylor 展開可能である（§0.4.3 参照）.

## 5.3　漸近展開

Taylor の定理の剰余項 $R_n(x) = \frac{f^{(n)}(c)}{n!}(x-a)^n$ に現れる $c$ は $x$ と $a$ の間にあるから，$x \to a$ のとき $R_n(x) \to 0$ である．つまり $f(x)$ と，「$x = a$ での $n$ 階までの微分係数が等しい多項式」$T_n(f(x);a)$（§4.1）との差は $x = a$ のまわりでは小さいことが分かる．しかし，この差がどの程度小さいのか，Taylor 多項式の次数を上げるとより小さくなるのかなどはまだよく分からない．ここで〔Taylor の〕定理 5.1 を用いてこれらを明瞭にしよう．

まず定理 5.1 の式を変形して得られる

$$f(x) - \sum_{k=0}^{n-1} \frac{f^{(k)}(a)}{k!}(x-a)^k = \frac{f^{(n)}(c)}{n!}(x-a)^n \tag{5.8}$$

の右辺は，$a$, $x$, $n$ に依存するよく分からない数 $c$ を含んでいて意味が捉えづらい.

そこで，式 (5.8) の両辺から $\frac{f^{(n)}(a)}{n!}(x-a)^n$ を引くと

$$f(x) - \sum_{k=0}^{n} \frac{f^{(k)}(a)}{k!}(x-a)^k = \frac{f^{(n)}(c)}{n!}(x-a)^n - \frac{f^{(n)}(a)}{n!}(x-a)^n$$

---

v) $0 \leqq x \leqq 1$ のとき，$0 \leqq t \leqq x \leqq 1 \Longrightarrow \left|\frac{(-t)^n}{1+t}\right| \leqq t^n$ より $|R| \leqq \int_0^x t^n\,dt = \frac{x^{n+1}}{n+1}$．$n \to \infty$ のとき (右辺) $\to 0$ より $R \to 0$.
$-1 < x < 0$ のとき，$s = -t$ とおくと $R = -\int_0^{|x|} \frac{s^n}{1-s}\,ds$ である．$0 \leqq s \leqq |x| < 1 \Longrightarrow 0 < 1 - |x| \leqq 1 - s$ より $|R| \leqq \int_0^{|x|} \frac{s^n}{1-|x|}\,ds = \frac{1}{1-|x|}\int_0^{|x|} s^n\,ds = \frac{1}{1-|x|} \cdot \frac{|x|^{n+1}}{n+1}$ だから $n \to \infty$ のとき (右辺) $\to 0$ より $R \to 0$.

$$\therefore \quad \frac{f(x)-\displaystyle\sum_{k=0}^{n}\frac{f^{(k)}(a)}{k!}(x-a)^k}{(x-a)^n}=\frac{1}{n!}\left\{f^{(n)}(c)-f^{(n)}(a)\right\}$$

となる．ここで，（$c$ が $a$ と $x$ の間にあるから）$x \to a$ のとき $c \to a$ であること，および（$f(x)$ が $C^n$ 級であることより）$f^{(n)}$ が連続であることに注意すれば

$$\lim_{x\to a}\frac{f(x)-\displaystyle\sum_{k=0}^{n}\frac{f^{(k)}(a)}{k!}(x-a)^k}{(x-a)^n}=\frac{1}{n!}\lim_{x\to a}\left\{f^{(n)}(c)-f^{(n)}(a)\right\}=0$$

である．この式は，**$x \to a$ のとき $f(x)$ とその $n$ 次 Taylor 多項式との差が $(x-a)^n$ に比べて「小さい」**ことを意味している．このような性質を記述するため次の記号を導入する．



**Landau の記号**

関数 $r(x)$ が $\displaystyle\lim_{x\to a}\frac{r(x)}{g(x)}=0$ を満たすとき

$$r(x)=o(g(x)) \quad (x \to a)$$

と表し[vi]，「$x \to a$ のとき $r(x)$ は $g(x)$ より**高位の無限小**である」などという．$o(g(x))$ を **Landau（ランダウ）の記号**（**Landau のリトル・オー**）とよぶ[vii]．

Landau の記号 $o((x-a)^n)$ を用いて Taylor の定理を書き換えておくと便利である．

**定理 5.6**（**漸近展開**[viii]（$x \to a$)）　$a$ のまわりで $C^n$ 級である関数 $f(x)$ について

$$f(x)=f(a)+f'(a)(x-a)+\frac{f''(a)}{2!}(x-a)^2+\cdots+\frac{f^{(n)}(a)}{n!}(x-a)^n+o((x-a)^n) \quad (x \to a). \tag{5.9}$$

**註 5.7**　定理 5.6 の式において $x=a+h$ として書き直した次の式もよく使われる．

$$\boldsymbol{f(a+h)=f(a)+f'(a)h+\frac{f''(a)}{2!}h^2+\cdots+\frac{f^{(n)}(a)}{n!}h^n+o(h^n)} \quad (h \to 0).$$

$a=0$ とすれば Maclaurin の定理の漸近展開バージョン（$x \to 0$ のときの**漸近展開**）が得られる．

**定理 5.8**（**漸近展開**（$x \to 0$)）　原点のまわりで $C^n$ 級である関数 $f(x)$ について

$$f(x)=f(0)+f'(0)x+\frac{f''(0)}{2!}x^2+\cdots+\frac{f^{(n)}(0)}{n!}x^n+o(x^n) \quad (x \to 0).$$

よく使う漸近展開（Maclaurin 展開）をまとめておく．すべて **$x \to 0$ のとき**である．

---

[vi] $o(g(x))=r(x)$ $(x \to a)$ とは書かない（普通の等式でない）．なお，別にビッグ・オー $O(g(x))$ があるのでオーは小文字で書かなければならない（図 5.3）．

[vii] $o(g(x))$ は「$x \to a$ のとき $g(x)$ より小さい関数」を総称的に表す記号であり，特定の関数を表すわけではない．

[viii] 漸近展開は関数をより簡単な関数列の級数として近似することで，ここでは冪（べき）関数 $A_k x^k$ の級数で近似している．

**基本的な関数の漸近展開**（$x \to 0$）

$$e^x = 1 + x + \frac{x^2}{2!} + \frac{x^3}{3!} + \frac{x^4}{4!} + \cdots + \frac{x^n}{n!} + o(x^n) \tag{5.10}$$

$$\cos x = 1 - \frac{x^2}{2!} + \frac{x^4}{4!} - \frac{x^6}{6!} + \cdots + \frac{(-1)^k}{(2k)!}x^{2k} + o(x^{2k+1}) \tag{5.11}$$

$$\sin x = x - \frac{x^3}{3!} + \frac{x^5}{5!} - \frac{x^7}{7!} + \cdots + \frac{(-1)^k}{(2k+1)!}x^{2k+1} + o(x^{2k+2}) \tag{5.12}$$

$$\log(1+x) = x - \frac{x^2}{2} + \frac{x^3}{3} - \frac{x^4}{4} + \cdots + (-1)^{n+1}\frac{x^n}{n} + o(x^n) \tag{5.13}$$

$$\begin{aligned}(1+x)^\alpha &= 1 + \alpha x + \frac{\alpha(\alpha-1)}{2!}x^2 + \frac{\alpha(\alpha-1)(\alpha-2)}{3!}x^3 + \cdots + \frac{\alpha(\alpha-1)\cdots(\alpha-n+1)}{n!}x^n + o(x^n) \\ &= 1 + \binom{\alpha}{1}x + \binom{\alpha}{2}x^2 + \binom{\alpha}{3}x^3 + \cdots + \binom{\alpha}{n}x^n + o(x^n)\end{aligned} \tag{5.14}$$

$$\frac{1}{1-x} = 1 + x + x^2 + x^3 + x^4 + \cdots + x^n + o(x^n) \tag{5.15}$$

$$\frac{1}{1+x} = 1 - x + x^2 - x^3 + x^4 - \cdots + (-x)^n + o(x^n) \tag{5.16}$$

**註 5.9**　逆に $C^n$ 級関数 $f(x)$ が $f(x) = \sum_{k=0}^{n} a_k x^k + o(x^n)$ $(x \to 0)$ と表せるとき，$\sum_{k=0}^{n} a_k x^k$ の部分は自ずと $f(x)$ の $n$ 次 Maclaurin 多項式に一致する [6, §1.9]．以下の $o(x^n)$ の性質と合わせると，「Maclaurin 多項式どうしの積や合成をとって適当な次数で切ることにより関数の積や合成の Maclaurin 多項式が求められる」（§4.3）ことが分かる．語弊を恐れつつさらに書けば，Maclaurin 多項式を求める際，微分や積分も含め**様々な操作の順序は（収束する限り）入れ換えてよい**（例 5.5）．ただし，合成関数の Maclaurin 展開を計算する際，先に施す関数が 0 を 0 に写していない場合には注意が必要である（［例題 5⟨2⟩(j)］，［類題 5⟨2⟩(a)］など）．

**Landau の記号の性質**

$m, n, k$ を自然数とし，$m \leqq n$ であるとする．$x \to 0$ のとき

- $o(x^m) \pm o(x^n) = o(x^m)$
- $x^{\pm m} o(x^n) = o(x^{n \pm m})$
- $o(x^n) o(x^k) = o(x^{n+k})$
- $g(x) = o(x^n) \Rightarrow g(x) = o(x^m)$ かつ $g(x^k) = o(x^{nk})$.

図 5.3　ビッグ・オー [ix)]

ix) これは東京ドームシティのビッグ・オー（photo by NT).

**例題 5**

**⟨1⟩** 何回でも微分できる関数 $y = f(x)$ の $n$ 次 Maclaurin 多項式を $a_0 + a_1x + a_2x^2 + \cdots + a_nx^n$ とするとき，次の関数の 3 次 Maclaurin 多項式を求めよ．

(a) $f(2x)$　(b) $x^2 f'(2x)$　(c) $\{f(x)\}^2$　(d) $1 + e^x f(x)$

**⟨2⟩** 次の関数を与えられた次数まで Maclaurin 展開せよ．

(a) $xe^{2x}$（3 次）　(b) $(\sin 2x)(\cos 3x)$（3 次）　(c) $\log(1 + \sin x)$（3 次）　(d) $\sqrt[3]{1+x}$（3 次）　(e) $\sqrt{1+2x+4x^2}$（3 次）　(f) $\dfrac{1}{(1+x)^2}$（[illegible] 次）　(g) $\dfrac{1}{\sin^2 x + 1}$（4 次）

(h) $\log(x + \sqrt{x^2+1})$（5 次）　(i) $f(x) = \begin{cases} (1+x)^{\frac{1}{x}} & (x \neq 0), \\ e & (x = 0) \end{cases}$（2 次）　(j) $e^{x+2}$（4 次）　(k) $\log(\cos x)$（4 次）

**⟨3⟩** 次の関数の $2k$ 次 Maclaurin 多項式を求めよ（$k$ は自然数）．

(a) $\dfrac{1}{1+x^2}$　(b) $\dfrac{1}{\sqrt{1-x}}$

**⟨4⟩** 次の関数の $(2k+1)$ 次 Maclaurin 多項式を求めよ（$k$ は自然数）．

(a) $\arctan x$　(b) $\arcsin x$　(c) $\arccos x$

**⟨5⟩** 以下を満たす定数 $a, b, c$ を求めよ．

(a) $a\cos x - e^{-x^2} = b + o(x^2)$　$(x \to 0)$

(b) $\sin x = \dfrac{x}{1+cx^2} + o(x^4)$　$(x \to 0)$

**類題 5**

**⟨1⟩** 次の関数の 5 次 Maclaurin 多項式を求めよ．

(a) $e^{x^2}\sin x$　(b) $e^x + \log(1+2x)$　(c) $x^2\sqrt[3]{1+2x}$

(d) $\dfrac{x+3}{x+1}$　(e) $f(x) = \begin{cases} \dfrac{e^x - 1}{x} & (x \neq 0), \\ \text{[illegible]} & (x = 0) \end{cases}$

(f) $f(x) = \begin{cases} \dfrac{\sin x}{x} & (x \neq 0), \\ 1 & (x = 0) \end{cases}$

**⟨2⟩** 次の関数を 4 次まで Maclaurin 展開せよ．

(a) $\log(2+2x)$　(b) $\sqrt{\cos x}$

**⟨3⟩** 次の関数の 3 次 Maclaurin 多項式を求めよ．

(a) $(\arccos x)(\cos x)$　(b) $\log(1+x+x^2)$　(c) $\sqrt[3]{1-x}$

(d) $\dfrac{1}{(1-x)^2}$　(e) $\sqrt{1-x+x^2}$　(f) $e^{\sin x}$

**⟨4⟩** 以下を満たす定数 $a, b, c, d$ を求めよ．

(a) $e^x = \dfrac{1+ax}{1+bx} + o(x^2)$　$(x \to 0)$

(b) $\log(1+x) = \dfrac{cx}{x+d} + o(x^2)$　$(x \to 0)$

**発展 5**

**⟨1⟩** $a > 0$ に対して $\displaystyle\lim_{n\to\infty} \frac{a^n}{n!} = 0$ を示せ．

**⟨2⟩** $C^n$ 級関数 $f(x)$ についての Maclaurin の定理

$$f(x) = f(0) + f'(0)x + \frac{f''(0)}{2!}x^2 + \cdots + \frac{f^{(n-1)}(0)}{(n-1)!}x^{n-1} + \frac{f^{(n)}(\theta x)}{n!}x^n \quad (0 < \theta < 1)$$

に現れる剰余項を $R_n(x) = \dfrac{f^{(n)}(\theta x)}{n!}x^n$ とおく．以下のそれぞれの場合に，任意の実数 $x$ に対して $\displaystyle\lim_{n\to\infty} R_n(x) = 0$ が成り立つことを示せ（前問の結果を用いよ）．

(a) $f(x) = e^x$　(b) $f(x) = \cos x$　(c) $f(x) = \sin x$

**⟨3⟩** 何回でも微分でき，Maclaurin 展開可能な関数 $y = u(x)$ が $\begin{cases} u''(x) = k\sqrt{1 + \{u'(x)\}^2}, \\ u(0) = 0,\ u'(0) = 0 \end{cases}$（$k > 0$）を満たすとき，$u(x)$ の 4 次の Maclaurin 展開を求めよ．

**⟨4⟩** 関数 $f(x) = \begin{cases} e^{-\frac{1}{x^2}} & (x \neq 0), \\ 0 & (x = 0) \end{cases}$ は $C^\infty$ 級であるが Maclaurin 展開できないことを確かめよ．

---

**● 例題 5 解答**

**⟨1⟩** (a) $f(2x) = a_0 + a_1(2x) + a_2(2x)^2 + a_3(2x)^3 + o(x^3)$
$= a_0 + 2a_1x + 4a_2x^2 + 8a_3x^3 + o(x^3)$.

(b) $x^2 f'(2x) = x^2\{2a_1 + 8a_2x + o(x)\}$
$= 2a_1x^2 + 8a_2x^3 + o(x^3)$.

(c) $f(x)^2 = \left\{a_0 + a_1x + a_2x^2 + a_3x^3 + o(x^3)\right\}^2$
$= a_0^2 + 2a_0a_1x + (a_1^2 + 2a_0a_2)x^2 + 2(a_0a_3 + a_1a_2)x^3 + o(x^3)$.

(d) $1 + e^x f(x) = 1 +$
$\left\{1 + x + \dfrac{x^2}{2} + \dfrac{x^3}{6} + o(x^3)\right\}\left\{a_0 + a_1x + a_2x^2 + a_3x^3 + o(x^3)\right\}$
$= 1 + a_0 + (a_0 + a_1)x + \left(\dfrac{a_0}{2} + a_1 + a_2\right)x^2$
$+ \left(\dfrac{a_0}{6} + \dfrac{a_1}{2} + a_2 + a_3\right)x^3 + o(x^3)$.

**⟨2⟩** $x \to 0$ のときの漸近展開の形で表す．

(a) $xe^{2x} = x\left\{1 + (2x) + \dfrac{(2x)^2}{2!} + \dfrac{(2x)^3}{3!} + o(x^3)\right\}$
$= x\left\{1 + 2x + 2x^2 + \dfrac{4}{3}x^3 + o(x^3)\right\} = x + 2x^2 + 2x^3 + o(x^3)$.

(b) $(\sin 2x)(\cos 3x)$
$= \left\{(2x) - \dfrac{(2x)^3}{3!} + o(x^4)\right\}\left\{1 - \dfrac{(3x)^2}{2!} + o(x^3)\right\}$
$= 2x - \dfrac{31}{3}x^3 + o(x^3)$.

(c) $\log(1+x) = x - \dfrac{x^2}{2} + \dfrac{x^3}{3} + o(x^3)$ および
$\sin x = x - \dfrac{x^3}{6} + o(x^3)$ より

$\log(1+\sin x) = \left\{x - \frac{x^3}{6} + o(x^3)\right\} - \frac{\left\{x - \frac{x^3}{6} + o(x^3)\right\}^2}{2} + \frac{\left\{x - \frac{x^3}{6} + o(x^3)\right\}^3}{3} = x - \frac{x^2}{2} + \frac{x^3}{6} + o(x^3).$

(d) $\sqrt[3]{1+x} = (1+x)^{\frac{1}{3}} \underset{式 (5.14)}{=} 1 + \frac{1}{3}x - \frac{1}{9}x^2 + \frac{5}{81}x^3 + o(x^3).$

(e) $\left\{1+(2x+4x^2)\right\}^{\frac{1}{2}} \underset{式 (5.14)}{=} 1 + \frac{1}{2}(2x+4x^2) + \frac{\frac{1}{2}(\frac{1}{2}-1)}{2!}(2x+4x^2)^2 + \frac{\frac{1}{2}(\frac{1}{2}-1)(\frac{1}{2}-2)}{3!}(2x+4x^2)^3 + o(x^3) = 1 + x + \frac{3x^2}{2} - \frac{3x^3}{2} + o(x^3).$

(f) $\frac{1}{1+(2x+x^2)} \underset{式 (5.16)}{=} 1 - (2x+x^2) + (2x+x^2)^2 - (2x+x^2)^3 + o(x^3) = 1 - 2x + 3x^2 - 4x^3 + o(x^3).$

(g) $\sin^2 x = \left\{x - \frac{x^3}{6} + o(x^4)\right\}^2 = x^2 - \frac{x^4}{3} + o(x^4)$ だから

$\frac{1}{1+\sin^2 x} = 1 - \left\{x^2 - \frac{x^4}{3} + o(x^4)\right\} + \left\{x^2 - \frac{x^4}{3} + o(x^4)\right\}^2 + o(x^4) = 1 - x^2 + \frac{4x^4}{3} + o(x^4).$

(h) $\left\{\log(x+\sqrt{x^2+1})\right\}' = \frac{1}{\sqrt{x^2+1}} = \left(x^2+1\right)^{-\frac{1}{2}} = 1 - \frac{1}{2}x^2 - \frac{\frac{1}{2}\left(-\frac{1}{2}-1\right)}{2!}(x^2)^2 + o(x^4) = 1 - \frac{1}{2}x^2 + \frac{3}{8}x^4 + o(x^4).$ $\therefore \int_0^x \left(1 - \frac{1}{2}x^2 + \frac{3}{8}x^4\right)dx = x - \frac{1}{3}x^6 + \frac{3}{40}x^5.$

(i) 対数をとると $\log(1+x)^{\frac{1}{x}} = \frac{1}{x}\log(1+x) = \frac{1}{x}\left\{x - \frac{x^2}{2} + \frac{x^3}{3} + o(x^3)\right\} = 1 - \frac{x}{2} + \frac{x^2}{3} + o(x^2)\ (x \to 0).$

$x \to 0$ のときには $\log(1+x)^{\frac{1}{x}} \to 1$ だから，この展開を，$x=1$ における $e^x$ の Taylor 展開 $e^x = e\cdot e^{x-1} = e\left\{1 + (x-1) + \frac{1}{2}(x-1)^2 + o((x-1)^2)\right\}$ と合成すればよい．$x \to 0$ のとき $(1+x)^{\frac{1}{x}} = e\cdot$

$\left[1 + \left\{-\frac{x}{2} + \frac{x^2}{3} + o(x^2)\right\} + \frac{1}{2}\left\{-\frac{x}{2} + \frac{x^2}{3} + o(x^2)\right\}^2 + o(x^2)\right] = e - \frac{ex}{2} + \frac{11ex^2}{24} + o(x^2).$

(j) $e^{x+2} = e^2e^x = e^2\left\{1 + x + \frac{x^2}{2} + \frac{x^3}{6} + \frac{x^4}{24} + o(x^4)\right\} = e^2 + e^2x + \frac{e^2}{2}x^2 + \frac{e^2}{6}x^3 + \frac{e^2}{24}x^4 + o(x^4).$

（$e^x = 1 + x + \frac{x^2}{2} + \frac{x^3}{6} + \frac{x^4}{24} + o(x^4)$ に $x+2$ を代入しないこと．$x=0$ のとき……．）

(k) $\log(\cos x) = \log\{1 + (\cos x - 1)\}$ を考慮し $u = \cos x - 1$ とおく．$x=0$ のとき $u=0$ だから式 (5.11) より

$u^3 = (\cos x - 1)^3 = \left\{-\frac{x^2}{2!} + \frac{x^4}{4!} + o(x^4)\right\}^3 = o(x^5)$ である．式 (5.13) より，$x \to 0$ のとき

$\log(\cos x) = \log(1+u) = u - \frac{1}{2}u^2 + o(x^5) = \left\{-\frac{x^2}{2!} + \frac{x^4}{4!} + o(x^4)\right\} - \frac{1}{2}\left\{-\frac{x^2}{2!} + \frac{x^4}{4!} + o(x^4)\right\}^2 + o(x^5) = -\frac{x^2}{2} - \frac{x^4}{12} + \left\{o(x^4) + (6\text{ 次以上の項}) + (\text{多項式})\,o(x^4) + o(x^5)\right\} = -\frac{x^2}{2} - \frac{x^4}{12} + o(x^4).$

**〈3〉** $x \to 0$ のときの漸近展開の形で表す．

(a) $\frac{1}{1+x^2} = 1 - (x^2) + (x^2)^2 - (x^2)^3 + \cdots + (-x^2)^k + o\left((x^2)^k\right) = 1 - x^2 + x^4 - x^6 + \cdots + (-1)^k x^{2k} + o(x^{2k}).$

(b) $\frac{1}{\sqrt{1-x^2}} = \left\{1 + (-x^2)\right\}^{-\frac{1}{2}} \underset{式 (5.14)}{=} 1 - \frac{1}{2}(-x^2) + \frac{-\frac{1}{2}(-\frac{1}{2}-1)}{2!}(-x^2)^2 + \frac{-\frac{1}{2}(-\frac{1}{2}-1)(-\frac{1}{2}-2)}{3!}(-x^2)^3 + \cdots + \binom{-\frac{1}{2}}{k}(-x^2)^k + o\left((x^2)^k\right) = 1 + \frac{1}{2}x^2 + \frac{3}{8}x^4 + \frac{5}{16}x^6 + \cdots + (-1)^k\binom{-\frac{1}{2}}{k}x^{2k} + o\left(x^{2k}\right).$

**〈4〉** (a) $(\arctan x)' = \frac{1}{1+x^2}$ の $2k$ 次 Maclaurin 多項式（[例題 5〈3〉]）を $[0,x]$ で積分して

$\boldsymbol{T_{2k+1}(\arctan x) = x - \frac{1}{3}x^3 + \frac{1}{5}x^5 - \frac{1}{7}x^7 + \cdots + \frac{(-1)^k}{2k+1}x^{2k+1}}.$

(b) $(\arcsin x)' = \frac{1}{\sqrt{1-x^2}}$ の $2k$ 次 Maclaurin 多項式（[例題 5〈3〉]）を $[0,x]$ で積分して

$\boldsymbol{T_{2k+1}(\arcsin x) = x + \frac{1}{6}x^3 + \frac{3}{40}x^5 + \frac{5}{112}x^7 + \cdots + \frac{(-1)^k\binom{-\frac{1}{2}}{k}}{2k+1}x^{2k+1}}.$

(c) $\arccos x = \frac{\pi}{2} - \arcsin x$（式 (3.5)）より

$\boldsymbol{T_{2k+1}(\arccos x) = \frac{\pi}{2} - x - \frac{1}{6}x^3 - \frac{3}{40}x^5 - \frac{5}{112}x^7 - \cdots - \frac{(-1)^k\binom{-\frac{1}{2}}{k}}{2k+1}x^{2k+1}}.$

**〈5〉** (a) $\cos x = 1 - \frac{x^2}{2} + o(x^2)$，$e^{-x^2} = 1 - x^2 + o(x^2)$ を代入して $a - 1 - \left(\frac{a}{2} - 1\right)x^2 + o(x^2) = b + o(x^2)$．よって $a=2,\ b=1$．

(b) $\sin x(1+cx^2) = x + o(x^4)$ に $\sin x = x - \frac{x^3}{6} + o(x^4)$ を代入し，$x - \left(\frac{1}{6} - c\right)x^3 = x + o(x^4)$．よって $c = \frac{1}{6}$．

**● 類題 5 解答**

**〈1〉** (a) $x + \frac{5}{6}x^3 + \frac{41}{120}x^5$

(b) $1 + 3x - \frac{3}{2}x^2 + \frac{17}{6}x^3 - \frac{95}{24}x^4 + \frac{769}{120}x^5$

(c) $x^2 + \frac{2}{3}x^3 - \frac{4}{9}x^4 + \frac{40}{81}x^5$

(d) $3 - 2x + 2x^2 - 2x^3 + 2x^4 - 2x^5$

(e) $1 + \frac{x}{2} + \frac{x^2}{6} + \frac{x^3}{24} + \frac{x^4}{120} + \frac{x^5}{720}$　(f) $1 - \frac{x^2}{6} + \frac{x^4}{120}$

**〈2〉** (a) $\log(2+2x) = \log 2 + \log(1+x) = \log 2 + x - \frac{x^2}{2} + \frac{x^3}{3} - \frac{x^4}{4} + o(x^4)$（$\log(1+x)$ に $1+2x$ を代入しない．）

(b) $\sqrt{\cos x} = \left\{1 - \left(-\frac{x^2}{2} + \frac{x^4}{4!} + o(x^5)\right)\right\}^{-\frac{1}{2}} \underset{式 (5.14)}{=} 1 - \frac{x^2}{4} - \frac{x^4}{96} + o(x^5).$

**〈3〉** (a) $\frac{\pi}{2} - x - \frac{\pi x^2}{4} + \frac{x^3}{3}$　(b) $x + \frac{x^2}{2} - \frac{2x^3}{3}$

(c) $1 - \frac{x}{3} - \frac{x^2}{9} - \frac{5x^3}{81}$　(d) $1 + 2x + 3x^2 + 4x^3$

(e) $1 - \frac{x}{2} + \frac{3x^2}{8} + \frac{3x^3}{16}$　(f) $1 + x + \frac{x^2}{2}$

**〈4〉** (a) $a = \frac{1}{2}, b = \frac{-1}{2}$　(b) $c = d = 2$

**●発展 5 解答**

**⟨1⟩** $N > a$ なる自然数 $N$ を 1 つ選び固定する．$0 < \frac{a}{N} < 1$ である．$n$ が十分大きければ（$n > N+1$）$0 < \frac{a^n}{n!} = \frac{a}{1}\frac{a}{2}\frac{a}{3}\cdots\frac{a}{N}\frac{a}{N+1}\cdots\frac{a}{n} < \frac{a^N}{N!}\left(\frac{a}{N}\right)^{n-N}$ である．$n \to \infty$ のとき $\left(\frac{a}{N}\right)^{n-N} \to 0$ より $\frac{a^n}{n!} \to 0$.

**⟨2⟩** (a) $f^{(n)}(x) = e^x$（例 1.3）より $R_n(x) = \frac{e^{\theta x}}{n!}x^n$ $(0 < \theta < 1)$．よって任意に選んだ $x$ について $|R_n(x)| = \left|\frac{e^{\theta x}x^n}{n!}\right| < \frac{|x|^n}{n!}e^{|x|}$ である．[発展 5⟨1⟩] より右辺は 0 に収束するので，$\lim_{n\to\infty} R_n(x) = 0$ である．

(b) $f^{(n)}(x) = \cos\left(x + \frac{n\pi}{2}\right)$（式 (3.9)）より $R_n(x) = \frac{1}{n!}\cos\left(\theta x + \frac{n\pi}{2}\right)x^n$ $(0 < \theta < 1)$．任意の $x$ について $|R_n(x)| = \left|\frac{1}{n!}\cos\left(\theta x + \frac{n\pi}{2}\right)x^n\right| = \frac{|x|^n}{n!}\left|\cos\left(\theta x + \frac{n\pi}{2}\right)\right| < \frac{|x|^n}{n!}$．[発展 5⟨1⟩] により $\lim_{n\to\infty} R_n(x) = 0$.

(c) $f^{(n)}(x) = \sin\left(x + \frac{n\pi}{2}\right)$ より $R_n(x) = \frac{1}{n!}\sin\left(\theta x + \frac{n\pi}{2}\right)x^n$ $(0 < \theta < 1)$．あとは (b) と同様.

**⟨3⟩** $u(x) = \frac{k}{2}x^2 + \frac{k^3}{24}x^4 + o(x^4)$．なお，方程式の解は $u(x) = \frac{\cosh kx - 1}{k}$ である [x].

**⟨4⟩** 任意の $n$ について $f^{(n)}(0) = 0$（任意の $k$ について $\lim_{h\to 0}\frac{1}{h^k}e^{-\frac{1}{h}} = 0$ であることを用いて帰納的に示される）だから，$f(x) = 0 + 0x + \cdots + 0x^{n-1} + R_n$ である．$x > 0$ なら $f(x) \neq 0$ なので $\lim_{n\to\infty} R_n \neq 0$ [xi].



---

[x] $y = u(x)$ は懸垂曲線（電信線や架空電車線など，両端を固定して吊られた均質な糸が描く曲線）とよばれる（図 22.11）.

[xi] $\sum_{k=0}^{\infty}\frac{f^{(k)}(a)}{k!}(x-a)^k$ が収束する場合でも，その収束先が $a$ のまわりで $f(x)$ に一致するとは限らないことを示す例である.

# 第 6 章

# Taylorの定理の応用など

Taylor の定理の応用範囲は広いが，特に次の 2 つの観点は重要である．

- Taylor の定理の式 (5.9) を適当な次数で切ることにより関数や数値の近似を求めること．
- Taylor 展開が意味を持つ範囲まで関数の定義域を拡張すること．

## 6.1 不等式，極限への応用

Taylor の定理，特に漸近展開の式は極限の計算に役立つ．

**例 6.1** 極限 $\lim_{x\to 0}\frac{x-\log(1+x)}{x^2}$ を考えよう．そのまま $x\to 0$ とすると $\frac{0}{0}$ になる**不定形**[i] である．$\log(1+x)=x-\frac{x^2}{2}+o(x^2)$ $(x\to 0)$ であるから

$$\lim_{x\to 0}\frac{x-\log(1+x)}{x^2}=\lim_{x\to 0}\frac{x-\left(x-\frac{x^2}{2}+o(x^2)\right)}{x^2}=\lim_{x\to 0}\left(\frac{1}{2}+\frac{o(x^2)}{x^2}\right)=\frac{1}{2}.$$

**例 6.2** 極限 $\lim_{x\to 0}\frac{\sin x-xe^x+x^2}{x(\cos x-1)}$ を考えよう．そのまま $x\to 0$ とすると $\frac{0}{0}$ になる不定形である．$\sin x$, $\cos x$, $e^x$ の Maclaurin 展開を考えて

$$\begin{aligned}\lim_{x\to 0}\frac{\sin x-xe^x+x^2}{x(\cos x-1)}&=\lim_{x\to 0}\frac{\left(x-\frac{x^3}{6}+o(x^3)\right)-x\left(1+x+\frac{x^2}{2}+o(x^2)\right)+x^2}{x\left(1-\frac{x^2}{2}+o(x^3)-1\right)}\\&=\lim_{x\to 0}\frac{-\frac{2x^3}{3}+o(x^3)-xo(x^2)}{-\frac{x^3}{2}+xo(x^3)}=\lim_{x\to 0}\frac{-\frac{2}{3}+\frac{o(x^3)}{x^3}-\frac{xo(x^2)}{x^3}}{-\frac{1}{2}+\frac{xo(x^3)}{x^3}}=\frac{4}{3}.\end{aligned}$$

**定理 6.3** $x=a$ のまわりで定義された $C^n$ 級関数 $f(x)$, $g(x)$ について

$$f(a)=f'(a)=\cdots=f^{(n-1)}(a)=0,\qquad g(a)=g'(a)=\cdots=g^{(n-1)}(a)=0$$

であり，$f^{(n)}(a)$ と $g^{(n)}(a)(\neq 0)$ が存在するとき，$\lim_{x\to a}\frac{f(x)}{g(x)}=\frac{f^{(n)}(a)}{g^{(n)}(a)}$ である．

---

[i] 関数の和・差・積・商に関する極限の公式を使ってそのまま当たり前に計算すると（便宜的な書き方として）$0/0$, $0\times\infty$, $\infty/\infty$, $\infty-\infty$, $0^0$, $\infty^0$, $1^\infty$ のような形になるタイプ．

**証明**　仮定より $f(x)$, $g(x)$ の漸近展開（定理 5.6）はそれぞれ，$x \to a$ のとき

$$f(x) = \frac{f^{(n)}(a)}{n!}(x-a)^n + o((x-a)^n), \qquad g(x) = \frac{g^{(n)}(a)}{n!}(x-a)^n + o((x-a)^n).$$

$$\therefore \lim_{x\to a}\frac{f(x)}{g(x)} = \lim_{x\to a}\left\{\frac{f(x)}{(x-a)^n}\cdot\frac{(x-a)^n}{g(x)}\right\} = \lim_{x\to a}\frac{\frac{f^{(n)}(a)}{n!}+\frac{o((x-a)^n)}{(x-a)^n}}{\frac{g^{(n)}(a)}{n!}+\frac{o((x-a)^n)}{(x-a)^n}} = \frac{f^{(n)}(a)}{g^{(n)}(a)}.$$ □

**註 6.4**　$n=1$ のときは $\lim_{x\to a}\frac{f(x)}{g(x)} = \lim_{x\to a}\left\{\frac{f(x)-f(a)}{x-a}\cdot\frac{x-a}{g(x)-g(a)}\right\} = \frac{f'(a)}{g'(a)}$ となる．$f'(a)$ と $g'(a)$ の存在を仮定している点で，似た形の **l'Hôpital（ロピタル）の定理**[ii] より弱い主張だが，有用である[iii]．

〔Taylor の〕定理 5.1 は不等式の証明にも用いられる．

**例 6.5**　$x \geqq 0$ に対して $1-\frac{x^2}{2} \leqq \cos x \leqq 1-\frac{x^2}{2}+\frac{x^4}{24}$ が成り立つ．

**証明**　〔Taylor の〕定理 5.1 より，$x>0$ に対して $\cos x = 1-\frac{\cos c_1}{2}x^2$ となる $0<c_1<x$ が存在する．$-1 \leqq \cos c_1 \leqq 1$ より $\frac{\cos c_1}{2}x^2 \leqq \frac{x^2}{2}$ だから $1-\frac{x^2}{2} \leqq 1-\frac{\cos c_1}{2}x^2 = \cos x$ である．同様に，$\cos x = 1-\frac{x^2}{2}+\frac{\cos c_2}{24}x^4$ となる $0<c_2<x$ が存在する．$\frac{\cos c_2}{24}x^4 \leqq \frac{x^4}{24}$ であるから証明が終わる．□

以下の評価も便利である．

**定理 6.6**　$a$ のまわりで定義された $C^2$ 級関数 $f(x)$ と定義域内の $x$ に対して，$(a,x)$ 上（または $(x,a)$ 上）$f''>0$ であるとする．このとき，次の不等式が成立する．

$$f(x) > f(a) + f'(a)(x-a) \quad (x \neq a).$$

**証明**　〔Taylor の〕定理 5.1 より

$$f(x) = f(a) + f'(a)(x-a) + \frac{1}{2}f''(c)(x-a)^2 \quad (x \neq a)$$

を満たす $c$ が $a$ と $x$ の間に存在するが，仮定より $f''(c)(x-a)^2>0$ である．□

**註 6.7**　同様の証明により，定理 6.6 の文脈で $C^{2n}$ 級関数に対して $f^{(2n)}>0$ ならば

$$f(x) > f(a) + f'(a)(x-a) + \cdots + \frac{f^{(2n-1)}(a)}{(2n-1)!}(x-a)^{2n-1} \quad (x \neq a).$$

---

[ii] $f(x)$, $g(x)$ は $a$ の近くで微分可能かつ $g'(x) \neq 0$．また $f(a)=g(a)=0$ とする．このとき，$\lim_{x\to a}\frac{f'(x)}{g'(x)}$ が存在すれば $\lim_{x\to a}\frac{f(x)}{g(x)}$ も存在して $\lim_{x\to a}\frac{f'(x)}{g'(x)}$ に等しい．

[iii] 例えば逆向きに使えば，**連続関数 $f(x)$, $g(x)$ に対して $\lim_{x\to a}\frac{f(x)}{g(x)}$ が存在するならば $\lim_{x\to a}\frac{\int_a^x f(t)\,dt}{\int_a^x g(t)\,dt} = \lim_{x\to a}\frac{f(x)}{g(x)}$** であることが分かる．これにより，定積分によって極限の「演習問題」が量産できる．例えば

$$1 = \lim_{x\to 0}\frac{\cos x}{1} = \lim_{x\to 0}\frac{\sin x}{x} = \lim_{x\to 0}\frac{1-\cos x}{\frac{x^2}{2}} = \lim_{x\to 0}\frac{x-\sin x}{\frac{x^3}{6}}, \qquad 1 = \lim_{x\to 0}\frac{e^x-1}{x} = \lim_{x\to 0}\frac{e^x-1-x}{\frac{x^2}{2}} = \lim_{x\to 0}\frac{e^x-1-x-\frac{x^2}{2}}{\frac{x^3}{6}}.$$

**定理 6.8（極大・極小の判定）**　$a$ のまわりで定義された $C^2$ 級関数 $f(x)$ について $f'(a)=0$ であるとする．このとき，$f''(a)>0$ ならば $f(a)$ は極小値，$f''(a)<0$ ならば $f(a)$ は極大値である．

**証明**　$f''(a)>0$ のとき，$C^2$ 級の仮定より $a$ に十分近い $x$ に対して $f''(x)>0$ だから，定理 6.6 より

$$f(x)>f(a)+f'(a)(x-a)=f(a) \quad (x\neq a).$$

$-f$ に対する同じ議論により，$f''(a)<0$ ならば $a$ に十分近い $x$ に対して $f(a)>f(x)$ である[iv]．□

**定理 6.9**　$a$ のまわりで $C^{2k}$ 級である関数 $f(x)$ が $f'(a)=f''(a)=\cdots=f^{(2k-1)}(a)=0$ を満たすとき，$f^{(2k)}(a)<0$ ならば $f(a)$ は極大値，$f^{(2k)}(a)>0$ ならば $f(a)$ は極小値である（$k=1,2,\ldots$）．

**証明**　Taylor の定理により

$$f(x)=f(a)+\cancel{f'(a)(x-a)}+\cdots+\cancel{\frac{f^{(2k-1)}(a)(x-a)}{(2k-1)!}}+\frac{f^{(2k)}(a)}{(2k)!}(x-a)^{2k}+o\Big((x-a)^{2k}\Big) \quad (x\to a)$$

$$\therefore\ \frac{f(x)-f(a)}{(x-a)^{2k}}=\frac{f^{(2k)}(a)}{(2k)!}+\frac{o\Big((x-a)^{2k}\Big)}{(x-a)^{2k}}\to\frac{f^{(2k)}(a)}{(2k)!} \quad (x\to a)$$

である．よって，$C^{2k}$ 級の仮定より $f^{(2k)}(a)<0$ ならば $a$ に十分近い $x$ に対して $f(a)>f(x)$ であり，$f^{(2k)}(a)>0$ ならば $a$ に十分近い $x$ に対して $f(a)<f(x)$ である．□

**例 6.10**　$f(x)=(x-1)^4e^x$ とすると $f'(1)=f''(1)=f'''(1)=0$ である．$f^{(4)}(1)=24e>0$ であるから（例 1.6），$f(x)$ は $x=1$ において極小値 0 をとる．

## 6.2　Newton 法

**例 6.11**　$\sqrt{2}$ の近似値を探したい．$\sqrt{2}$ は方程式 $f(x)=x^2-2=0$ の 1 と 2 の間にある解であることは明らかであるから，$\sqrt{2}=2+h$ とおき（$h<0$），これをこの方程式に代入すると

$$f(2+h)=(2+h)^2-2=h^2+4h+2=0. \tag{6.1}$$

$h$ の 2 次以上の項を無視すると $4h+2\fallingdotseq 0$ すなわち $h\fallingdotseq -\frac{1}{2}$ より，$\sqrt{2}\fallingdotseq 2-\frac{1}{2}=\frac{3}{2}$ を得る．

　さらに $\sqrt{2}=\frac{3}{2}+k$ とおきなおして，これを元の方程式に代入すると

$$f\left(\frac{3}{2}+k\right)=\left(\frac{3}{2}+k\right)^2-2=k^2+3k+\frac{1}{4}=0.$$

$k$ の 2 次以上の項を無視すると $3k+\frac{1}{4}\fallingdotseq 0$ すなわち $k\fallingdotseq -\frac{1}{12}$ より，より良い近似

$$\sqrt{2}\fallingdotseq 1.5-\frac{1}{12}=\frac{17}{12}=1.41666\cdots$$

が得られる．さらに $\sqrt{2}=\frac{17}{12}+\ell$ を元の方程式に代入すると

[iv] $f''(x)$ の値が $a$ の近くで正にも負にもなる場合は，$f''(a)$ は極大値でも極小値でもない（極値ではない）．

$$f\left(\frac{17}{12}+\ell\right)=\left(\frac{17}{12}+\ell\right)^2-2=\ell^2+\frac{17}{6}\ell+\frac{1}{144}=0.$$

$\ell$ の 2 次以上の項を無視して $\frac{17}{6}\ell+\frac{1}{144}\fallingdotseq 0$ より $\ell\fallingdotseq-\frac{1}{408}$ となり，以下の良い近似を得る．

$$\sqrt{2}\fallingdotseq\frac{17}{12}-\frac{1}{408}=\frac{577}{408}=1.41421568627.$$

例 6.11 では見当をつけた初期値 2 からはじめ，順次より良い近似値を探している．式 (6.1) で $h$ の 2 次以上の項を無視することは，$x=2$ における Taylor の定理（註 (5.7)）

$$f(2+h)=f(2)+f'(2)h+\frac{1}{2}f''(2)h^2+o(h^2)$$

の 2 次以上の項を切り捨てることと同じである．つまり $f(2)+f'(2)h\fallingdotseq 0 \quad \therefore h\fallingdotseq-\frac{f(2)}{f'(2)}$ と評価して新たな近似値 $2-\frac{f(2)}{f'(2)}=1.5$ を得て，同様にして $1.5-\frac{f(1.5)}{f'(1.5)}=1.41666\cdots$ を得ている．この考え方は多項式関数以外の $f(x)$ にも使えそうである．

**Newton 法**

方程式 $f(x)=0$ に対して，（解に近いと思われる）適当な値 $x_0$ からはじめ，漸化式

$$x_{n+1}=x_n-\frac{f(x_n)}{f'(x_n)}$$

を利用して精度の良い近似解を求めていく方法を **Newton 法**（ニュートン）という．

**註 6.12** 図形的にも解釈できる．図 6.1 のようなグラフを持つ関数 $y=f(x)$ に対して，方程式 $f(x)=0$ の解 $\alpha$ の近似値を求めたい．まず $\alpha$ の近くの適当な値 $x_0$ を選び，点 $(x_0,f(x_0))$ における接線（註 5.2）の $x$ 切片を $x_1$ とし，点 $(x_1,f(x_1))$ における接線の $x$ 切片を $x_2$ とすると繰り返していくと，$\alpha$ のより良い近似値が求められそうである．**点 $(x_n,f(x_n))$ における接線 $y=f'(x_n)(x-x_n)+f(x_n)$ の $x$ 切片を求め，順次 $x_{n+1}=x_n-\frac{f(x_n)}{f'(x_n)}$** とするのである．

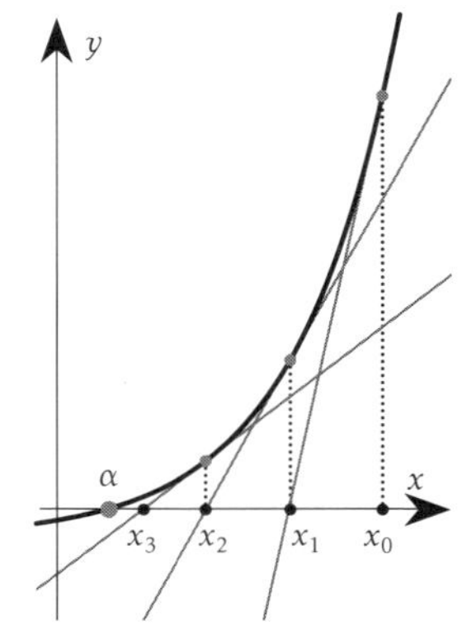


図 6.1 Newton 法

註 6.12 の考察から，関数のグラフが $x=\alpha$ の近くに凸凹を持つとうまくいかない（$\alpha$ の十分近くに適切な $x_0$ を見出す必要がある）ことが推測される．ここで，うまくいくための条件を書き下すことはしないが[v]，Newton 法自体は多くの場面で有用である．

**例 6.13** Newton 法（と電卓）を用いて方程式 $x^3-2x-5=0$ の近似解を求めよう．関数 $f(x)=x^3-2x-5$ とすると $f'(x)=3x^2-2$ である．$f(2)=-1<0$ かつ $f(3)=16>0$ だから，〔中間値の〕定理 0.2 より方程式 $f(x)=0$ は $2<\alpha<3$ を満たす解 $\alpha$ を持つ．そこで $x_0=2$ とし，

[v] 関数が適当な区間で 2 回微分可能であり，単調増加（または減少）かつ下（または上）に凸ならばうまくいく．

漸化式

$$x_{n+1} = x_n - \frac{f(x_n)}{f'(x_n)} = x_n - \frac{x_n^3 - 2x_n - 5}{3x_n^2 - 2} = \frac{2x_n^3 + 5}{3x_n^2 - 2}$$

を考える．$x_0 = 2$ から順次代入していくと $x_1 = 2.1$, $x_2 \fallingdotseq 2.09456$ という近似解が得られる．ちなみに $f(2.1) = 0.061$，$f(2.09456) = 0.00009507869$ である．

# 6.3　Eulerの公式と双曲線関数

## 6.3.1　Eulerの公式

Maclaurin展開 $e^x = 1 + x + \frac{x^2}{2!} + \frac{x^3}{3!} + \frac{x^4}{4!} + \frac{x^5}{5!} + \cdots$ に純虚数 $x = i\beta$ （$\beta \neq 0$）を代入してみる．左辺「$e^{i\beta}$」の意味は定かでないが，右辺の各 $(i\beta)^k$ は自然に解釈できるので，形式的に

$$\begin{aligned}
e^{i\beta} &= 1 + (i\beta) + \frac{(i\beta)^2}{2!} + \frac{(i\beta)^3}{3!} + \frac{(i\beta)^4}{4!} + \frac{(i\beta)^5}{5!} + \frac{(i\beta)^6}{6!} + \frac{(i\beta)^7}{7!} + \cdots \\
&= 1 + i\beta - \frac{\beta^2}{2!} - \frac{i\beta^3}{3!} + \frac{\beta^4}{4!} + \frac{i\beta^5}{5!} - \frac{\beta^6}{6!} - \frac{i\beta^7}{7!} + \cdots \\
&= \left(1 - \frac{\beta^2}{2!} + \frac{\beta^4}{4!} - \frac{\beta^6}{6!} + \cdots\right) + i\left(\beta - \frac{\beta^3}{3!} + \frac{\beta^5}{5!} - \frac{i\beta^7}{7!} + \cdots\right) \\
&= \cos\beta + i\sin\beta
\end{aligned} \tag{6.2}$$

となる．これを**Euler（オイラー）の公式**とよぶ．つまり「$e^{i\beta}$」を $\boldsymbol{e^{i\beta} = \cos\beta + i\sin\beta}$ によって定める．一般の複素数 $z = \alpha + i\beta$（$\alpha, \beta$ は実数）に対しては，指数法則を形式的に踏襲して

$$e^z = e^{\alpha + i\beta} = e^\alpha \cdot e^{i\beta} = e^\alpha(\cos\beta + i\sin\beta) \tag{6.3}$$

と定めれば，指数関数 $y = e^x$ の定義域を複素数全体へと広げる理論が展開できる（[2, p.218] 参照．また章末の [発展 6⟨6⟩] も参照．）．

## 6.3.2　双曲線関数

指数関数 $e^x$ の Maclaurin 展開から形式的に得られる $e^{ix}$ の展開を実部と虚部に分けると $\sin x$ と $\cos x$ の Maclaurin 展開が現れるというのが，Euler の公式 (6.2) だった．

指数関数の Maclaurin 展開を素直に偶関数と奇関数に分けることを考えてもよい．

$$e^x = \left(1 + \frac{x^2}{2!} + \frac{x^4}{4!} + \frac{x^6}{6!} + \cdots\right) + \left(x + \frac{x^3}{3!} + \frac{x^5}{5!} + \frac{x^7}{7!} + \cdots\right).$$

この偶関数部分が**ハイパボリックコサイン** $\boldsymbol{\cosh x}$，奇関数部分が**ハイパボリックサイン** $\boldsymbol{\sinh x}$ である[vi)]．$\cosh x$ と $\sinh x$ の Maclaurin 展開は，自ずから

$$\cosh x = 1 + \frac{x^2}{2!} + \frac{x^4}{4!} + \frac{x^6}{6!} + \cdots, \qquad \sinh x = x + \frac{x^3}{3!} + \frac{x^5}{5!} + \frac{x^7}{7!} + \cdots. \tag{6.4}$$

一般に実数全体で定義された関数 $f(x)$ は，偶関数 $\frac{f(x) + f(-x)}{2}$ と奇関数 $\frac{f(x) - f(-x)}{2}$ の和として一意的に表せるので，次のように書くのがよい．

---

vi) 当然複素数上の関数へ拡張できる．

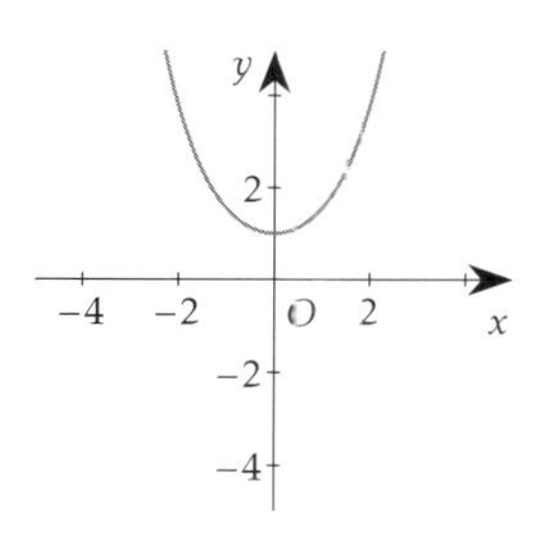

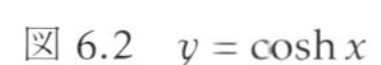
図 6.2　$y = \cosh x$

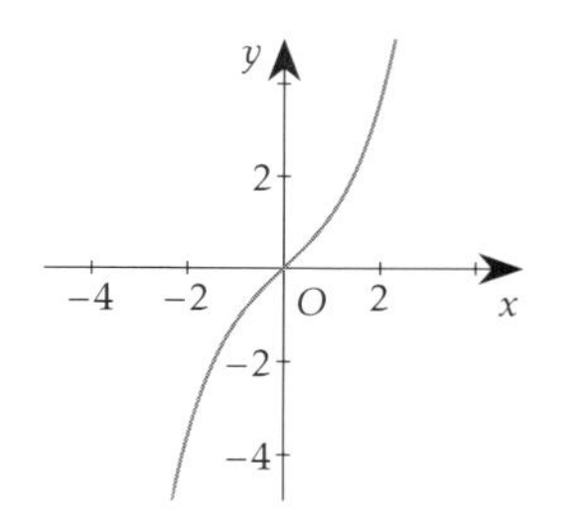

図 6.3　$y = \sinh x$

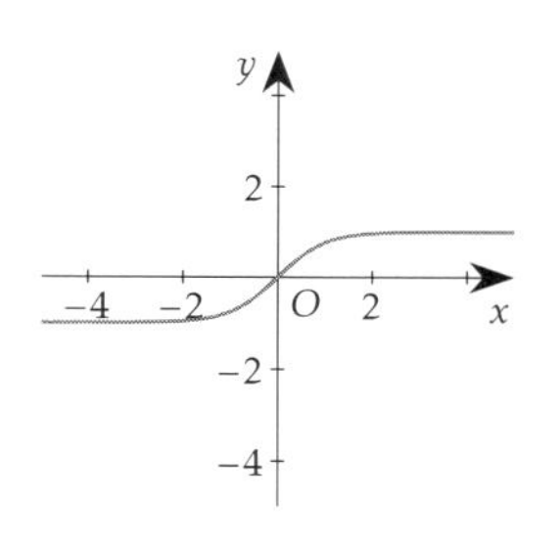

図 6.4　$y = \tanh x$



**双曲線関数**

ハイパボリックコサイン $\cosh x$ とハイパボリックサイン $\sinh x$ をそれぞれ

$$\cosh x = \frac{e^x + e^{-x}}{2}, \qquad \sinh x = \frac{e^x - e^{-x}}{2} \tag{6.5}$$

と定める．また，**ハイパボリックタンジェント** $\mathbf{\tanh x}$ を $\tanh x = \dfrac{\sinh x}{\cosh x}$ によって定める．これらの関数を**双曲線関数**[vii] とよぶ（図 6.2，図 6.3，図 6.4 参照）．

三角関数の場合と同様に，$n$ 乗 $(\cosh t)^n$ を $\cosh^n t$ のように表す．

$$\cosh^2 t - \sinh^2 t = \left(\frac{e^t + e^{-t}}{2}\right)^2 - \left(\frac{e^t - e^{-t}}{2}\right)^2 = 1$$

であるから，$(X, Y) = (\cosh t, \sinh t)$ は $XY$ 平面上の双曲線 $X^2 - Y^2 = 1$ の $X > 0$ の部分のパラメータ表示を与える．これが名前の由来である．

**註 6.14**　$s = \pm e^t$ とおけば，双曲線 $X^2 - Y^2 = 1$ 全体が次のようにパラメータ表示できる．

$$X = \frac{1}{2}\left(s + \frac{1}{s}\right), \qquad Y = \frac{1}{2}\left(s - \frac{1}{s}\right) \qquad (s \neq 0).$$

簡単な計算により次が分かる．

**双曲線関数の微分**

- $(\cosh x)' = \sinh x$[viii]
- $(\sinh x)' = \cosh x$
- $(\tanh x)' = \dfrac{1}{\cosh^2 x}$.

**註 6.15**（**双曲線関数の加法定理・倍角の公式**）　双曲線関数について，三角関数の場合に類似した諸々の公式が成立する．

- $\boldsymbol{\cosh(x \pm y) = \cosh x \cosh y \pm \sinh x \sinh y}$
- $\boldsymbol{\sinh(x \pm y) = \sinh x \cosh y \pm \cosh x \sinh y}$

---

vii) ハイパボリックは双曲的の意味．双曲線関数 $\cosh x$ $(x \geqq 0)$，$\sinh x$，$\tanh x$ の逆関数は**逆双曲線関数**とよばれ，それぞれ **arcosh *x***，**arsinh *x***，**artanh *x*** で表される（$\mathbf{\cosh^{-1} x}$，$\mathbf{\sinh^{-1} x}$，$\mathbf{\tanh^{-1} x}$ の記法が用いられることもある）．接頭辞 ar は area（面積）からきていて（例 17.7 参照），arc に由来しない（§3.2 の脚註 iv)）．

viii) 「$(\cos hx)' = -h \sin hx$」という誤解を誘発しない読み方，書き方をしなければならない．

- $\cosh 2x = \cosh^2 x + \sinh^2 x = 1 + 2\sinh^2 x = 2\cosh^2 x - 1$
- $\sinh 2x = 2\sinh x \cosh x$

また，双曲線関数の逆関数（逆双曲線関数）についても興味深い種々の公式が成り立つ（[発展 6⟨4⟩] 参照）.

**例題 6**

**〈1〉** 次の極限を求めよ．

(a) $\lim_{x\to 0}\frac{\sin x - x}{x(\cos x - 1)}$　(b) $\lim_{x\to 0}\frac{\sqrt{x+1}-1-\frac{x}{2}}{x^2}$

(c) $\lim_{x\to 1}\frac{(x-1)^3 e^{x-1}}{e^{x-1}-\frac{1}{2}x^2-\frac{1}{2}}$

**〈2〉** 次の関数の極大・極小を調べよ．

(a) $f(x)=x^3-6x$　(b) $f(x)=\frac{x}{x^2+1}$

(c) $f(x)=2\cosh\left(x^2\right)$

**〈3〉** $C^2$ 級関数 $f(x)$ に対し

$f''(a)=\lim_{h\to 0}\frac{f(a+h)+f(a-h)-2f(a)}{h^2}$ を示せ．

**〈4〉** $x^5-30=0$ の解を，Newton 法を用いて小数第 3 位まで求めよ．

**〈5〉** 双曲線関数 $\cosh x$ $(x\geqq 0)$，$\sinh x$，$\tanh x$ について以下を示せ．

- $\cosh^2 x-\sinh^2=1$
- $1-\tanh^2=\frac{1}{\cosh^2 x}$
- $1-\frac{1}{\tanh^2 x}=-\frac{1}{\sinh^2 x}$

**類題 6**

**〈1〉** 次の極限を求めよ．

(a) $\lim_{x\to 0}\frac{1-x^2-\cos^2 x}{x^4}$　(b) $\lim_{x\to 0}\frac{1+x-e^x}{x^2}$

(c) $\lim_{x\to 0}\left(\frac{1}{\sin^2 x}-\frac{1}{x^2}\right)$　(d) $\lim_{x\to 0}\frac{\tan x - x}{x-\sin x}$

**〈2〉** $x\geqq 0$ に対して $x-\frac{x^3}{6}\leqq \sin x\leqq x$ が成り立つことを示せ[ix]．

**〈3〉** Newton 法を用いて $\sqrt{3}$ の近似値を求めよ．

**〈4〉** 双曲線関数の加法定理・倍角の公式（註 6.15）を示せ．

**発展 6**

**〈1〉** 次の極限を求めよ（$\alpha$ は実数）．

(a) $\lim_{x\to 0}\left(\frac{1}{x^2}-\frac{1}{x\arcsin x}\right)$　(b) $\lim_{x\to +0}\frac{\frac{\sin x}{x}-1}{x^{\alpha+2}}$

**〈2〉** 実数 $\alpha,\beta$ に対し $e^{i(\alpha+\beta)}=e^{i\alpha}e^{i\beta}$ となることを用いて，sin と cos の加法定理・倍角の公式を確認せよ．

**〈3〉** $\cos x$ と $\sin x$ の Maclaurin 展開に形式的に「$ix$」を代入することにより，$\cos(ix)=\cosh x$ および $\sin(ix)=i\sinh x$ を確認せよ[x]．

**〈4〉** 双曲線関数 $\cosh x$ $(x\geqq 0)$，$\sinh x$，$\tanh x$ の各逆関数 $\mathrm{arcosh}\,x$，$\mathrm{arsinh}\,x$，$\mathrm{artanh}\,x$ について：

(a) 逆双曲線関数 $\mathrm{arcosh}\,x$，$\mathrm{arsinh}\,x$，$\mathrm{artanh}\,x$ $(-1<x<1)$ の導関数をそれぞれ求めよ．

(b) 次を示せ．

- $\mathbf{arcosh}\,x=\log\left(x+\sqrt{x^2-1}\right)$
- $\mathbf{arsinh}\,x=\log\left(x+\sqrt{x^2+1}\right)$
- $\mathbf{artanh}\,x=\frac{1}{2}\log\frac{1+x}{1-x}$

(c) $\mathrm{artanh}\,x$ の 5 次 Maclaurin 多項式を求めよ．

**〈5〉** (a) 自然数 $p\geqq 1$ に対して $1+\sum_{n=1}^{p}\frac{1}{n!}+\frac{1}{(p+1)!}<e<1+\sum_{n=1}^{p}\frac{1}{n!}+\frac{3}{(p+1)!}$ を示せ（$1<e<3$ を用いよ）．

(b) $e$ は無理数であることを示せ（整数 $p\geqq 2$ と $q$ によって $e=\frac{q}{p}$ と表せたとしてみよ）．

**〈6〉** 2 次正方行列 $A$ に対して $e^A=\sum_{k=0}^{\infty}\frac{A^k}{k!}$ と定める．ただし $A^0$ は単位行列 $E=\begin{bmatrix}1&0\\0&1\end{bmatrix}$ とする．$J=\begin{bmatrix}0&-1\\1&0\end{bmatrix}$ とするとき，$J^2=-E$ および $e^{xJ}=(\cos x)E+(\sin x)J$ を確かめよ．

---

● **例題 6 解答**

**〈1〉** (a) $\lim_{x\to 0}\frac{\sin x-x}{x(\cos x-1)}=\lim_{x\to 0}\frac{x-\frac{x^3}{6}+o(x^3)-x}{x\left\{1-\frac{x^2}{2}+o(x^2)-1\right\}}=\lim_{x\to 0}\frac{-\frac{x^3}{6}+o(x^3)}{-\frac{x^3}{2}+xo(x^2)}=\lim_{x\to 0}\frac{\frac{1}{6}-\frac{o(x^3)}{x^3}}{\frac{1}{2}-\frac{o(x^2)}{x^2}}=\frac{1}{3}$.

(b) $\sqrt{x+1}=(x+1)^{\frac{1}{2}}=1+\frac{x}{2}-\frac{x^2}{8}+o(x^2)$ より $\lim_{x\to 0}\frac{1+\frac{x}{2}-\frac{x^2}{8}+o(x^2)-1-\frac{x}{2}}{x^2}=-\frac{1}{8}$.

(c) $\lim_{x\to 1}\frac{(x-1)^3e^{x-1}}{e^{x-1}-\frac{1}{2}x^2-\frac{1}{2}}=\lim_{t\to 0}\frac{t^3e^t}{e^t-\frac{1}{2}(t+1)^2-\frac{1}{2}}$

ix) 例 6.5 と同様．

x) 式 (6.2) と同様のことを行う．なお，複素数 $z$ に対して**複素三角関数** $\cos z$, $\sin z$ は $\cos z=\frac{e^{iz}+e^{-iz}}{2}$, $\sin z=\frac{e^{iz}-e^{-iz}}{2}$ によって定義される．先に**複素指数関数** $e^z$（式 (6.3)）があるのである．

$$= \lim_{t\to 0} \frac{t^3(1+o(1))}{\left\{1+t+\frac{1}{2}t^2+\frac{1}{6}t^3+o(t^3)\right\}-\frac{1}{2}t^2-t-1}$$

$$= \lim_{t\to 0} \frac{t^3+o(t^3)}{\frac{1}{6}t^3+o(t^3)} = \lim_{t\to 0} \frac{1+\frac{o(t^3)}{t^3}}{\frac{1}{6}+\frac{o(t^3)}{t^3}} = 6.$$

**⟨2⟩** (a) $f'(x) = 3x^2 - 6 = 0$ となるのは $x = \pm\sqrt{2}$ で，$f''(x) = 6x$ より $f''\left(-\sqrt{2}\right) < 0$, $f'\left(\sqrt{2}\right) > 0$ だから，極大値 $f\left(-\sqrt{2}\right) = 4\sqrt{2}$，極小値 $f\left(\sqrt{2}\right) = -4\sqrt{2}$ をとる．

(b) $f'(x) = \dfrac{-x^2+1}{(x^2+1)^2} = 0$ となるのは $x = \pm 1$ で，

$f''(x) = \dfrac{-6x+2x^3}{(x^2+1)^3}$ より $f''(-1) > 0$, $f''(1) < 0$ だから，極小値 $f(-1) = -\frac{1}{2}$，極大値 $f(1) = \frac{1}{2}$ をとる．

(c) $f'(x) = 2xe^{x^2} - 2xe^{-x^2} = 0$ となるのは $x = 0$ のみ．（cosh の Maclaurin 展開 (6.4) を知っていればただちに $f(x) = 2 + x^4 + o(x^4)$ を得るから）$f'(0) = f''(0) = f'''(0) = 0$ であり $f^{(4)}(0) = 4! > 0$ である．定理 6.9 より，$f(x)$ は $x = 0$ で極小値 $f(0) = 2$ をとる．

**⟨3⟩** 註 5.7 より，$h \to 0$ のとき

$$\begin{cases} f(a+h) = f(a) + f'(a)h + \dfrac{f''(a)}{2!}h^2 + o(h^2), \\ f(a-h) = f(a) - f'(a)h + \dfrac{f''(a)}{2!}h^2 + o(h^2) \end{cases}$$ であるから

$f(a+h) + f(a-h) = 2f(a) + f''(a)h^2 + o(h^2)$.

$$\therefore f''(a) = \lim_{h\to 0} \frac{f(a+h)+f(a-h)-2f(a)}{h^2}.$$

**⟨4⟩** $2^5 = 32$ より $x = 2$ を $f(x) = x^5 - 30 = 0$ の近似解と考え

$$x_0 = 2,\quad x_{n+1} = x_n - \frac{f(x_n)}{f'(x_n)} = x_n - \frac{x_n^5 - 30}{5x_n^4} = \frac{4}{5}x_n + \frac{6}{x_n^4}$$

という具合に Newton 法を用いる．電卓で計算すると

$x_1 = 1.975$, $x_2 = 1.9743509129\cdots$,

$x_3 = 1.97435048584\cdots$, $x_4 = 1.97435048583\cdots$

のように解の近似値 1.974 を得る（ちなみに $(1.974)^5 = 29.9733815178\cdots$ である）．

**⟨5⟩**
- $\cosh^2 x - \sinh^2 x = (\cosh x + \sinh x)(\cosh x - \sinh x) = e^x \cdot e^{-x} = 1.$
- 前式の両辺を $\cosh^2 x$ で割ればよい．
- 前々式の両辺を $\sinh^2 x$ で割って，$-1$ を掛ければよい．

## ●類題 6 解答

**⟨1⟩** (a) $-\frac{1}{3}$　(b) $-\frac{1}{2}$　(c) $\frac{1}{3}$　(d) 2

**⟨2⟩** （略）

**⟨3⟩** $f(x) = x^2 - 3$, $x_{n+1} = x_n - \dfrac{f(x_n)}{f'(x_n)} = \dfrac{x_n^2+3}{2x_n}$ とすると

$x_0 = 2$, $x_1 = \frac{7}{4}$, $x_2 = \frac{97}{56}$, $x_3 = \frac{18817}{10864}$

$\fallingdotseq 1.73205081\ldots$.

**⟨4⟩** （略）

## ●発展 6 解答

**⟨1⟩** (a) $\frac{1}{6}$　(b) $\alpha > 0$ のとき $-\infty$，$\alpha = 0$ のとき $-\frac{1}{6}$，$\alpha < 0$ のとき 0.

**⟨2⟩**
$$\begin{cases} e^{i\alpha}e^{i\beta} = (\cos\alpha + i\sin\alpha)(\cos\beta + i\sin\beta) \\ \quad = (\cos\alpha\cos\beta - \sin\alpha\sin\beta) \\ \quad\quad + i(\sin\alpha\cos\beta + \cos\alpha\sin\beta), \\ e^{i(\alpha+\beta)} = \cos(\alpha+\beta) + i\sin(\alpha+\beta) \end{cases}$$

を比較すれば加法定理が確認できる．$e^{2i\alpha} = \left(e^{i\alpha}\right)^2$ から倍角の公式が分かる．

**⟨3⟩** （略）

**⟨4⟩** (a) $y = \operatorname{arcosh} x$ とすると $x = \cosh y$ である．両辺を $x$ で微分して $1 = \sinh y \cdot \dfrac{dy}{dx}$ となるから，$\dfrac{dy}{dx} = \dfrac{1}{\sinh y} = \dfrac{1}{\sqrt{\cosh^2 y - 1}} = \dfrac{1}{\sqrt{x^2-1}}$. 同様の計算により次を得る．

**逆双曲線関数の微分**
- $\boldsymbol{(\operatorname{arcosh} x)' = \dfrac{1}{\sqrt{x^2-1}}}$
- $\boldsymbol{(\operatorname{arsinh} x)' = \dfrac{1}{\sqrt{x^2+1}}}$
- $\boldsymbol{(\operatorname{artanh} x)' = \dfrac{1}{1-x^2}}$

（それぞれ次の (b) の右辺を微分しても得られる．）

(b) • $y = \log\left(x + \sqrt{x^2-1}\right)$ とおくと $\cosh y = \dfrac{e^y + e^{-y}}{2}$

$$= \frac{1}{2}\left\{x + \sqrt{x^2-1} + \frac{1}{x + \sqrt{x^2-1}}\right\} = x.$$

• $y = \log\left(x + \sqrt{x^2+1}\right)$ とおいて $\sinh y = \dfrac{e^y - e^{-y}}{2}$ を計算する．

• $y = \frac{1}{2}\log\dfrac{1+x}{1-x}$ とおくと $e^{2y} = \dfrac{1+x}{1-x}$ より $\tanh y$

$$= \frac{\sinh y}{\cosh y} = \frac{e^y - e^{-y}}{e^y + e^{-y}} = \frac{e^{2y}-1}{e^{2y}+1} = \frac{\frac{1+x}{1-x} - 1}{\frac{1+x}{1-x} + 1} = x.$$

(c) $\operatorname{artanh} x = \frac{1}{2}\log\dfrac{1+x}{1-x} = \frac{1}{2}\{\log(1+x) - \log(1-x)\}$

$$= \frac{1}{2}\left\{\left(x - \frac{x^2}{2} + \frac{x^3}{3} - \frac{x^4}{4} + \frac{x^5}{5} - \cdots\right) - \left(-x - \frac{x^2}{2} - \frac{x^3}{3} - \frac{x^4}{4} - \frac{x^5}{5} - \cdots\right)\right\} = x + \frac{x^3}{3} + \frac{x^5}{5}\cdots.$$

**⟨5⟩** (a) $e^x$ の $p$ 次の Maclaurin 展開に $x = 1$ を代入すればよい．

(b) (a) の不等式の各辺を $p!$ 倍し，小数部分に着目する．

**⟨6⟩** （略）なお，$O$ を零行列，$\det A$ を $A$ の行列式，$A$ の対角成分の和（**トレース**）を $\operatorname{tr} A$ として，$e^O = E$, $e^A e^{-A} = E$, $\det e^A = e^{\operatorname{tr} A}$ なども成り立つ．一般に $e^A e^B = e^{A+B}$ は成立しない．

# 第 II 部

# 微分（2変数）

# 第 7 章

# 偏微分

2 変数関数 $f(x,y)$ は，2 つの実数の組 $(x,y)$ に実数 $f(x,y)$ を対応させる．例えば

$$x^2+y^2, \quad e^x(\cos y+\sin y)$$

のような式で表される．2 変数関数の連続性や微分可能性の概念は 1 変数の場合より複雑になるが，それらがある程度保証されると，関数のグラフ $z=f(x,y)$（点 $(x,y,f(x,y))$ の集合）を $xyz$ 空間内の「なめらかな」曲面として描ける．変数の個数が 3 以上になって実際の図示が困難になっても，連続性や微分可能性は 2 変数の場合と同様に定義され，関数の「形」を想像する手掛かりとなる．

## 7.1 連続性

2 変数関数 $f(x,y)$ が点 $(a,b)$ で**連続**とは

$$(x,y)\to(a,b) \quad \Longrightarrow \quad f(x,y)\to f(a,b) \tag{7.1}$$

が成り立つことである．$xy$ 平面内のある領域 $D$ の各点で連続な関数を $D$ で連続な関数とよぶ．$(x,y)\to(a,b)$ は点 $(x,y)$ と点 $(a,b)$ の距離 $\sqrt{(x-a)^2+(y-b)^2}$ を小さくすることを意味し，$x,y$ をそれぞれ勝手なやり方で $a,b$ に近づけることを考える必要がある．$f(x,y)$ が連続ならば，ある変数以外の変数を固定して得られる 1 変数関数は連続である．逆に，$f(x,y)$ が各変数について（1 変数関数として）連続であっても，$f(x,y)$ が連続になるとは限らない．

**例 7.1** $f(x,y)=\begin{cases}\dfrac{2xy}{x^2+y^2} & (x,y)\neq(0,0),\\ 1 & (x,y)=(0,0)\end{cases}$ は $(0,0)$ で不連続な 2 変数関数である．なぜなら，$(x,y)$ を直線 $y=(\tan\alpha)x$ に沿って $(0,0)$ に近づけるとき $f(x,y)$ は一定の値 $\dfrac{2y/x}{1+(y/x)^2}=\dfrac{2\tan\alpha}{1+\tan^2\alpha}=\sin 2\alpha$ をとり続けるが，この値は $\alpha$ を取り換えると変わり，(7.1) が $(a,b)=(0,0)$ に対して成り立たないからである（図 7.1）．

**例 7.2** $f(x,y)=\begin{cases}\dfrac{\sin(x^2+y^2)}{x^2+y^2} & (x,y)\neq(0,0),\\ 1 & (x,y)=(0,0)\end{cases}$ は $xy$ 平面全体で連続である．まず，$(x,y)\neq(0,0)$ での連続性は明らかである．また，$\begin{cases}x=r\cos\theta,\\ y=r\sin\theta\end{cases}\left(\begin{array}{c}0<r,\\ 0\leqq\theta<2\pi\end{array}\right)$ とおき $r=\sqrt{(x-0)^2+(y-0)^2}\to 0$ とすると，$f(x,y)=\dfrac{\sin r^2}{r^2}\to 1=f(0,0)$ となるので，$(x,y)=(0,0)$ でも連続である（図 7.2）．

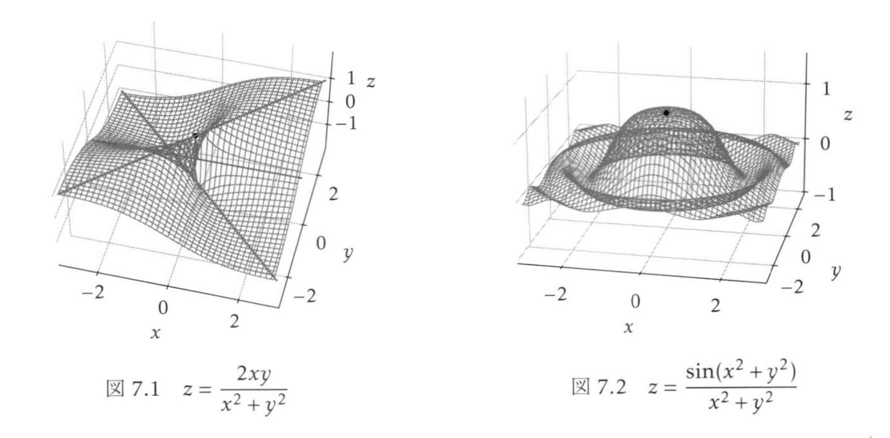


図 7.1　$z = \dfrac{2xy}{x^2+y^2}$　　図 7.2　$z = \dfrac{\sin(x^2+y^2)}{x^2+y^2}$

**註 7.3**　2 つの連続関数の和・差・積・商および合成はそれぞれ適切な範囲で連続である（[4, p. 35]）.

## 7.2　微分と偏微分

2 変数関数の「微分」の定義の前に 1 変数関数の場合をふりかえる．点 $a$ のまわりで定義された 1 変数関数 $f(x)$ が $x=a$ において微分可能とは，$f(x)$ が $x=a$ のまわりで **1 次関数で近似できること**だった．つまり $f(x)$ が $x=a$ で**微分可能**とは，ある定数 $p$ に対し

$$\boldsymbol{f(x) = f(a) + p(x-a) + o(x-a) \quad (x \to a)}$$

と表せることである（註 4.1 と定理 5.6 参照）．この $p$ を**微分係数**とよんだ．Landau の記号を使わずに書けば

$$f(x) = f(a) + p(x-a) + r(x), \qquad \lim_{x \to a} \frac{r(x)}{x-a} = 0$$

となるから，これが §1.1 冒頭の定義と同値であることは明らか i) である．

さて 2 変数関数がある点で微分可能とは，その点のまわりで **2 変数の 1 次関数で近似できること**である．

**微分可能性（または全微分可能性）**

点 $(a,b)$ のまわりで定義された 2 変数関数 $f(x,y)$ が $(a,b)$ で**微分可能**または**全微分可能**とは，ある定数 $p,q$ に対し

$$\boldsymbol{f(x,y) = f(a,b) + p(x-a) + q(y-b) + o\left(\sqrt{(x-a)^2+(y-b)^2}\right) \quad ((x,y) \to (a,b))}$$

と表せることである．2 変数の場合の Landau の記号は 1 変数の場合と同様 ii) であり，つまりこの式は次を意味する．

$$f(x,y) = f(a,b) + p(x-a) + q(y-b) + r(x,y), \qquad \lim_{(x,y)\to(a,b)} \frac{r(x,y)}{\sqrt{(x-a)^2+(y-b)^2}} = 0. \tag{7.2}$$

i) 左側の式を $x \neq a$ において変形すると $\frac{f(x)-f(a)}{x-a} = p + \frac{r(x)}{x-a}$ となる．この式で $x \to a$ を考える．

微分可能な $f(x,y)$ に対し $p,q$ を求めてみよう．式 (7.2) に $y=b$ を代入すると

$$f(x,b)=f(a,b)+p(x-a)+r(x,b),\qquad \lim_{x\to a}\frac{r(x,b)}{|x-a|}=0$$

となるので

$$\lim_{x\to a}\left|\frac{r(x,b)}{x-a}\right|=\lim_{x\to a}\left|\frac{f(x,b)-f(a,b)}{x-a}-p\right|=0\qquad \therefore\ p=\lim_{x\to a}\frac{f(x,b)-f(a,b)}{x-a}$$

である．また，$x=a$ を代入して同様に考えれば $q=\lim_{y\to b}\dfrac{f(a,y)-f(a,b)}{y-b}$ を得る．

これら $p$ および $q$ を与える式は，片方の変数に関する 1 変数関数としての微分係数を表すものに過ぎず，$f(x,y)$ が微分可能か否かに関係なく考えてよい形の式である．そこで以下を考える．

点 $(a,b)$ のまわりで定義された，微分可能とは限らない $f(x,y)$ に対し，極限

$$\lim_{x\to a}\frac{f(x,b)-f(a,b)}{x-a}=\lim_{h\to 0}\frac{f(a+h,b)-f(a,b)}{h}\tag{7.3}$$

が存在するとき，$f(x,y)$ は $(a,b)$ で $x$ に関して**偏微分可能**という．この極限値を点 $(a,b)$ における $x$ に関する**偏微分係数**といい，$\dfrac{\partial f}{\partial x}(a,b)$ で表す．同様に

$$\lim_{y\to b}\frac{f(a,y)-f(a,b)}{y-b}=\lim_{h\to 0}\frac{f(a,b+h)-f(a,b)}{h}\tag{7.4}$$

が存在するとき，$f(x,y)$ は $(a,b)$ で $y$ に関して**偏微分可能**という．この極限値を点 $(a,b)$ における $y$ に関する**偏微分係数**といい，$\dfrac{\partial f}{\partial y}(a,b)$ で表す．これらが適当な範囲で $(a,b)$ の関数とみなせるとき

$$\frac{\partial f}{\partial x}(x,y),\qquad \frac{\partial f}{\partial y}(x,y)$$

を関数 $f(x,y)$ の $x$ または $y$ に関する**偏導関数**とよぶ．また $\dfrac{\partial f}{\partial x}(x,y)$ の代わりに $\boldsymbol{f_x(x,y)}$ や $z_x(x,y)$，$\dfrac{\partial f}{\partial y}(x,y)$ の代わりに $\boldsymbol{f_y(x,y)}$ や $z_y(x,y)$ などの記号を使うことも多い．

$x,y$ の式として具体的に表示された 2 変数関数の偏導関数を求めるのは，単に片方の変数の関数とみなして微分する作業であるから，難しくない．

**例 7.4** $f(x,y)=x^2+y^2$ のとき $f_x(x,y)=2x,\ f_y(x,y)=2y$.

**例 7.5** $f(x,y)=e^x(\cos y+\sin y)$ のとき $f_x(x,y)=e^x(\cos y+\sin y),\ f_y(x,y)=e^x(-\sin y+\cos y)$.

**例 7.6** $f(x,y)=\sqrt{6-3x^2-2y^2}$ のとき

$$f_x(x,y)=\frac{1}{2}\left(6-3x^2-2y^2\right)^{-\frac{1}{2}}\cdot(-6x)=-\frac{3x}{\sqrt{6-3x^2-2y^2}},$$
$$f_y(x,y)=\frac{1}{2}\left(6-3x^2-2y^2\right)^{-\frac{1}{2}}\cdot(-4y)=-\frac{2y}{\sqrt{6-3x^2-2y^2}}.$$

---

ii) 関数 $r(x,y)$ が $\displaystyle\lim_{(x,y)\to(a,b)}\frac{r(x,y)}{g(x,y)}=0$ を満たすとき，$r(x,y)=o(g(x,y))$ $((x,y)\to(a,b))$ と表し，「$(x,y)\to(a,b)$ のとき $r(x,y)$ は $g(x,y)$ より高位の無限小である」などという．$o(g(x,y))$ を Landau の記号（Landau のリトル・オー）とよぶ．

微分可能ならば連続かつ偏微分可能であることは定義から明らかである．この「逆」については以下の通り油断ならない状況である．

- ある点で偏微分可能であってもその点で微分可能であるとは限らない；さらに，
- ある点で偏微分可能であってもその点で連続であるとは限らない；それどころか，
- ある点で連続かつ偏微分可能であっても微分可能とは限らない iii)．

微分可能であることを保証する十分条件としては「$C^1$ 級」という条件が扱いやすい．ある範囲で偏微分可能であり，その偏導関数がすべて連続である関数を **$C^1$ 級**関数という．

**定理 7.7**　ある点のまわりで $C^1$ 級である関数はその点のまわりで微分可能である（[4, p. 60]，[発展 8⟨3⟩] 参照）．

## 7.3　接平面

関数 $f(x,y)$ が点 $(a,b)$ で微分可能であるとき，式 (7.2) における $p,q$ は偏微分係数によって与えられることが分かった．すなわち

$$z-f(a,b)=\frac{\partial f}{\partial x}(a,b)(x-a)+\frac{\partial f}{\partial y}(a,b)(y-b) \tag{7.5}$$

が点 $(a,b,f(a,b))$ のまわりで $z=f(x,y)$ を近似する 1 次関数である．式 (7.5) が表す $xyz$ 空間内の平面を，曲面 $z=f(x,y)$ 上の点 $(a,b,f(a,b))$ における**接平面**とよぶ．

**例 7.8**　曲面 $z=\sqrt{6-3x^2-2y^2}$ 上の点 $(1,1,1)$ における接平面 $\Pi$ および法線 $\ell$ を求めよう（図 7.3）．$f(x,y)=\sqrt{6-3x^2-2y^2}$ とすると（例 7.6 より）

$$f_x(x,y)=-\frac{3x}{\sqrt{6-3x^2-2y^2}},\quad f_y(x,y)=-\frac{2y}{\sqrt{6-3x^2-2y^2}}$$

だから $f_x(1,1)=-3,\ f_y(1,1)=-2$ である．式 (7.5) より，求める接平面 $\Pi$ は

$$z-1=-3(x-1)-2(y-1) \qquad \therefore 3x+2y+z=6.$$

この平面は $(3,2,1)$ を法線に持つので，点 $(1,1,1)$ における法線 $\ell$ は

$$\frac{x-1}{3}=\frac{y-1}{2}=z-1.$$

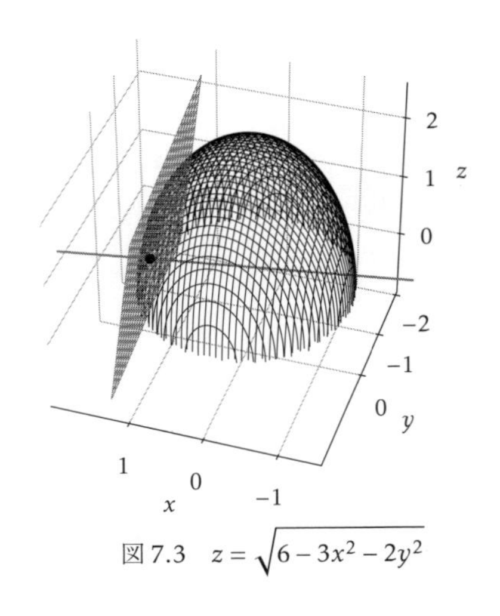

図 7.3　$z=\sqrt{6-3x^2-2y^2}$

iii) $f(x,y)=\begin{cases}\dfrac{xy}{\sqrt{x^2+y^2}}\sin\dfrac{1}{\sqrt{x^2+y^2}} & (x,y)\neq(0,0),\\ 0 & (x,y)=(0,0)\end{cases}$ は原点において連続／偏微分可能／微分可能か [5, p. 60]？

**註 7.9** 式 (7.5) において $dz = z - f(a,b)$, $dx = x - a$, $dy = y - b$ とおく（すなわち $(a, b, f(a,b))$ を中心とする「座標」$(dx, dy, dz)$ で式を書き直す）ことによって得られる式

$$\boldsymbol{dz = \frac{\partial f}{\partial x}(x,y)\,dx + \frac{\partial f}{\partial y}(x,y)\,dy} \tag{7.6}$$

を $f(x,y)$ の**全微分**（または**微分**）とよぶ[iv]．$df$ で表すことも多い．

$$df = \frac{\partial f}{\partial x}(x,y)\,dx + \frac{\partial f}{\partial y}(x,y)\,dy.$$

**註 7.10** 2 変数関数についてのここまでの性質には

$$\begin{array}{ccccc} C^1\text{ 級} & \Longrightarrow & \text{微分可能} & \Longrightarrow & \text{偏微分可能} \\ & & \Downarrow & \searrow & \\ & & \text{接平面が存在} & & \text{連続} \end{array}$$

のような模式的な関係がある．より多変数の関数に対してもこれらの概念は同様に定義され（§7.4），「接平面」の意味を適切に拡張して解釈すれば，同じ関係が成り立つ．

## 7.4 多変数の場合

3 つ以上の変数を持つ関数に対しても，上でみた連続性，微分可能性，偏微分係数，偏導関数，$C^1$ 級，全微分などの定義は自然に拡張できる．

**例 7.11** 3 変数関数 $f(x,y,z) = e^{xyz}$ は $xyz$ 空間全体で連続かつ偏微分可能であり，偏導関数は

$$\frac{\partial f}{\partial x}(x,y,z) = f_x(x,y,z) = yze^{xyz},\quad \frac{\partial f}{\partial y}(x,y,z) = f_y(x,y,z) = zxe^{xyz},\quad \frac{\partial f}{\partial z}(x,y,z) = f_z(x,y,z) = xye^{xyz}$$

である．これらの偏導関数も $xyz$ 空間全体で連続かつ偏微分可能である．

例えば 3 変数関数 $f(x,y,z)$ に対して

$$df = \frac{\partial f}{\partial x}(x,y,z)\,dx + \frac{\partial f}{\partial y}(x,y,z)\,dy + \frac{\partial f}{\partial z}(x,y,z)\,dz$$

を $f(x,y,z)$ の全微分とよぶのも 2 変数関数の場合と同様である．

---

[iv] 1 変数の微分 $\frac{dy}{dx} = f'(x) \Leftrightarrow dy = f'(x)\,dx$ に $x = a$, $dx = x - a$, $dy = y - f(a)$ を代入すると点 $(a, f(a))$ における接線の方程式が得られることと同様の働きをする（式 (7.5)）．このほか式 (7.6) の両辺を「$dt$ で割る」と，合成関数 $z(t) = f(x(t), y(t))$ の微分公式（式 (8.4)）が得られるなど，様々な場面でハンディである．[6, p. 72] によると式 (7.6) は「コーヒーより簡単に持ち運ぶことのできる」「インスタントコーヒー」らしい（式 (8.4) 参照）．

**例題 7**

**〈1〉** 次の関数は原点 $(x,y)=(0,0)$ において連続であることを説明せよ．

(a) $f(x,y)=\begin{cases}\dfrac{xy^2}{2x^2+3y^2} & (x,y)\neq(0,0),\\ 0 & (x,y)=(0,0)\end{cases}$

(b) $f(x,y)=\dfrac{x^2+\cos 2y}{\sin(x^2+y^2)+2}$

**〈2〉** 次の関数は原点 $(x,y)=(0,0)$ において連続でないことを説明せよ．

(a) $f(x,y)=\begin{cases}\dfrac{x^2y}{x^2+y^2} & (x,y)\neq(0,0),\\ 1 & (x,y)=(0,0)\end{cases}$

(b) $f(x,y)=\begin{cases}\dfrac{2x^2+y^2}{x^2+y^2} & (x,y)\neq(0,0),\\ 0 & (x,y)=(0,0)\end{cases}$

**〈3〉** 次の 2 変数関数 $f(x,y)$ の（1 階の）偏導関数を求めよ．

(a) $f(x,y)=0$　(b) $f(x,y)=x$　(c) $x+2y$　(d) $y^2$
(e) $x^2y^3$　(f) $x^2+y^3+xy+5$　(g) $e^{x+2y}$　(h) $\cos(xy)$
(i) $\dfrac{2x}{y}$　(j) $\dfrac{x^2-y^2}{x-y}$　(k) $\log(1-x-y-xy)$　(l) $\dfrac{x-y}{x+y}$
(m) $xy(x+3y+1)$　(n) $e^{x^2+y^2}$　(o) $\arctan(x+3y)$

**〈4〉** 曲面 $z=x^2+3xy-2y^2$ 上の点 $(2,1,8)$ における接平面 $\Pi$ および法線 $\ell$ の式を求めよ．

**類題 7**

**〈1〉** 次の関数が原点 $(x,y)=(0,0)$ で連続かどうか判定せよ．

(a) $f(x,y)=\begin{cases}\dfrac{|x|}{\sqrt{x^2+y^2}} & (x,y)\neq(0,0),\\ 0 & (x,y)=(0,0)\end{cases}$

(b) $f(x,y)=\begin{cases}\dfrac{x^2y}{x^2+2y^2} & (x,y)\neq(0,0),\\ 0 & (x,y)=(0,0)\end{cases}$

**〈2〉** 次の 2 変数関数 $f(x,y)$ の偏導関数を求めよ．

(a) $f(x,y)=5$　(b) $x^2+y^2-2x-8y$
(c) $x^2+xy+y^2-4x-2y$　(d) $x^2+2y^2-2xy-x-y$
(e) $x^3-6xy+y^3$　(f) $x^3+3y^3-3xy-x-y$
(g) $x^4+y^4-x^2-y^2+xy$　(h) $xye^{-x^2-y+2}$
(i) $2\log x+3\log y+\log(6-3x-2y)$　(j) $x^3+3x^2y+y^3$
(k) $xy(x^2+y^2-1)$　(l) $\sin(xy)$　(m) $xe^y$
(n) $\log(x^2+y^2)$　(o) $\sin x\cos y$
(p) $\{\log(x^2+y^2)\}^5$

**〈3〉** 曲面 $z=f(x,y)$ 上の与えられた点における接平面と法線を求めよ．

(a) $f(x,y)=x^2+y^2-2x-8y$, $(0,0,f(0,0))$
(b) $f(x,y)=x^3+3x^2y+y^3$, $(1,1,f(1,1))$
(c) $f(x,y)=x^4+y^4-x^2-y^2+xy$, $(1,1,f(1,1))$
(d) $f(x,y)=xe^y$, $(1,1,f(1,1))$
(e) $f(x,y)=\log(x^2+y^2)$, $(1,1,f(1,1))$
(f) $f(x,y)=\sin x\cos y$, $(0,0,f(0,0))$

**発展 7**

**〈1〉** 次の関数が原点 $(0,0)$ で微分可能かどうか判定せよ．

(a) $f(x,y)=x^{\frac{1}{3}}y^{\frac{2}{3}}$　(b) $f(x,y)=\log(1+x-y)$

**〈2〉** $f(x,y,z)=(x+2y+3z)^3$ について

(a) 偏導関数を求めよ．　(b) 全微分 $df$ を求めよ．

**〈3〉** 点 $(a,b)$ の近くで偏微分可能な関数 $f(x,y)$ について以下を示せ．

(a) 十分 0 に近い $h$ と $k$ に対し
$$f(a+h,b+k)-f(a,b)=hf_x(a+\theta_h h,b+k)+kf_y(a,b+\theta_k k)$$
を満たす $0<\theta_h<1$, $0<\theta_k<1$ が存在する（**平均値の定理**）．

(b) 点 $(a,b)$ の近くで，$f$ が $C^1$ 級ならば $f$ は微分可能である．

---

**● 例題 7 解答**

**〈1〉** (a) $\begin{cases}x=r\cos\theta,\\ y=r\sin\theta\end{cases}\left(\begin{array}{c}r>0,\\ 0\leqq\theta<2\pi\end{array}\right)$ とおくと $|f(x,y)|$ $=r\left|\dfrac{\cos\theta\sin^2\theta}{2+\sin^2\theta}\right|\leqq r\cdot\dfrac{1}{2}=\dfrac{r}{2}\to 0\ (r\to 0)$．よって $\displaystyle\lim_{(x,y)\to(0,0)}f(x,y)=0=f(0,0)$ であるから $(0,0)$ で連続である．

(b) 連続関数の和・差・積および（適切な意味での）商・合成は連続関数である．

**〈2〉** (a) $\begin{cases}x=r\cos\theta,\\ y=r\sin\theta\end{cases}\left(\begin{array}{c}r>0,\\ 0\leqq\theta<2\pi\end{array}\right)$ とおくと $|f(x,y)|$ $=r|\cos^2\theta\sin\theta|\leqq r$．よって $r\to 0$ のとき $|f(x,y)|\to 0$ すなわち $f(x,y)\to 0$．これは $f(0,0)=1$ に一致しないから（図 7.4），$f(x,y)$ は $(0,0)$ で連続でない．

(b) 点 $(x,y)$ が $x$ 軸上を原点 $(0,0)$ に近づくと $f(x,y)$ $=\dfrac{2x^2+y^2}{x^2+y^2}\to\displaystyle\lim_{x\to 0}\frac{2x^2}{x^2}=2$ であり，$y$ 軸上を原点に近づくと $f(x,y)=\dfrac{2x^2+y^2}{x^2+y^2}\to\displaystyle\lim_{y\to 0}\frac{y^2}{y^2}=1$ である．点 $(x,y)$ の原点への近づき方によって $f(x,y)$ が異なる値に近づく

ので（図 7.5）v)．$f(x,y)$ は原点で連続でない．

**⟨3⟩** (a) $f_x = f_x(x,y) = \dfrac{\partial f}{\partial x}(x,y) = 0$, $f_y = f_y(x,y) = \dfrac{\partial f}{\partial y}(x,y) = 0$　(b) $f_x = 1$, $f_y = 0$　(c) $f_x = 1$, $f_y = 2$

(d) $f_x = 0$, $f_y = 2y$　(e) $f_x = 2xy^3$, $f_y = 3x^2y^2$

(f) $f_x = 2x + y$, $f_y = 3y^2 + x$　(g) $f_x = e^{x+2y} \cdot \dfrac{\partial}{\partial x}(x+2y) = e^{x+2y}$, $f_y = e^{x+2y} \cdot \dfrac{\partial}{\partial y}(x+2y) = 2e^{x+2y}$

(h) $f_x = -\sin(xy) \cdot \dfrac{\partial}{\partial x}(xy) = -y\sin(xy)$,
$f_y = -\sin(xy) \cdot \dfrac{\partial}{\partial y}(xy) = -x\sin(xy)$

(i) $f_x = \dfrac{2}{y}$, $f_y = \dfrac{-2x}{y^2}$　(j) $f_x = f_y = 1$

(k) $f_x = \dfrac{-1-y}{1-x-y-xy}$, $f_y = \dfrac{-1-x}{1-x-y-xy}$

(l) $f_x = \dfrac{1\cdot(x+y)-(x-y)\cdot 1}{(x+y)^2} = \dfrac{2y}{(x+y)^2}$,
$f_y = \dfrac{(-1)\cdot(x+y)-(x-y)\cdot 1}{(x+y)^2} = \dfrac{-2x}{(x+y)^2}$

(m) $f_x = y\cdot(x+3y+1) + xy\cdot 1 = y(2x+3y+1)$,
$f_y = x\cdot(x+3y+1) + xy\cdot 3 = x(x+6y+1)$

(n) $f_x = e^{x^2+y^2} \cdot \dfrac{\partial}{\partial x}(x^2+y^2) = 2xe^{x^2+y^2}$,
$f_y = e^{x^2+y^2} \cdot \dfrac{\partial}{\partial y}(x^2+y^2) = 2ye^{x^2+y^2}$

(o) $f_x = \dfrac{1}{1+(x+3y)^2} \cdot \dfrac{\partial}{\partial x}(x+3y) = \dfrac{1}{1+(x+3y)^2}$,
$f_y = \dfrac{1}{1+(x+3y)^2} \cdot \dfrac{\partial}{\partial y}(x+3y) = \dfrac{3}{1+(x+3y)^2}$

**⟨4⟩** $f(x,y) = x^2 + 3xy - 2y^2$ とすると

$$\begin{cases} f_x(x,y) = 2x+3y, \\ f_y(x,y) = 3x-4y \end{cases} \quad \therefore \begin{cases} f_x(2,1) = 7, \\ f_y(2,1) = 2 \end{cases} \text{より}$$

$\Pi : z = 7(x-2) + 2(y-1) + 8$
$\therefore\ 7x + 2y - z = 8$, $\ell : \dfrac{x-2}{7} = \dfrac{y-1}{2} = \dfrac{z-8}{-1}$.

**● 類題 7 解答**

**⟨1⟩** (a) 連続でない（直線 $x = 0$ または $y = 0$ を考えよ．）
(b) 連続である

**⟨2⟩** (a) $f_x = 0$, $f_y = 0$　(b) $f_x = 2(x-1)$, $f_y = 2(y-4)$
(c) $f_x = 2x + y - 4$, $f_y = x + 2y - 2$
(d) $f_x = 2x - 2y - 1$, $f_y = -2x + 4y - 1$
(e) $f_x = 3(x^2 - 2y)$, $f_y = 3(y^2 - 2x)$
(f) $f_x = 3x^2 - 3y - 1$, $f_y = -3x + 9y^2 - 1$
(g) $f_x = 4x^3 - 2x + y$, $f_y = x + 4y^3 - 2y$
(h) $f_x = (1-2x^2)ye^{-x^2-y+2}$, $f_y = x(1-y)e^{-x^2-y+2}$
(i) $f_x = \dfrac{2}{x} + \dfrac{3}{3x+2y-6}$, $f_y = \dfrac{3}{y} + \dfrac{2}{3x+2y-6}$
(j) $f_x = 3x(x+2y)$, $f_y = 3(x^2 - y^2)$
(k) $f_x = y(-1 + 3x^2 + y^2)$, $f_y = x(-1 + x^2 + 3y^2)$
(l) $f_x = y\cos(xy)$, $f_y = x\cos(xy)$
(m) $f_x = e^y$, $f_y = xe^y$　(n) $f_x = \dfrac{2x}{x^2+y^2}$, $f_y = \dfrac{2y}{x^2+y^2}$
(o) $f_x = \cos x \cos y$, $f_y = -\sin x \sin y$
(p) $f_x = \dfrac{10x\,(\log(x^2+y^2))^4}{x^2+y^2}$, $f_y = \dfrac{10y\,(\log(x^2+y^2))^4}{x^2+y^2}$

**⟨3⟩** (a) $2x + 8y + z = 0$; $\dfrac{x}{2} = \dfrac{y}{8} = z$
(b) $9x + 6y - z = 10$; $\dfrac{x-1}{9} = \dfrac{y-1}{6} = \dfrac{z-5}{-1}$
(c) $3x + 3y - z = 5$; $\dfrac{x-1}{3} = \dfrac{y-1}{3} = \dfrac{z-1}{-1}$
(d) $ex + ey - z = e$; $\dfrac{x-1}{e} = \dfrac{y-1}{e} = \dfrac{z-e}{-1}$
(e) $x + y - z = 2 - \log 2$; $x - 1 = y - 1 = -z + \log 2$



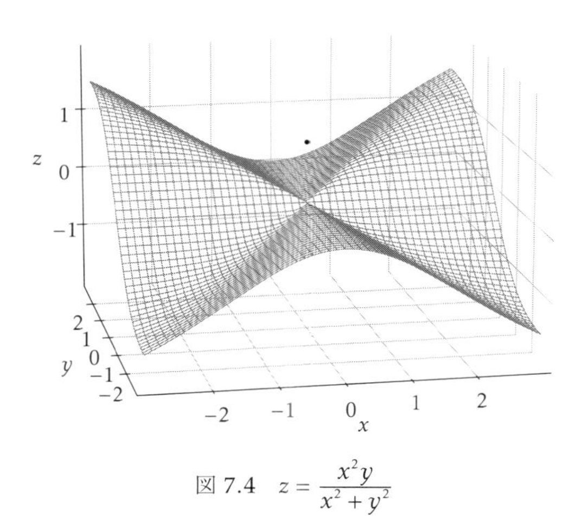

図 7.4　$z = \dfrac{x^2y}{x^2+y^2}$

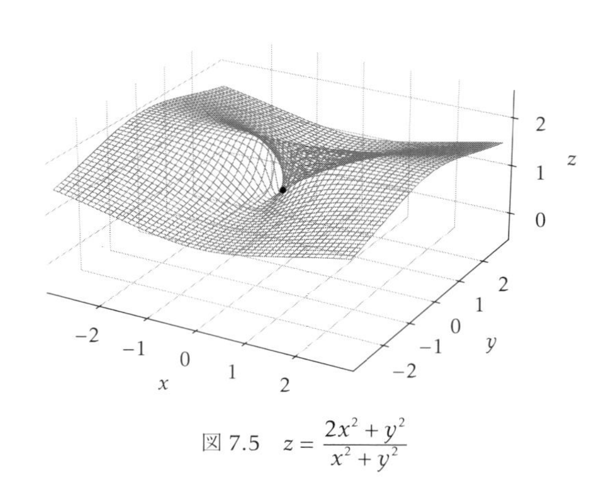

図 7.5　$z = \dfrac{2x^2+y^2}{x^2+y^2}$

v) 実際，点 $(x,y)$ $(\neq (0,0))$ の原点への近づけ方を変えると $f(x,y)$ は様々な値に近づく：直線 $y = (\tan\theta_0)x$ に沿って点 $(x,y)(\neq (0,0))$ を $(0,0)$ に近づけるとき，$f(x,y)$ の値は常に $\frac{2+(y/x)^2}{1+(y/x)^2} = \frac{2+\tan^2\theta_0}{1+\tan^2\theta_0} = 1 + \cos^2\theta_0$ に等しいので，$\to 1 + \cos^2\theta_0$ である．これは 1 と 2 の間の任意の値をとりうる．

(f) $z = x$; $x = -z$ かつ $y = 0$

**●発展 7 解答**

**⟨1⟩** (a) 微分可能ではない (b) 微分可能である

**⟨2⟩** (a) $f_x = 3(x+2y+3z)^2$, $f_y = 6(x+2y+3z)^2$, $f_z = 9(x+2y+3z)^2$ (b) $df = 3(x+2y+3z)^2(dx+2dy+3dz)$

**⟨3⟩** (a) 1 変数関数の〔平均値の〕定理 1.5 より $f(a+h,b+k) - f(a,b+k) = hf_x(a+\theta_h h, b+k)$ なる $0 < \theta_h < 1$ が存在する．同様に $f(a,b+k) - f(a,b) = kf_y(a,b+\theta_k k)$ なる $0 < \theta_k < 1$ が存在する [vi)].

(b) $f$ が $C^1$ 級であることより $f_x$, $f_y$ は連続だから，$(h,k) \to (0,0)$ のとき $f_x(a+\theta_h h, b+k) - f_x(a,b) \to 0$ かつ $f_y(a,b+\theta_k k) - f_y(a,b) \to 0$．すなわち (a) より $\dfrac{f(a+h,b+k) - f(a,b) - hf_x(a,b) - kf_y(a,b)}{\sqrt{h^2+k^2}} \to 0$.

vi) 工夫すると $\theta_h = \theta_k$ と選ぶことができる．$F(t) = f(a+ht, b+k) - f(a, b+kt)$ とし $F(1) - F(0) = F'(\theta)$ となる $\theta$ をとるとよい．実は，2 変数関数の平均値の定理は通常は次のように述べられる：

点 $(a,b)$ の近くで $C^1$ 級である（または，微分可能な）$f(x,y)$ と十分 0 に近い $h$ と $k$ に対し

$$f(a+h,b+k) - f(a,b) = hf_x(a+\theta h, b+\theta k) + kf_y(a+\theta h, b+\theta k)$$

を満たす $0 < \theta < 1$ が存在する [4, p. 69].

# 第 8 章

# 合成関数の微分，陰関数

点 $(a,b)$ のまわりで $C^1$ 級である関数 $f(x,y)$ について，$y=b$ を固定し $x$ だけを変化させるとき，あるいは $x=a$ を固定し $y$ だけを変化させるときの関数の値の増減は $\dfrac{\partial f}{\partial x}(a,b)$ または $\dfrac{\partial f}{\partial y}(a,b)$ を調べれば分かる．$x$ と $y$ の両方を同時に変化させたときの増減はどうなるだろうか．

## 8.1 方向微分

ある（零ベクトルでない）**ベクトル $(\alpha,\beta)$ に沿った $f(x,y)$ の変化率**を考えるため

$$\lim_{t\to 0}\frac{f(a+\alpha t,b+\beta t)-f(a,b)}{t} \tag{8.1}$$

のような「微分」を考える．この極限値を $(\alpha,\beta)$ 方向の**方向微分**とよび，$\boldsymbol{D_{(\alpha,\beta)}f(a,b)}$ で表すことにする．以下，$(\alpha,\beta)$ は零ベクトルでないとする．

実は，$C^1$ 級関数 $f(x,y)$ の方向微分 $D_{(\alpha,\beta)}f(a,b)$ は $\dfrac{\partial f}{\partial x}(a,b)$ と $\dfrac{\partial f}{\partial y}(a,b)$ を用いて表せる．

$$\begin{aligned}
D_{(\alpha,\beta)}f(a,b) &= \lim_{t\to 0}\frac{f(a+\alpha t,b+\beta t)-f(a,b)}{t}\\
&= \lim_{t\to 0}\frac{f(a+\alpha t,b+\beta t)-f(a,b+\beta t)}{t}+\lim_{t\to 0}\frac{f(a,b+\beta t)-f(a,b)}{t}\\
&= \alpha\lim_{t\to 0}\frac{f(a+\alpha t,b+\beta t)-f(a,b+\beta t)}{\alpha t}+\beta\lim_{t\to 0}\frac{f(a,b+\beta t)-f(a,b)}{\beta t}
\end{aligned}$$

において，第 2 項は $\beta t\to 0$ より $\beta\dfrac{\partial f}{\partial y}(a,b)$ に等しく，少し工夫すると第 1 項が $\alpha\dfrac{\partial f}{\partial x}(a,b)$ に等しいことも示せるからである [i]．

**$(\alpha,\beta)$ 方向の方向微分**

点 $(a,b)$ のまわりで $C^1$ 級である関数 $f(x,y)$ に対して

$$D_{(\alpha,\beta)}f(a,b)=\alpha\frac{\partial f}{\partial x}(a,b)+\beta\frac{\partial f}{\partial y}(a,b). \tag{8.2}$$

---

[i] $g(x)=f(x,b+\beta t)$ とおく．$f$ が $(a,b)$ のまわりで $x$ に関して偏微分可能であるとき $g$ は $a$ のまわりで微分可能だから，閉区間 $[a,a+\alpha t]$ または $[a+\alpha t,a]$ において $g(x)$ に〔平均値の〕定理 1.5 を適用できる．よって

$$g'(c_t)=\frac{g(a+\alpha t)-g(a)}{(a+\alpha t)-a}=\frac{g(a+\alpha t)-g(a)}{\alpha t}=\frac{f(a+\alpha t,b+\beta t)-f(a,b+\beta t)}{\alpha t}$$

を満たす $c_t$ が $a$ と $a-\alpha t$ の間に存在する．明らかに $g'(c_t)=\frac{\partial f}{\partial x}(c_t,b+\beta t)$ であり，$t\to 0$ のとき $c_t\to a$ かつ $b+\beta t\to b$ であるから，$\frac{\partial f}{\partial x}$ が点 $(a,b)$ のまわりで連続であれば $g'(c_t)\to\frac{\partial f}{\partial x}(a,b)$ である．

**註 8.1**　方向微分 $D_{(\alpha,\beta)}f(a,b)$ は定義（式 (8.1)）から，$C^1$ 級関数 $f(x,y)$ と $x(t)=a+\alpha t$, $y(t)=b+\beta t$ の合成関数 $\varphi(t)=f(a+\alpha t,b+\beta t)$ の $t=0$ における微分係数 $\varphi'(0)$ に他ならない．すなわち

$$\varphi'(0)=\alpha\frac{\partial f}{\partial x}(a,b)+\beta\frac{\partial f}{\partial y}(a,b)=\boldsymbol{\frac{\partial f}{\partial x}(a,b)\cdot x'(0)+\frac{\partial f}{\partial y}(a,b)\cdot y'(0)}. \tag{8.3}$$

## 8.2　偏微分の連鎖律

$C^1$ 級関数の組 $\begin{cases} x=x(t), \\ y=y(t) \end{cases}$ が表す $xy$ 平面上の曲線 $C$ を考える．点 $(x,y)$ が曲線 $C$ 上を動くときの $f(x,y)$ の変化率（**曲線に沿う微分**）[ii] を知りたければ，合成関数 $f(x(t),y(t))$ の微分を考えればよい．あるいは，$\begin{cases} x=x(t), \\ y=y(t) \end{cases}$ の $t=t_0$ における 1 次近似が $\begin{cases} x(t_0)+x'(t_0)(t-t_0), \\ y(t_0)+y'(t_0)(t-t_0) \end{cases}$ であることから，各点 $(x(t_0),y(t_0))$ においてベクトル $(x'(t_0),y'(t_0))$ 方向の方向微分を考えてもよいかもしれない．

つまり合成関数 $f(x(t),y(t))$ の微分が式 (8.3) と同様に表せそうである [iii]．実際，適切な定義域と値域において $C^1$ 級関数の合成は $C^1$ 級であり [iv]，以下が成り立つ（[4, p. 64] など参照）．

$C^1$ 級関数 $f(x,y)$ と $x(t)$, $y(t)$ の合成 $z(t)=f(x(t),y(t))$ について

$$\frac{dz}{dt}=\frac{\partial f}{\partial x}\frac{dx}{dt}+\frac{\partial f}{\partial y}\frac{dy}{dt} \text{ v)}. \tag{8.4}$$

**例 8.2**　$f(x,y)=x^5y^3$, $x(t)=t^2$, $y(t)=t^3$ の合成関数 $z(t)=f(x(t),y(t))$ の微分は式 (8.4) より

$$z'(t)=5x^4y^3\cdot 2t+3x^5y^2\cdot 3t^2=5\left(t^2\right)^4\left(t^3\right)^3\cdot 2t+3\left(t^2\right)^5\left(t^3\right)^2\cdot 3t^2=19t^{18}.$$

先に合成関数を計算すると $z(t)=\left(t^2\right)^5\left(t^3\right)^3=t^{19}$ となるから，同じ結果 $z'(t)=19t^{18}$ を得る．

$C^1$ 級の 2 変数関数の組 $\begin{cases} x=x(u,v), \\ y=y(u,v) \end{cases}$ と $f(x,y)$ の合成 $z=f(x(u,v),y(u,v))$ について，例えば $\dfrac{\partial z}{\partial u}$ を求めるには，式 (8.4) の右辺の $\dfrac{dx}{dt}$, $\dfrac{dy}{dt}$ をそれぞれ $\dfrac{\partial x}{\partial u}$, $\dfrac{\partial y}{\partial u}$ に換えるだけでよいだろう．

**偏微分の連鎖律**

$C^1$ 級関数 $f(x,y)$ と $x(u,v)$, $y(u,v)$ の合成

$$z(u,v)=f(x(u,v),y(u,v))$$

の偏微分について，以下の**連鎖律**（**チェイン・ルール**）が成り立つ．

$$\boldsymbol{\frac{\partial z}{\partial u}=\frac{\partial f}{\partial x}\frac{\partial x}{\partial u}+\frac{\partial f}{\partial y}\frac{\partial y}{\partial u},\qquad \frac{\partial z}{\partial v}=\frac{\partial f}{\partial x}\frac{\partial x}{\partial v}+\frac{\partial f}{\partial y}\frac{\partial y}{\partial v}}. \tag{8.5}$$

---

ii) 地図上に描いたルート（曲線 $C$）に沿って登山するときの勾配（$f(x,y)$ の変化率）を考えるようなものである．

iii)「合成の 1 次近似は 1 次近似の合成だろう」という推測であり，結局そうである．

iv) 以降，$C^1$ 級関数の和・差・積や合成が適切な範囲で $C^1$ 級になることなどは認めて先に進む．

v) $z=f(x,y)$ の全微分 $dz=\frac{\partial f}{\partial x}dx+\frac{\partial f}{\partial y}dy$（式 (7.6)）の両辺を $dt$ で「割る」と $\frac{dz}{dt}=\frac{\partial f}{\partial x}\frac{dx}{dt}+\frac{\partial f}{\partial y}\frac{dy}{dt}$ となる．この形式的な計算の結果が結局正しいことになる．[6, p. 72] によると，「フリーズ・ドライしたインスタントコーヒー」である式 (7.6) を「湯」$dt$ で割ってできる「コーヒー」が式 (8.4) ということらしい．

**註 8.3**　式 (8.5) は行列を使って

$$\begin{bmatrix} z_u & z_v \end{bmatrix} = \begin{bmatrix} f_x & f_y \end{bmatrix} \begin{bmatrix} x_u & x_v \\ y_u & y_v \end{bmatrix} \tag{8.6}$$

と表すことができる [vi)]．右辺の行列 $J(u,v) = \begin{bmatrix} x_u & x_v \\ y_u & y_v \end{bmatrix}$ を写像（または変数変換）$(x(u,v), y(u,v))$ の **Jacobi 行列**（ヤコビ）または**関数行列** [vii)]，その行列式

$$\det J(u,v) = \det \begin{bmatrix} x_u & x_v \\ y_u & y_v \end{bmatrix} = x_u y_v - x_v y_u$$

を **Jacobi 行列式**（ヤコビ），**ヤコビアン**または**関数行列式**という．

**例 8.4**　$f(x,y) = e^{xy}$ と $\begin{cases} x(u,v) = u - v, \\ y(u,v) = uv \end{cases}$ の合成関数 $z(u,v) = f(x(u,v), y(u,v))$ の偏導関数は

$$\frac{\partial z}{\partial u} = \frac{\partial f}{\partial x}\frac{\partial x}{\partial u} + \frac{\partial f}{\partial y}\frac{\partial y}{\partial u} = (ye^{xy}) \cdot 1 + (xe^{xy})v = \left(2uv - v^2\right)e^{(u-v)uv},$$
$$\frac{\partial z}{\partial v} = \frac{\partial f}{\partial x}\frac{\partial x}{\partial v} + \frac{\partial f}{\partial y}\frac{\partial y}{\partial v} = (ye^{xy}) \cdot (-1) + (xe^{xy})u = \left(u^2 - 2uv\right)e^{(u-v)uv}.$$

**例 8.5**　一般の $C^1$ 級関数 $f(x,y)$ と $\begin{cases} x(u,v) = u - v, \\ y(u,v) = uv \end{cases}$ の合成関数 $z(u,v) = f(x(u,v), y(u,v))$ の偏導関数は

$$\frac{\partial z}{\partial u} = \frac{\partial f}{\partial x}\frac{\partial x}{\partial u} + \frac{\partial f}{\partial y}\frac{\partial y}{\partial u} = f_x + vf_y, \qquad \frac{\partial z}{\partial v} = \frac{\partial f}{\partial x}\frac{\partial x}{\partial v} + \frac{\partial f}{\partial y}\frac{\partial y}{\partial v} = -f_x + uf_y.$$

Jacobi 行列を使って表せば $\begin{bmatrix} z_u & z_v \end{bmatrix} = \begin{bmatrix} f_x & f_y \end{bmatrix} \begin{bmatrix} 1 & -1 \\ v & u \end{bmatrix}$ となる．

**例 8.6**　$C^1$ 級関数 $f(x,y)$ と $\begin{cases} x = x(r,\theta) = r\cos\theta, \\ y = y(r,\theta) = r\sin\theta \end{cases}$ に対し $z(r,\theta) = f(r\cos\theta, r\sin\theta)$ の偏導関数は

$$\frac{\partial z}{\partial r} = \frac{\partial f}{\partial x}\frac{\partial x}{\partial r} + \frac{\partial f}{\partial y}\frac{\partial y}{\partial r} = \cos\theta\,\frac{\partial f}{\partial x} + \sin\theta\,\frac{\partial f}{\partial y} \text{ viii)},$$
$$\frac{\partial z}{\partial \theta} = \frac{\partial f}{\partial x}\frac{\partial x}{\partial \theta} + \frac{\partial f}{\partial y}\frac{\partial y}{\partial \theta} = -r\sin\theta\,\frac{\partial f}{\partial x} + r\cos\theta\,\frac{\partial f}{\partial y}.$$

Jacobi 行列を使って表せば $\begin{bmatrix} z_r & z_\theta \end{bmatrix} = \begin{bmatrix} f_x & f_y \end{bmatrix} \begin{bmatrix} \cos\theta & -r\sin\theta \\ \sin\theta & r\cos\theta \end{bmatrix}$ となる．

次の公式は既にこれまで意識することなく使ってきている．

---

vi) **多様体**論を学ぶと「合成の微分は微分の積」と読めるようになる．

vii) 文脈によって行列 $\begin{bmatrix} f_x & f_y \end{bmatrix}$ と $\begin{bmatrix} z_u & z_v \end{bmatrix}$ もそれぞれ $f(x,y)$ と $z(u,v)$ の Jacobi 行列とよべる．

viii) この式は $f(x,y)$ のベクトル $(\cos\theta, \sin\theta)$ 方向の方向微分を与えている．

$C^1$ 級関数 $f(x)$ と $x(u,v)$ の合成 $z(u,v) = f(x(u,v))$ について

$$\frac{\partial z}{\partial u} = \frac{df}{dx}\frac{\partial x}{\partial u}, \qquad \frac{\partial z}{\partial v} = \frac{df}{dx}\frac{\partial x}{\partial v}. \tag{8.7}$$

**例 8.7** $z(u,v) = \log(u^2+v^2)$ に対して

$$z_u = \frac{\partial z}{\partial u} = \frac{1}{u^2+v^2}\cdot 2u = \frac{2u}{u^2+v^2}, \qquad z_v = \frac{\partial z}{\partial v} = \frac{1}{u^2+v^2}\cdot 2v = \frac{2v}{u^2+v^2}.$$

変数の個数が多い場合も同様の連鎖律が成り立つ．3 変数関数の場合は次のようになる．

**偏微分の連鎖律（3 変数）**

$C^1$ 級の関数 $f(x,y,z)$ および $x(u,v,w)$, $y(u,v,w)$, $z(u,v,w)$ の合成

$$\xi(u,v,w) = f(x(u,v,w), y(u,v,w), z(u,v,w))$$

の偏微分について，以下が成り立つ．

$$\xi_u = f_x x_u + f_y y_u + f_z z_u, \qquad \xi_v = f_x x_v + f_y y_v + f_z z_v, \qquad \xi_w = f_x x_w + f_y y_w + f_z z_w. \tag{8.8}$$

これは Jacobi 行列を使って次のように表せる．

$$\begin{bmatrix}\xi_u & \xi_v & \xi_w\end{bmatrix} = \begin{bmatrix}f_x & f_y & f_z\end{bmatrix}\begin{bmatrix} x_u & x_v & x_w \\ y_u & y_v & y_w \\ z_u & z_v & z_w \end{bmatrix}.$$

**例 8.8** $C^1$ 級関数 $f(x,y,z)$ と $\begin{cases} x = r\sin\theta\cos\varphi, \\ y = r\sin\theta\sin\varphi, \\ z = r\cos\theta \end{cases}$ を合成して得られる関数

$$\xi(r,\theta,\varphi) = f(r\sin\theta\cos\varphi, r\sin\theta\sin\varphi, r\cos\theta)$$

の偏導関数は $\begin{bmatrix}\xi_r & \xi_\theta & \xi_\varphi\end{bmatrix} = \begin{bmatrix}f_x & f_y & f_z\end{bmatrix}\begin{bmatrix} \sin\theta\cos\varphi & r\cos\theta\cos\varphi & -r\sin\theta\sin\varphi \\ \sin\theta\sin\varphi & r\cos\theta\sin\varphi & r\sin\theta\cos\varphi \\ \cos\theta & -r\sin\theta & 0 \end{bmatrix}$ と表せる．

## 8.3 陰関数の微分

$C^1$ 級の 3 変数関数 $F(x,y,z)$ について，関係式 $F(x,y,z)=0$ を考える．（適当な領域の）$(x,y)$ に対してこの関係式から $z$ の値が定まるとき，つまり $F(x,y,f(x,y))=0$ を満たす 2 変数関数 $f(x,y)$ が存在するとき，$f(x,y)$ の偏微分は以下のように求められる．

恒等式 $F(x,y,f(x,y))=0$ をまず $x$ に関して偏微分すると，§8.2 の連鎖律により

$$\frac{\partial F}{\partial x}\frac{\partial x}{\partial x} + \frac{\partial F}{\partial y}\frac{\partial y}{\partial x} + \frac{\partial F}{\partial z}\frac{\partial f}{\partial x} = 0 \quad \therefore \frac{\partial F}{\partial x} + \frac{\partial F}{\partial z}\frac{\partial f}{\partial x} = 0 \quad \therefore \frac{\partial f}{\partial x} = -\frac{\frac{\partial F}{\partial x}}{\frac{\partial F}{\partial z}} = -\frac{F_x}{F_z}$$

を得る．また $y$ に関して偏微分することにより $\dfrac{\partial f}{\partial y} = -\dfrac{F_y}{F_z}$ を得る．

$F(x,y,z)$ から定まる $C^1$ 級関数 $z=f(x,y)$ があれば，陽に書き下さずとも $z_x=f_x$ や $z_y=f_y$ が計算できることがポイントである．$z=f(x,y)$ の存在自体は陰関数定理によって保証される．陰関数定理はより多変数の場合にも成り立つが，3 変数の関係式の場合は以下のようになる（[4, p. 319]）．

**定理 8.9**（**陰関数定理**） 点 $(a,b,c)$ のまわりで $C^1$ 級である 3 変数関数 $F(x,y,z)$ が

- $F(a,b,c)=0$,
- $F_z(a,b,c)=\dfrac{\partial F}{\partial z}(a,b,c)\neq 0$

を満たすとき，$xy$ 平面上の点 $(a,b)$ のまわりで $C^1$ 級である 2 変数関数 $f(x,y)$ で

- $F(x,y,f(x,y))=0$,
- $f(a,b)=c$,
- $\dfrac{\partial f}{\partial x}=-\dfrac{F_x}{F_z}$, $\dfrac{\partial f}{\partial y}=-\dfrac{F_y}{F_z}$

を満たすものが存在する[ix]．$z=f(x,y)$ を**陰関数**とよぶ．

**例 8.10** 曲面 $4x^2+3y^2+2z^2-18=0$ 上の点 $(1,2,1)$ における接平面 $\Pi$ と法線 $\ell$ を求める．点 $(1,2,1)$ のまわりで「$z$ は $x,y$ の関数 $f(x,y)$ だぞ」と唱えながら（(2.1) 参照），$4x^2+3y^2+2z^2-18=0$ の両辺を $x$, $y$ で偏微分すると

$$8x+0+4z\frac{\partial z}{\partial x}=0,\quad 0+6y+4z\frac{\partial z}{\partial y}=0 \qquad \therefore\ \frac{\partial z}{\partial x}=-\frac{2x}{z},\quad \frac{\partial z}{\partial y}=-\frac{3y}{2z}.$$

よって $(x,y,z)=(1,2,1)$ における値は，$\dfrac{\partial z}{\partial x}=-2$, $\dfrac{\partial z}{\partial x}=-3$ であるから，式 (7.5) より

$$\Pi:\ z-1=-2(x-1)-3(y-2) \qquad \therefore\ 2x+3y+z=9,$$

$$\ell:\ \frac{x-1}{-2}=\frac{y-2}{-3}=\frac{z-1}{-1} \qquad \therefore\ \frac{x-1}{2}=\frac{y-2}{3}=z-1.$$

□

$F_z(a,b,c)=0$ であっても $F_x(a,b,c)\neq 0$ または $F_y(a,b,c)\neq 0$ であれば，文字を適宜入れ換えた形で定理 8.9 が成り立つ．したがって，$C^1$ 級の 3 変数関数 $F(x,y,z)$ があれば，$F_x=F_y=F_z=0$ となる点以外では，関係式 $F(x,y,z)=0$ の陰関数のグラフによって曲面が定まる．これを単に曲面 $F(x,y,z)=0$ とよぶ．例 8.10 と同様の計算により次が分かる．

**接平面の方程式**

$C^1$ 級関数 $F(x,y,z)$ が定める曲面 $F(x,y,z)=0$ 上の点 $(a,b,c)$ における接平面 $\Pi$ は次式で与えられる．

$$\Pi:\ \boldsymbol{F_x(a,b,c)(x-a)+F_y(a,b,c)(y-b)+F_z(a,b,c)(z-c)=0.} \tag{8.9}$$

ix) $F(x,y,z)$ が $C^n$ 級（p. 84）のときは $f(x,y)$ も $C^n$ 級にとれる（[4, p. 320] 参照）．

**例題 8**

**⟨1⟩** (a) と (b) では合成関数 $z(t)=f(x(t),y(t))$ の導関数 $z'(t)=\dfrac{dz}{dt}$ を，(c) と (d) では微分係数 $z'(0)$ を求めよ．

(a) $f(x,y)=3x^2+2y^2,\ x(t)=2\cos t,\ y(t)=3\sin t$

(b) $f(x,y)=x^2+y^2,\ x(t)=\cos 3t,\ y(t)=\sin 2t$

(c) $f(x,y)=x^3-y^3,\ x(t)=\cosh t,\ y(t)=\sinh t$

(d) $f(x,y)=\sqrt{x^2+2y^2},\ x(t)=\cos 2t,\ y(t)=\sin t$

**⟨2⟩** 合成関数 $z(u,v)=f(x(u,v),y(u,v))$ の偏導関数 $\dfrac{\partial z}{\partial u}$ と $\dfrac{\partial z}{\partial v}$ を求めよ．

(a) $f(x,y)=x^2+y^2,\ x(u,v)=u+v,\ y(u,v)=uv$

(b) $f(x,y)=x^2y,\ x(u,v)=u-2v,\ y(u,v)=u+2v$

(c) $f(x,y)=e^x+e^y,\ x(u,v)=u\cos v,\ y(u,v)=u\sin v$

(d) $f(x,y)=e^x\sin y,\ x(u,v)=u-v,\ y(u,v)=u^2$

**⟨3⟩** 曲面 $4x^2y-6xz^2+5z^2=3$ 上の 1 点 $(1,1,1)$ における接平面と法線の方程式を求めよ．

**⟨4⟩** $C^1$ 級の曲面 $F(x,y,z)=0$ 上の点 $(a,b,c)$ における接平面 $\Pi$ が次式（式 (8.9)）で与えられることを示せ．

$F_x(a,b,c)(x-a)+F_y(a,b,c)(y-b)+F_z(a,b,c)(z-c)=0.$

**類題 8**

**⟨1⟩** (a) と (b) では合成関数 $z(t)=f(x(t),y(t))$ の導関数 $z'(t)=\dfrac{dz}{dt}$ を，(c) と (d) では $z'(0)$ を求めよ．

(a) $f(x,y)=x^5y^{-2},\ x(t)=t^2,\ y(t)=t^5$

(b) $f(x,y)=x^2y^2,\ x(t)=\cos t,\ y(t)=\sin t$

(c) $f(x,y)=x^2+y^2,\ x(t)=t^2,\ y(t)=e^t$

(d) $f(x,y)=y\arctan x^2,\ x(t)=\cos t,\ y(t)=\log(1+t)$

**⟨2⟩** 合成関数 $z(u,v)=f(x(u,v),y(u,v))$ の偏導関数 $\dfrac{\partial z}{\partial u}$ と $\dfrac{\partial z}{\partial v}$ を求めよ．

(a) $f(x,y)=x^2y^2,\ x(u,v)=uv,\ y(u,v)=v^2$

(b) $f(x,y)=\cos(x^2-y^2),\ x(u,v)=u+v,\ y(u,v)=u-v$

(c) $f(x,y)=\log(x^2+y^2),\ x(u,v)=e^u,\ y(u,v)=e^v$

**⟨3⟩** $C^1$ 級関数 $p(t)$ に対して，次の $f(x,y)$ の偏導関数 $f_x,\ f_y$ を $p'$ を使って表せ．

(a) $f(x,y)=p(x-y)$　(b) $f(x,y)=p\left(x^2+y^2\right)$

(c) $f(x,y)=p\left(\sqrt{x^2+y^2}\right)$　(d) $f(x,y)=p(xy)$

(e) $f(x,y)=p\left(\frac{x}{y}\right)$

**⟨4⟩** $C^1$ 級関数 $f(x,y)$ に対して，次の $F(t)$ の導関数 $F'(t)$ を $f_x,\ f_y$ を使って表せ．

(a) $F(t)=f(t,2t)$　(b) $F(t)=f(t^2,t^3)$

(c) $F(t)=f(\cos t,\sin t)$　(d) $F(t)=f(\cosh t,\sinh t)$

(e) $F(t)=f(t,\arctan t)$

**⟨5⟩** 球面 $x^2+y^2+z^2=14$ 上の 1 点 $(1,-2,3)$ における接平面と法線の方程式を求めよ．

**発展 8**

**⟨1⟩** $xy$ 平面の $x>0$ の部分において極座標変換 $\begin{cases}x=r\cos\theta\\ y=r\sin\theta\end{cases}\left(\begin{array}{c}0<r,\\ -\frac{\pi}{2}<\theta<\frac{\pi}{2}\end{array}\right)$ とその逆の対応を考える．

(a) $\dfrac{\partial x}{\partial x}=1,\ \dfrac{\partial x}{\partial y}=0$ などと Jacobi 行列（註 8.3）を利用して，$\dfrac{\partial r}{\partial x},\ \dfrac{\partial r}{\partial y},\ \dfrac{\partial\theta}{\partial x},\ \dfrac{\partial\theta}{\partial y}$ を求めよ．

(b)「逆変換」が明示的に $r=\sqrt{x^2+y^2},\ \theta=\arctan\frac{y}{x}$ と書けることを用いて，(a) を直接確かめよ．

(c) $f(r,\theta)=r\theta^2$ とするとき，$z(x,y)=f\left(\sqrt{x^2+y^2},\ \arctan\frac{y}{x}\right)$ について $\dfrac{\partial z}{\partial x}(1,1)$ を計算せよ．

---

**● 例題 8 解答**

**⟨1⟩** $z'(t)=\dfrac{dz}{dt}=\dfrac{\partial f}{\partial x}\dfrac{dx}{dt}+\dfrac{\partial f}{\partial y}\dfrac{dy}{dt}$ である．

(a) $z'(t)=6x\cdot(-2\sin t)+4y\cdot(3\cos t)=-24\cos t\cdot\sin t+36\cos t\cdot\sin t=12\cos t\cdot\sin t=6\sin 2t.$

(b) $z'(t)=2x(-3\sin 3t)+2y\cdot 2\cos 2t=-6\cos 3t\sin 3t+4\sin 2t\cos 2t=-3\sin 6t+2\sin 4t.$

(c) $\begin{cases}x(0)=1,\\ y(0)=0\end{cases}$ また $\begin{cases}x'(0)=\sinh 0=0,\\ y'(0)=\cosh 0=1\end{cases}$ より

$z'(0)=\left\{3x^2\big|_{x=1}\right\}x'(0)+\left\{-3y^2\big|_{y=0}\right\}y'(0)=0.$

(d) $\begin{cases}x(0)=1,\\ y(0)=0\end{cases}$ また $\begin{cases}x'(0)=0,\\ y'(0)=1\end{cases}$ より $z'(0)=$

$\left\{x(x^2+2y^2)^{-\frac{1}{2}}\Big|_{\substack{x=1,\\ y=0}}\right\}x'(0)+\left\{2y(x^2+2y^2)^{-\frac{1}{2}}\Big|_{\substack{x=1,\\ y=0}}\right\}y'(0)=0.$

**⟨2⟩** $z_u=\dfrac{\partial z}{\partial u}=\dfrac{\partial f}{\partial x}\cdot\dfrac{\partial x}{\partial u}+\dfrac{\partial f}{\partial y}\cdot\dfrac{\partial y}{\partial u},$

$z_v=\dfrac{\partial z}{\partial v}=\dfrac{\partial f}{\partial x}\cdot\dfrac{\partial x}{\partial v}+\dfrac{\partial f}{\partial y}\cdot\dfrac{\partial y}{\partial v}$ である．

(a) $z_u=2(u+v)+2uv\cdot v=2\left(uv^2+u+v\right),$

$z_v=2\left(u^2v+u+v\right).$

(b) $z_u=2xy\cdot 1+x^2\cdot 1=x(2y+x)=(u-2v)(3u+2v),$

$z_v=-2(u-2v)(u+6v).$

(c) $z_u=e^x\cdot\cos v+e^y\cdot\sin v=e^{u\cos v}\cos v+e^{u\sin v}\sin v,$

$z_v=e^x\cdot(-u\sin v)+e^y\cdot u\cos v$

$=-ue^{u\cos v}\sin v+ue^{u\sin v}\cos v.$

(d) $z_u=e^x\sin y\cdot 1+e^x\cos y\cdot 2u=e^{u-v}\left(\sin u^2+2u\cos u^2\right),$

$z_v=e^x\sin y\cdot(-1)+e^x\cos y\cdot 0=-e^{u-v}\sin u^2.$

⟨3⟩ $z = z(x,y)$ とみて $4x^2y - 6xz^2 + 5z^2 = 3$ の両辺を $x$ で偏微分すると $8xy - (6z^2 + 12xz \cdot z_x) + 10z \cdot z_x = 0$ だから，$z_x = \dfrac{3z^2 - 4xy}{5z - 6xz}$ より $z_x(1,1) = 1$ である．同様に $y$ で偏微分すれば $4x^2 - 12xz \cdot z_y + 10z \cdot z_y = 0$ だから $z_y = \dfrac{-2x^2}{5z - 6xz}$ より $z_y(1,1) = 2$ である．よって求める接平面は $z - 1 = 1(x-1) + 2(y-1)$ すなわち $x + 2y - z - 2 = 0$ であり（式 (8.9) を用いてもよい），法線は $\dfrac{x-1}{1} = \dfrac{y-1}{2} = \dfrac{z-1}{-1}$ である．

⟨4⟩ （略）定理 8.9 と式 (7.5) を組み合わせる．

**● 類題 8 解答**

⟨1⟩ (a) $z'(t) = 0$（$z(t) = 1$）　(b) $z'(t) = \dfrac{1}{2}\sin 4t$
(c) $z'(0) = 2$　(d) $z'(0) = \dfrac{\pi}{4}$

⟨2⟩ (a) $z_u = 2uv^6$,　$z_v = 6u^2v^5$　(b) $z_u = -4v\sin(4uv)$, $z_v = -4u\sin(4uv)$　(c) $z_u = \dfrac{2e^{2u}}{e^{2u} + e^{2v}}$,　$z_v = \dfrac{2e^{2v}}{e^{2u} + e^{2v}}$

⟨3⟩ (a) $f_x = p'(x-y)$, $f_y = -p'(x-y)$
(b) $f_x = 2xp'(x^2+y^2)$, $f_y = 2yp'(x^2+y^2)$
(c) $f_x = \dfrac{x}{\sqrt{x^2+y^2}} p'\left(\sqrt{x^2+y^2}\right)$,
$f_y = \dfrac{y}{\sqrt{x^2+y^2}} p'\left(\sqrt{x^2+y^2}\right)$
(d) $f_x = yp'(xy)$, $f_y = xp'(xy)$
(e) $f_x = \frac{1}{y} p'\left(\frac{x}{y}\right)$, $f_y = -\frac{x}{y^2} p'\left(\frac{x}{y}\right)$

⟨4⟩ (a) $F'(t) = f_x(t, 2t) + 2f_y(t, 2t)$
(b) $F'(t) = 2tf_x(t^2, t^3) + 3t^2 f_y(t^2, t^3)$
(c) $F'(t) = -(\sin t)f_x(\cos t, \sin t) + (\cos t)f_y(\cos t, \sin t)$
(d) $F'(t) = (\sinh t)f_x(\cosh t, \sinh t) + (\cosh t)f_y(\cosh t, \sinh t)$
(e) $F'(t) = f_x(t, \arctan t) + \frac{1}{t^2+1} f_y(t, \arctan t)$

⟨5⟩ 接平面 $x - 2y + 3z = 14$，法線 $\frac{x}{1} = \frac{y}{-2} = \frac{z}{3}$．（原点を中心とする球面の各点の位置ベクトルがその点における接平面の法線ベクトルとなるのは幾何的に明らか．）

**● 発展 8 解答**

⟨1⟩ (a) 連鎖律 (8.5) より

$$1 = \frac{\partial x}{\partial x} = \frac{\partial x}{\partial r}\frac{\partial r}{\partial x} + \frac{\partial x}{\partial \theta}\frac{\partial \theta}{\partial x},\quad 0 = \frac{\partial x}{\partial y} = \frac{\partial x}{\partial r}\frac{\partial r}{\partial y} + \frac{\partial x}{\partial \theta}\frac{\partial \theta}{\partial y},$$

$$0 = \frac{\partial y}{\partial x} = \frac{\partial y}{\partial r}\frac{\partial r}{\partial x} + \frac{\partial y}{\partial \theta}\frac{\partial \theta}{\partial x},\quad 1 = \frac{\partial y}{\partial y} = \frac{\partial y}{\partial r}\frac{\partial r}{\partial y} + \frac{\partial y}{\partial \theta}\frac{\partial \theta}{\partial y}$$

である．行列でまとめて表すと $\begin{bmatrix} 1 & 0 \\ 0 & 1 \end{bmatrix} = \begin{bmatrix} x_r & x_\theta \\ y_r & y_\theta \end{bmatrix}\begin{bmatrix} r_x & r_y \\ \theta_x & \theta_y \end{bmatrix}$ となるので

$$\begin{bmatrix} r_x & r_y \\ \theta_x & \theta_y \end{bmatrix} = \begin{bmatrix} x_r & x_\theta \\ y_r & y_\theta \end{bmatrix}^{-1} = \begin{bmatrix} \cos\theta & -r\sin\theta \\ \sin\theta & r\cos\theta \end{bmatrix}^{-1}$$
$$= \frac{1}{r}\begin{bmatrix} r\cos\theta & r\sin\theta \\ -\sin\theta & \cos\theta \end{bmatrix}.$$

(b) （略）
(c) 連鎖律より $z_x = f_r r_x + f_\theta \theta_x = \theta^2\cos\theta + 2r\theta\dfrac{-\sin\theta}{r}$
$= \theta^2\cos\theta - 2\theta\sin\theta$.
$(x,y) = (1,1)$ に対応する点は $(r,\theta) = \left(\sqrt{2}, \frac{\pi}{4}\right)$ だから，これを代入して $z_x(1,1) = \dfrac{\sqrt{2}}{32}\pi(\pi - 8)$.

# 第 9 章

# 2階偏微分，極大・極小

## 9.1　2階偏導関数

偏導関数 $\frac{\partial f}{\partial x}$ がさらに $y$ について偏微分できるとき $\frac{\partial}{\partial y}\left(\frac{\partial f}{\partial x}\right)$ を $\frac{\partial^2 f}{\partial y \partial x}$ または $f_{xy}$ と表す．同様に

$$\frac{\partial}{\partial x}\left(\frac{\partial f}{\partial x}\right)=\frac{\partial^2 f}{\partial x^2}=f_{xx}, \qquad \frac{\partial}{\partial y}\left(\frac{\partial f}{\partial x}\right)=\frac{\partial^2 f}{\partial y \partial x}=f_{xy},$$

$$\frac{\partial}{\partial x}\left(\frac{\partial f}{\partial y}\right)=\frac{\partial^2 f}{\partial x \partial y}=f_{yx}, \qquad \frac{\partial}{\partial y}\left(\frac{\partial f}{\partial y}\right)=\frac{\partial^2 f}{\partial y^2}=f_{yy}$$

が定まるとき $f(x,y)$ は**2 回偏微分可能**であるといい，これらを**2 階偏導関数**という．

**例 9.1**　$f(x,y)=e^x\sin(xy)$ に対して，$f_x=e^x\{\sin(xy)+y\cos(xy)\}$，$f_y=xe^x\cos(xy)$ であり

$$f_{xx}=e^x\{\sin(xy)+y\cos(xy)\}+e^x\left\{y\cos(xy)-y^2\sin(xy)\right\}=e^x\left\{(1-y^2)\sin(xy)+2y\cos(xy)\right\},$$

$$f_{xy}=e^x\{x\cos(xy)+\cos(xy)-xy\sin(xy)\}=\boldsymbol{e^x\{(x+1)\cos(xy)-xy\sin(xy)\}},$$

$$f_{yx}=(e^x+xe^x)\cos(xy)+xe^x\cdot\{-y\sin(xy)\}=\boldsymbol{e^x\{(x+1)\cos(xy)-xy\sin(xy)\}},$$

$$f_{yy}=xe^x\cdot\{-x\sin(xy)\}=-x^2e^x\sin(xy).$$

これをさらに続けて**$n$ 回偏微分可能**な関数の**$n$ 階偏導関数**を考えることができる．関数 $f$ の $n$ 階までの偏導関数がすべて（存在して）連続であるとき $f$ は**$C^n$ 級**であるという．$C^n$ 級関数は扱い易いので，今後適当な $n$ について $C^n$ 級である関数を扱うことが多い．

まず，関数 $f(x,y)$ が $C^2$ 級ならば

$$\frac{\partial^2 f}{\partial x \partial y}=\frac{\partial^2 f}{\partial y \partial x} \qquad \text{つまり} \qquad f_{yx}=f_{xy} \qquad (\textbf{Schwarz の定理}^{\text{i)}})$$

（シュワルツ）

が成り立つ（[6, p. 59] 参照）．$n>2$ に対して関数 $f(x,y)$ が $C^n$ 級ならば，その 1 階偏導関数が $C^{n-1}$ 級になるから，偏導関数たちに Schwarz の定理を繰り返し適用できる．結局，$C^n$ 級関数の高階偏微

---

i) **Clairaut – Schwarz – Young の定理**（クレロー・シュワルツ・ヤング）ともよばれる．2 変数関数 $f(x,y)$ について次が成り立つ（註 7.10 参照）．

$C^\infty$ 級 $\Longrightarrow\cdots\Longrightarrow$ $C^3$ 級 $\Longrightarrow$ $C^2$ 級 $\Longrightarrow$ $C^1$ 級 $\Longrightarrow$ 全微分可能 $\Longrightarrow$ 偏微分可能

$C^2$ 級 $\Downarrow$ $f_{xy}=f_{yx}$

$C^1$ 級 $\Longrightarrow$ 局所 Lipschitz 連続 $\Longrightarrow$ 連続（$C^0$ 級）．全微分可能 $\Longrightarrow$ 連続（$C^0$ 級）．

ただし，$C^\infty$ 級とは任意の自然数 $k$ について $C^k$ 級であることである．また，**Lipschitz 連続**（リプシッツ）とは，ある $K>0$ に対して $\left|f(x_1,y_1)-f(x_2,y_2)\right|\leqq K\sqrt{(x_1-x_2)^2+(y_1-y_2)^2}$ であることであり，局所 Lipschitz 連続とは各点の適当な近傍への $f$ の制限が Lipschitz 連続であることである．

分を扱う際には **$x$ と $y$ についてそれぞれ何回偏微分するかが重要でその順序は考慮しなくてよい**．例えば $C^3$ 級関数 $f(x,y)$ に対して $f_{xxy} = f_{xyx} = f_{yxx}$ であるという具合である．$C^n$ 級関数 $f$ の $n$ 階偏導関数はすべて $\dfrac{\partial^n f}{\partial x^k \partial y^{n-k}}$ の形に表されることになる（$k = 0, 1, 2, \ldots, n$）．

## 9.2　2変数関数の極大・極小

偏微分を用いて 2 変数関数 $f(x,y)$ の極値を調べよう．点 $(a,b)$ が $f(x,y)$ の**極大点**であるとは

$$\text{点 } (x,y)\ (\neq (a,b)) \text{ が点 } (a,b) \text{ に十分近い} \Longrightarrow f(x,y) < f(a,b)$$

であることである．このとき $f(a,b)$ を**極大値**とよぶ．**極小点**，**極小値**は上の不等号が逆向きのときである．極大値と極小値を合わせて**極値**，極大点と極小点を合わせて**極値点**とよぶ．

もし $(a,b)$ が極大点（または極小点）なら，どの方向に少しずれても $f(x,y)$ の値は減少（または増加）する．つまり零でない任意のベクトル $(\alpha,\beta)$ に対して，1 変数関数

$$\varphi(t) = f(a+\alpha t, b+\beta t)$$

が $t=0$ において極大値（または極小値）を持つだろう [ii]．

したがって，$(a,b)$ が極値点であるためには，**任意の $(\alpha,\beta)$ に対して**方向微分（註 8.1）

$$\varphi'(0) = D_{(\alpha,\beta)} f(a,b) = \alpha f_x(a,b) + \beta f_y(a,b) \tag{9.1}$$

が 0 であること（§1.3 の脚註 viii)）が必要である．よって次が分かる．

**極値点（臨界点）の必要条件**

点 $(a,b)$ が $C^1$ 級関数 $f(x,y)$ の極値点であるとき [iii]

$$f_x(a,b) = f_y(a,b) = 0 \tag{9.2}$$

が成り立つ．式 (9.2) を満たす点 $(a,b)$ を**臨界点**（critical point）または**停留点**（stationary point）という．つまり極値点は臨界点である．

臨界点が極値点にならない場合もあり，そのような点を**鞍点**（あんてん）（saddle point）とよぶ（鞍点には別の流儀の定義もある [5, p. 60]）．したがって臨界点が極大点・極小点・鞍点のいずれであるかの判定が次の問題である．以下，$f(x,y)$ は適当な範囲で $C^2$ 級であるとし，**2 階方向微分**

$$\varphi''(0) = \alpha^2 f_{xx}(a,b) + 2\alpha\beta f_{xy}(a,b) + \beta^2 f_{yy}(a,b)^{\text{iv)}} \tag{9.3}$$

---

ii) 逆は一般には正しくない．例えば関数 $f(x,y) = (y-x^2)(2x^2-y)$ は，$xy$ 平面の原点を通る勝手な直線上で，原点において極大となるが，2 つの放物線で挟まれた領域 $x^2 < y < 2x^2$ 上で $f(x,y) > 0$ であることは明らかである．つまり，$f(0,0) = 0$ は 2 変数関数 $f(x,y)$ の極大値ではない（**Peano 曲面**（ペアノ）：図 9.1，[5, p. 60] または [4, p. 75] 参照）．図 9.1 において，$z$ 軸を含む平面による曲面の切り口は常に，原点を極大とする曲線になることが見えるだろう．「一面的な切り口」という言い方があるが，Peano 曲面の鞍点を理解するには多面的でも駄目で，「曲面的な切り口」が必要である（図 9.8 参照）．

iii) $f(x,y)$ が有限個の点において $C^1$ 級でないとき，そのような点は極値点の候補である．

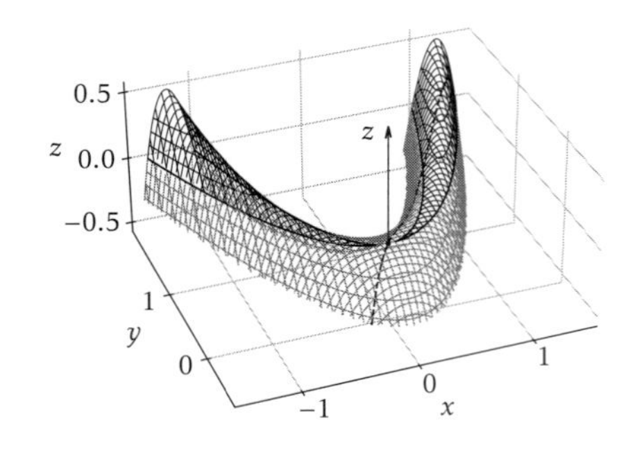


図 9.1　$f(x,y)=(y-x^2)(2x^2-y)$ のグラフ

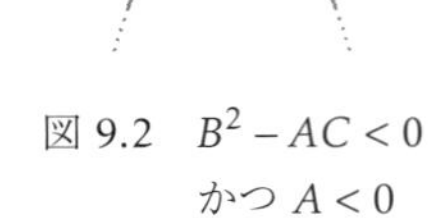


図 9.2　$B^2-AC<0$ かつ $A<0$

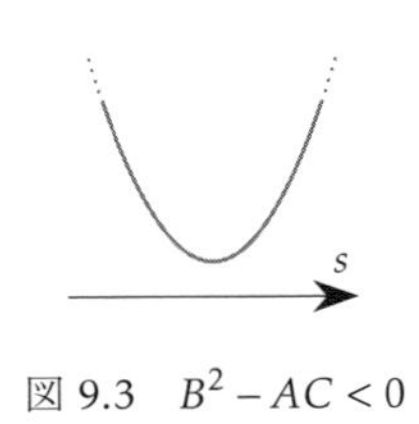


図 9.3　$B^2-AC<0$ かつ $A>0$

を使ってこれを調べよう．定理 6.8 を利用すると

（い）$(a,b)$ が極大点ならば，零でない任意のベクトル $(\alpha,\beta)$ に対して $\varphi''(0)<0$ であり，

（ろ）$(a,b)$ は極小点ならば，零でない任意のベクトル $(\alpha,\beta)$ に対して $\varphi''(0)>0$ であり，

（は）$(\alpha,\beta)$ の選び方で $\varphi''(0)$ が正にも負にもなるならば，$(a,b)$ は極値点ではない

ことが分かる．ここで

$$A=f_{xx}(a,b),\quad B=f_{xy}(a,b),\quad C=f_{yy}(a,b)$$

とおく．$\beta\neq 0$ と仮定し $s=\dfrac{\alpha}{\beta}$ を使って式 (9.3) を書き換えると

$$\varphi''(0)=A\alpha^2+2B\alpha\beta+C\beta^2=\beta^2\left(A\frac{\alpha^2}{\beta^2}+2B\frac{\alpha}{\beta}+C\right)=\beta^2\left(\boldsymbol{As^2+2Bs+C}\right)$$

となるから，$\varphi''(0)$ と $s$ の 2 次式 $As^2+2Bs+C$ の符号（正負）は一致する．この符号は高校で学んだように，2 次の係数 $A$ と [v]「判別式」$(2B)^2-4AC=4(B^2-AC)$ によって判定できる場合がある．

（イ）$B^2-AC<0$ かつ $A<0 \Leftrightarrow$ 常に $As^2+2Bs+C<0 \Leftrightarrow (\alpha,\beta)$ によらず $\varphi''(0)<0$（図 9.2），

（ロ）$B^2-AC<0$ かつ $A>0 \Leftrightarrow$ 常に $As^2+2Bs+C>0 \Leftrightarrow (\alpha,\beta)$ によらず $\varphi''(0)>0$（図 9.3），

（ハ）$B^2-AC>0 \Leftrightarrow As^2+2Bs+C$ すなわち $\varphi''(0)$ は正にも負にも（零にも）なる．

$\beta=0$ の場合は $(\alpha,\beta)\neq(0,0)$ より $\alpha\neq 0$ だから，$s=\dfrac{\beta}{\alpha}$ とおいて同じ議論をすれば同じ結論を得る．

結局，**$B^2-AC=0$ の場合を除外すれば**，臨界点 $(a,b)$ が極大点であるためには $B^2-AC<0$ かつ $A<0$ が必要であり，極小点であるためには $B^2-AC<0$ かつ $A>0$ が必要である．実はこれらの条件は，**$f(x,y)$ が点 $(a,b)$ のまわりで $C^2$ 級ならば十分条件**である [vi]．また，$B^2-AC>0$ の場合は必ず鞍点である．$B^2-AC$ に代わる言葉を使ってこれをまとめよう（定理 9.2 において $|H_f(a,b)|=-\left(B^2-AC\right)$

[iv] $f$ は $C^2$ 級だから偏微分の連鎖律（§8.2）により $\varphi'(t)=\alpha f_x(a+\alpha t,b+\beta t)+\beta f_y(a+\alpha t,b+\beta t)$．また
$$\varphi''(t)=\alpha^2 f_{xx}(a+\alpha t,b+\beta t)+2\alpha\beta f_{xy}(a+\alpha t,b+\beta t)+\beta^2 f_{yy}(a+\alpha t,b+\beta t).$$

[v] 判別式が負（$B^2-AC<0$）の場合はどのみち図 9.2 または図 9.3 いずれかの状況なのだから，定数項 $C$（$s=0$ における値）で正負を判定する方が自然だと思うが，高校までのしきたりに倣う．$B^2-AC<0\Rightarrow AC>0$ である．

[vi] $f(x,y)$ が臨界点 $(a,b)$ のまわりで $C^2$ 級ならば，十分小さい $(\alpha,\beta)$ に対して $\varphi(t)=f(a+\alpha t,b+\beta t)$ は $0\leqq t\leqq 1$（を含む開区間）で $C^2$ 級としてよい．$\varphi'(0)=0$ に注意しつつ，部分積分によって次の積分を計算すると
$$\int_0^1(1-\tau)\varphi''(\tau)\,d\tau=[(1-\tau)\varphi'(\tau)]_0^1+\int_0^1\varphi'(\tau)\,d\tau=\varphi(1)-\varphi(0)=f(a+\alpha,b+\beta)-f(a,b).$$
この式の正負によって $(a,b)$ の極大・極小が判定できる．左辺の積分において $1-\tau>0$ を考慮すると
$$\varphi''(\tau)=\alpha^2 f_{xx}(a+\alpha\tau,b+\beta\tau)+2\alpha\beta f_{xy}(a+\alpha\tau,b+\beta\tau)+\beta^2 f_{yy}(a+\alpha\tau,b+\beta\tau)$$
の正負が判定できればよい．$C^2$ 級の仮定から $f_{xx},f_{xy},f_{yy}$ は連続だから，$f_{xx}$ および $(f_{xy})^2-f_{xx}f_{yy}$ の $(a+\alpha\tau,b+\beta\tau)$

に注意する).

**定理 9.2**(**臨界点が極値点であるための条件**) 関数 $f(x,y)$ が**臨界点** $(\boldsymbol{a},\boldsymbol{b})$ のまわりで $C^2$ 級[vii] であるとする.点 $(a,b)$ における**ヘシアン**を

$$\left|H_f(a,b)\right| = f_{xx}(a,b)f_{yy}(a,b) - \left\{f_{xy}(a,b)\right\}^2$$

と定める[viii].このヘシアンについて

- $\left|\boldsymbol{H_f(a,b)}\right| < \boldsymbol{0}$ **ならば** $(\boldsymbol{a},\boldsymbol{b})$ **は極値点でなく**(**鞍点であり**),
- $\left|\boldsymbol{H_f(a,b)}\right| > \boldsymbol{0}$ **ならば** $(\boldsymbol{a},\boldsymbol{b})$ **は極値点である**.

  $\left|H_f(a,b)\right| > 0$ であるとき,さらに $\begin{cases} \boldsymbol{f_{xx}(a,b) < 0} \text{ ならば } (\boldsymbol{a},\boldsymbol{b}) \text{ は極大点} \\ \boldsymbol{f_{xx}(a,b) > 0} \text{ ならば } (\boldsymbol{a},\boldsymbol{b}) \text{ は極小点} \end{cases}$ である.

**註 9.3** 実際に定理 9.2 によって極値点を探すときは以下のようになるだろう.

⟨1⟩ 連立方程式 $\begin{cases} f_x(x,y) = 0, \\ f_y(x,y) = 0 \end{cases}$ を解いて臨界点をすべて求め(なければ極値はない),

⟨2⟩ **各臨界点での** $\left|\boldsymbol{H_f}\right|$ の値を求める.$\left|H_f\right| > 0$ なら極値点であり,$\left|H_f\right| < 0$ なら極値点でない.

⟨3⟩ $\left|H_f\right| > 0$ なる臨界点での $\boldsymbol{f_{xx}}$ の値を求める.$f_{xx} > 0$ なら極小点,$f_{xx} < 0$ なら極大点である.

ステップ⟨2⟩で(定理 9.2 がカバーしない)$\left|\boldsymbol{H_f(a,b)}\right| = \boldsymbol{0}$ なる臨界点 $(a,b)$ が極値点であるか否かは,この方法では判定できず別の議論が必要である(§9.3).なお,$f_{yy}$ が現れないのは,$\left|H_f\right| > 0$ の場合 $f_{xx}$ の符号と $f_{yy}$ の符号は必ず一致するからである($f_{xx}f_{yy} - (f_{xy})^2 > 0 \Rightarrow f_{xx}f_{yy} > 0$).

**註 9.4** 次のいずれかを満たす臨界点 $(a,b)$ は自動的に $\left|H_f(a,b)\right| < 0$ を満たすので極値点でない.

- $f_{xx}(a,b) > 0$ かつ $f_{yy}(a,b) < 0$,
- $f_{xx}(a,b) < 0$ かつ $f_{yy}(a,b) > 0$,
- $f_{xx}(a,b) = 0$ かつ $f_{xy}(a,b) \neq 0$,
- $f_{yy}(a,b) = 0$ かつ $f_{xy}(a,b) \neq 0$.

**例 9.5** 関数 $f(x,y) = x^2 - 3y^2$ の臨界点と極値点を調べよう.$\begin{cases} f_x = 2x, \\ f_y = -6y \end{cases}$ より $\begin{cases} f_x = 0, \\ f_y = 0 \end{cases}$ の解,すなわち臨界点は $(0,0)$ のみである.しかし $\begin{cases} f_{xx}(0,0) = 2 > 0, \\ f_{yy}(0,0) = -6 < 0 \end{cases}$ であるから,註 9.4 より ((0,0) におけ

---

における値は,$(\alpha,\beta)$ が十分小さければ,それぞれ $A$ および $B^2 - AC$ と同符号である.したがって $\varphi''(0)$ の正負についての上記の判定条件によって $\varphi''(\tau)$ の正負が判定できる.

vii) $(a,b)$ のまわりで $C^2$ 級という仮定は重要である.例えば,原点において 2 回偏微分可能だが $C^2$ 級でない関数 $f(x,y) = \begin{cases} x^2 + y^2 - \frac{5x^2y^2}{x^2+y^2} & (x,y) \neq (0,0), \\ 0 & (x,y) = (0,0) \end{cases}$ の原点について(**Perron**(ペロン)**の例**:[5, p. 72] 参照),上の判定法を当てはめてみよ.任意の実数 $\alpha$ に対して $f(\alpha,\alpha) = -\dfrac{\alpha^2}{2} < 0 = f(0,0)$ だから原点が極小点でないことは明らかである.

viii) ここの $\left|\cdots\right|$ は絶対値ではなく行列式に由来し,当然ヘシアンが負である場合もある.ヘシアンの通常の定義は以下である.多変数の場合,極値の判定条件は Hesse 行列の固有値の言葉で記述される([発展 9⟨2⟩] 解答参照).

**Hesse 行列**

$C^2$ 級関数 $f(x,y)$ の 2 階偏導関数を並べてできる行列 $\boldsymbol{H_f(x,y)} = \begin{bmatrix} f_{xx}(x,y) & f_{xy}(x,y) \\ f_{xy}(x,y) & f_{yy}(x,y) \end{bmatrix}$ を **Hesse**(ヘッセ)**行列**(Hessian matrix)とよび,その行列式 $\left|H_f(x,y)\right| = f_{xx}(x,y)f_{yy}(x,y) - \{f_{xy}(x,y)\}^2$ を **Hesse 行列式**または**ヘシアン**とよぶ.

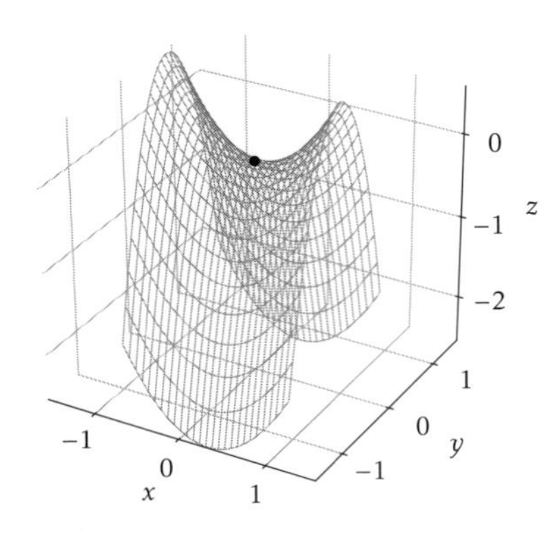


図 9.4　$z = x^2 - 3y^2$ の鞍点

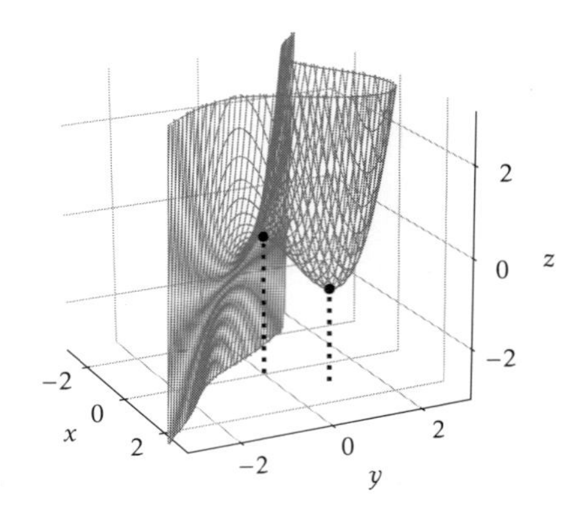


図 9.5　$z = x^3 - 3xy + y^3$ の鞍点と極小点

るヘシアンは必ず負になるので）$(0,0)$ は極値点でない（図 9.4）．

**例 9.6**　関数 $f(x,y) = x^3 - 3xy + y^3$ の極値を求めよう．

$$f_x(x,y) = 3(x^2 - y), \quad f_y(x,y) = -3(x - y^2), \quad f_{xx}(x,y) = 6x, \quad f_{yy}(x,y) = 6y, \quad f_{xy}(x,y) = -3$$

である．まず $\begin{cases} f_x(x,y) = 3(x^2 - y) = 0, \\ f_y(x,y) = -3(x - y^2) = 0 \end{cases}$ を解いて，臨界点は $(x,y) = (0,0),\ (1,1)$ である．

次に，この各臨界点におけるヘシアン

$$\left|H_f(x,y)\right| = f_{xx}(x,y) \cdot f_{yy}(x,y) - \left\{f_{xy}(x,y)\right\}^2 = 6x \cdot 6y - (-3)^2 = 9(4xy - 1)$$

の値を調べると

- $\left|H_f(0,0)\right| = -9 < 0$ であるから，$(0,0)$ は極値点でない（鞍点である）．
- $\left|H_f(1,1)\right| = 27 > 0$ かつ $f_{xx}(1,1) = 6 > 0$ であるから，$f(1,1) = -1$ は極小値である．

以上より，$f(x,y)$ は点 $(1,1)$ で極小値 $f(1,1) = -1$ をとる（図 9.5）．

**註 9.7**　例 9.6 のような問題に対しては

| $(x,y)$ | $f_{xx}$ | $f_{xy}$ | $f_{yy}$ | $\lvert H_f \rvert = f_{xx}f_{yy} - (f_{xy})^2$ | |
|---|---|---|---|---|---|
| $(0,0)$ | 0 | 0 | $-3$ | $-9 < 0$ | 鞍点 |
| $(1,1)$ | 6 | 6 | $-3$ | 27 | 極小点 |

のような表を書き，前述の判定方法に慎重に照らしていくとよい．

## 9.3　ヘシアンが零の臨界点について

ある臨界点においてヘシアンが零であることは，2 階までの偏微分係数だけでは極値判定ができないことを意味する．より高階の偏導関数を用いて極値判定ができる場合もあるが，素直な考え方に立ち返るのがよい場合も多い．そのような例をいくつか挙げる．

**例 9.8**　$f(x,y)=x^4+y^4$ について

$$f_x=4x^3,\quad f_y=4y^3,\quad f_{xx}=12x^2,\quad f_{yy}=12y^2,\quad f_{xy}=f_{yx}=0,\quad \left|H_f(x,y)\right|=144x^2y^2$$

より，原点 $(0,0)$ は臨界点である．$\left|H_f(0,0)\right|=0$ だから原点に対して定理 9.2 の判定条件は使えない．しかしグラフ（図 9.6）を描くまでもなく，原点が極小点であることは明らかだろう．

同様に，$f(x,y)=x^2-y^4$ や $f(x,y)=x^4+y^6$ に対して $f(0,0)=0$ は極小値である．

**例 9.9**　$f(x,y)=x^3-y^2$ について

$$f_x=3x^2,\quad f_y=-2y,\quad f_{xx}=6x,\quad f_{yy}=-2,\quad f_{xy}=f_{yx}=0,\quad \left|H_f(x,y)\right|=-12x$$

より $f(0,0)=0$ は臨界値，また $\left|H_f(0,0)\right|=0$ である．しかし原点のまわりで曲線 $x^3-y^2=0 \Leftrightarrow y=x^{\frac{3}{2}}$ を描き，$f(x,y)$ の値の正負を調べると（図 9.7），原点のいくらでも近くに $f(x,y)>f(0,0)=0$ となる点と $f(x,y)<0$ となる点があることが分かるので，$(0,0)$ は極値点でない．

**例 9.10**　Peano の例 $f(x,y)=(y-x^2)(2x^2-y)$（図 9.1：§9.2 の脚註 ii)）でも $f(0,0)=0$ は臨界値であるが，原点のいくらでも近くに $f(x,y)>0$ の部分と $f(x,y)<0$ の部分があるので（図 9.8），極値でない．

この考え方はヘシアンが零でなく定理 9.2 の判定条件が使える場合でも，役立つことがある．

**例 9.11**　$f(x,y)=xy(x+y-1)$ について $f_x=y(2x+y-1)$, $f_y=x(x+2y-1)$ である．よって

$$f_x=f_y=0 \quad\Leftrightarrow\quad (x,y)=(0,0),\ (0,1),\ (1,0),\ \left(\tfrac{1}{3},\tfrac{1}{3}\right).$$

これら 4 点の臨界点における 2 階偏微分係数を求めれば定理 9.2 により極値判定ができる[ix)]．しかし，3 直線 $x=0$, $y=0$, $x+y-1=0$ 上で $f(x,y)=0$ となることに着目して $f(x,y)$ の正負を図示すると（図 9.9），3 点 $(0,0)$, $(0,1)$, $(1,0)$ が極値点でないことは明らかである．また，この 3 点がなす三角形内部の点では $f(x,y)<0$ であり，そこにある唯一の臨界点 $\left(\frac{1}{3},\frac{1}{3}\right)$ は極小点になる．

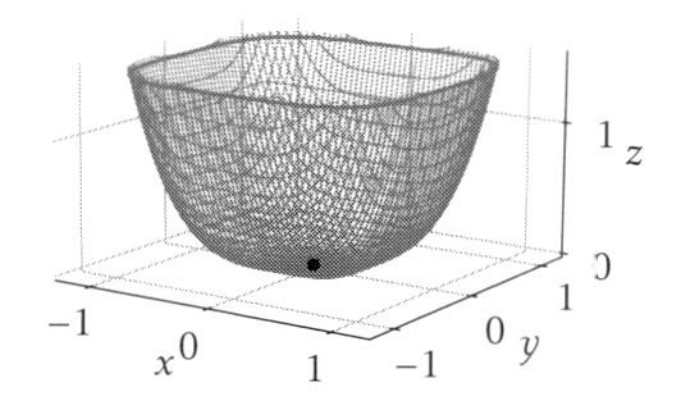

図 9.6　$z=x^4+y^4$

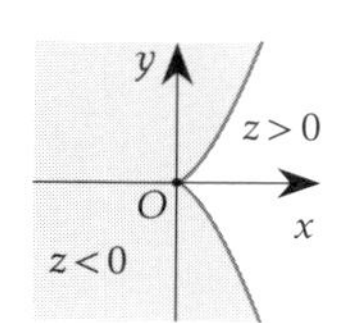

図 9.7　$z=x^3-y^2$

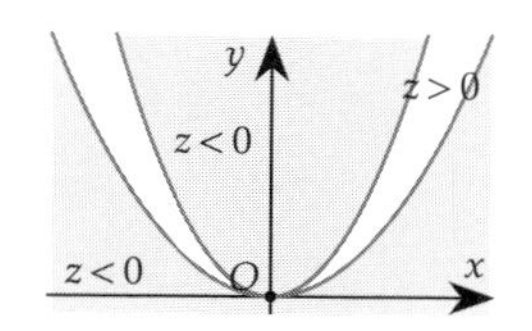

図 9.8　$z=(y-x^2)(2x^2-y)$

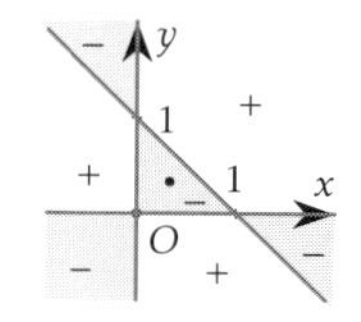

図 9.9　$z=xy(x+y-1)$

ix) 確かめよ．

**例題 9**

**〈1〉** 次の関数 $f(x,y)$ の2階偏導関数を求めよ．

(a) $x^3+2xy^3$　(b) $(x+y)e^x$　(c) $\sin^2 x\cos y$

(d) $e^x\cos y$

**〈2〉** 計算せよ．

(a) $\dfrac{\partial^2}{\partial x^2}\sin(x^2+y^2)$　(b) $\dfrac{\partial^2}{\partial x\partial y}(x^2+\cos y+\log(x+y+1))$

(c) $\dfrac{\partial^{10}}{\partial x^8\partial y^2}(x^7y^5-x^2+\sin y)$

**〈3〉** 2変数関数 $f(x,y)$ に対して

$$\frac{\partial^2 f}{\partial x^2}+\frac{\partial^2 f}{\partial y^2}=f_{xx}(x,y)+f_{yy}(x,y)$$

を $f(x,y)$ の**ラプラシアン**とよび，$\boldsymbol{\Delta f(x,y)}$ または $\boldsymbol{\nabla^2 f(x,y)}$ で表す．また3変数関数 $f(x,y,z)$ に対してもラプラシアン $\Delta f(x,y,z)$（または $\nabla^2 f(x,y,z)$）を

$$\frac{\partial^2 f}{\partial x^2}+\frac{\partial^2 f}{\partial y^2}+\frac{\partial^2 f}{\partial z^2}=f_{xx}(x,y,z)+f_{yy}(x,y,z)+f_{zz}(x,y,z)$$

で定める（より多変数の場合も同様）．次の関数のラプラシアンを求めよ．

(a) $f(x,y)=\log\sqrt{x^2+y^2}$

(b) $f(x,y,z)=\dfrac{1}{\sqrt{x^2+y^2+z^2}}$

**〈4〉** 次の関数 $f(x,y)$ の極値を求めよ．

(a) $f(x,y)=x^3-y^3-3x+12y$

(b) $f(x,y)=xy(x^2+y^2-1)$

**類題 9**

**〈1〉** 次の関数 $f(x,y)$ の2階偏導関数を求めよ．

(a) $x^2+y^2-2x-8y$　(b) $x^2+xy+y^2-4x-2y$

(c) $x^2+2y^2-2xy-x-y$　(d) $x^3+y^3+6xy$

(e) $x^3-6xy+y^3$　(f) $x^3+y^3+xy$　(g) $x^3+3y^3-3xy-x-y$

(h) $x^4+y^4-x^2-y^2+xy$　(i) $xye^{-x^2-y+2}$

(j) $2\log x+3\log y+\log(6-3x-2y)$

**〈2〉** 次の関数 $f(x,y)$ の臨界点を求め，各臨界点が

- 極大点である
- 極小点である
- 鞍点である（極値点でない）

のいずれであるかを答えよ．

(a) $x^2+y^2-2x-8y$　(b) $x^2+xy+y^2-4x-2y$

(c) $x^2+2y^2-2xy-x-y$　(d) $x^3+y^3+6xy$

(e) $x^3+y^3-6xy$　(f) $x^3+y^3+xy$　(g) $x^3+3y^2-3x$

(h) $x\sqrt{y}-x-y$　(i) $\sin x+\sin y+\sin(x+y)$ $(0\leqq x,y<\pi)$

(j) $xye^{-x^2-y+2}$　(k) $2\log x+3\log y+\log(6-3x-2y)$

(l) $\dfrac{1}{x^2+2y^2+1}$　(m) $xy+\dfrac{1}{x}+\dfrac{1}{y}$

(n) $\dfrac{xy(1-xy)}{x+y}$ $(x,y>0)$　(o) $(x^2+y^2)e^{x-y}$

**発展 9**

**〈1〉** 関数 $f(x,y)=x^3-3x+y^2$ と変数変換

$$\begin{cases} x=x(u,v)=u, \\ y=y(u,v)=u^2+v \end{cases}$$

について

(a) $f(x,y)$ の極大点・極小点・鞍点を求めよ．

(b) $u,v$ の関数 $g(u,v)=f(x(u,v),y(u,v))$ の極大点・極小点・鞍点を求めよ．

**〈2〉** $C^2$ 級関数 $f(x,y)$，$x=x(u,v)$，$y=y(u,v)$ に対して $z(u,v)=f(x(u,v),y(u,v))$ とする．

$f_x(x(u,v),y(u,v))=f_y(x(u,v),y(u,v))=0$

なる点（$f$ の臨界点）における偏微分係数 $z_{uu}$，$z_{vv}$，$z_{uv}$ を $f_{xx}$，$f_{xy}$，$f_{yy}$ と $x_u$，$x_v$，$y_u$，$y_v$ を用いて表せ．

---

**● 例題 9 解答**

**〈1〉** (a) $f_x(x,y)=3x^2+2y^3$，$f_y(x,y)=6xy^2$ より，

$f_{xx}(x,y)=\dfrac{\partial}{\partial x}(3x^2+2y^3)=6x$,

$f_{xy}(x,y)=\dfrac{\partial}{\partial y}(3x^2+2y^3)=6y^2$,

$f_{yy}(x,y)=\dfrac{\partial}{\partial y}(6xy^2)=12xy$,

$f_{yx}(x,y)=\dfrac{\partial}{\partial x}(6xy^2)=6y^2$.

(b) $f_x(x,y)=(x+y+1)e^x$，$f_y(x,y)=e^x$ より，

$f_{xx}(x,y)=\dfrac{\partial}{\partial x}\{(x+y+1)e^x\}=(x+y+2)e^x$,

$f_{xy}(x,y)=\dfrac{\partial}{\partial y}\{(x+y+1)e^x\}=e^x$,

$f_{yy}(x,y)=\dfrac{\partial}{\partial y}(e^x)=0$，$f_{yx}(x,y)=\dfrac{\partial}{\partial x}(e^x)=e^x$.

(c) $f_x(x,y)=\sin 2x\cos y$，$f_y(x,y)=-\sin^2 x\sin y$ より

$f_{xx}(x,y)=\dfrac{\partial}{\partial x}\{\sin 2x\cos y\}=2\cos 2x\cos y$,

$f_{yy}(x,y)=\dfrac{\partial}{\partial y}\{-\sin^2 x\sin y\}=-\sin^2 x\cos y$,

$f_{xy}(x,y)=\dfrac{\partial}{\partial y}\{\sin 2x\cos y\}=-\sin 2x\sin y$,

$f_{yx}(x,y)=\dfrac{\partial}{\partial x}\{-\sin^2 x\sin y\}=-\sin 2x\sin y$.

(d) $f_x(x,y)=e^x\cos y$，$f_y(x,y)=-e^x\sin y$ より

$f_{xx}(x,y)=\dfrac{\partial}{\partial x}(e^x\cos y)=e^x\cos y$,

$f_{yy}(x,y)=\dfrac{\partial}{\partial y}(-e^x\sin y)=-e^x\cos y$,

$f_{xy}(x,y)=\dfrac{\partial}{\partial y}(e^x\cos y)=-e^x\sin y$,

$f_{yx}(x,y)=\dfrac{\partial}{\partial x}(-e^x\sin y)=-e^x\sin y$.

**〈2〉** (a) $2\cos(x^2+y^2)-4x^2\sin(x^2+y^2)$

(b) $\dfrac{-1}{(x+y+1)^2}$　(c) 0（先に $x$ で8回偏微分するとよい．）

〈3〉 (a) $\dfrac{\partial f}{\partial x} = \dfrac{1}{\sqrt{x^2+y^2}} \cdot \dfrac{1}{2}\left(x^2+y^2\right)^{-\frac{1}{2}} \cdot 2x = \dfrac{x}{x^2+y^2}$

より $\dfrac{\partial^2 f}{\partial x^2} = \dfrac{1\cdot(x^2+y^2) - x\cdot 2x}{(x^2+y^2)^2} = \dfrac{-x^2+y^2}{(x^2+y^2)^2}$.

同様にして $\dfrac{\partial^2 f}{\partial y^2} = \dfrac{x^2-y^2}{(x^2+y^2)^2}$ であるから

$\Delta f(x,y) = \left(\dfrac{\partial^2}{\partial x^2} + \dfrac{\partial^2}{\partial y^2}\right) f = \dfrac{\partial^2 f}{\partial x^2} + \dfrac{\partial^2 f}{\partial x^2} = 0$[x].

(b) $f_x = -\dfrac{1}{2}(x^2+y^2+z^2)^{-\frac{3}{2}} \cdot 2x = -x(x^2+y^2+z^2)^{-\frac{3}{2}}$ より

$f_{xx} = -(x^2+y^2+z^2)^{-\frac{3}{2}} + x \cdot \dfrac{3}{2}(x^2+y^2+z^2)^{-\frac{5}{2}} \cdot 2x$

$= -(-2x^2+y^2+z^2)(x^2+y^2+z^2)^{-\frac{5}{2}}$

$f_{yy} = -(x^2-2y^2+z^2)(x^2+y^2+z^2)^{-\frac{5}{2}}$,

$f_{zz} = -(x^2+y^2-2z^2)(x^2+y^2+z^2)^{-\frac{5}{2}}$

となるから $\Delta f(x,y,z) = f_{xx} + f_{yy} + f_{zz} = 0$ である.

〈4〉 (a) $f_x(x,y) = 3x^2 - 3$,　$f_y(x,y) = -3y^2 + 12$,

$f_{xx}(x,y) = 6x$,　$f_{yy}(x,y) = -6y$,　$f_{xy}(x,y) = 0$.

$f_x(x,y) = f_y(x,y) = 0$ を解いて臨界点は $(x,y) = (1,2)$, $(-1,2), (1,-2), (-1,-2)$ の 4 点である.

この 4 点が関数 $f(x,y)$ の極値点の候補だから，各点におけるヘシアン

$|H_f(x,y)| = f_{xx}(x,y) \cdot f_{yy}(x,y) - \{f_{xy}(x,y)\}^2$

$= 6x \cdot (-6y) - 0 = -36xy$

の値の正負を調べると

$|H_f(1,2)| = |H_f(-1,-2)| = -72 < 0$,

$|H_f(1,-2)| = |H_f(-1,2)| = 72 > 0$.

よって 2 点 $(-1,2)$, $(1,-2)$ は極値点であり，2 点 $(1,2)$, $(-1,-2)$ は極値点ではない.

極値点 $(-1,2)$, $(1,-2)$ における $f_{xx}(x,y)$ の値の正負は

$f_{xx}(-1,2) = -6 < 0$, $f_{xx}(1,-2) = 6 > 0$.

よって，関数 $f(x,y)$ の極値は，極大値 $f(-1,2) = 18$ と極小値 $f(1,-2) = -18$ である.

(b) $f_x(x,y) = y(y^2+3x^2-1)$,　$f_y(x,y) = x(x^2+3y^2-1)$ より

$f_{xx}(x,y) = 6xy$,　$f_{yy}(x,y) = 6xy$,

$f_{xy}(x,y) = 3x^2 + 3y^2 - 1$.

臨界点（$f_x(x,y) = f_y(x,y) = 0$ となる点）を求めるため

$$f_x(x,y) = y(y^2+3x^2-1) = 0, \tag{9.4}$$

$$f_y(x,y) = x(x^2+3y^2-1) = 0 \tag{9.5}$$

を解く．(9.4) から $y = 0$ または $y^2 + 3x^2 - 1 = 0$ である.

$y = 0$ のとき：$y = 0$ を式 (9.5) に代入して $x(x^2-1) = 0 \Leftrightarrow x = 0, \pm 1$　$\therefore (x,y) = (0,0), (\pm 1, 0)$.

$y^2 + 3x^2 - 1 = 0$ のとき：$y^2 = 1 - 3x^2$ を式 (9.5) に代入して $-8x\left(x^2 - \dfrac{1}{4}\right) = 0 \Leftrightarrow x = 0, \pm\dfrac{1}{2}$ より $(x,y) = (0, \pm 1), \left(\pm\dfrac{1}{2}, \pm\dfrac{1}{2}\right)$（複号任意）である．以上より，$f(x,y)$ の臨界点は次の 9 点である.

$(x,y) = (0,0), (\pm 1, 0), (0, \pm 1), \left(\pm\dfrac{1}{2}, \pm\dfrac{1}{2}\right)$　（複号任意）.

9 点におけるヘシアン $|H_f(x,y)| = f_{xx}(x,y) \cdot f_{yy}(x,y) - \{f_{xy}(x,y)\}^2 = 36x^2y^2 - (3x^2+3y^2-1)^2$ は

$|H_f(0,0)| = -1 < 0$,　$|H_f(\pm 1, 0)| = |H_f(0, \pm 1)| = -4 < 0$,　$\left|H_f\left(\pm\dfrac{1}{2}, \pm\dfrac{1}{2}\right)\right| = 2 > 0$

となる（複号任意）．よって関数 $f(x,y)$ の極値点となるのは 4 点 $\left(\pm\dfrac{1}{2}, \pm\dfrac{1}{2}\right)$（複号任意）のみである.

極値を与える 4 点における $f_{xx}(x,y)$ の値の正負を調べると

$f_{xx}\left(\pm\dfrac{1}{2}, \pm\dfrac{1}{2}\right) = \dfrac{3}{2} > 0$,　$f_{xx}\left(\pm\dfrac{1}{2}, \mp\dfrac{1}{2}\right) = -\dfrac{3}{2} < 0$　（複号同順）

となる．よって $f(x,y)$ の極値は，2 点における極小値 $f\left(\dfrac{1}{2}, \dfrac{1}{2}\right) = f\left(-\dfrac{1}{2}, -\dfrac{1}{2}\right) = -\dfrac{1}{8}$ と 2 点における極大値 $f\left(\dfrac{1}{2}, -\dfrac{1}{2}\right) = f\left(-\dfrac{1}{2}, \dfrac{1}{2}\right) = \dfrac{1}{8}$ である（ヘシアンに頼らず図 9.12 を見て考えてもよい [1]）.

● **類題 9 解答**

〈1〉（全問において $f_{yx} = f_{xy}$）(a) $f_{xx} = 2$, $f_{yy} = 2$, $f_{xy} = 0$ (b) $f_{xx} = 2$, $f_{yy} = 2$, $f_{xy} = 1$　(c) $f_{xx} = 2$, $f_{yy} = 4$, $f_{xy} = -2$　(d) $f_{xx} = 6x$, $f_{yy} = 6y$, $f_{xy} = 6$　(e) $f_{xx} = 6x$,

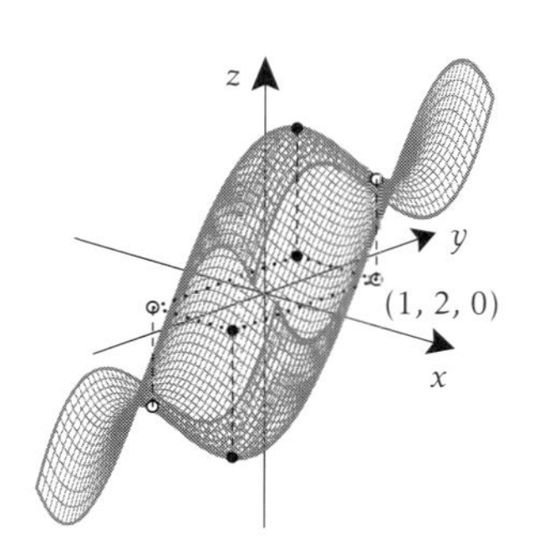


図 9.10　$z = x^3 - y^3 - 3x + 12y$

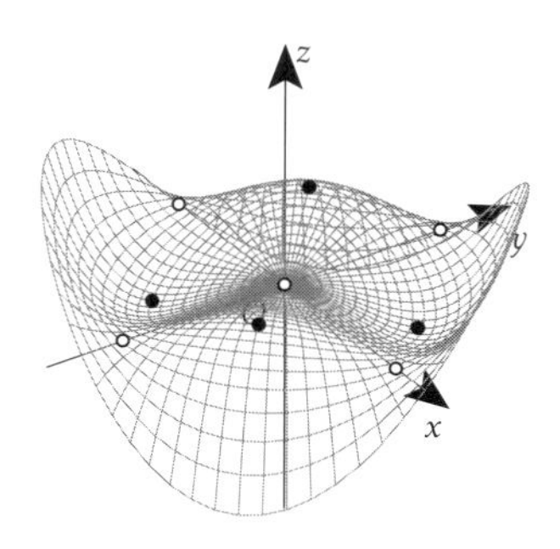


図 9.11　$z = xy(x^2 + y^2 - 1)$

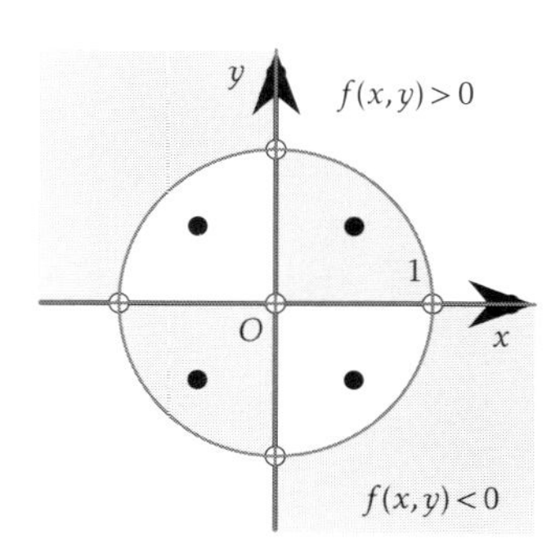


図 9.12　$xy(x^2 + y^2 - 1)$ の正負

x) $\Delta f = 0$ である $f$ を**調和関数**という.

$f_{yy}=6y$, $f_{xy}=-6$ (f) $f_{xx}=6x$, $f_{yy}=6y$, $f_{xy}=1$
(g) $f_{xx}=6x$, $f_{yy}=18y$, $f_{xy}=-3$
(h) $f_{xx}=12x^2-2$, $f_{yy}=12y^2-2$, $f_{xy}=1$
(i) $f_{xx}=2x(2x^2-3)ye^{-x^2-y+2}$, $f_{yy}=x(y-2)e^{-x^2-y+2}$, $f_{xy}=(2x^2-1)(y-1)e^{-x^2-y+2}$
(j) $f_{xx}=\dfrac{-2}{x^2}-\dfrac{9}{(3x+2y-6)^2}$, $f_{yy}=\dfrac{-3}{y^2}-\dfrac{4}{(3x+2y-6)^2}$, $f_{xy}=\dfrac{-6}{(3x+2y-6)^2}$

⟨2⟩ (a) $(1,4)$ [極小値 $-17$] (b) $(2,0)$ [極小値 $-4$]
(c) $\left(\frac{3}{2},1\right)$ $\left[極小値\ -\frac{5}{4}\right]$
(d) $(0,0)$ [鞍点]，$(-2,-2)$ [極大値 8]
(e) $(0,0)$ [鞍点]，$(2,2)$ [極小値 $-8$]
(f) $(0,0)$ [鞍点]，$\left(-\frac{1}{3},-\frac{1}{3}\right)$ $\left[極大値\ \frac{1}{27}\right]$
(g) $(-1,0)$ [鞍点]，$(1,0)$ [極小値 $-2$]
(h) $(2,1)$ [鞍点] (i) $\left(\frac{\pi}{3},\frac{\pi}{3}\right)$ $\left[極大値\ \frac{3\sqrt{3}}{2}\right]$
(j) $\left(-\frac{1}{\sqrt{2}},1\right)$ $\left[極小値\ -\sqrt{\frac{e}{2}}\right]$，$(0,0)$ [鞍点]，$\left(\frac{1}{\sqrt{2}},1\right)$ $\left[極大値\ \sqrt{\frac{e}{2}}\right]$
(k) $\left(\frac{2}{3},\frac{3}{2}\right)$ $\left[極大値\ \log\frac{3}{2}\right]$
(l) $(0,0)$ [極大値 1] (m) $(1,1)$ [極小値 3]
(n) $\left(\frac{1}{\sqrt{3}},\frac{1}{\sqrt{3}}\right)$ $\left[極大値\ \frac{\sqrt{3}}{9}\right]$
(o) $(0,0)$ [極小値 0]，$(-1,1)$ [鞍点]

**● 発展 9 解答**

⟨1⟩ (a) 臨界点は $(x,y)=(-1,0),(1,0)$. Hesse 行列はそれぞれ $H_f(-1,0)=\begin{bmatrix}-6&0\\0&2\end{bmatrix}$，$H_f(1,0)=\begin{bmatrix}6&0\\0&2\end{bmatrix}$. $A(-1,0)$ は鞍点，$B(1,0)$ は極小点.
(b) 臨界点は $(u,v)=(-1,-1),(1,-1)$. Hesse 行列はそれぞれ $H_g(-1,-1)=\begin{bmatrix}2&-4\\-4&2\end{bmatrix}$，$H_g(1,-1)=\begin{bmatrix}14&4\\4&2\end{bmatrix}$. $A'(-1,-1)$ は鞍点，$B'(1,-1)$ は極小点.

⟨2⟩ $z_{uu}=(z_u)_u=(f_xx_u+f_yy_u)_u=(f_{xx}x_u+f_{xy}y_u)x_u+f_xx_{uu}+(f_{yx}x_u+f_{yy}y_u)y_u+f_yy_{uu}$ である. $f_x=f_y=0$ となる $(x,y)=(x(u,v),y(u,v))$ においては

$$z_{uu}=f_{xx}x_ux_u+f_{xy}x_uy_u+f_{yx}y_ux_u+f_{yy}y_uy_u$$
$$=\begin{bmatrix}x_u & y_u\end{bmatrix}\begin{bmatrix}f_{xx}&f_{xy}\\f_{yx}&f_{yy}\end{bmatrix}\begin{bmatrix}x_u\\y_u\end{bmatrix}.$$

同様に $z_{uv}$, $z_{vv}$ を計算すると，まとめて次を得る.

$$\begin{bmatrix}z_{uu}&z_{uv}\\z_{vu}&z_{vv}\end{bmatrix}={}^t\begin{bmatrix}x_u&x_v\\y_u&y_v\end{bmatrix}\begin{bmatrix}f_{xx}&f_{xy}\\f_{yx}&f_{yy}\end{bmatrix}\begin{bmatrix}x_u&x_v\\y_u&y_v\end{bmatrix}^{\text{xi)}}.$$

---

xi) $n$ 次対称行列 $A$, $B$ と正則行列 $P$ に対して $B={}^tPAP$ とする．いま $A$ の固有値 $\lambda_1,\ldots,\lambda_n$ がすべて正であるとする．$A$ はある直交行列 $Q$ によって ${}^tQAQ=\begin{bmatrix}\lambda_1&&0\\&\ddots&\\0&&\lambda_n\end{bmatrix}$ と対角化できるから，$D=\begin{bmatrix}\sqrt{\lambda_1}&&0\\&\ddots&\\0&&\sqrt{\lambda_n}\end{bmatrix}$ とおけば $A=QDD{}^tQ$ であり，さらに $B={}^tPAP=({}^tPQD){}^t({}^tPQD)$ である．${}^tPQD$ は正則行列である．一般に正則行列 $X$ に対して $X{}^tX$ の固有値はすべて正だから（示せ），$B$ の固有値はすべて正である．$A$ の固有値 $\lambda_1,\ldots,\lambda_n$ がすべて負である場合は，$-A$ に対して同じ議論をすることにより，$B$ の固有値はすべて負であることが分かる．

ここで $f$ の臨界点において，$A=\begin{bmatrix}f_{xx}&f_{xy}\\f_{yx}&f_{yy}\end{bmatrix}$，$B=\begin{bmatrix}z_{uu}&z_{uv}\\z_{vu}&z_{vv}\end{bmatrix}$，$P=\begin{bmatrix}x_u&x_v\\y_u&y_v\end{bmatrix}$，また $\det P\neq 0$ とする．$B={}^tPAP$ である．このとき $\det A>0$ ならば，$\det B=(\det P)^2\cdot\det A>0$ であり，さらに（$f_{xy}=f_{yx}$ と $z_{uv}=z_{vu}$ より）$f_{xx}$ と $f_{yy}$ および $z_{uu}$ と $z_{vv}$ はそれぞれ同符号である（註 9.3 の末尾）．したがって，$\det A>0$ かつ $f_{xx}>0$ であるとき，$f_{xx}+f_{yy}>0$ だから $A$ の固有方程式 $t^2-(f_{xx}+f_{yy})t+(\det A)=0$ の解（$A$ の固有値）はすべて正である．このとき，前段落の議論によって $B$ の固有値がすべて正であり，$B$ の固有方程式の「解と係数の関係」より $z_{uu}+z_{vv}>0$，さらに $z_{uu}>0$ である．同様に $\det A>0$ かつ $f_{xx}<0$ のとき $z_{uu}<0$ である．

さて，行列式 $\det A$，$\det B$ はそれぞれ $f(x,y)$，$z(u,v)$ のヘシアンである（§9.2 の脚註 viii)）．つまり前段落の考察は，臨界点のまわりでヤコビアンが消えない（$\det P\neq 0$）ような変数（座標）の変換が，臨界点が極小点・極大点・鞍点のいずれであるかという性質を保つことを示している．実は，$\det P\neq 0$ はこのための必要条件でもある．例えば $f(x,y)=x$，$x(u,v)=u^2+v^2$，$y(u,v)=v$ に対して，$f(x(u,v),y(u,v))$ の極値を思い浮かべてみよ．

つまり，2 つの座標 $(x,y)$ と $(u,v)$ が（極大・極小といった）関数の大まかな形を保って変換されるための条件を記述するのがヤコビアンである．しかし 2 変数関数のより精密な「形」について考えるときにはこれでは足りない．例えば調和関数である（ラプラシアンが 0 に等しい）という性質は $\det P\neq 0$ を満たす変数変換によって一般には保たれない．このことを考えるには複素座標の概念を用いる方が自然である（あるいは，$P$ が直交行列である場合について考えよ）．

# 第10章

# Lagrangeの乗数法

牛丼 1 杯 30 円，林檎 1 個 10 円とする．牛丼 $x$ 杯を食べると $x^2$ だけ太り，林檎 $y$ 個を食べると $6y$ だけ太るとする（根拠はない）．全所持金 600 円を使って牛丼と林檎を食べるとき最も太らない食べ方を調べよ．ただし個数などの整数性は考えない（例えば牛丼を $\pi$ 杯食べてもよい）．

## 10.1　束縛条件下の極値問題

上の問題は $g(x,y)=30x+10y-600=0$ を満たす $(x,y)$ に対し，関数 $f(x,y)=x^2+6y$ の値が最小になるのはいつかを問うている．高校生なら $g(x,y)=0$ を $y=60-3x$ と式変形して $f(x,y)$ に代入，得られる $x$ の 3 次式を $x$ について微分して極値点を探すだろう．式変形→代入→微分の順序を入れ換え，$g(x,y)=0$ **の明示的な変形や代入なしに**同様の議論を行えないだろうか（§2.1 参照）．

話を一般化して，束縛条件 $g(x,y)=0$ の下での関数 $f(x,y)$ の極値点，**条件付極値点**[i] を特徴付けよう．まず $\dfrac{\partial g}{\partial y}\neq 0$ のとき $g(x,y)=0$ が定める陰関数 $y=G(x)$ を $f(x,y)$ に代入し，$x$ で微分すると

$$\frac{d}{dx}f(x,G(x))=\frac{\partial f}{\partial x}\frac{dx}{dx}+\frac{\partial f}{\partial y}\frac{dG}{dx}=\frac{\partial f}{\partial x}+\frac{\partial f}{\partial y}\frac{dG}{dx}$$

となる（連鎖律 (8.4)）．条件下での極値点においてはこれが 0 に等しいから

$$\frac{\partial f}{\partial x}+\frac{\partial f}{\partial y}\frac{dG}{dx}=0. \tag{10.1}$$

また束縛条件を満たす点においては $g(x,G(x))=0$ であるから，これを $x$ で微分して

$$\frac{\partial g}{\partial x}+\frac{\partial g}{\partial y}\frac{dG}{dx}=0. \tag{10.2}$$

いまは「陰関数 $G(x)$ の明示」を避けたいのだから，式 (10.1) と (10.2) から $\dfrac{dG}{dx}$ を消去して

$$\frac{\partial f}{\partial x}\frac{\partial g}{\partial y}=\frac{\partial g}{\partial x}\frac{\partial f}{\partial y}\qquad\text{または}\qquad f_xg_y=f_yg_x \tag{10.3}$$

となる．$\dfrac{\partial g}{\partial x}\neq 0$ のときも同様の議論により同じ式を得る．さらに，$\dfrac{\partial g}{\partial x}=\dfrac{\partial g}{\partial y}=0$ である点（$g(x,y)$ の臨界点）では自動的に式 (10.3) が成り立つ．

結局式 (10.3) は，条件付極値点が（それが $g(x,y)$ の臨界点となっていてもそうでなくても）満たすべき必要条件である．$g(x,y)=0$ 上の $g(x,y)$ の臨界点（$g=g_x=g_y=0$）に関しては $f(x,y)$ と独立

---

[i] $(a,b)$ が $f(x,y)$ の，束縛条件 $g(x,y)=0$ 下の**条件付極大点**（または**条件付極小点**）であるとは，$g(x,y)=0$ を満たす点 $(x,y)\ (\neq(a,b))$ が $(a,b)$ に十分近ければ $f(x,y)<f(a,b)$（または $f(x,y)>f(a,b)$）であることである．

に調べられるので，式 (10.3) を「$f_x : f_y = g_x : g_y$」または「$(f_x, f_y) \mathbin{/\!/} (g_x, g_y)$」（平行）と読み替えて，次のように記述すると便利である．

**定理 10.1**（**Lagrange（ラグランジュ）の乗数法**）　$C^1$ 級の**目的関数** $f(x,y)$ と $C^1$ 級の**束縛条件** $g(x,y) = 0$ を考える．$g(x,y)$ の臨界点ではない点 $(a,b)$ について，点 $(a,b)$ が条件付極値点であるとき，

$$\begin{cases} f_x(a,b) - \lambda_0 g_x(a,b) = 0, \\ f_y(a,b) - \lambda_0 g_y(a,b) = 0, \\ g(a,b) = 0 \end{cases} \tag{10.4}$$

を満たす $\lambda_0$ が存在する．$\lambda_0$ を**未定乗数**または**Lagrange 乗数**（Lagrange multiplier）とよぶ．

**註 10.2**　式 (10.4) の $(a, b, \lambda_0)$ は，$(x, y, \lambda)$ についての次の連立方程式 (10.5) の解である．

$$\boldsymbol{f_x(x,y) - \lambda g_x(x,y) = 0, \quad f_y(x,y) - \lambda g_y(x,y) = 0, \quad g(x,y) = 0.} \tag{10.5}$$

つまり，まずこれらの解が条件付極値点の候補である．さらに（$g(x,y)$ に $C^1$ 級でない点が有限個あるときも含めて考えて），$g(x,y) = 0$ を満たすような

- **$g(x,y)$ の臨界点**（$g_x(x,y) = g_y(x,y) = 0$ なる点），
- **$g(x,y)$ が $C^1$ 級でない点**

が（もしあれば）それらを合わせて条件付極値点の候補がすべて求められる [ii]．

牛丼林檎問題に戻る．牛丼を 9 杯，林檎を 33 個というのが最も太らない食べ方である．

**例 10.3**　束縛条件 $g(x,y) = 30x + 10y - 600 = 0$ 下で関数 $f(x,y) = x^2 + 6y$ の最小値を求めたい．まず Lagrange の乗数法により，$x, y, \lambda$ の連立方程式 (10.5)

$$\begin{cases} f_x(x,y) - \lambda g_x(x,y) = 2x - 30\lambda = 0, & (10.6) \\ f_y(x,y) - \lambda g_y(x,y) = 6 - 10\lambda = 0, & (10.7) \\ g(x,y) = 30x + 10y - 600 = 0 & (10.8) \end{cases}$$

を考える．式 (10.7) より $\lambda = \frac{3}{5}$ であるから，式 (10.6) に代入して $x = 9$，式 (10.8) より $y = 33$ で

---

ii) **Lagrange 関数** $\boldsymbol{F(\lambda, x, y) = f(x,y) - \lambda g(x,y)}$ によって，連立方程式 (10.5) は（$F_\lambda(x,y) = -g(x,y)$ などに注意し）

$$\boldsymbol{F_x(\lambda, x, y) = 0, \quad F_y(\lambda, x, y) = 0, \quad F_\lambda(\lambda, x, y) = 0}$$

とも表せる．つまり「条件付極値点を探す問題」を Lagrange 関数の「（条件なし）臨界点を探す問題」（§9.2）に書き換えるのが Lagrange の乗数法である．Lagrange 関数を用いて書けば次のようになる．

**条件付極値の候補点**

$f(x,y)$ は $C^1$ 級，$g(x,y)$ は有限個の点を除いて $C^1$ 級であるとし，

$$F(\lambda, x, y) = f(x,y) - \lambda g(x,y)$$

とおく．このとき，束縛条件 $g(x,y) = 0$ 下での $f(x,y)$ の極値は以下のいずれかの点でとられる．

- $g(x,y) = 0$ であって $g(x,y)$ が $C^1$ 級でない点，
- $g_x(x,y) = g_y(x,y) = 0$ を満たす点，
- 連立方程式 $F_x(\lambda,x,y) = F_y(\lambda,x,y) = F_\lambda(\lambda,x,y) = 0$ の解となる点 $(x,y)$．

もしさらに $f(x,y)$ と $g(x,y)$ が $C^2$ 級であるとき，$F_x = F_y = F_\lambda = 0$ の解 $(\lambda_0, a, b)$ における $F(\lambda, x, y)$ のヘシアン（**境界付ヘシアン**（bordered Hessian）とよばれる）$\begin{vmatrix} F_{\lambda\lambda} & F_{\lambda x} & F_{\lambda y} \\ F_{x\lambda} & F_{xx} & F_{xy} \\ F_{y\lambda} & F_{yx} & F_{yy} \end{vmatrix} = \begin{vmatrix} 0 & g_x & g_y \\ g_x & F_{xx} & F_{xy} \\ g_y & F_{yx} & F_{yy} \end{vmatrix}$ の値が正ならば $f(a,b)$ は条件付極大値，負ならば条件付極小値である [1]．

なお点 $(\lambda_0, a, b)$ は $F(\lambda, x, y)$ の臨界点としては鞍点である（3 変数関数の極値はヘシアンで判定不能）[5, p. 95]．

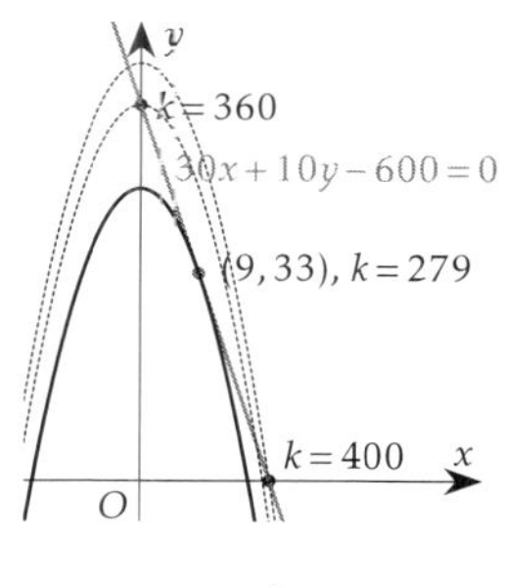


図 10.1　$x^2 + 6y = k$

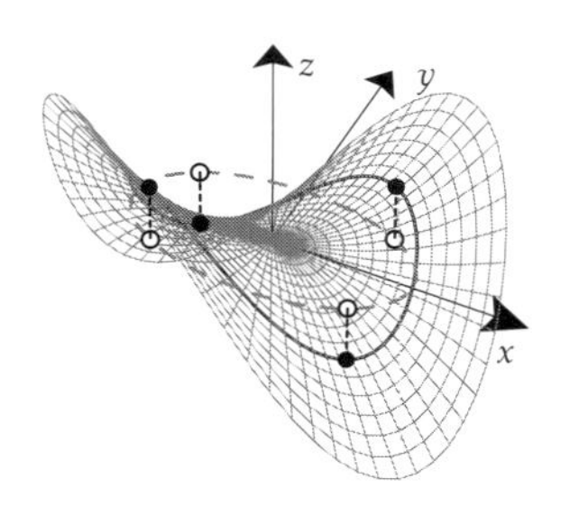


図 10.2　$z = xy$ と $x^2 + 4y^2 = 4$

ある．よって $(x, y) = (9, 33)$ が関数 $f(x, y)$ が条件付極値点の候補である [iii]

この例では図を描けば（図 10.1），束縛条件下での $f(x, y)$ の最小値が存在することは明らかであるから，$f(9, 33) = 279$ が実際に束縛条件下での $f(x, y)$ の最小値である [iv]．

**例 10.4**　条件 $x^2 + 4y^2 = 4$ の下で関数 $f(x, y) = xy$ の極値点の候補を求めよう．

$g(x, y) = x^2 + 4y^2 - 4$ とおき，連立方程式 (10.5)

$$\begin{cases} f_x(x,y) - \lambda g_x(x,y) = y - \lambda \cdot 2x = 0, & (10.9) \\ f_y(x,y) - \lambda g_y(x,y) = x - \lambda \cdot 8y = 0, & (10.10) \\ g(x,y) = x^2 + 4y^2 - 4 = 0 & (10.11) \end{cases}$$

を考える．式 (10.9) と式 (10.10) より $\lambda$ を消去すると $4y^2 - x^2 = 0 \quad \therefore x^2 = 4y^2$ を得る．式 (10.11) に代入して $8y^2 - 4 = 0 \quad \therefore y = \pm\frac{1}{\sqrt{2}}$ すなわち $x = \pm\sqrt{2}$ となる（複号任意）．

$g(x, y)$ の臨界点（$g_x = g_y = 0$ の解）は $(0, 0)$ だけであり $g(x, y) = 0$ 上には存在しないので，条件 $g(x, y) = 0$ 下の $f(x, y)$ の極値点の候補は次の 4 点である（図 10.2）．

$$(x, y) = \left(\sqrt{2}, \frac{1}{\sqrt{2}}\right), \left(\sqrt{2}, -\frac{1}{\sqrt{2}}\right), \left(-\sqrt{2}, \frac{1}{\sqrt{2}}\right), \left(-\sqrt{2}, -\frac{1}{\sqrt{2}}\right).$$

## 10.2　有界閉集合における最大・最小

有界閉集合 $D$（§0.3.4）上の連続関数 $f(x, y)$ は，〔最大値・最小値の〕定理 0.1 により $D$ 内で最大値と最小値をとる．最大値と最小値を与える点は $D$ の内部にある場合と $D$ の境界 $\partial D$（§0.3.2）上にある場合があるが，実際

（い）$f(x, y)$ の臨界点のうち $D$ の内部にある点，

（ろ）点 $(x, y)$ が境界 $\partial D$ 上を動くときの極値点の候補

---

[iii] Lagrange 乗数 $\lambda$ は **潜在価格**（shadow price）ともよばれる．例 10.3 の牛丼林檎問題で誰かに 10 円をあげてしまうと束縛条件が $30x + 10y = 590$ となる．結果，条件付極値点は $(x, y) = (9, 32)$ となり，目的関数の値（仮に摂取カロリーとよぶ）は $f(9, 23) = 273$ と 6 改善される．つまり（求めた極値点の近辺で）1 円は $6/10 = 3/5$ カロリーの価値を持つ．$\lambda = 3/5$ はこの概念（の極限）を表す（この例だと「潜在価格」より「潜在カロリー」の方が適切かもしれない）．

[iv] $g(x, y)$ $(x \geqq 0,\ y \geqq 0)$ が $C^1$ 級でない点での値 $f(0, 60) = 360,\ g(20, 0) = 400$ を調べて最小値を判定してもよい．

が最大値または最小値を与えうる点である．この後者を求めるのには Lagrange の乗数法（定理 10.1）が効果的であることが多い．何にせよ（い）と（ろ）の点をすべて求め，各点での $f(x,y)$ の値を調べれば，その最大のものを最大値，最小のものを最小値とできる．

**例 10.5**　関数 $f(x,y) = x^2 - 4xy + y^2$ の $D = \left\{(x,y) \mid x^2 + y^2 \leqq 2\right\}$ 上の最大値・最小値を求めよう．

（い）$\begin{cases} f_x = 2x - 4y = 0 \\ f_y = -4x + 2y = 0 \end{cases}$ を解くと $(x,y) = (0,0)$ を得る．この点は $D$ の内部に含まれているので最大値または最小値を与える点の候補である．

（ろ）束縛条件 $g(x,y) = x^2 + y^2 - 2 = 0$ 下で Lagrange の乗数法を使う．$g(x,y) = 0$ 上に $g(x,y)$ の臨界点がないことは明らかである．連立方程式

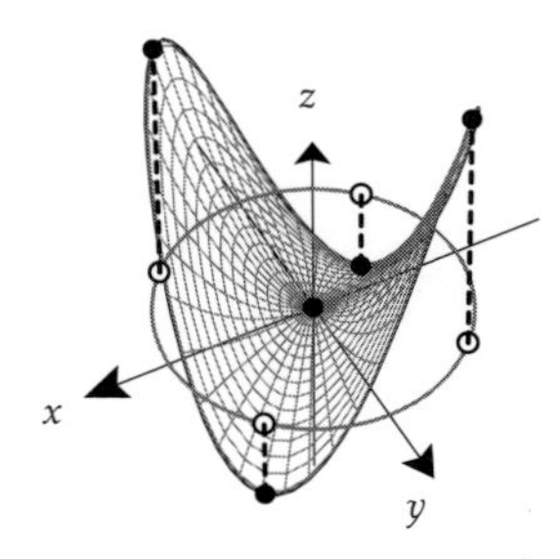

図 10.3　$z = x^2 - 4xy + y^2$ と $x^2 + y^2 = 2$

$$\begin{cases} f_x(x,y) - \lambda g_x(x,y) = (2x - 4y) - \lambda \cdot 2x = 0, & (10.12) \\ f_y(x,y) - \lambda g_y(x,y) = (-4x + 2y) - \lambda \cdot 2y = 0, & (10.13) \\ g(x,y) = x^2 + y^2 - 2 = 0 & (10.14) \end{cases}$$

を解く．式 (10.12) と式 (10.13) から $\lambda$ を消去して

$$y(2x - 4y) = x(-4x + 2y) \qquad \therefore (x - 2y)y = (-2x + y)x \qquad \therefore x^2 = y^2.$$

これを式 (10.14) に代入して $x^2 = y^2 = 1$ を得る．よって，4 点

$$(x,y) = (1,1),\ (1,-1),\ (-1,1),\ (-1,-1)$$

が条件付極値点の候補である（図 10.3）．

以上 5 点における $f(x,y)$ の値を調べて

$$f(0,0) = 0,\ f(\pm 1, \pm 1) = -2,\ f(\pm 1, \mp 1) = 6 \quad (\text{複号同順})$$

より，$f(x,y)$ の $D$ 上の最大値は $f(\pm 1, \mp 1) = 6$，最小値は $f(\pm 1, \pm 1) = -2$ である．

**例 10.6**　例 10.4 の $g(x,y) = x^2 + 4y^2 - 4 = 0$ は $xy$ 平面内の楕円周，つまり（すべての点で $g$ が $C^1$ 級になっている）有界閉領域である．したがって，例 10.4 で求めた 4 点のいずれかで最大値と最小値をとる．

$$f\left(\pm\sqrt{2}, \pm\frac{1}{\sqrt{2}}\right) = 1, \quad f\left(\pm\sqrt{2}, \mp\frac{1}{\sqrt{2}}\right) = -1 \quad (\text{複号同順})$$

により，前者が条件 $g(x,y) = 0$ 下での $f(x,y)$ の最大値，後者が最小値である（図 10.2）．

## 10.3　応用例

**例 10.7**　容量 $V$（$> 0$）の円筒形の水筒を，コーヒーが冷めにくく，つまり表面積最小に設計したい．ただし蓋の上面は他の部分より面積当たり $c$（$> 0$）倍放熱しやすいものとし，水筒の厚みは考えない．

水筒の底面の半径を $r$，水筒の高さを $h$ とする．容量は固定されているから，束縛条件は

$$g(r,h)=\pi r^2h-V=0$$

である．この条件下で

$$f(r,h)=\pi r^2+2\pi r\cdot h+c\pi r^2=\pi\left\{2hr+(c+1)r^2\right\}$$

が最小となるような $r$ と $h$ を探せばよい．Lagrange の乗数法より

$$\begin{cases} f_r(r,h)-\lambda g_r(r,h)=2\pi\left\{h+(c+1)r\right\}-2\lambda\pi rh=2\pi\left\{h+(c+1)r-\lambda rh\right\}=0, & (10.15)\\ f_h(r,h)-\lambda g_h(r,h)=2\pi r-\lambda\pi r^2=\pi r(2-\lambda r)=0, & (10.16)\\ g(r,h)=\pi r^2h-V=0 & (10.17)\end{cases}$$

を解いて条件付極値点の候補を求める．式 (10.17) より $r\neq 0$ であるから，式 (10.16) より $\lambda r=2$ である．これを式 (10.15) に代入して $(c+1)r-h=0\quad\therefore h=(c+1)r$ となり，さらに式 (10.17) に代入して $(c+1)\pi r^3-V=0$ となる．よって条件付極値点の候補は

$$r=\sqrt[3]{\frac{V}{(c+1)\pi}}，\quad よって\quad (r,h)=(r,(c+1)r)=\left(\sqrt[3]{\frac{V}{(c+1)\pi}},(c+1)\sqrt[3]{\frac{V}{(c+1)\pi}}\right). \tag{10.18}$$

束縛条件 $h=\dfrac{V}{\pi r^2}$ を $f(r,h)$ に代入して得られる $f(r,h)=\dfrac{2V}{r}+(c+1)\pi r^2$（$r>0$ 上の連続関数）において，$r\to 0$ としても $r\to\infty$ としても $f(r,h)\to\infty$ であることから，上で求めた唯一の候補点は，実際に次の極小値すなわち最小値を与える[v]．

$$f\left(\sqrt[3]{\frac{V}{(c+1)\pi}},(c+1)\sqrt[3]{\frac{V}{(c+1)\pi}}\right)=3(c+1)\pi^{\frac{1}{3}}\left(\frac{V}{c+1}\right)^{\frac{2}{3}}.$$

Lagrange の乗数法はより多変数の関数にも適用できる．例えば表面積が $S$（一定）である直方体の体積の最大値を考えるなら，3 辺の長さを $x,y,z$ とおき，束縛条件 $2(xy+yz+zx)-S=0$ の下に $xyz$ の最大値を求めればよい．（直感的には立方体になるときであろう．いずれかの辺の長さを 0 に近づければ体積は 0 に近づくので，体積 0 の「直方体」を許せばそれが体積最小である．）

また，束縛条件が 2 つ以上ある場合にも使える．束縛条件が 2 つある場合を [例題 10⟨5⟩] と [発展 10⟨1⟩] に挙げる．次の例では，束縛条件は 1 つだがそれが少し凝ったやり方で与えられる．

**例 10.8** 各辺の長さが指定された四角形のうち面積最大のものは円周に内接することを示そう．

四角形 $ABCD$ について 4 辺の長さを $AB=a,\ BC=b,\ CD=c,\ DA=d$ と指定しても，四角形は確定しないが，さらに $\angle BAD=x,\ \angle DCB=y$ とすれば $\triangle ABD$ と $\triangle BCD$ がそれぞれ確定するので，これら 2 つの三角形が辺 $BD$ を共有することが $x,\ y$ に関する束縛条件を与える（図 10.4）．

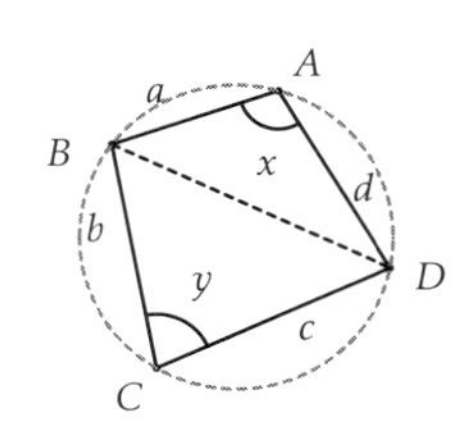

図 10.4 内接四角形

$\triangle ABD$ と $\triangle BCD$ について余弦定理を用いれば

v) 例えば $V$ を $1\ell=1000\text{cm}^3$，$c=3$ とすると，底面の半径 $r$ は約 4.3cm，高さはその 4 倍とすると最も冷めにくいことになる．実際どうだろうか？ もし $c=100$ とすると底面の半径約 1.5cm，高さ約 1.5m．蓋を閉める前提は重要．

$$BD^2 = a^2 + d^2 - 2ad\cos x, \qquad BD^2 = b^2 + c^2 - 2bc\cos y$$

だから，束縛条件は

$$g(x,y) = 2ad\cos x - 2bc\cos y - a^2 - d^2 + b^2 + c^2 = 0$$

である．この条件の下で四角形 $ABCD$ の面積

$$f(x,y) = \triangle ABD + \triangle BCD = \frac{1}{2}ad\sin x + \frac{1}{2}bc\sin y$$

が最大値をとる場合を考える．Lagrange の乗数法により，$g(x,y) = 0$ に加えて

$$\begin{cases} f_x(x,y) - \lambda g_x(x,y) = \dfrac{1}{2}ad\cos x + 2\lambda ad\sin x = 0, & (10.19) \\ f_y(x,y) - \lambda g_y(x,y) = \dfrac{1}{2}bc\cos y - 2\lambda bc\sin y = 0 & (10.20) \end{cases}$$

を考えれば，式 (10.19) と式 (10.20) より $4\lambda = \dfrac{-\cos x}{\sin x} = \dfrac{\cos y}{\sin y}$ であるから

$$\sin x\cos y + \cos x\sin y = \sin(x+y) = 0 \qquad \therefore\ x + y = \pi.$$

四角形 $ABCD$ についてこれは，対角の和が $\pi$ に等しいこと，すなわち円周に内接することを意味する．このことが面積最大となるための必要条件である．最大値の存在は明らかだろう．

最後に，Lagrange の乗数法の使い方に注意が必要となる計算例をあげる．

**例 10.9**　束縛条件 $g(x,y) = x^2 + y(y-1)^3 = 0$ の下で $f(x,y) = y$ の最大値と最小値を考える．曲線 $g(x,y) = 0$ は図 10.5 に示される涙の有界閉集合であるから，関数 $f(x,y)$ は最大値と最小値を必ず持つ．むしろ曲線の形が分かってしまえば $y$ の最大値が 1 で，最小値が 0 であることは明白である．

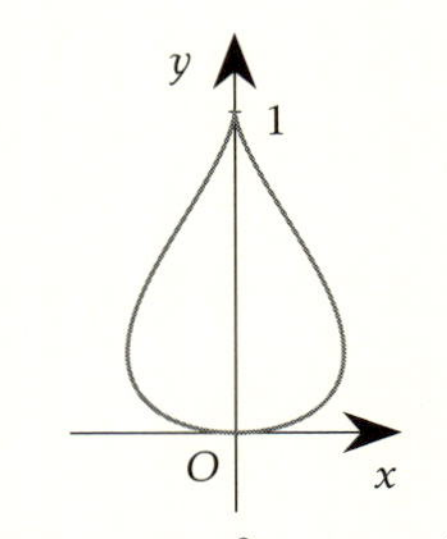

図 10.5　涙滴 $x^2 + y(y-1)^3 = 0$

けれども，もし Lagrange の乗数法を頼りにすると

$$\begin{cases} f_x(x,y) - \lambda g_x(x,y) = 0 - \lambda(2x) = 0, & (10.21) \\ f_y(x,y) - \lambda g_y(x,y) = 1 - \lambda(4y-1)(y-1)^2 = 0, & (10.22) \\ g(x,y) = x^2 + y(y-1)^3 = 0. & (10.23) \end{cases}$$

式 (10.22) より $\lambda \neq 0$ だから式 (10.21) より $x = 0$．式 (10.23) に代入すると $y = 0, 1$ となるが，式 (10.22) より $y \neq 1$ だから $y = 0$．よって上の連立方程式の解は $(x,y) = (0,0)$ のみ（$\lambda = 1$）である．

関数 $f(x,y)$ は（定数関数でなく）最大値と最小値の両方を持つはずだから，条件付極値点の候補が 1 点だけなのは困るが，実際もう 1 つ候補点がある．$g(x,y)$ の臨界点すなわち $g_x = 2x = 0$, $g_y = (4y-1)(y-1) = 0$ の解のうち，$(x,y) = (0,1)$ は $g(0,1) = 0$ より条件付極値点の候補である．

以上により，$f(0,0) = 0$ が最小値であり，$f(0,1) = 1$ が最大値である．

**例題 10**

〈1〉 条件 $x^2+2y^2=1$ の下で，$x^2+y$ の最大値と最小値を求めよ．

〈2〉 関数 $f(x,y)=xy$ の $D=\{(x,y)\mid x^2+y^2\leqq 1\}$ における最大値と最小値を求めよ

〈3〉 関数 $f(x,y)=x^2+y^2-2x$ の $D=\{(x,y)\mid x^2+y^2\leqq 4\}$ における最大値と最小値を求めよ．

〈4〉 **楕円面** $\dfrac{x^2}{a^2}+\dfrac{y^2}{b^2}+\dfrac{z^2}{c^2}=1$（$a,\ b,\ c>0$）に内接し，各辺が $x,y,z$ 軸のいずれかに平行である直方体の体積の最大値を求めよ．

〈5〉 辺の長さの和が 28 で，表面積が 32 である直方体の体積の最大値を求めよ．

〈6〉 $xy$ 平面内を動く点があり，上半平面（$y\geqq 0$）内は速さ $v_1$ で，下半平面（$y<0$）内は速さ $v_2$ で進むものとする．点 $A(0,1)$ から $B(2,-1)$ に最短時間で至る経路を考えよう．この経路が $x$ 軸と交わる点の一つを $P(p,0)$ とすると，$AP$ と $PB$ はそれぞれ直線の経路となることは明らかである．直線 $AP$ と直線 $x=p$ のなす角を $\alpha$，直線 $PB$ と $x=p$ のなす角を $\beta$ とするとき，$\dfrac{\sin\alpha}{\sin\beta}=\dfrac{v_1}{v_2}$ となることを示せ [vi)]．

**類題 10**

〈1〉 Lagrange の乗数法により $f(x,y)$ の，条件 $g(x,y)=0$ の下での極値点の候補を求めよ．

(a) $f(x,y)=2x+y,\ g(x,y)=x^2+y^2-1$

(b) $f(x,y)=x-2y,\ g(x,y)=xy+1$

(c) $f(x,y)=x^2+y^2,\ g(x,y)=xy-1$

(d) $f(x,y)=x^2+y^2,\ g(x,y)=x^2+xy+y^2-3$

〈2〉 有界閉領域 $D$ における $f(x,y)$ の最大値と最小値を求めよ．

(a) $f(x,y)=4x^2+4xy+y^2,\ D=\{(x,y)\mid x^2+y^2=1\}$

(b) $f(x,y)=x^2+y^2+4x-4y-9,\ D=\{(x,y)\mid x^2+y^2\leqq 9\}$

(c) $f(x,y)=3x^3+y^3,\ D=\{(x,y)\mid x^4+y^4=1\}$

〈3〉 球面 $x^2+y^2+z^2=1$ 上での次の関数の最大値と最小値を求めよ．

(a) $f(x,y,z)=x+2y+3z$　(b) $f(x,y,z)=xyz^2$

(c) $f(x,y,z)=xy+\dfrac{z}{2}$

〈4〉 条件 $G(\theta,t)=\dfrac{1}{2}gt^2-(v_0\sin\theta)t=0$ の下で $f(\theta,t)=(v_0\cos\theta)t$ が最大値をとるときの $\theta$ を求めよ．ただし $0<t,\ 0\leqq\theta\leqq\dfrac{\pi}{2}$ とし，$g,v_0>0$ は定数とする．

**発展 10**

〈1〉 $xyz$ 空間内の平面 $x-y+z=1$ と円筒 $x^2+y^2=1$ の交差における次の関数の最大値を求めよ．

(a) $f(x,y,z)=x+y+z$　(b) $f(x,y,z)=x+y^2+z$



---

**● 例題 10 解答**

〈1〉 連続関数 $f(x,y)=x^2+y$ は楕円周（有界閉領域）$x^2+2y^2=1$ 上で必ず最大値と最小値をとる．$g(x,y)=x^2+2y^2-1$ とおき，Lagrange の乗数法により条件付極値点を探す．

$$f_x(x,y)-\lambda g_x(x,y)=2x-2\lambda x=0, \tag{10.24}$$

$$f_y(x,y)-\lambda g_y(x,y)=1-4\lambda y=0, \tag{10.25}$$

$$g(x,y)=x^2+2y^2-1=0 \tag{10.26}$$

式 (10.25) より $y\neq 0$ だから $\lambda=\dfrac{1}{4y}$．式 (10.24) より $x\left(1-\dfrac{1}{4y}\right)=0$ だから $x=0$ または $y=\dfrac{1}{4}$．式 (10.26) より $(x,y)=\left(0,\pm\dfrac{1}{\sqrt{2}}\right),\left(\pm\sqrt{\dfrac{7}{8}},\dfrac{1}{4}\right)$ が条件付極値点の候補．$f\left(0,\pm\dfrac{1}{\sqrt{2}}\right)=\pm\dfrac{1}{\sqrt{2}},\ f\left(\pm\sqrt{\dfrac{7}{8}},\dfrac{1}{4}\right)=\dfrac{9}{8}$（複号同順）より，$f$ は 2 点 $\left(\pm\sqrt{\dfrac{7}{8}},\dfrac{1}{4}\right)$ で最大値 $\dfrac{9}{8}$ を，点 $\left(0,-\dfrac{1}{\sqrt{2}}\right)$ で最小値 $-\dfrac{1}{\sqrt{2}}$ をとる（図 10.6）．

〈2〉 連続関数 $f(x,y)$ は有界閉領域 $D$ の内部の極値点または境界 $\partial D$ 上の点で，最大値と最小値をとる．

まず，$D$ の内部の極値点の候補は $\begin{cases} f_x(x,y)=y=0, \\ f_y(x,y)=x=0 \end{cases}$ を満たす点 $(x,y)=(0,0)$ のみである．

次に，境界 $\partial D$ 上での $f(x,y)$ の最大値，最小値を調べる．Lagrange の乗数法により条件 $g(x,y)=x^2+y^2-1=0$ の下での $f(x,y)$ の極値点の候補は，連立方程式

$$f_x(x,y)-\lambda g_x(x,y)=y-\lambda\cdot 2x=0 \tag{10.27}$$

$$f_y(x,y)-\lambda g_y(x,y)=x-\lambda\cdot 2y=0 \tag{10.28}$$

$$g(x,y)=x^2+y^2-1=0 \tag{10.29}$$

---

vi) 光の屈折に関する **Snell の法則**（スネル）（Snell's law）を **Fermat の原理**（フェルマー）（**最小時間の原理**）「光は時間距離が極小の経路を進む」に基づいて導出する問題である．

の解である．式 (10.27) と式 (10.28) より $x^2 - y^2 = 0$ だから，式 (10.29) と合わせて $x^2 = y^2 = \frac{1}{2}$，すなわち 4 点 $(x, y) = \left(\pm\frac{1}{\sqrt{2}}, \pm\frac{1}{\sqrt{2}}\right)$（複号任意）が極値点の候補である．

したがって，$f(x, y)$ は $D$ 上，以上の 5 つの点のいずれかで最大値と最小値をとる．

$f(0,0) = 0$,　$f\left(\pm\frac{1}{\sqrt{2}}, \pm\frac{1}{\sqrt{2}}\right) = \frac{1}{2}$,　$f\left(\pm\frac{1}{\sqrt{2}}, \mp\frac{1}{\sqrt{2}}\right) = -\frac{1}{2}$　（複号同順）

より，$f\left(\pm\frac{1}{\sqrt{2}}, \pm\frac{1}{\sqrt{2}}\right) = \frac{1}{2}$ が $D$ 上の最大値，$f\left(\pm\frac{1}{\sqrt{2}}, \mp\frac{1}{\sqrt{2}}\right) = -\frac{1}{2}$ が最小値である（図 10.7）．

**⟨3⟩** 連続関数 $f(x, y)$ は有界閉領域 $D$ の内部の極値点または境界 $\partial D$ 上の点で，最大値と最小値をとる．

まず，$\begin{cases} f_x(x, y) = 2x - 2 = 0, \\ f_y(x, y) = 2y = 0 \end{cases}$ を満たす点 $(1, 0)$ が $D$ の内部の臨界点である．

次に，境界 $\partial D$ 上での $f(x, y)$ の最大，最小を調べる．$g(x, y) = x^2 + y^2 - 4$ とすると連立方程式

$$f_x(x, y) - \lambda g_x(x, y) = 2x - 2 - \lambda \cdot 2x = 2x(1 - \lambda) - 2 = 0 \tag{10.30}$$

$$f_y(x, y) - \lambda g_y(x, y) = 2y - \lambda \cdot 2y = 2y(1 - \lambda) = 0 \tag{10.31}$$

$$g(x, y) = x^2 + y^2 - 4 = 0 \tag{10.32}$$

の解が条件付極値点の候補となる（Lagrange の乗数法）．式 (10.31) より $y = 0$ または $1 - \lambda = 0$ であり，式 (10.30) より $1 - \lambda \neq 0$ であるから，$y = 0$ である．このとき式 (10.32) より $x = \pm 2$ である．

したがって，3 点 $(x, y) = (1, 0), (2, 0), (-2, 0)$ における $f(x, y)$ の値は $f(1, 0) = -1$，$f(2, 0) = 0$，$f(-2, 0) = 8$ より，$D$ 上の最小値は $f(1, 0) = -1$，最大値は $f(-2, 0) = 8$ である（図 10.8）．

**⟨4⟩** 直方体の頂点の一つを $(x, y, z)$ $(x > 0,\ y > 0,\ z > 0)$ とすると，$g(x, y, z) = \frac{x^2}{a^2} + \frac{y^2}{b^2} + \frac{z^2}{c^2} - 1 = 0$ の条件の下で $f(x, y, z) = 8xyz$ の最大値を求める問題である．

$$f_x(x, y, z) - \lambda g_x(x, y, z) = 8yz - \lambda \cdot \frac{2x}{a^2} = 0$$

$$f_y(x, y, z) - \lambda g_y(x, y, z) = 8zx - \lambda \cdot \frac{2y}{b^2} = 0$$

$$f_z(x, y, z) - \lambda g_z(x, y, z) = 8xy - \lambda \cdot \frac{2z}{c^2} = 0$$

より $\frac{\lambda}{4xyz} = \frac{a^2}{x^2} = \frac{b^2}{y^2} = \frac{c^2}{z^2}$ であり，$g(x, y, z) = 0$ より $\frac{x^2}{a^2} = \frac{y^2}{b^2} = \frac{z^2}{c^2} = \frac{1}{3}$ である．よって $x = \frac{a}{\sqrt{3}}$, $y = \frac{b}{\sqrt{3}}$, $z = \frac{c}{\sqrt{3}}$ のときに $f(x, y, z)$ は条件付極値をとる．内接直方体の体積に最大値が存在することは明らかだから（§0.3.4），求める最大値は $f\left(\frac{a}{\sqrt{3}}, \frac{b}{\sqrt{3}}, \frac{c}{\sqrt{3}}\right) = \frac{8abc}{3\sqrt{3}}$ である．

**⟨5⟩** 直方体は高々 3 種類の長さの辺を持っているので，それらを $x, y, z$ とする．辺の長さについての条件は $4(x+y+z) = 28$ すなわち $x + y + z = 7$，表面積についての条件は $2(xy + yz + zx) = 32$ すなわち $xy + yz + zx = 16$ と書けるので，この問題は，束縛条件

$$\begin{cases} g(x, y, z) = x + y + z - 7 = 0 & (10.33) \\ h(x, y, z) = xy + yz + zx - 16 = 0 & (10.34) \end{cases}$$

の下で関数 $f(x, y, z) = xyz$ の最大値を問うものである．式 (10.33), (10.34) と

$$\begin{cases} f_x - \lambda_1 g_x - \lambda_2 h_x = yz - \lambda_1 - \lambda_2(y + z) = 0 & (10.35) \\ f_y - \lambda_1 g_y - \lambda_2 h_y = zx - \lambda_1 - \lambda_2(z + x) = 0 & (10.36) \\ f_z - \lambda_1 g_z - \lambda_2 h_z = xy - \lambda_1 - \lambda_2(x + y) = 0 & (10.37) \end{cases}$$

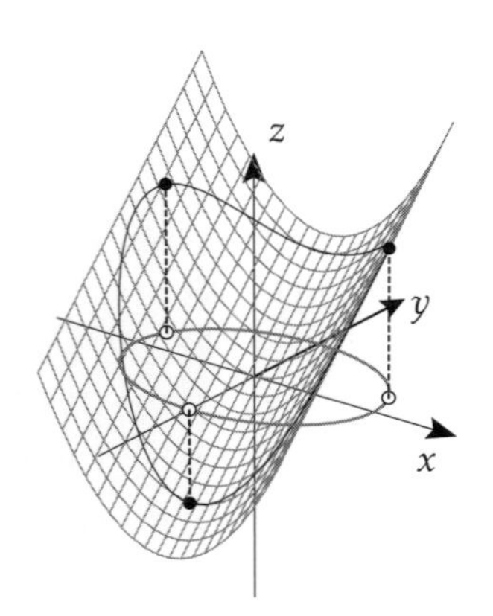

図 10.6　$z = x^2 + y$

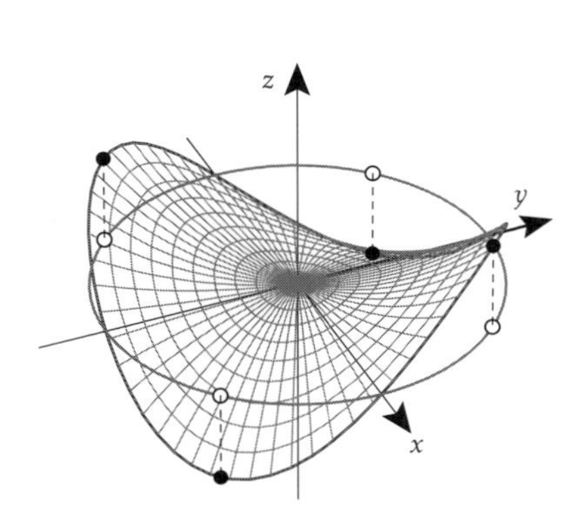

図 10.7　$z = xy$

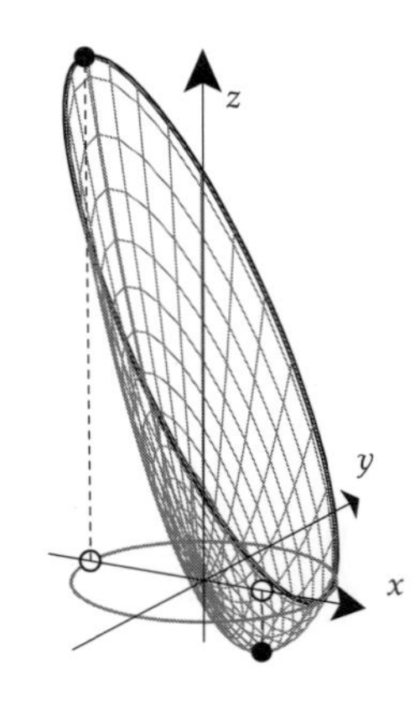

図 10.8　$z = x^2 + y^2 - 2x$

の計 5 つの方程式を連立させ解く（Lagrange の乗数法）.

式 (10.36), (10.37) から式 (10.35) を引くと

$$(z-\lambda_2)(x-y)=0 \quad \text{かつ} \quad (y-\lambda_2)(x-z)=0$$

となる. 式 (10.33) と式 (10.34) から $x=y=z$ とはなることはないので

$$y=z=\lambda_2 \quad \text{または} \quad z=x=\lambda_2 \quad \text{または} \quad x=y=\lambda_2 \tag{10.38}$$

である. $y=z=\lambda_2$ のときはこれを式 (10.35) に, $z=x=\lambda_2$ のときはこれを式 (10.36) に, $x=y=\lambda_2$ のときはこれを式 (10.37) に代入すると, いずれの場合も $\lambda_1=-\lambda_2^2$ である.

また, 式 (10.35), (10.36), (10.37) を辺々加え, 式 (10.33) と式 (10.34) を利用すると

$$(xy+yz+zx)-3\lambda_1-2\lambda_2(x+y+z)=0$$
$$\therefore\ 16-3\lambda_1-14\lambda_2=0 \tag{10.39}$$

となるので, これに $\lambda_1=-\lambda_2^2$ を代入して $3\lambda_2^2-14\lambda_2+16=0$ より $\lambda_2=2,\ \frac{8}{3}$ となる. 式 (10.38) と式 (10.33) より条件付極値点の候補は

$$(x,y,z)=(2,2,3),\ (2,3,2),\ (3,2,2),\ \left(\frac{8}{3},\frac{8}{3},\frac{5}{3}\right),\ \left(\frac{8}{3},\frac{5}{3},\frac{8}{3}\right),\ \left(\frac{5}{3},\frac{8}{3},\frac{8}{3}\right)$$

である. 前半 3 つに対しては体積 12, 後半 3 つに対して体積は $\frac{320}{27}=11.85\ldots$ になる. この問題に最大値が存在することは明らかだとすると, 答えは 3 辺の長さが 2, 2, 3 のときの 12 である

**⟨6⟩** $0<p<2$ である（証明略）. 直角三角形 $AOP$ において $\angle OAP=\alpha$, $AO=1$ より $AP=\frac{1}{\cos\alpha}$ だから, 上半平面内の移動に要する時間は $\frac{1}{v_1\cos\alpha}$ である. このとき $OP=\tan\alpha$ である. 点 $H(2,0)$ と直角三角形 $BHP$ について同様に考え, 下半平面内の移動に要する時間は $\frac{1}{v_2\cos\beta}$ であり, $HP=\tan\beta$ である.

したがって今の問題は, 束縛条件 $g(\alpha,\beta)=\tan\alpha+\tan\beta=OH=2$ の下で $f(\alpha,\beta)=\frac{1}{v_1\cos\alpha}+\frac{1}{v_2\cos\beta}$ の最小値を求めることである.

$$f_\alpha(\alpha,\beta)-\lambda g_\alpha(\alpha,\beta)=\frac{\sin\alpha}{v_1\cos^2\alpha}-\frac{\lambda}{\cos^2\alpha}=0$$
$$f_\beta(\alpha,\beta)-\lambda g_\beta(\alpha,\beta)=\frac{\sin\beta}{v_2\cos^2\beta}-\frac{\lambda}{\cos^2\beta}=0$$

より, $\frac{\sin\alpha}{\sin\beta}=\frac{v_1}{v_2}$. これが実際に最小値を与える（証明略）.

### ● 類題 10 解答

**⟨1⟩**（括弧内で複号同順）(a) $\left(\pm\frac{2}{\sqrt{5}},\pm\frac{1}{\sqrt{5}}\right)$

(b) $\left(\pm\sqrt{2},\mp\frac{1}{\sqrt{2}}\right)$　(c) $(\pm1,\pm1)$

(d) $(\pm1,\pm1)$, $\left(\pm\sqrt{3},\mp\sqrt{3}\right)$

**⟨2⟩**（括弧内で複号同順）(a) 最大値 $f\left(\pm\frac{2}{\sqrt{5}},\pm\frac{1}{\sqrt{5}}\right)=5$,

最小値 $f\left(\pm\frac{1}{\sqrt{5}},\mp\frac{2}{\sqrt{5}}\right)=0$

(b) 最大値 $f\left(\frac{3}{\sqrt{2}},-\frac{3}{\sqrt{2}}\right)=12\sqrt{2}$, 最小値 $f(-2,2)=-17$

(c) 最大値 $f\left(\frac{2}{\sqrt[4]{17}},\frac{1}{\sqrt[4]{17}}\right)=\sqrt[4]{17}$,

最小値 $f\left(-\frac{2}{\sqrt[4]{17}},-\frac{1}{\sqrt[4]{17}}\right)=-\sqrt[4]{17}$

**⟨3⟩**（括弧内で複号同順）(a) 最大値 $f\left(\frac{1}{\sqrt{14}},\frac{3}{\sqrt{14}},\frac{3}{\sqrt{14}}\right)=\sqrt{14}$, 最小値 $f\left(-\frac{1}{\sqrt{14}},-\frac{3}{\sqrt{14}},-\frac{3}{\sqrt{14}}\right)=-\sqrt{14}$

(b) 最大値 $f\left(\pm\frac{1}{2},\pm\frac{1}{2},\frac{1}{\sqrt{2}}\right)=f\left(\pm\frac{1}{2},\pm\frac{1}{2},-\frac{1}{\sqrt{2}}\right)=\frac{1}{8}$,

最小値 $f\left(\pm\frac{1}{2},\mp\frac{1}{2},\frac{1}{\sqrt{2}}\right)=f\left(\pm\frac{1}{2},\mp\frac{1}{2},-\frac{1}{\sqrt{2}}\right)=-\frac{1}{8}$

(c) 最大値 $f\left(\pm\frac{\sqrt{6}}{4},\pm\frac{\sqrt{6}}{4},\frac{1}{2}\right)=\frac{5}{8}$,

最小値 $f\left(\pm\frac{\sqrt{6}}{4},\mp\frac{\sqrt{6}}{4},-\frac{1}{2}\right)=-\frac{5}{8}$

**⟨4⟩** $\theta=\frac{\pi}{4}$ [vii]

### ● 発展 10 解答

**⟨1⟩** (a) $(x,y,z)=(0,1,2)$ のとき 3

(b) $(x,y,z)=(0,1,2)$ のとき 3

---

vii) 空気抵抗を無視するとき, 初速 $v_0$, 打球角度 $\theta$ で打たれたホームランの $t$ 秒後の水平飛距離を表すのが $f(\theta,t)$ である. $g$ を重力加速度とすると, 拘束条件 $G(t)=0$ は $t$ 秒後にホームランがグラウンドンベルに着地することを表すので, 3 階席に飛び込んだホームランの滞空時間から飛距離を知りたければ拘束条件の右辺の値を変える必要がある. しかしこの値をどう変えたとしても（$G$ の偏微分には関係しないので）, 飛距離を最大化する打球角度は変わらないことを意味するのが Lagrange の乗数法であり, 空気抵抗を無視した場合にはそれが 45 度であるというのがこの問題の結論である. なお, 実際には空気抵抗によって速度が落ちていくので、早めに水平方向になって水平距離を稼いだ方が遠くに届く. つまり現実の「バレルゾーン」は 45 度より小さいところに分布する.

第 **11** 章

# 2 変数関数の Taylor 展開

第 4 章や第 5 章を思い出せば，曲面 $z = f(x, y)$ のある点において接平面だけでなく「接 2 次曲面」や「接 3 次曲面」などを考えたいとか，2 変数関数（また，より多変数の関数）の Taylor 展開を考えたいとかは自然な願望である．

偏微分の連鎖律（§8.2）や極値の判定（§9.2）を考えた際は，それぞれ方向微分（§8.1）や 2 階方向微分（式 (9.3)）を介して議論を 1 変数関数の場合に押し付けたが，ここでは高階方向微分を利用して，同じく 1 変数関数の話に持ち込む．まず高階方向微分の簡便な記述法が必要である．

## 11.1 高階方向微分

$C^n$ 級関数 $f(x, y)$ および零ベクトルでないベクトル $(\alpha, \beta)$ を考える．1 変数関数 $\varphi(t) = f(a+\alpha t, b+\beta t)$（§8.1 参照）の高階微分（**高階方向微分**）を連鎖律（式 (8.4)）を使って計算していくと

$$\varphi'(t) = \alpha \frac{\partial f}{\partial x}(a+\alpha t, b+\beta t) + \beta \frac{\partial f}{\partial y}(a+\alpha t, b+\beta t),$$

$$\varphi''(t) = \alpha^2 \frac{\partial^2 f}{\partial x^2}(a+\alpha t, b+\beta t) + 2\alpha\beta \frac{\partial^2 f}{\partial x \partial y}(a+\alpha t, b+\beta t) + \beta^2 \frac{\partial^2 f}{\partial y^2}(a+\alpha t, b+\beta t),$$

$$\begin{aligned}\varphi'''(t) = {} & \alpha^3 \frac{\partial^3 f}{\partial x^3}(a+\alpha t, b+\beta t) + 3\alpha^2\beta \frac{\partial^3 f}{\partial x^2 \partial y}(a+\alpha t, b+\beta t) \\ & + 3\alpha\beta^2 \frac{\partial^3 f}{\partial x \partial y^2}(a+\alpha t, b+\beta t) + \beta^3 \frac{\partial^3 f}{\partial y^3}(a+\alpha t, b+\beta t) \qquad (11.1)\end{aligned}$$

となる．記号が煩雑なので整理しよう．例えば，式 (11.1) の右辺を

$$\left(\alpha^3 \frac{\partial^3}{\partial x^3} + 3\alpha^2\beta \frac{\partial^3}{\partial x^2 \partial y} + 3\alpha\beta^2 \frac{\partial^3}{\partial x \partial y^2} + \beta^3 \frac{\partial^3}{\partial y^3}\right) f(a+\alpha t, b+\beta t)$$

のように表しても誤解されないだろう．これをさらに

$$\left(\alpha \frac{\partial}{\partial x} + \beta \frac{\partial}{\partial y}\right)^3 f(a+\alpha t, b+\beta t)$$

のように表しても，$\dfrac{\partial}{\partial x}$ や $\dfrac{\partial}{\partial y}$ をそれぞれ 1 つの「文字」と見て展開すれば正しい式が得られるし，意味も理解しやすい．この考え方により次の記法を得る．$\dbinom{n}{k}$ は 2 項係数である（§0.3.1）．

$$\varphi^{(n)}(t) = \sum_{k=0}^{n} \binom{n}{k} \alpha^k \beta^{n-k} \frac{\partial^n f}{\partial x^k \partial y^{n-k}}(a+\alpha t, b+\beta t) = \left(\boldsymbol{\alpha} \frac{\boldsymbol{\partial}}{\boldsymbol{\partial x}} + \boldsymbol{\beta} \frac{\boldsymbol{\partial}}{\boldsymbol{\partial y}}\right)^{\boldsymbol{n}} f(a+\alpha t, b+\beta t). \qquad (11.2)$$

## 11.2 Taylor の定理

§11.1 で考えた 1 変数関数 $\varphi(t) = f(a+\alpha t, b+\beta t)$ が Maclaurin 展開可能（註 5.4）ならば，式 (11.2) の記法によって

$$\varphi(t) = \varphi(0) + \varphi'(0)t + \frac{1}{2!}\varphi''(0)t^2 + \frac{1}{3!}\varphi'''(0)t^3 + \cdots + \frac{1}{n!}\varphi^{(n)}(0)t^n + \cdots.$$

$$\begin{aligned}\therefore\ f(a+\alpha t, b+\beta t) &= f(a,b) + \left(\alpha\frac{\partial}{\partial x} + \beta\frac{\partial}{\partial y}\right)f(a,b)\,t + \frac{1}{2!}\left(\alpha\frac{\partial}{\partial x} + \beta\frac{\partial}{\partial y}\right)^2 f(a,b)\,t^2 \\ &\quad + \frac{1}{3!}\left(\alpha\frac{\partial}{\partial x} + \beta\frac{\partial}{\partial y}\right)^3 f(a,b)\,t^3 + \cdots + \frac{1}{n!}\left(\alpha\frac{\partial}{\partial x} + \beta\frac{\partial}{\partial y}\right)^n f(a,b)\,t^n + \cdots \\ &= f(a,b) + \left(\alpha t\frac{\partial}{\partial x} + \beta t\frac{\partial}{\partial y}\right)f(a,b) + \frac{1}{2!}\left(\alpha t\frac{\partial}{\partial x} + \beta t\frac{\partial}{\partial y}\right)^2 f(a,b) \\ &\quad + \frac{1}{3!}\left(\alpha t\frac{\partial}{\partial x} + \beta t\frac{\partial}{\partial y}\right)^3 f(a,b) + \cdots + \frac{1}{n!}\left(\alpha t\frac{\partial}{\partial x} + \beta t\frac{\partial}{\partial y}\right)^n f(a,b) + \cdots\end{aligned}$$

となる．$(h,k) = (\alpha t, \beta t)$ とおけば

$$\begin{aligned}f(a+h, b+k) &= f(a,b) + \left(h\frac{\partial}{\partial x} + k\frac{\partial}{\partial y}\right)f(a,b) + \frac{1}{2!}\left(h\frac{\partial}{\partial x} + k\frac{\partial}{\partial y}\right)^2 f(a,b) \\ &\quad + \frac{1}{3!}\left(h\frac{\partial}{\partial x} + k\frac{\partial}{\partial y}\right)^3 f(a,b) + \cdots + \frac{1}{n!}\left(h\frac{\partial}{\partial x} + k\frac{\partial}{\partial y}\right)^n f(a,b) + \cdots \qquad (11.3)\end{aligned}$$

となる．式 (11.3) の右辺を **$n$ 次まで書き下して得られる $h$, $k$ の多項式に，$(x,y) = (a+h, b+k)$，すなわち $(h,k) = (x-a, y-b)$ を代入**すれば点 $(a,b)$ における $f(x,y)$ の $n$ 次 **Taylor 多項式**が得られる [i]．例えば点 $(a,b)$ における $f(x,y)$ の 2 次 Taylor 多項式は次式である．

$$\begin{aligned}&f(a,b) + \left\{\frac{\partial f}{\partial x}(a,b)(x-a) + \frac{\partial f}{\partial y}(a,b)(y-b)\right\} \\ &\qquad + \frac{1}{2!}\left\{\frac{\partial^2 f}{\partial x^2}(a,b)(x-a)^2 + 2\frac{\partial^2 f}{\partial x \partial y}(a,b)(x-a)(y-b) + \frac{\partial^2 f}{\partial y^2}(a,b)(y-b)^2\right\}\end{aligned}$$

同様に，関数 $\varphi(t) = f(a+\alpha t, b+\beta t)$ に 1 変数の漸近展開の式 (5.8) を適用すれば，2 変数関数の Taylor の定理が漸近展開の形で得られる．

**定理 11.1（2 変数関数の Taylor の定理）** $C^n$ 級関数 $f(x,y)$ に対し，$(h,k) \to (0,0)$ のとき [ii]

$$\begin{aligned}f(a+h, b+k) &= f(a,b) + \left(h\frac{\partial}{\partial x} + k\frac{\partial}{\partial y}\right)f(a,b) + \frac{1}{2!}\left(h\frac{\partial}{\partial x} + k\frac{\partial}{\partial y}\right)^2 f(a,b) \\ &\quad + \frac{1}{3!}\left(h\frac{\partial}{\partial x} + k\frac{\partial}{\partial y}\right)^3 f(a,b) + \cdots + \frac{1}{n!}\left(h\frac{\partial}{\partial x} + k\frac{\partial}{\partial y}\right)^n f(a,b) + o\left(\sqrt{h^2+k^2}^{\,n}\right).\end{aligned}$$

---

[i] 例えば式 (11.3) の式の $h$, $k$ をはじめから $(x-a)$, $(y-b)$ に置き換えればより簡単な表記が得られるように思える．しかし「微分作用素」としての $\left\{(x-a)\frac{\partial}{\partial x} + (y-b)\frac{\partial}{\partial y}\right\}^n$ の意味は慣例的にここで使いたいものと異なるため，上の書き方が正当だろう．

さらに，$C^n$ 級2変数関数 $f(x,y)$ とその $(n-1)$ 次Taylor多項式の差（剰余項）が

$$R_n = \frac{1}{n!}\left(h\frac{\partial}{\partial x} + k\frac{\partial}{\partial y}\right)^n f\left(a+\theta h, b+\theta k\right) \qquad (0<\theta<1) \tag{11.4}$$

と表せることや，剰余項が収束する（$\lim_{n\to\infty} R_n = 0$）場合には2変数関数のTaylor展開が得られる（[4, p. 69]）ことも，同様の議論によって示される．

**註 11.2**　$C^2$ 級関数 $f(x,y)$ の臨界点 $(a,b)$ において（$f_x(a,b) = f_y(a,b) = 0$），定理11.1で $n=2$ とし，$A = f_{xx}(a,b)$, $B = f_{xy}(a,b)$, $C = f_{yy}(a,b)$，また $\rho = \sqrt{(x-a)^2+(y-b)^2}$ とおけば

$$f(x,y) = f(a,b) + \frac{1}{2}\left\{A(x-a)^2 + 2B(x-a)(y-b) + C(y-b)^2\right\} + o(\rho^n)$$

となる．この式を用いれば§9.2の脚註vi)の「十分性の証明」を簡素化できる．

$(a,b) = (0,0)$ の場合が特に重要であることも1変数のときと同じである．

**定理 11.3（2変数関数のMaclaurinの定理）**　$C^n$ 級関数 $f(x,y)$ に対し，$(h,k) \to (0,0)$ のとき

$$f(h,k) = f(0,0) + \left(h\frac{\partial}{\partial x} + k\frac{\partial}{\partial y}\right) f(0,0) + \frac{1}{2!}\left(h\frac{\partial}{\partial x} + k\frac{\partial}{\partial y}\right)^2 f(0,0)$$
$$+ \frac{1}{3!}\left(h\frac{\partial}{\partial x} + k\frac{\partial}{\partial y}\right)^3 f(0,0) + \cdots + \frac{1}{n!}\left(h\frac{\partial}{\partial x} + k\frac{\partial}{\partial y}\right)^n f(0,0) + o\left(\sqrt{h^2+k^2}^{\,n}\right).$$

定理11.3の式の右辺を $n$ 次まで書き下して得られる $h$, $k$ の多項式に，$(h,k) = (x,y)$ を代入すれば $f(x,y)$ の $n$ 次**Maclaurin多項式**が得られる．具体的な関数のMaclaurin多項式や2変数関数の**Maclaurin展開**を計算するためには，とりあえず次の式(11.5)程度を記憶しておくと便利だろう．

**2変数関数の4次Maclaurin多項式**

$$f(0,0) + f_x(0,0)\,x + f_y(0,0)\,y + \frac{1}{2!}\left\{f_{xx}(0,0)\,x^2 + 2f_{xy}(0,0)\,xy + f_{yy}(0,0)\,y^2\right\}$$
$$+ \frac{1}{3!}\left\{f_{xxx}(0,0)\,x^3 + 3f_{xxy}(0,0)\,x^2y + 3f_{xyy}(0,0)\,xy^2 + f_{yyy}(0,0)\,y^3\right\}$$
$$+ \frac{1}{4!}\left\{f_{xxxx}(0,0)\,x^4 + 4f_{xxxy}(0,0)\,x^3y + 6f_{xxyy}(0,0)\,x^2y^2 + 4f_{xyyy}(0,0)\,xy^3 + f_{yyyy}(0,0)\,y^4\right\}. \tag{11.5}$$

**例 11.4**　$f(x,y) = \cos(x+y)$ に対して

$$f_x = -\sin(x+y), \quad f_y = -\sin(x+y), \quad f_{xx} = f_{xy} = f_{yy} = -\cos(x+y),$$
$$f_{xxx} = f_{xxy} = f_{xyy} = f_{yyy} = \sin(x+y), \quad f_{xxxx} = f_{xxxy} = f_{xxyy} = f_{xxxy} = f_{yyyy} = \cos(x+y)$$

である．したがって $\cos(x+y)$ の4次Maclaurin多項式は，式(11.5)より

$$1 + 0 + \frac{1}{2}(-x^2-2xy-y^2) + 0 + \frac{1}{24}(x^4+4x^3y+6x^2y^2+4xy^3+y^4) = 1 - \frac{1}{2}(x+y)^2 + \frac{1}{24}(x+y)^4.$$

---

ii) Landauの記号 $o$ については§5.3と§7.2の脚註ii)参照．つまり $\lim_{(h,k)\to(0,0)} \frac{o\left(\sqrt{h^2+k^2}^{\,n}\right)}{\sqrt{h^2+k^2}^{\,n}} = 0$ である．

**例 11.5**　$f(x,y)=x\cos y$ に対して

$$f_x=\cos y,\quad f_y=-x\sin y,\quad f_{xx}=0,\quad f_{xy}=-\sin y,$$
$$f_{yy}=-x\cos y,\quad f_{xxx}=f_{xxy}=0,\quad f_{xyy}=-\cos y,$$
$$f_{yyy}=x\sin y$$

である．したがって $x\cos y$ の 3 次 Maclaurin 多項式は（図 11.1），式 (11.5) より

$$\begin{aligned}&0+x+0y+\frac{1}{2}(0x^2+0xy+0y^2)\\&\quad+\frac{1}{6}(0x^3+0x^2y-3xy^2+0y^3)\\&=x-\frac{1}{2}xy^2.\end{aligned}$$

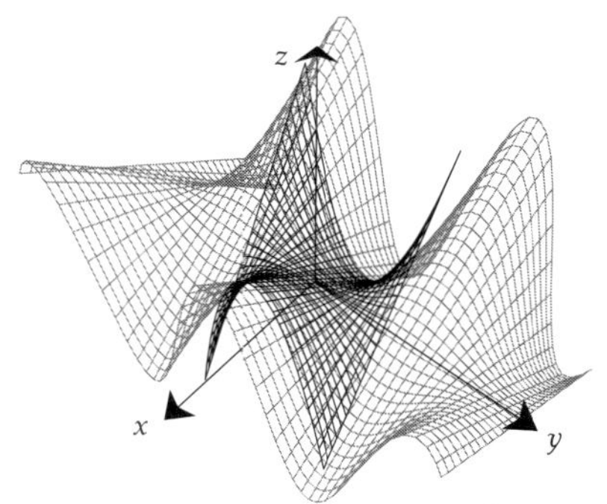

図 11.1　$z=x\cos y$ と $z=x-\frac{1}{2}xy^2$

このように，与えられた関数 $f(x,y)$ の（原点のまわりでの）$n$ 次近似多項式（Maclaurin 多項式）を得たければ，$n$ 階までの偏微分係数をすべて求めて式 (11.5)（あるいは類推される，より高次またはより低次の展開式）に当てはめればよい．しかしながら，例 11.4 と例 11.5 の結果が実はもっと簡単な計算によって得られることを，次の §11.3 でみる．

## 11.3　計算例

2 変数関数の Taylor 多項式や Taylor 展開は 1 変数関数の既知の Taylor 展開を利用して求めることが多い．Landau の記号を用いた議論や剰余項の収束についての議論をさぼって，「$\cdots$」の記述で計算を進めても問題が起きない例をいくつか挙げる．

**例 11.6**　$f(x,y)=\dfrac{1}{1-x-y}=(1-x-y)^{-1}$ の 3 次 Maclaurin 多項式を求める．

$$f_x=f_y=(1-x-y)^{-2},\quad f_{xx}=f_{yy}=f_{xy}=2(1-x-y)^{-3},$$
$$f_{xxx}=f_{xxy}=f_{xyy}=f_{yyy}=2\cdot 3(1-x-y)^{-4}$$

であるから

$$f_x(0,0)=f_y(0,0)=1,\quad f_{xx}(0,0)=f_{yy}(0,0)=f_{xy}(0,0)=2!,$$
$$f_{xxx}(0,0)=f_{xxy}(0,0)=f_{xyy}(0,0)=f_{yyy}(0,0)=3!$$

である．式 (11.5) より，3 次 Maclaurin 多項式は $1+x+y+(x+y)^2+(x+y)^3$ である．

【別解】「$\frac{1}{1-x}$」の Maclaurin 展開 (0.9) に「$x+y$」を代入すると，$-1<x+y<1$ に対して

$$f(x,y)=\frac{1}{1-(x+y)}=1+x+y+(x+y)^2+(x+y)^3+\cdots.$$

したがって，3 次 Maclaurin 多項式は $1+x+y+(x+y)^2+(x+y)^3$ である．

例 11.6 の別解のやり方は例 11.4 にも使える．

**例 11.7**　$\cos(x+y)$ の 4 次 Maclaurin 多項式を求めよう．「$\cos x$」の（4 次までの）Maclaurin 展開 (0.5) に「$x+y$」を代入して 5 次以上の項を切り捨てれば $x - \frac{1}{2!}(x+y)^2 + \frac{1}{4!}(x+y)^4$ である．

例 11.5 は次のように考えてもよい．

**例 11.8**　$x\cos y$ の 3 次 Maclaurin 多項式を求めよう．$\cos y$ の 2 次 Maclaurin 多項式 $y - \frac{1}{2}y^2$ に $x$ を掛ければ $x - \frac{1}{2}xy^2$ である．

例 11.7 と例 11.8 のやり方を組み合わせてもよい．

**例 11.9**　$\dfrac{y^3}{\sqrt[3]{1+x+y}}$ の 5 次 Maclaurin 多項式を求めよう．（$y^3$ で既に 3 次あるので）$\{1+(x+y)\}^{-\frac{1}{3}}$ の展開を 2 次まで求めて $y^3$ を掛ければ求められる．すなわち「$(1+x)^\alpha$, $\alpha = -\frac{1}{3}$」の Maclaurin 展開 (0.7) を利用して，$-1 < x+y < 1$ に対して

$$\begin{aligned}\frac{y^3}{\sqrt[3]{1+x+y}} &= y^3\left\{1 - \frac{1}{3}(x+y) + \frac{\left(-\frac{1}{3}\right)\left(-\frac{1}{3}-1\right)}{2}(x+y)^2 + \cdots\right\} \\ &= y^3\left\{1 - \frac{1}{3}(x+y) + \frac{2}{9}(x^2+2xy+y^2) + \cdots\right\}\end{aligned}$$

となることから，$y^3 - \frac{xy^3}{3} - \frac{y^4}{3} + \frac{2x^2y^3}{9} + \frac{4xy^4}{9} + \frac{2y^5}{9}$ である．

**例 11.10**　$\dfrac{1+y}{1+x^2}$ の 4 次 Maclaurin 多項式を求めよう．

「$\frac{1}{1+x}$」の Maclaurin 展開 (0.8) を利用すれば，$-1 < x < 1$ に対して

$$\begin{aligned}\frac{1+y}{1+x^2} &= \left\{1 - (x^2) + (x^2)^2 + \cdots\right\}(1+y) \\ &= (1 - x^2 + x^4 + \cdots)(1+y) \\ &= 1 + y - x^2 - x^2y + x^4 + \cdots\end{aligned}$$

となるから，$1 + y - x^2 - x^2y + x^4$ である（4 次まで採り，掛け合わせ 4 次で切る）．

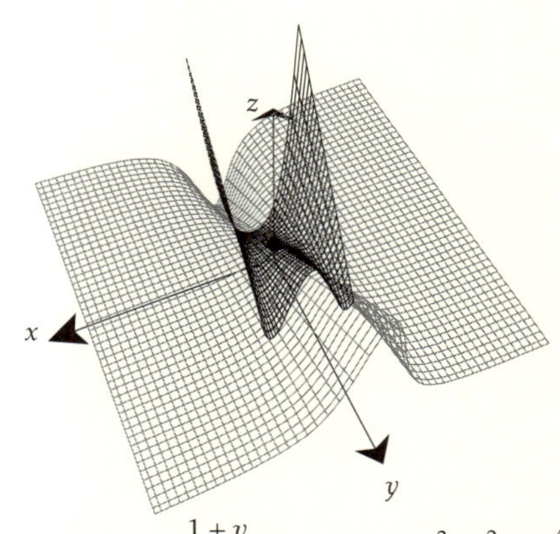

図 11.2　$z = \dfrac{1+y}{1+x^2}$ と $z = 1+y-x^2-x^2y+x^4$

**例 11.11**　$e^{2x}\tan y$ の 4 次 Maclaurin 多項式を求めよう．「$e^x$」と「$\tan x$」の Maclaurin 展開 (0.4) より

$$\begin{aligned}e^{2x}\tan y &= \left\{1 + (2x) + \frac{(2x)^2}{2} + \frac{(2x)^3}{6} + \frac{(2x)^4}{24} + \cdots\right\}\left(y + \frac{y^3}{3} + \cdots\right) \\ &= y + 2xy + 2x^2y + \frac{y^3}{3} + \frac{4x^3y}{3} + \frac{2xy^3}{3} + \cdots\end{aligned}$$

となるから，$y + 2xy + 2x^2y + \frac{y^3}{3} + \frac{4x^3y}{3} + \frac{2xy^3}{3}$ である（4 次まで採り，掛け合わせ 4 次で切る）．

**例題 11**

〈1〉次の $f(x,y)$ の 3 次 Maclaurin 多項式を求めよ．

(a) $x^2+2xy+xy^2$　(b) $\sin x\cos y$　(c) $e^x\sin(x+y)$

(d) $\dfrac{1}{1+x-y}$　(e) $e^{1+xy}$　(f) $\log(1+x-y)$

(g) $\sqrt[3]{2x+y+1}$

〈2〉次の $f(x,y)$ の与えられた点での 2 次 Taylor 多項式を求めよ．

(a) $e^{x+2y}$, $(1,0)$　(b) $f(x,y)=x^4y^2$, $(1,2)$

(c) $f(x,y)=\dfrac{y}{x}$, $(1,1)$

**類題 11**

〈1〉次の $f(x,y)$ の 3 次 Maclaurin 多項式を求めよ．

(a) $\cos x\sin 2y$　(b) $(1+x)^2\sin 2y$　(c) $e^{2x+y^2}$

(d) $\dfrac{y}{1+x^2}$　(e) $\cos^2(x+y)$　(f) $e^x\cos 2y$

(g) $\log(1+x)\cos y$　(h) $\sin(x+2y)$　(i) $\arctan(xy)$

(j) $\sqrt{1+x+y^2}$　(k) $y\sqrt[5]{x+1}$　(l) $\dfrac{x}{\sqrt[3]{xy+1}}$

(m) $\dfrac{\cos x}{\sqrt{xy+1}}$　(n) $(xy+1)^{2e}$　(o) $(x^2+y^2+1)^{\pi}$

(p) $\cos y\cosh x$　(q) $\cosh x\sinh y$

〈2〉次の $f(x,y)$ の 3 次 Maclaurin 多項式を求めよ．

(a) $f(x,y)=\begin{cases}\dfrac{e^{x+y}-1}{x+y} & (x,y)\neq(0,0),\\ 1 & (x,y)=(0,0)\end{cases}$

(b) $f(x,y)=\begin{cases}\dfrac{1-\cos(x+y)}{x+y} & (x,y)\neq(0,0),\\ 0 & (x,y)=(0,0)\end{cases}$

**発展 11**

〈1〉$xy$ 平面上の点 $A(3.02,3.9)$ の原点 $O$ からの距離を近似計算したい．

(a) $f(x,y)=\sqrt{x^2+y^2}$ の $(3,4)$ における 2 次 Taylor 多項式を求めよ．

(b) 2 次の剰余項を評価することで，$|OA|=f(3.02,3.9)$ を小数点以下 2 桁まで計算せよ．

---

**● 例題 11 解答**

〈1〉(a) $x^2+2xy+xy^2$.

(b) $f(x,y)=\sin x\cos y$ を順次偏微分して，

$f_x(x,y)=\cos x\cos y$, $f_y(x,y)=-\sin x\sin y$,

$f_{xx}(x,y)=f_{yy}(x,y)=-\sin x\cos y$,

$f_{xy}(x,y)=f_{yx}(x,y)=-\cos x\sin y$,

$f_{xxx}(x,y)=f_{xyy}(x,y)=-\cos x\cos y$,

$f_{xxy}(x,y)=f_{yyy}(x,y)=\sin x\sin y$

となる．よって，$f_x(0,0)=1$, $f_y(0,0)=0$,

$f_{xx}(0,0)=f_{yy}(0,0)=0$, $f_{xy}(0,0)=f_{yx}(0,0)=0$,

$f_{xxx}(0,0)=f_{xyy}(0,0)=-1$,　$f_{xxy}(0,0)=f_{yyy}(0,0)=0$

であるから，3 次 Maclaurin 多項式は $x-\frac{1}{6}x^3-\frac{1}{2}xy^2$ である（図 11.3）．

【別解】$\sin x=x-\frac{1}{6}x^3+\cdots$ および $\cos y=1-\frac{1}{2}y^2+\cdots$ を利用して

$\sin x\cos y=\left(x-\frac{1}{6}x^3+\cdots\right)\left(1-\frac{1}{2}y^2+\cdots\right)$

$=x-\frac{1}{6}x^3-\frac{1}{2}xy^2+\cdots$.

(c) $e^x=1+x+\frac{1}{2}x^2+\frac{1}{6}x^3+\cdots$ および

$\sin(x+y)=(x+y)-\frac{1}{6}(x+y)^3+\cdots$ より

$e^x\sin(x+y)$

$=\left(1+x+\frac{1}{2}x^2+\frac{1}{6}x^3+\cdots\right)\left((x+y)-\frac{1}{6}(x+y)^3+\cdots\right)$

$=x+y+x^2+xy+\frac{1}{3}x^3-\frac{1}{2}xy^2-\frac{1}{6}y^3+\cdots$.

(d) $(1-x)^{-1}=1+x+x^2+x^3+\cdots$ に $-x+y$ を「代入」し，

$\dfrac{1}{1+x-y}$

$=1-x+y+x^2+y^2-2xy-x^3+3x^2y-3xy^2+y^3+\cdots$.

(e) $e^{1+xy}=e\cdot e^{xy}$ だから $e^x=1+x+\frac{x^2}{2}+\frac{x^3}{6}+\cdots$ に $xy$ を「代入」し全体に $e$ を掛けて $e^{1+xy}=e+exy+\cdots$.

(f) $\log(1+x)=x-\frac{x^2}{2}+\frac{x^3}{3}+\cdots$ に $x-y$ を「代入」し，

$\log(1+x-y)$

$=x-y-\frac{x^2}{2}+xy-\frac{y^2}{2}+\frac{x^3}{3}-x^2y+xy^2-\frac{y^3}{3}+\cdots$.

(g) $\sqrt[3]{1+x}=(1+x)^{\frac{1}{3}}=1+\frac{1}{3}x-\frac{1}{9}x^2+\frac{5}{81}x^3+\cdots$ に $2x+y$ を「代入」し，

$\sqrt[3]{2x+y+1}=1+\frac{2}{3}x+\frac{1}{3}y-\frac{4}{9}x^2-\frac{4}{9}xy-\frac{1}{9}y^2+\frac{40}{81}x^3$

$+\frac{20}{27}x^2y+\frac{10}{27}xy^2+\frac{5}{81}y^3+\cdots$.

〈2〉(a) $f_x(x,y)=e^{x+2y}$, $f_y(x,y)=2e^{x+2y}\cdots$ などに $x=1, y=0$ を代入し，

$e^{x+2y}$

$=e+e(x-1)+2ey+\frac{e}{2}(x-1)^2+2e(x-1)y+2ey^2+\cdots$.

【別解】$e^x=ee^{x-1}=e\left\{1+(x-1)+\dfrac{(x-1)^2}{2!}+\cdots\right\}$

$=e+e(x-1)+\frac{e}{2}(x-1)^2+\cdots$ と

$e^{2y}=1+2y+\dfrac{(2y)^2}{2!}=1+2y+2y^2+\cdots$ より

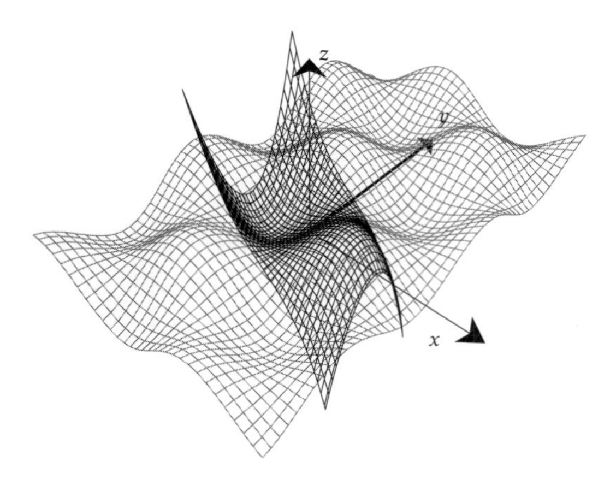


図 11.3　$z = \sin x \cos y$

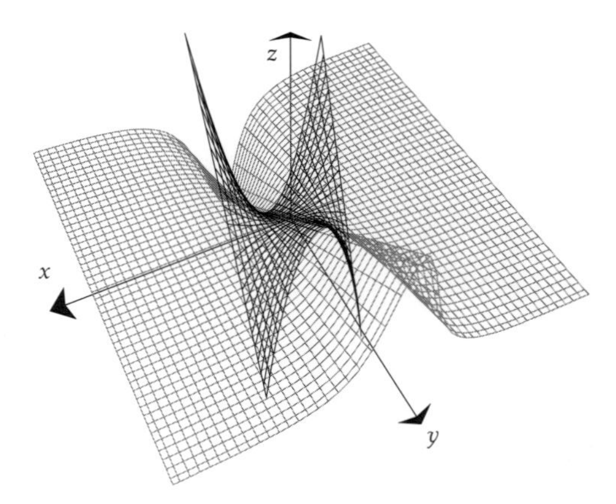


図 11.4　$z = \dfrac{y}{1+x^2}$

$$
\begin{aligned}
e^{x+2y} &= e^x e^{2y} \\
&= \left\{e + e(x-1) + \frac{e}{2}(x-1)^2 + \cdots\right\}(1 + 2y + 2y^2 + \cdots) \\
&= e + e(x-1) + 2ey + \frac{e}{2}(x-1)^2 + 2e(x-1)y + 2ey^2 + \cdots.
\end{aligned}
$$

(b) $x^4 = 1+4(x-1)+6(x-1)^2+\cdots,\ y^2 = 4+4(y-2)+(y-2)^2$ より

$$
\begin{aligned}
x^4y^2 = &\ 4 + 16(x-1) + 4(y-2) + 24(x-1)^2 \\
&+16(x-1)(y-2) + (y-2)^2 + \cdots.
\end{aligned}
$$

(c) $\dfrac{1}{x} = \dfrac{1}{1+(x-1)} = 1-(x-1)+(x-1)^2+\cdots,\ y = 1+(y-1)$ より

$$\frac{y}{x} = 1-(x-1)+(y-1)+(x-1)^2-(x-1)(y-1)+\cdots.$$

**● 類題 11 解答**

**〈1〉** (a) $2y - x^2y - \dfrac{4y^3}{3}$　(b) $2y + 4xy + 2x^2y - \dfrac{4y^3}{3}$

(c) $1+2x+2x^2+y^2+\dfrac{4x^3}{3}+2xy^2$　(d) $y-x^2y$（図 11.4）

(e) $1-x^2-2xy-y^2$　(f) $1+x+\dfrac{x^2}{2}-2y^2+\dfrac{x^3}{6}-2xy^2$

(g) $x-\dfrac{x^2}{2}+\dfrac{x^3}{3}-\dfrac{xy^2}{2}$　(h) $x+2y-\dfrac{x^3}{6}-x^2y-2xy^2-\dfrac{4y^3}{3}$

(i) $xy$　(j) $1+\dfrac{x}{2}-\dfrac{x^2}{8}+\dfrac{y^2}{2}+\dfrac{x^3}{16}-\dfrac{xy^2}{4}$　(k) $y+\dfrac{xy}{5}-\dfrac{2x^2y}{25}$

(l) $x-\dfrac{x^2y}{3}$　(m) $1-\dfrac{x^2}{2}-\dfrac{xy}{2}$　(n) $1+2exy$

(o) $1+\pi x^2+\pi y^2$　(p) $1+\dfrac{x^2}{2}-\dfrac{y^2}{2}$　(q) $y+\dfrac{x^2y}{2}+\dfrac{y^3}{6}$

**〈2〉** (a) $1+\dfrac{x}{2}+\dfrac{y}{2}+\dfrac{x^2}{6}+\dfrac{xy}{3}+\dfrac{y^2}{6}+\dfrac{x^3}{24}+\dfrac{x^2y}{8}+\dfrac{xy^2}{8}+\dfrac{y^3}{24}$

(b) $\dfrac{x}{2}+\dfrac{y}{2}-\dfrac{x^3}{24}-\dfrac{x^2y}{8}-\dfrac{xy^2}{8}-\dfrac{y^3}{24}$

**● 発展 11 解答**

**〈1〉** (a) $5+\dfrac{3(x-3)}{5}+\dfrac{4(y-4)}{5}+\dfrac{8(x-3)^2}{125}$
$-\dfrac{12(x-3)(y-4)}{125}+\dfrac{9(y-4)^2}{250}.$

(b) $f(x,y)$ とその 1 次 Taylor 多項式の差が 2 次の剰余項 $R_2(x,y)$ だから（式 (11.4)），$f(3.02, 3.9)$ と $5+0.012-0.08=4.932$ の差の絶対値は

$$
\begin{aligned}
|R_2(3.02, 3.9)| &< \frac{8(0.02)^2}{125} - \frac{12(0.02)(-0.1)}{125} + \frac{9(-0.1)^2}{250} \\
&< 0.0000256 + 0.000192 + 0.00036 = 0.0005776
\end{aligned}
$$

と評価できる．よって，求める値は 4.93 である．

# 第III部

# 積分（1変数）

# 第 12 章

# 置換積分と部分積分

数学的な操作に対して逆の操作を考えることは何にせよ重要である．「積分する」とは，例えば $F'(x) = \dfrac{1}{\sqrt{x^2-1}}$ を満たす関数 $F(x)$ は何かという問いに答えること（例 14.9）である．これが §15.3 の微分積分学の基本定理という大定理に繋がる．

## 12.1　不定積分

$F'(x) = f(x)$ となる関数 $F(x)$ を関数 $f(x)$ の**原始関数**という．このような原始関数全体を $\int f(x)\,dx$ で表し，$f(x)$ の**不定積分**という [i]．ある原始関数 $F(x)$ に対して

$$\int f(x)\,dx = F(x) + C \quad (C \text{ は適当な定数})$$

と表せる．$C$ を**積分定数**とよぶ [ii]．以降しばらく文字 $C, C_1, C_2$ などは積分定数を表す．

表 12.1　基本的な関数の不定積分は公式として記憶するのがよい（積分定数は省略）．

| $f(x)$ | $f(x)$ の原始関数 |
|---|---|
| $x^\alpha$ $(\alpha \neq -1)$ | $\dfrac{x^{\alpha+1}}{\alpha+1}$ |
| $\dfrac{1}{x}$ | $\log\lvert x\rvert$ |
| $\dfrac{1}{x^2+A}$ $(A>0)$ | $\dfrac{1}{\sqrt{A}}\arctan\dfrac{x}{\sqrt{A}}$ |
| $\dfrac{1}{\sqrt{A-x^2}}$ $(A>0)$ | $\arcsin\dfrac{x}{\sqrt{A}}$ |

| $f(x)$ | $f(x)$ の原始関数 |
|---|---|
| $e^x$ | $e^x$ |
| $\cos x$ | $\sin x$ |
| $\sin x$ | $-\cos x$ |
| $\dfrac{1}{\cos^2 x}$ | $\tan x$ |

## 12.2　変数変換

微分可能な関数 $y = F(x)$ と（その定義域内に値をとる）$C^1$ 級関数 $x = \varphi(t)$ との合成 $y = F(\varphi(t))$ を $t$ で微分してみる．$f(x) = \dfrac{dy}{dx} = F'(x)$ とおけば，連鎖律（§1.2）より

$$\frac{dy}{dt} = \frac{dy}{dx}\frac{dx}{dt} = f(x)\frac{dx}{dt} = f(\varphi(t)) \cdot \varphi'(t).$$

これを $t$ で積分すると（積分定数による差を除いて）$y = F(\varphi(t)) = F(x)$ に戻るわけだから

---

i) 結局，不定積分を求めることと原始関数を 1 つ見つけることはほとんど同じ意味であるから，「原始関数」と「不定積分」という 2 つの言葉は区別せずに使われることもある．

ii) 積分定数 $C$ は定義域の連結成分ごとに異なってよい．例えば $y = \begin{cases} \log 2x & (x>0), \\ \log(-x) & (x<0) \end{cases}$ は $y = \dfrac{1}{x}$ の原始関数である．

$$(F(x)=)\int f(x)\,dx=\int f(\varphi(t))\,\varphi'(t)\,dt \tag{12.1}$$

である．これが**置換積分**（または**変数変換**）の公式である．

不定積分の計算では式 (12.1) は両方向に利用される．つまり，変数 $x$ に関する積分を変数 $t$ に関する積分に帰するのに，式 (12.1) を使う場合と変数を交換した次の式を使う場合がある．

$$\int f(\varphi(x))\,\varphi'(x)\,dx=\int f(t)\,dt. \tag{12.2}$$

式 (12.2) の置換積分を試みたいのは被積分関数が何らかの合成関数を含むときである．

**例 12.1**　$\displaystyle\int\frac{\sqrt{1+\log x}}{x}\,dx\ (x>1)$ を計算しよう．$t=1+\log x$ とおくと $\dfrac{dt}{dx}=\dfrac{1}{x}$ より

$$\int\frac{\sqrt{1+\log x}}{x}\,dx=\int\sqrt{t}\cdot\frac{dt}{dx}\,dx\underset{\text{iii)}}{=}\int\sqrt{t}\,dt=\frac{2}{3}t^{\frac{3}{2}}+C=\frac{2}{3}\left(\sqrt{1+\log x}\right)^3+C.$$

**例 12.2**　$\displaystyle\int\frac{f'(x)}{\{f(x)\}^{\alpha}}\,dx$ を計算しよう（$\alpha$ は実数）．$t=f(x)$ とおくと $\dfrac{dt}{dx}=f'(x)\ \therefore f'(x)\,dx=dt$ より

$$\int\frac{f'(x)}{\{f(x)\}^{\alpha}}\,dx=\int\frac{1}{t^{\alpha}}\,dt=\begin{cases}\log|t|+C=\log|f(x)|+C & (\alpha=1),\\ \dfrac{1}{-\alpha+1}t^{-\alpha+1}=\dfrac{1}{(1-\alpha)\{f(x)\}^{\alpha-1}}+C & (\alpha\neq 1).\end{cases}$$

不定積分を書き下す目的で式 (12.1) を用いるときは，単調（増加または減少）な [iv)] $C^1$ 級関数 $\varphi(t)$ であって，$f(\varphi(t))\,\varphi'(t)$ が積分しやすい形になるものを見出す必要がある．被積分関数の形によって技巧的な置換が必要となる場合が多い．第 13 章と第 14 章でいくつかの典型的な場合を扱う．

**例 12.3**　$\dfrac{1}{\sqrt{A-x^2}}$ の不定積分（$A>0$）を直接計算しよう（表 12.1）．

$x=\sqrt{A}\sin t\ \left(-\frac{\pi}{2}<t<\frac{\pi}{2}\right)$ とおくと $\dfrac{dx}{dt}=\sqrt{A}\cos t$ である．したがって

$$\int\frac{1}{\sqrt{A-x^2}}\,dx=\int\frac{1}{\sqrt{A-A\sin^2 t}}\cdot\sqrt{A}\cos t\,dt=\int 1\,dt=t+C=\arcsin\frac{x}{\sqrt{A}}+C.$$

**例 12.4**　$\dfrac{1}{x^2+A}$ の不定積分（$A>0$）を直接計算しよう（表 12.1）．

$x=\sqrt{A}\tan t\ \left(-\frac{\pi}{2}<t<\frac{\pi}{2}\right)$ とおくと $\dfrac{dx}{dt}=\dfrac{\sqrt{A}}{\cos^2 t}=\sqrt{A}(1+\tan^2 t)$（式 (3.8)）より

$$\int\frac{1}{A+x^2}\,dx=\int\frac{\sqrt{A}(1+\tan^2 t)}{A+A\tan^2 t}\,dt=\int\frac{1}{\sqrt{A}}\,dt=\frac{1}{\sqrt{A}}t+C=\frac{1}{\sqrt{A}}\arctan\frac{x}{\sqrt{A}}+C.$$

---

iii) $\frac{dt}{dx}=\frac{1}{x}$ の「分母をはらった」$\frac{1}{x}\,dx=dt$ によって元の式を置換すると考えても，記憶術として問題ない．

iv) 最後に $t=\varphi^{-1}(x)$ と置き換えて不定積分を得るのだから．ただし定積分（第 15 章）の計算に使う際は，$\varphi$ が $C^1$ 級でその値域において $f(x)$ が連続であれば，単調性を気にしなくても大丈夫である（§19.1 の脚注 i) 参照）．

## 12.3 部分積分

Leibniz 則 (1.8) を $f'(x)g(x) = \{f(x)g(x)\}' - f(x)g'(x)$ と変形し，両辺を積分すれば次を得る．

**部分積分の公式**

微分可能関数 $f(x)$, $g(x)$ に対して

$$\int f'(x)g(x)\,dx = f(x)g(x) - \int f(x)g'(x)\,dx.$$

被積分関数が関数の積になっていて，いずれかの関数の原始関数が分かる場合に使う．積分は名に違って積と相性が悪いので，関数の積を積分する際には置換積分 (12.2) とともに重宝である．

**例 12.5**
$$\int x\log x\,dx = \int\left(\frac{x^2}{2}\right)'\cdot\log x\,dx = \frac{x^2}{2}\cdot\log x - \int\frac{x^2}{2}\cdot\frac{1}{x}\,dx$$
$$= \frac{1}{2}\left\{x^2\log x - \int x\,dx\right\} = \frac{x^2}{2}\left(\log x - \frac{1}{2}\right) + C.$$

積をなす両方の関数の原始関数が既知である場合には都合のよい方を選ぶ．

**例 12.6** $\int x\sin x\,dx = \int x(-\cos x)'\,dx = -x\cos x - \int 1\cdot(-\cos x)\,dx = -x\cos x + \sin x + C$[v].

このような定型の計算のほかに発展形として

（イ）部分積分を複数回行う場合

（ロ）被積分関数 $f(x)$ を自明な積 $1\cdot f(x) = x'\cdot f(x)$ とみなして部分積分を行う場合

（ハ）部分積分によって「積分漸化式」を導く場合

などがある．§12.4 で（ロ）を，§12.5 で（ハ）を扱う．以下は（イ）の典型例である．

**例 12.7（部分積分を 2 回）** $\int x^2\cos x\,dx = x^2\sin x - \int 2x\sin x\,dx$
$$= x^2\sin x - 2\left\{-x\cos x - \int 1\cdot(-\cos x)\,dx\right\} = (x^2-2)\sin x + 2x\cos x + C.$$

**例 12.8（部分積分を 2 回）** $I = \int e^x\cos x\,dx$ を求めたい．

$$I = e^x\sin x - \int e^x\sin x\,dx = e^x\sin x - \left\{e^x(-\cos x) - \int e^x(-\cos x)\,dx\right\} = e^x(\sin x + \cos x) - I$$

となるので $I = \int e^x\cos x\,dx = \frac{e^x}{2}(\sin x + \cos x) + C$ である[vi]．

## 12.4 逆関数の積分

部分積分は，前述の（ロ）のやり方によって，いつでも使うことができる．

---

v) $\int x\sin x\,dx = \int\left(\frac{x^2}{2}\right)'\cdot\sin x\,dx$ と考えると…….

vi) 別解は [例題 12⟨7⟩] 参照.

**例 12.9** $\int \log x\,dx = \int 1\cdot\log x\,dx = x\log x - \int x\cdot\frac{1}{x}\,dx = x\log x - \int 1\,dx = x(\log x - 1) + C.$

**例 12.10** $$\int \arccos x\,dx = \int 1\cdot\arccos x\,dx = x\arccos x - \int x\cdot\left(-\frac{1}{\sqrt{1-x^2}}\right)dx$$
$$= x\arccos x - \sqrt{1-x^2} + C.$$

例 12.9 や例 12.10 は逆関数の積分と捉えてもよい．実際 $y = f^{-1}(x)$，$F' = f$ とすると

$$\int f^{-1}(x)\,dx \underset{y=f^{-1}(x)}{=} \int 1\cdot y\,dx \underset{\text{部分積分}}{=} xy - \int x\frac{dy}{dx}\,dx \underset{x=f(y)}{=} xy - \int f(y)\,dy$$
$$\underset{F'=f}{=} xy - F(y) + C \underset{y=f^{-1}(x)}{=} xf^{-1}(x) - F(f^{-1}(x)) + C.$$

**逆関数の積分公式**

$f(x)$ の原始関数を $F(x)$ とするとき，$f^{-1}(x)$ の不定積分は
$$\int f^{-1}(x)\,dx = xf^{-1}(x) - F(f^{-1}(x)) + C.$$

例えば例 12.10 は，$(\sin x)' = \cos x$ より $\int \arccos x\,dx = x\arccos x - \sin(\arccos x) + C$ とも書ける[vii]．しかしこの公式自体を記憶する必要はないだろう．**被積分関数の逆関数の積分が想像できるとき**（または万策尽きたとき）**は定数関数 1 との積について部分積分**を試みればよい．

**例 12.11** $$\int \log\left(x + \sqrt{x^2+1}\right)dx = \int 1\cdot\log\left(x + \sqrt{x^2+1}\right)dx$$
$$= x\log\left(x+\sqrt{x^2+1}\right) - \int x\cdot\frac{1 + \frac{x}{\sqrt{x^2+1}}}{x + \sqrt{x^2+1}}\,dx$$
$$= x\log\left(x+\sqrt{x^2+1}\right) - \int \frac{x}{\sqrt{x^2+1}}\,dx = x\log\left(x+\sqrt{x^2+1}\right) - \sqrt{x^2+1} + C.$$

**註 12.12**　例 12.11 の計算がうまくいったのは，関数 $y = \log\left(x + \sqrt{x^2+1}\right)$ が $y = \sinh x$ の逆関数（[発展 6⟨4⟩]）だからである[viii]．他に $t - x = \sqrt{x^2+1}$ と置換する方法もある（[類題 6⟨4⟩]）．

## 12.5　積分漸化式

三角関数の冪（べき）の積分について，例えば $\int\cos^2 x\,dx$ の計算には倍角の公式（p. 33）が使える．$\int\cos^3 x\,dx$ なら $\cos^3 x = \cos x(1-\sin^2 x)$ と変形して $t = \sin x$ とおくとよい．冪の次数が高い場合は以下が使える．

**例 12.13**　$I_n = \int \cos^n x\,dx$ とし $I_n$ が満たす漸化式を求めよう．

$$I_n = \int \cos x\cos^{n-1}x\,dx = \sin x\cos^{n-1}x - \int \sin x\cdot(n-1)\cos^{n-2}x(-\sin x)\,dx$$
$$= \sin x\cos^{n-1}x + (n-1)\int \sin^2 x\cos^{n-2}x\,dx = \sin x\cos^{n-1}x + (n-1)\int(1-\cos^2 x)\cos^{n-2}x\,dx$$

---

[vii] $\sin(\arccos x) = \sqrt{1-x^2}$ を示せ．

[viii] 例 12.11 と逆関数の積分公式から $\cosh\left\{\log\left(x+\sqrt{x^2+1}\right)\right\} = \sqrt{x^2+1}$ が期待される．これを示せ．

$$= \sin x \cos^{n-1} x + (n-1)\{I_{n-2} - I_n\} \qquad \therefore\ I_n = \frac{1}{n}\left\{\sin x \cos^{n-1} x + (n-1) I_{n-2}\right\}.$$

例えば $I_5 = \int \cos^5 x\,dx$ ならば，$I_1 = \int \cos x\,dx = \sin x + C$ より

$$I_3 = \int \cos^3 x\,dx = \frac{1}{3}\left\{\sin x \cos^2 x + 2I_1\right\} = \frac{1}{3}\left\{\sin x \cos^2 x + 2(\sin x + C)\right\} = \frac{\sin x}{3}\left(\cos^2 x + 2\right) + C_1.$$

$$\therefore\ I_5 = \int \cos^5 x\,dx = \frac{1}{5}\left\{\sin x \cos^4 x + 4I_3\right\} = \frac{1}{5}\left\{\sin x \cos^4 x + 4\left(\frac{1}{3}\sin x\left(\cos^2 x + 2\right) + C_1\right)\right\}$$

$$= \frac{\sin x}{15}\left(3\cos^4 x + 4\cos^2 x + 8\right) + C_2. \qquad \text{（積分定数を二度とりなおした．）}$$

次の漸化式は第 13 章で有理関数を積分する際に使われる．

**例 12.14** $n \geqq 1$, $A \neq 0$ に対して $I_n = \int \frac{1}{(x^2+A)^n}\,dx$ とすると

$$I_n = \int 1 \cdot \frac{1}{(x^2+A)^n}\,dx = \frac{x}{(x^2+A)^n} - \int x \cdot \frac{-2nx}{(x^2+A)^{n+1}}\,dx = \frac{x}{(x^2+A)^n} + 2n\int \frac{x^2+A-A}{(x^2+A)^{n+1}}\,dx$$

$$= \frac{x}{(x^2+A)^n} + 2n\int \frac{1}{(x^2+A)^n}\,dx - 2nA\int \frac{1}{(x^2+A)^{n+1}}\,dx = \frac{x}{(x^2+A)^n} + 2nI_n - 2nAI_{n+1}$$

$$\therefore\ I_{n+1} = \frac{1}{2nA}\left\{(2n-1)I_n + \frac{x}{(x^2+A)^n}\right\}.$$

**註 12.15** 例 12.14 の漸化式により $I_1$ から $I_2, I_3, \ldots$ が順次求められる．$I_1, I_2$ は次の通りである．

- $A > 0$ のとき：

$$I_1 = \int \frac{1}{x^2+A}\,dx = \frac{1}{\sqrt{A}}\arctan\frac{x}{\sqrt{A}} + C \qquad \text{（例 12.4）}.$$

$$I_2 = \int \frac{1}{(x^2+A)^2}\,dx = \frac{1}{2A}\left(\frac{1}{\sqrt{A}}\arctan\frac{x}{\sqrt{A}} + \frac{x}{x^2+A}\right) + C_1. \tag{12.3}$$

- $A < 0$ のとき（$-A > 0$）：

$$I_1 = \int \frac{1}{x^2+A}\,dx = \int \frac{1}{x^2-(-A)}\,dx = \int \frac{1}{(x-\sqrt{-A})(x+\sqrt{-A})}\,dx$$

$$= \frac{1}{2\sqrt{-A}}\int\left\{\frac{1}{x-\sqrt{-A}} - \frac{1}{x+\sqrt{-A}}\right\}dx = \frac{1}{2\sqrt{-A}}\left\{\log(x-\sqrt{-A}) - \log(x+\sqrt{-A})\right\} + C$$

$$= \frac{1}{2\sqrt{-A}}\log\left|\frac{x-\sqrt{-A}}{x+\sqrt{-A}}\right| + C \quad \left(\underset{[\text{発展 } 6\langle 4\rangle]}{=} -\frac{1}{\sqrt{-A}}\operatorname{artanh}\frac{x}{\sqrt{-A}} + C \quad (-\sqrt{-A} < x < \sqrt{-A})\right).$$

$$I_2 = \int \frac{1}{(x^2+A)^2}\,dx = \frac{1}{2A}\left\{I_1 + \frac{x}{x^2+A}\right\} = \frac{1}{2A}\left(\frac{1}{2\sqrt{-A}}\log\left|\frac{x-\sqrt{-A}}{x+\sqrt{-A}}\right| + \frac{x}{x^2+A}\right) + C_1.$$

**例題 12**

〈1〉 次の不定積分を計算せよ．
(a) $\int \sqrt[3]{x^2}\,dx$　(b) $\int \frac{(x-1)^2}{x}\,dx$　(c) $\int \sin x \cos x\,dx$
(d) $\int \cos^2 x\,dx$　(e) $\int \left(3\sin x + \frac{2}{1+x^2}\right) dx$

〈2〉 次の不定積分を与えられた置換を用いて計算せよ．
(a) $\int (3x-1)^3\,dx$ （$t = 3x-1$）　(b) $\int \frac{x}{(x^2+7)^3}\,dx$ （$t = x^2+7$）　(c) $\int x\cos(x^2+1)\,dx$ （$t = x^2+1$）
(d) $\int \cos^3 x \sin x\,dx$ （$t = \cos x$）　(e) $\int \tan x\,dx$ （$t = \cos x$）
(f) $\int \tan x\,dx$ （$t = \sin x$）

〈3〉 次の不定積分を置換積分を用いて計算せよ．
(a) $\int \frac{x}{x^2+5}\,dx$　(b) $\int x^4(3x^2+1)(x^2+1)^4\,dx$
(c) $\int \frac{1}{(2x+1)^3}\,dx$　(d) $\int x(x^2+1)^5\,dx$
(e) $\int x^2\sqrt{1+x^3}\,dx$　(f) $\int x\sin\left(x^2+1\right) dx$
(g) $\int \frac{\cos x}{\sin^2 x}\,dx$　(h) $\int \frac{\log x}{x}\,dx$

〈4〉 次の不定積分を部分積分を用いて計算せよ．
(a) $\int xe^{-2x}\,dx$　(b) $\int x^2\cos x\,dx$　(c) $\int \sin x \sinh x\,dx$
(d) $\int \arctan x\,dx$　(e) $\int \left(\frac{e^x}{2x+1}\right)^2 x\,dx$

〈5〉 次の不定積分を計算せよ．
(a) $\int \frac{1}{5x+\sqrt[3]{x^2}}\,dx$　(b) $\int \frac{x^3}{x^8+1}\,dx$
(c) $\int \left(\frac{1}{x}+\log x\right)e^x\,dx$　(d) $\int \frac{\log(\log x)}{x}\,dx$
(e) $\int \frac{x\arcsin x}{\sqrt{1-x^2}}\,dx$　(f) $\int \sin(\log x)\,dx$
(g) $\int \sqrt{1-x^2}\,dx$　(h) $\int \frac{1}{\sqrt{1-4x^2}}\,dx$
(i) $\int \frac{1}{x^2+4x+8}\,dx$

〈6〉 $n$ に関する漸化式を作れ（$n \geqq 0$）．
(a) $I_n = \int x^n e^{-x}\,dx$　(b) $I_n = \int \sin^n x\,dx$

〈7〉 不定積分 $I = \int e^{ax}\sin bx\,dx$ および
$J = \int e^{ax}\cos bx\,dx$ を考える．
(a) $e^{ax}\sin bx$ と $e^{ax}\cos bx$ の各々に対する Leibniz 則 (1.8)（積の微分）を書き下せ．
(b) (a) の式の両辺の積分を考えることにより，$I, J$ についての連立方程式を導け．
(c) (b) を利用して $I, J$ を求めよ．

**類題 12**

〈1〉 次の不定積分を計算せよ．
(a) $\int (x^3-x^2+2x-3)\,dx$　(b) $\int (\sin x + \cos x)\,dx$
(c) $\int \left(2+\frac{1}{x^2}\right) dx$　(d) $\int \left(\frac{x}{2}+\frac{2}{x}\right) dx$
(e) $\int \left(\frac{2}{x}-\frac{3}{x^2}-\frac{16}{x^4}\right) dx$　(f) $\int \frac{1}{x^2\sqrt[5]{x}}\,dx$
(g) $\int (e^x+e^{-x})\,dx$　(h) $\int e^x \sinh x\,dx$
(i) $\int x\arctan x\,dx$　(j) $\int x^2 e^{2x}\,dx$　(k) $\int xe^{x^2}\,dx$
(l) $\int x\sin^2 x\,dx$　(m) $\int \sin 2x \cos 3x\,dx$
(n) $\int \frac{\log x}{x^2}\,dx$　(o) $\int \frac{(\log x)^2}{x}\,dx$　(p) $\int x\sqrt{x^2-1}\,dx$
(q) $\int \frac{x}{\sqrt{1-2x}}\,dx$　(r) $\int e^{-2x}\cos 3x\,dx$

〈2〉 次の不定積分を計算せよ．
(a) $\int (x-4)^6\,dx$　(b) $\int \frac{1}{2x+4}\,dx$　(c) $\int \frac{3x-1}{2x+1}\,dx$
(d) $\int \sqrt{2x+1}\,dx$　(e) $\int \frac{1}{e^{4-2x}}\,dx$　(f) $\int \frac{\cos x}{1-\sin x}\,dx$
(g) $\int \frac{2}{\sqrt[3]{2x+1}}\,dx$　(h) $\int \tan(4-2x)\,dx$　(i) $\int x\cos x\,dx$
(j) $\int e^{-x}\cos x\,dx$　(k) $\int x\log(x+1)\,dx$　(l) $\int (x+1)\cos x\,dx$　(m) $\int (x-1)e^x\,dx$　(n) $\int 4x(2x+1)^3\,dx$
(o) $\int x\sqrt{4x+1}\,dx$

〈3〉 $n$ に関する漸化式を作れ（$n \geqq 0$）．
(a) $I_n = \int \tan^n x\,dx$　(b) $I_n = \int (\log x)^n\,dx$

**発展 12**

〈1〉 関数 $f(x)$, $g(x)$ は何回でも微分，不定積分できるとする．$n$ 回微分すると $g(x)$ となる関数の 1 つを，$n$ 階導関数 $g^{(n)}$ の記法を真似て（ここだけの記号として）$g^{(-n)}$ と表すとき，次の問に答えよ．
(a) $\int fg\,dx = f^{(0)}g^{(-1)} - f^{(1)}g^{(-2)} + f^{(2)}g^{(-3)} - \cdots + (-1)^k f^{(k)}g^{(-k-1)} - (-1)^k \int f^{(k+1)}g^{(-k-2)}\,dx$ を示せ．
(b) $\int (x^4+2x)e^x\,dx$ を計算せよ．　(c) $\int x^3\cosh x\,dx$ を計算せよ．　(d) $\int (x-1)^2(x-2)^3\,dx$ を計算せよ．

---

**●例題 12 解答**

〈1〉 (a) $\int x^{\frac{2}{3}}\,dx = \frac{3}{5}x^{\frac{5}{3}} + C.$
(b) $\int \frac{(x-1)^2}{x}\,dx = \int \left(x-2+\frac{1}{x}\right) dx = \frac{1}{2}x^2 - 2x + \log|x| + C.$
(c) $\int \sin x\cos x\,dx = \int \frac{\sin 2x}{2}\,dx = -\frac{\cos 2x}{4} + C.$
(d) $\int \cos^2 x\,dx = \int \frac{\cos 2x + 1}{2}\,dx = \frac{\sin 2x}{4} + \frac{x}{2} + C.$
(e) $\int \left(3\sin x + \frac{2}{1+x^2}\right) dx = 3\int \sin x\,dx + 2\int \frac{1}{1+x^2}\,dx = -3\cos x + 2\arctan x + C.$

〈2〉 (a) $\frac{dt}{dx} = 3$ より $dt = 3\,dx$ なので $\int (3x-1)^3\,dx = \int t^3 \frac{1}{3}\,dt = \frac{1}{12}t^4 + C = \frac{1}{12}(3x-1)^4 + C.$

（暗算によって $\{(3x-1)^4\}' = 12(3x-1)^3$ と検算すべし.）

(b) $dt = 2x\,dx$ より $\int \frac{x}{(x^2+7)^3}dx = \int \frac{1}{2}t^{-3}dt$
$= \frac{-1}{4}t^{-2} + C = \frac{-1}{4(x^2+7)^2} + C.$

(c) $dt = 2x\,dx$ より $\int x\cos(x^2+1)dt = \int \frac{1}{2}\cos t\,dt$
$= \frac{1}{2}\sin(x^2+1) + C.$

(d) $\int \cos^3 x \sin x\,dx = \int \cos^3 x(-\cos x)'dx = -\frac{\cos^4 x}{4}$
$+C.$

(e) $\int \tan x\,dx = \int \frac{(-\cos x)'}{\cos x}dx = -\log|\cos x| + C.$

(f) $t = \sin x$ とおくと $dt = \cos x\,dx$ より

$\int \tan x\,dx = \int \frac{\sin x}{\cos x}dx = \int \frac{t}{\cos^2 x}dt = \int \frac{t}{1-t^2}dt$
$= -\frac{1}{2}\int \frac{(1-t^2)'}{1-t^2}dt = -\frac{1}{2}\log|1-\sin^2 x| + C$
$= -\log|\cos x| + C.$

これらのほかにも，$t = \tan\frac{x}{2}$ と置換する方法もある（第14 章）.

〈3〉 (a) $\int \frac{x}{x^2+5}dx = \int \frac{\frac{1}{2}(x^2+5)'}{x^2+5}dx$
$= \frac{1}{2}\log(x^2+5) + C.$

(b) $\int x^4(3x^2+1)(x^2+1)^4 dx = \int (x^3+x)'(x^3+x)^4 dx$
$= \frac{1}{5}(x^3+x)^5 + C.$

(c) $\int \frac{1}{(2x+1)^3}dx = \int (2x+1)^{-3}dx = -\frac{1}{4}(2x+1)^{-2} + C$
$= -\frac{1}{4(2x+1)^2} + C.$

(d) $\int x(x^2+1)^5 dx = \int \frac{1}{2}(x^2+1)'(x^2+1)^5 dx$
$= \frac{1}{12}(x^2+1)^6 + C.$

(e) $t = 1+x^3$ とおくと $\frac{dt}{dx} = 3x^2$ より $x^2dx = \frac{1}{3}dt$ だから
$\int x^2\sqrt{1+x^3}\,dx = \int \sqrt{t}\cdot\frac{1}{3}dt = \frac{1}{3}\int t^{\frac{1}{2}}dt = \frac{1}{3}\cdot\frac{2}{3}t^{\frac{3}{2}} + C$
$= \frac{2}{9}\left(1+x^3\right)^{\frac{3}{2}} + C.$

(f) $t = x^2+1$ とおくと $\frac{dt}{dx} = 2x$ より $x\,dx = \frac{1}{2}dt$ だから
$\int x\sin\left(x^2+1\right)dx = \int \sin t\cdot\frac{1}{2}dt = -\frac{1}{2}\cos t + C$
$= -\frac{1}{2}\cos\left(x^2+1\right) + C.$

(g) $t = \sin x$ とおくと $\frac{dt}{dx} = \cos x$ より $\int \frac{\cos x}{\sin^2 x}dx$
$= \int t^{-2}dt = \frac{-1}{t} + C = \frac{-1}{\sin x} + C.$

(h) $t = \log x$ とおくと $\frac{dx}{dt} = \frac{1}{x}$ より $\int \frac{\log x}{x}dx = \int t\,dt$
$= \frac{1}{2}t^2 + C = \frac{1}{2}(\log x)^2 + C.$

〈4〉 (a) $\int xe^{-2x}dx = \int x\left(\frac{-1}{2}e^{-2x}\right)'dx$
$= \frac{-1}{2}xe^{-2x} - \int \frac{-1}{2}e^{-2x}dx = \frac{-1}{2}xe^{-2x} - \frac{1}{4}e^{-2x}dx$
$= \frac{-1}{4}e^{-2x}(2x+1) + C.$

(b) $\int x^2\cos x\,dx = \int x^2(\sin x)'dx$
$= x^2\sin x - \int 2x\sin x\,dx$
$= x^2\sin x - \left\{2x(-\cos x) - \int 2(-\cos x)\,dx\right\}$
$= x^2\sin x + 2x\cos x - 2\int \cos x\,dx$
$= x^2\sin x + 2x\cos x - 2\sin x + C.$

(c) $I = \int \sin x\sinh x\,dx = \int \sin x(\cosh x)'dx$
$= \sin x\cosh x - \int \cos x\cosh x\,dx = \sin x\cosh x$
$-\int \cos x(\sinh x)'dx = \sin x\cosh x - (\cos x\sinh x + I)$
$\therefore\ \int \sin x\sinh x\,dx = \frac{1}{2}(\sin x\cosh x - \cos x\sinh x) + C.$

(d) $\int \arctan x\,dx = \int x'\arctan x\,dx = x\arctan x$
$-\int \frac{x}{1+x^2}dx = x\arctan x - \frac{1}{2}\log(1+x^2) + C.$

(e) $\int\left(\frac{e^x}{2x+1}\right)^2 x\,dx = \frac{-1}{2}\int\left(\frac{1}{2x+1}\right)'xe^{2x}dx$
$= \frac{-1}{2}\left(\frac{xe^{2x}}{2x+1} - \int e^{2x}dx\right) = \frac{e^{2x}}{8x+4} + C.$

〈5〉 (a) $\sqrt[3]{x} = t$ とおくと，$x = t^3$ より $\frac{dx}{dt} = 3t^2$，よって $dx = 3t^2dt$ であるから，

$\int \frac{1}{5x+\sqrt[3]{x^2}}dx = \int \frac{3t^2}{5t^3+t^2}dt = \int \frac{3}{5t+1}dt$

$= \frac{3}{5}\log|5t+1| + C = \frac{3}{5}\log\left|5\sqrt[3]{x}+1\right| + C.$

(b) $x^4 = t$ とおくと $\frac{dt}{dx} = 4x^3$ $\therefore x^3dx = \frac{1}{4}dt.$

$\int \frac{x^3}{x^8+1}dx = \frac{1}{4}\int \frac{1}{t^2+1}dt = \frac{\arctan t}{4} + C$
$= \frac{\arctan x^4}{4} + C.$

(c) $\int\left(\frac{1}{x}+\log x\right)e^x dx = \int\left(\frac{1}{x}\cdot e^x + \log x\cdot e^x\right)dx$
$= \int\{(\log x)'e^x + \log x(e^x)'\}dx = \int (e^x\log x)'dx$
$= e^x\log x + C.$

(d) $t = \log x$ とおくと $dt = \frac{1}{x}dx$ より
$\int \frac{\log(\log x)}{x}dx = \int \log t\,dt = \int 1\cdot\log t\,dt$
$= t\log t - \int t\cdot\frac{1}{t}dt = t\log t - t + C = t(\log t - 1) + C$
$= (\log(\log x) - 1)\log x + C.$

(e) $\arcsin x = t$ とおくと $\sin t = x$，$\frac{dx}{dt} = \cos t$，
$\cos t\,dt = dx$ より $\int \frac{x\sin^{-1}x}{\sqrt{1-x^2}}dx = \int \frac{(\sin t)t}{\cos t}\cdot\cos t\,dt$
$= \int t\cdot\sin t\,dt = t(-\cos t) + \int 1\cdot\cos t\,dt$
$= -t\cos t + \sin t + C = x - \sqrt{1-x^2}\arcsin x + C.$

(f) $I = \int \sin(\log x)\,dx = \int 1\cdot\sin(\log x)\,dx$
$= x\cdot\sin(\log x) - \int x\cdot\cos(\log x)\cdot\frac{1}{x}dx = x\sin(\log x) -$
$\int \cos(\log x)\,dx = x\sin(\log x) - \left\{x\cos(\log x)\right.$
$\left.+\int \sin(\log x)\,dx\right\} = x\sin(\log x) - x\cos(\log x) - I$
より $2I = x\sin(\log x) - x\cos(\log x).$
$\therefore\ I = \int \sin(\log x)\,dx = \frac{x}{2}\{\sin(\log x) - \cos(\log x)\} + C.$

(g) $x = \sin t$ $\left(-\frac{\pi}{2} \leqq t \leqq \frac{\pi}{2}\right)$ とおくと $\frac{dx}{dt} = \cos t$ より
$I = \int \sqrt{1-x^2}\,dx = \int \sqrt{1-\sin^2 t}\cdot\cos t\,dt = \int \cos^2 t\,dt$
$= \int \frac{\cos 2t + 1}{2}dt = \frac{1}{2}\left(\frac{\sin 2t}{2} + t\right) + C$
$= \frac{1}{2}(\sin t\cos t + t) + C = \frac{1}{2}\left(x\sqrt{1-x^2} + \arcsin x\right) + C.$

(h) $\int \frac{1}{\sqrt{1-4x^2}}\,dx = \int \frac{1}{\sqrt{1-(2x)^2}}\,dx$
$= \frac{1}{2}\arcsin 2x + C.$

【別解】 $x = \frac{1}{2}\sin t$ とおくと $\frac{dx}{dt} = \frac{1}{2}\cos t \Leftrightarrow dx = \frac{1}{2}\cos t\,dt$ より

$$\int \frac{1}{\sqrt{1-4x^2}}\,dx = \int \frac{1}{\sqrt{1-\sin^2 t}}\cdot\frac{1}{2}\cos t\,dt = \int \frac{1}{2}\,dt$$
$$= \frac{1}{2}t + C = \frac{1}{2}\arcsin 2x + C.$$

(i) $\int \frac{1}{x^2+4x+8}\,dx = \int \frac{1}{(x+2)^2+2^2}\,dx$
$= \frac{1}{2}\arctan\left(\frac{x+2}{2}\right) + C.$

**〈6〉** (a) $I_n = \int x^n(-e^{-x})'\,dx$
$= -x^n e^{-x} - \int nx^{n-1}(-e^{-x})\,dx = -x^n e^{-x} + n\int x^{n-1}e^{-x}\,dx$
$= -x^n e^{-x} + nI_{n-1}.$

(b) $I_n = \int(-\cos x)'\sin^{n-1}x\,dx = -\cos x\sin^{n-1}x$
$+(n-1)\int(1-\sin^2 x)\sin^{n-2}x\,dx = -\cos x\sin^{n-1}x$
$+(n-1)I_{n-2} - (n-1)I_n$
$\therefore\ I_n = \frac{n-1}{n}I_{n-2} - \frac{1}{n}\cos x\sin^{n-1}x.$

**〈7〉** (a) $(e^{ax}\sin bx)' = ae^{ax}\sin bx + be^{ax}\cos bx,$
$(e^{ax}\cos bx)' = ae^{ax}\cos bx - be^{ax}\sin bx$

(b) (a) の 2 式の両辺を積分して（積分定数は省略）

$$\begin{cases} e^{ax}\sin bx = a\int e^{ax}\sin bx\,dx + b\int e^{ax}\cos bx\,dx \\ \qquad = aI + bJ, \\ e^{ax}\cos bx = a\int e^{ax}\cos bx\,dx - b\int e^{ax}\sin bx\,dx \\ \qquad = aJ - bI. \end{cases}$$

(c) (b) の連立方程式を解いて（積分定数は省略）[ix)]

$I = \frac{e^{ax}}{a^2+b^2}(a\sin bx - b\cos bx),$

$J = \frac{e^{ax}}{a^2+b^2}(b\sin bx + a\cos bx).$

**● 類題 12 解答**（積分定数は省略する.）

**〈1〉** (a) $\frac{x^4}{4} - \frac{x^3}{3} + x^2 - 3x$　(b) $-\cos x + \sin x$
(c) $2x - \frac{1}{x}$　(d) $\frac{x^2}{4} + 2\log|x|$　(e) $2\log|x| + \frac{3}{x} + \frac{16}{3x^3}$
(f) $-\frac{5}{6}x^{-\frac{6}{5}} = -\frac{5}{6x\sqrt[5]{x}}$　(g) $e^x - e^{-x}$　(h) $\frac{e^{2x}}{4} - \frac{x}{2}$
(i) $\frac{1}{2}\left((x^2+1)\arctan x - x\right)$　(j) $\frac{1}{4}(2x^2-2x+1)e^{2x}$
(k) $\frac{1}{2}e^{x^2}$　(l) $-\frac{1}{4}x\sin 2x - \frac{1}{8}\cos 2x + \frac{1}{4}x^2$
(m) $-\frac{1}{10}\cos 5x + \frac{1}{2}\cos x$　(n) $-\frac{\log x}{x} - \frac{1}{x}$
(o) $\frac{(\log x)^3}{x}$　(p) $\frac{1}{3}(x^2-1)^{\frac{3}{2}}$　(q) $-\frac{1}{3}(x+1)\sqrt{1-2x}$
(r) $\frac{1}{13}e^{-2x}(3\sin 3x - 2\cos 3x)$

**〈2〉** (a) $\frac{1}{7}(x-4)^7$　(b) $\frac{1}{2}\log|x+2|$
(c) $\frac{3}{2}x - \frac{5}{4}\log|2x+1|$　(d) $\frac{1}{6}(2x+1)\sqrt{2x+1}$
(e) $\frac{1}{2}e^{2x-4}$　(f) $-\log(1-\sin x)$　(g) $\frac{3}{2}\sqrt[3]{(2x+1)^2}$
(h) $\frac{1}{2}\log|\cos(4-2x)|$　(i) $x\sin x + \cos x$
(j) $\frac{1}{2}e^{-x}(\sin x - \cos x)$　(k) $\frac{1}{2}(x^2-1)\log(x+1) - \frac{x^2}{4} + \frac{x}{2}$
(l) $(x+1)\sin x + \cos x$　(m) $(x-2)e^x$
(n) $\frac{1}{5}(2x+1)^5 - \frac{1}{4}(2x+1)^4$
(o) $\frac{1}{60}(6x-1)(4x+1)\sqrt{4x+1}$

**〈3〉** (a) $I_0 = x,\ I_n = \frac{\tan^{n-1}x}{n-1} - I_{n-2},\ n \geqq 2$
(b) $I_0 = x,\ I_n = x(\log x)^n - nI_{n-1},\ n \geqq 1$

**● 発展 12 解答**（積分定数は省略する.）

**〈1〉** (a) 部分積分を繰り返せばよい.
(b) (a) の公式で特に $f$ が $n$ 次多項式のときには, $f^{(n+1)} = 0$ となるので,

$\int fg\,dx = f^{(0)}g^{(-1)} - f^{(1)}g^{(-2)} + \cdots + (-1)^{(n)}f^{(n)}g^{(-n-1)}.$
$\therefore\ \int(x^4+2x)e^x\,dx = (x^4+2x)e^x - (4x^3+2)e^x + 12x^2e^x$
$-24xe^x + 24e^x = (x^4 - 4x^3 + 12x^2 - 22x + 22)e^x.$

(c) $\int x^3\cosh x\,dx = x^3\sinh x - 3x^2\cosh x + 6x\sinh x$
$-6\cosh x = (x^2+6)x\sinh x - 3(x^2+2)\cosh x.$

(d) $\int(x-1)^2(x-2)^3\,dx$
$= \frac{1}{4}(x-1)^2(x-2)^4 - \frac{2}{5\cdot 4}(x-1)(x-2)^5 + \frac{2}{6\cdot 5\cdot 4}(x-2)^6$
$= \frac{1}{4}(x-1)^2(x-2)^4 - \frac{1}{10}(x-1)(x-2)^5 + \frac{1}{60}(x-2)^6.$

---

[ix)] cos と sin は対で扱うと便利（§3.1 参照）。

# 第13章 有理関数の不定積分

変数 $x$ と実数から $+$, $-$, $\div$, $\times$ によって作られる式は一般に $\dfrac{(x\text{ の多項式})}{(x\text{ の多項式})}$ の形になる [i]．この形の式が表す関数を **有理関数** という [ii]．有理関数の不定積分は決まった手順で計算可能である．手順のキーワードを並べると，

割り算 $\rightsquigarrow$ 因数分解 $\rightsquigarrow$「部分分数分解」$\rightsquigarrow$ 平方完成 $\rightsquigarrow$ 積分漸化式の利用

となる．「部分分数分解」が最重要ステップである．手順のいくつかは不要である場合もあるが，いずれにしても最終的に以下のいずれかの積分に帰着する．多数の例を含む §13.2 から読み始めてもよいかもしれない．

（例 12.2）
$$\int \frac{f'(x)}{\{f(x)\}^k}\,dx = \begin{cases} \log|f(x)| + C & (k=1), \\ -\dfrac{1}{(k-1)\{f(x)\}^{k-1}} + C & (k \geqq 1). \end{cases} \tag{13.1}$$

（例 12.4）
$$\int \frac{1}{x^2+A}\,dx = \frac{1}{\sqrt{A}}\arctan\frac{x}{\sqrt{A}} + C \quad (A>0). \tag{13.2}$$

## 13.1 有理関数の不定積分

有理関数 $\dfrac{f(x)}{g(x)}$ の不定積分を考える．$g(x)$ と $f(x)$ を実係数多項式とし，共通因数は約分しておく．

**有理関数の不定積分 $\displaystyle\int \frac{f(x)}{g(x)}\,dx$ の計算ができる仕組み**

⟨1⟩ (分子 $f(x)$ の次数) $\geqq$ (分母 $g(x)$ の次数) のときは 割り算 して

$$\frac{f(x)}{g(x)} = q(x) + \frac{r(x)}{g(x)}$$

と変形する．多項式 $q(x)$ は割り算の商，多項式 $r(x)$ は余りである．多項式 $q(x)$ の積分は容易だから，(分子の次数) $<$ (分母の次数) なる有理関数 $\dfrac{r(x)}{g(x)}$ の不定積分が問題になる．

⟨2⟩ 分母の多項式 $g(x)$ は実数の範囲で，1 次式の冪（べき）と「負の判別式を持つ 2 次式」の冪の積

$$g(x) = c(x-\alpha_1)^{k_1}\cdots(x-\alpha_m)^{k_m}(x^2+2\beta_1 x+\gamma_1)^{\ell_1}\cdots(x^2+2\beta_n x+\gamma_n)^{\ell_n}$$

に 因数分解 できる [2, p. 84]．ただし $\beta_i^2 - \gamma_i < 0$ である（$i = 1, \ldots, n$）．

⟨3⟩ そうすると，有理関数 $\dfrac{r(x)}{g(x)}$ は分母 $g(x)$ の ⟨2⟩ の因数分解に応じて

---

i) つまり 2 つの有理関数の加減乗除は再び有理関数である．

ii) 変数の数を増やせば 2 変数以上の有理関数も同様に考えられる．

$$（イ）\quad \frac{\left(\textbf{定数}\right)}{(\boldsymbol{x}-\boldsymbol{\alpha}_i)^{\boldsymbol{k}}} \begin{pmatrix} i=1,\ldots,m, \\ k=1,\ldots,k_i \end{pmatrix} \quad および \quad （ロ）\quad \frac{\left(\boldsymbol{x}\textbf{ の 1 次式}\right)}{(\boldsymbol{x}^2+2\boldsymbol{\beta}_j\boldsymbol{x}+\boldsymbol{\gamma}_j)^{\boldsymbol{\ell}}} \begin{pmatrix} j=1,\ldots,n, \\ \ell=1,\ldots,\ell_j \end{pmatrix}$$

の形の式の和に**部分分数分解**できることが知られている [2, p. 95].

⟨4-1⟩（イ）の不定積分は，公式 (13.1) を利用して次のように計算できる.

$$\int \frac{a}{(x-\alpha)^k}\,dx = \begin{cases} a\log|x-\alpha| + C & (k=1), \\ \dfrac{a}{(1-k)(x-\alpha)^{k-1}} + C & (k \geqq 2) \end{cases} \quad (a \text{ は実数，添え字は省略}).$$

⟨4-2⟩（ロ）は，「**分母の 2 次式の微分**」で**分子を割り算**した商と余りを使って

$$\begin{aligned} \frac{bx+c}{(x^2+2\beta x+\gamma)^\ell} &= \frac{b(x+\beta)-b\beta+c}{(x^2+2\beta x+\gamma)^\ell} \\ &= \frac{b}{2}\cdot\frac{2(x+\beta)}{(x^2+2\beta x+\gamma)^\ell} + (c-b\beta)\cdot\frac{1}{(x^2+2\beta x+\gamma)^\ell} \end{aligned}$$

のように分解できる（$b, c, \beta, \gamma$ は実数で $\boldsymbol{\gamma-\beta^2>0}$）.

▹ この第 1 項は再び公式 (13.1) を用いて積分できる.

$$\int \frac{2(x+\beta)}{(x^2+2\beta x+\gamma)^\ell}\,dx = \begin{cases} \log\left(x^2+2\beta x+\gamma\right) + C & (\ell=1), \\ -\dfrac{1}{(\ell-1)(x^2+2\beta x+\gamma)^{\ell-1}} + C & (\ell \geqq 2). \end{cases}$$

▹ 第 2 項は，被積分関数の分母を平方完成すると，$\gamma-\beta^2>0$ に注意して公式 (13.2) または例 12.14 が利用できる形になる．$\ell=1$ のときは公式 (13.2) によって

$$\int \frac{1}{x^2+2\beta x+\gamma}\,dx = \int \frac{1}{(x+\beta)^2+(\gamma-\beta^2)}\,dx = \frac{1}{\sqrt{\gamma-\beta^2}}\arctan\frac{x+\beta}{\sqrt{\gamma-\beta^2}} + C$$

と積分できる．$\ell \geqq 2$ のときは，例 12.14 の積分漸化式の利用によって

$$I_\ell = \int \frac{1}{(x^2+2\beta x+\gamma)^\ell}\,dx = \int \frac{1}{\{(x+\beta)^2+(\gamma-\beta^2)\}^\ell}\,dx$$

の $\ell$ を 1 ずつ減らしていくことにより計算できる．一般的に書き下すと複雑である [iii].

上の手順では ⟨3⟩ が実際に遂行できなければ計算ができない．手順 ⟨3⟩ は

（い）⟨2⟩ の因数分解の形から，部分分数分解の「形」を知る；

（ろ）必要条件によって係数を具体的に定め部分分数分解を決定する

というステップで行う．（い）は以下の例 13.1 から一般の場合が類推できるだろう．（ろ）をスムーズに行うためには，§13.2 に挙げるような種々の例を通じて計算に慣れる必要がある.

---

[iii] 註 12.15 の $I_2$ の計算式 (12.3) を利用して $\ell=2$ の場合を計算すると

$$\int \frac{1}{\{x^2+2\beta x+\gamma\}^2}\,dx = \frac{1}{2(\gamma-\beta^2)}\left\{\frac{x+\beta}{x^2+2\beta x+\gamma} + \frac{1}{\sqrt{\gamma-\beta^2}}\arctan\frac{x+\beta}{\sqrt{\gamma-\beta^2}}\right\} + C$$

となる．一般の場合の漸化式は $I_{\ell+1} = \frac{1}{2\ell(\gamma-\beta^2)}\left\{\frac{x+\beta}{(x^2+2\beta x+\gamma)^\ell} + 2(\ell-1)I_\ell\right\}$ である.

**例 13.1（部分分数分解の例）** (分子の次数) < (分母の次数) なる有理関数 $\frac{r(x)}{g(x)}$ は分母 $g(x)$ の因数分解に応じ，以下の形の部分分数に一意的に分解できる（$\alpha,\beta,\gamma,\delta,a,b,c,d,p,q,r,s$ は実数で，$\gamma^2-4\delta<0$）．同じ因数は冪(べき)の形にまとめる．

（イ）$\dfrac{r(x)}{\kappa(x-\alpha)(x-\beta)} = \dfrac{a}{x-\alpha} + \dfrac{b}{x-\beta}$

（ロ）$\dfrac{r(x)}{\kappa(x-\alpha)(x-\beta)(x-\gamma)} = \dfrac{a}{x-\alpha} + \dfrac{b}{x-\beta} + \dfrac{c}{x-\gamma}$

（ハ）$\dfrac{r(x)}{\kappa(x-\alpha)(x-\beta)^3} = \dfrac{a}{x-\alpha} + \dfrac{b}{x-\beta} + \dfrac{c}{(x-\beta)^2} + \dfrac{d}{(x-\beta)^3}$

（ニ）$\dfrac{r(x)}{\kappa(x-\alpha)(x-\beta)(x^2-\gamma x+\delta)} = \dfrac{a}{x-\alpha} + \dfrac{b}{x-\beta} + \dfrac{px+q}{x^2-\gamma x+\delta}$

（ホ）$\dfrac{r(x)}{\kappa(x-\alpha)(x-\beta)^2(x^2-\gamma x+\delta)^2} = \dfrac{a}{x-\alpha} + \dfrac{b}{x-\beta} + \dfrac{c}{(x-\beta)^2} + \dfrac{px+q}{x^2-\gamma x+\delta} + \dfrac{rx+s}{(x^2-\gamma x+\delta)^2}$

いずれの場合も部分分数分解の形は分子 $r(x)$ によらず決まる．

## 13.2 計算例

**例 13.2** $\displaystyle\int \frac{x^3+2x+1}{x^2-3x+2}\,dx$ を手順にしたがって計算しよう．

〈1〉**割り算**を行う：$\dfrac{x^3+2x+1}{x^2-3x+2} = x+3+\dfrac{9x-5}{x^2-3x+2}$.

〈2〉有理関数部分 $\dfrac{9x-5}{x^2-3x+2}$ の分母を**因数分解**する：$x^2-3x+2=(x-1)(x-2)$.

〈3〉得られた因数分解の形をみて有理関数部分 $\dfrac{9x-5}{x^2-3x+2}$ を**部分分数分解**する（例 13.1（イ））：

$$\frac{9x-5}{(x-1)(x-2)} = \frac{a}{x-1} + \frac{b}{x-2} \tag{13.3}$$

となる $a,b$ を見つけるために，式 (13.3) の右辺を通分した分子

$$a(x-2)+b(x-1) = (a+b)x-(2a+b)$$

を左辺の分子と比較する．$a+b=9$ かつ $2a+b=5$，すなわち $a=-4,\ b=13$ とすればよい．

$$\frac{x^3+2x+1}{x^2-3x+2} = x+3+\frac{-4}{x-1}+\frac{13}{x-2}.$$

〈4-1〉積分する：$\displaystyle\int \frac{x^3+2x+1}{x^2-3x+2}\,dx = \frac{1}{2}x^2+3x-4\log|x-1|+13\log|x-2|+C.$

**註 13.3** 部分分数分解の一意的存在から，式 (13.3) の両辺に $x-1$ を掛けた $\frac{9x-5}{x-2} = a+\frac{b(x-1)}{x-2}$ に $x=1$ を代入すれば $a$ が決まる（等式の両辺に同じコトをしても等式）．つまり $\frac{9x-5}{\cancel{(x-1)}(x-2)}$ に $x=1$ を代入した値が $a$ で，$\frac{9x-5}{(x-1)\cancel{(x-2)}}$ に $x=2$ を代入した値が $b$ である．

分母の因数が 1 次式だけであればその個数が増えても手間はあまり変わらない．

**例 13.4**　$\displaystyle\int \frac{x^2-x+1}{(x+1)(x-1)(x-2)}\,dx$ を計算しよう（図 0.7）. まず被積分関数の部分分数分解

$$\frac{x^2-x+1}{(x+1)(x-1)(x-2)} = \frac{\alpha}{x+1} + \frac{\beta}{x-1} + \frac{\gamma}{x-2}$$

を得たい（例 13.1（ロ））. 註 13.3 の方法を採ると

- $\dfrac{x^2-x+1}{\cancel{(x+1)}(x-1)(x-2)}$ に $x=-1$ を代入して $\alpha = \frac{1}{2}$ を,
- $\dfrac{x^2-x+1}{(x+1)\cancel{(x-1)}(x-2)}$ に $x=1$ を代入して $\beta = -\frac{1}{2}$ を,
- $\dfrac{x^2-x+1}{(x+1)(x-1)\cancel{(x-2)}}$ に $x=2$ を代入して $\gamma = 1$ を得る.

$$\begin{aligned}\therefore \int \frac{x^2-x+1}{(x+1)(x-1)(x-2)}\,dx &= \int\left(\frac{\frac{1}{2}}{x+1} + \frac{-\frac{1}{2}}{x-1} + \frac{1}{x-2}\right)dx \\ &= \frac{1}{2}\log|x+1| - \frac{1}{2}\log|x-1| + \log|x-2| + C = \frac{1}{2}\log\frac{|x+1|(x-2)^2}{|x-1|} + C.\end{aligned}$$

**註 13.5**　上の例のように分母がすべて異なる 1 次式に因数分解できるときは簡単で,「公式」として表すこともできる. 例えば, 1 次以下の多項式 $g(x)$ と $\alpha \neq \beta$ に対して

$$\int \frac{g(x)}{(x-\alpha)(x-\beta)}\,dx = \frac{g(\alpha)}{\alpha-\beta}\log|x-\alpha| + \frac{g(\beta)}{\beta-\alpha}\log|x-\beta|$$

である. より一般的に, すべて異なる $\alpha_i$（$i=1,2,\ldots,n$）に対し $f(x)=(x-\alpha_1)(x-\alpha_2)\cdots(x-\alpha_n)$ とし, $g(x)$ を $(n-1)$ 次以下の多項式とする. $f(x)=(x-\alpha_i)h_i(x)$ と表すとき $h_i(\alpha_i)=f'(\alpha_i)$ が成り立つことに注意すれば（註 13.3 の方法を参考にして）次を得る（記憶する必要はないだろう）.

$$\int \frac{g(x)}{f(x)}\,dx = \sum_{i=1}^{n} \frac{g(\alpha_i)}{f'(\alpha_i)}\log|x-\alpha_i| + C.$$

次は分母の因数に「負の判別式を持つ 2 次式」が現れる（⟨4-2⟩ が必要となる）例である.

**例 13.6**　$\displaystyle\int \frac{x^2-x+6}{x^3-1}\,dx$ を計算しよう. $x^3-1=(x-1)(x^2+x+1)$ であるから被積分関数は

$$\frac{x^2-x+6}{(x-1)(x^2+x+1)} = \frac{a}{x-1} + \frac{bx+c}{x^2+x+1} \tag{13.4}$$

と部分分数分解できる（例 13.1（ニ））. まず $\dfrac{x^2-x+6}{\cancel{(x-1)}(x^2+x+1)}$ に $x=1$ を代入すると 2 となるから $a=2$ である. 式 (13.4) で $a=2$ とし例えば $x=0$ を代入すると $\frac{6}{-1}=\frac{2}{-1}+\frac{c}{1}$ より $c=-4$ を得る. さらに $a=2,\ c=-4$ として $x=-1$ を代入すると $\frac{8}{-2}=\frac{2}{-2}+\frac{-b-4}{1}$ より $b=-1$ を得る. よって

$$\begin{aligned}\frac{x^2-x+6}{x^3-1} &= \frac{2}{x-1} + \frac{-x-4}{x^2+x+1} && \text{（部分分数分解）} \\ &= \frac{2}{x-1} - \frac{1}{2}\cdot\frac{2x+1}{x^2+x+1} - \frac{\frac{7}{2}}{x^2+x+1} && \text{（第 2 項の分子から分母の微分を「抽出」）} \\ &= \frac{2}{x-1} - \frac{1}{2}\cdot\frac{2x+1}{x^2+x+1} - \frac{7}{2}\cdot\frac{1}{\left(x+\frac{1}{2}\right)^2+\left(\frac{\sqrt{3}}{2}\right)^2} && \text{（残った第 3 項の分母を平方完成）}\end{aligned}$$

となる．最後の式の各項は公式 (13.1) と (13.2) によって積分できる形である．よって

$$\int \frac{x^2-x+6}{x^3-1}\,dx = 2\log|x-1| - \frac{1}{2}\log(x^2+x+1) - \frac{7}{2}\cdot\frac{1}{\frac{\sqrt{3}}{2}}\arctan\frac{x+\frac{1}{2}}{\frac{\sqrt{3}}{2}} + C$$
$$= \log\frac{(x-1)^2}{\sqrt{x^2+x+1}} - \frac{7}{\sqrt{3}}\arctan\frac{2x+1}{\sqrt{3}} + C.$$

分母の因数に冪（べき）が現れる場合は部分分数分解に注意が必要である（例 13.1 の（ハ）と（ホ））．

**例 13.7** $\dfrac{x+3}{(x-1)(x-2)^3}$ の不定積分を求めよう．部分分数分解は次の形になる（例 13.1（ハ））．

$$\frac{x+3}{(x-1)(x-2)^3} = \frac{a}{x-1} + \frac{b}{x-2} + \frac{\boldsymbol{c}}{(\boldsymbol{x-2})^2} + \frac{\boldsymbol{d}}{(\boldsymbol{x-2})^3}. \tag{13.5}$$

$a = \left.\dfrac{x+3}{\cancel{(x-1)}(x-2)^3}\right|_{x=1} = -4$ と $d = \left.\dfrac{x+3}{(x-1)\cancel{(x-2)^3}}\right|_{x=2} = 5$ はすぐ決まる[iv]．式 (13.5) で $a = -4,\ d = 5$ とした上で

$x=0$ を代入すると $\dfrac{3}{8} = \dfrac{-4}{-1} + \dfrac{b}{-2} + \dfrac{c}{4} + \dfrac{5}{-8}$ $\quad\therefore\ -24 = -4b + 2c,$

$x=3$ を代入すると $\dfrac{6}{2} = \dfrac{-4}{2} + \dfrac{b}{1} + \dfrac{c}{1} + \dfrac{5}{1}$ $\quad\therefore\ 0 = b + c.$

これを連立して解いて $b = 4,\ c = -4$ となる．したがって不定積分は

$$\int \frac{x+3}{(x-1)(x-2)^3}\,dx = \int\frac{-4}{x-1}\,dx + \int\frac{4}{x-2}\,dx + \int\frac{-4}{(x-2)^2}\,dx + \int\frac{5}{(x-2)^3}\,dx$$
$$= -4\log|x-1| + 4\log|x-2| + \frac{4}{x-2} - \frac{5}{2(x-2)^2} + C = 4\log\left|\frac{x-2}{x-1}\right| + \frac{8x-21}{2(x-2)^2} + C.$$

上でみた方法の組み合わせで様々な有理関数が積分できる．まだ扱っていないのは，分母の因数に「負の判別式を持つ 2 次式」の冪（べき）が現れる場合である．このときは部分分数分解のあと該当する 2 次式を平方完成すれば，式 (12.3) または例 12.14 の漸化式を利用して積分を計算できる．

**例 13.8** $$\int\frac{2x+3}{(x^2-2x+5)^2}\,dx = \int\frac{2(x-1)+5}{\{(x-1)^2+4\}^2}\,dx = \int\frac{2(x-1)}{\{(x-1)^2+4\}^2}\,dx + \int\frac{5}{\{(x-1)^2+4\}^2}\,dx$$
$$\underset{\text{式 (13.1) と式 (12.3)}}{=} -\frac{1}{(x-1)^2+4} + \frac{5}{8}\left\{\frac{1}{2}\arctan\frac{x-1}{2} + \frac{x-1}{(x-1)^2+4}\right\} + C$$
$$= \frac{1}{8}\left\{\frac{5}{2}\arctan\frac{x-1}{2} + \frac{5x-13}{(x-1)^2+4}\right\} + C.$$

次の例は式 (12.3) を使わずに計算できる（例 14.10 も参照）．

---

[iv] 「$|_{x=a}$」は左側の式の $x = a$ における値を表す．

**例 13.9**　$\int \frac{x^3}{(x^2+1)^2}\,dx$ を計算しよう．被積分関数は $\frac{x^3}{(x^2+1)^2} = \frac{ax+b}{x^2+1} + \frac{cx+d}{(x^2+1)^2}$ の形に部分分数分解できる（例 13.1（ホ））[v]．上式の右辺を通分し両辺の分子を比較し

$$x^3 = (ax+b)(x^2+1) + (cx+d) = ax^3 + bx^2 + (a+c)x + (b+d)$$

の $x$ の各次の係数を比べて $\begin{cases} a=1 \\ b=0 \\ a+c=0 \\ b+d=0 \end{cases}$ すなわち $\begin{cases} a=1 \\ b=0 \\ c=-1 \\ d=0 \end{cases}$ とすればよい．したがって

$$\int \frac{x^3}{(x^2+1)^2}\,dx = \int \left\{ \frac{x}{x^2+1} + \frac{-x}{(x^2+1)^2} \right\} dx = \frac{1}{2}\log(x^2+1) + \frac{1}{2(x^2+1)} + C.$$

いずれの場合でも，有理関数の不定積分は有理関数，log，arctan によって記述できる．

---

[v] 実はまず $t = x^2$ と置換した方が楽である．§14.3 と [例題 14⟨5⟩(a)] 参照．

**例題 13**

〈1〉次の不定積分を計算せよ [vi].

(a) $\displaystyle\int \frac{3x+2}{x^2-4}\,dx$　(b) $\displaystyle\int \frac{x^2-6x+7}{x^2-5x+6}\,dx$

(c) $\displaystyle\int \frac{2}{(x-1)(x-2)(x-3)}\,dx$　(d) $\displaystyle\int \frac{x+1}{x^3+x^2-2x}\,dx$

(e) $\displaystyle\int \frac{x^3+x}{x(x-1)^3}\,dx$

〈2〉次の不定積分を計算せよ [vii].

(a) $\displaystyle\int \frac{x}{x^2-2x+5}\,dx$　(b) $\displaystyle\int \frac{x-1}{x^2-2x+5}\,dx$

(c) $\displaystyle\int \frac{x-11}{x^3+1}\,dx$　(d) $\displaystyle\int \frac{x^3-4x^2+2x+1}{x^2+3}\,dx$

(e) $\displaystyle\int \frac{x-1}{(x+1)(x^2+1)}\,dx$　(f) $\displaystyle\int \frac{x-4}{x(x^2+x+1)}\,dx$

(g) $\displaystyle\int \frac{5x^2-8x+1}{2x(x-1)^2}\,dx$　(h) $\displaystyle\int \frac{5x^2-3x-1}{x^2(x-1)}\,dx$

**類題 13**

〈1〉次の不定積分を計算せよ.

(a) $\displaystyle\int \frac{1}{x^2-6x-7}\,dx$　(b) $\displaystyle\int \frac{1}{(x-2)(x-3)(x-4)}\,dx$

(c) $\displaystyle\int \frac{5x-7}{x^2-3x+2}\,dx$　(d) $\displaystyle\int \frac{4x^2-2x-2}{(x-1)^3(2x+4)}\,dx$ [viii]

(e) $\displaystyle\int \frac{x^3}{x^2-5x+6}\,dx$　(f) $\displaystyle\int \frac{x^2-2x+5}{x-3}\,dx$

(g) $\displaystyle\int \frac{4x-13}{x^2-5x+4}\,dx$　(h) $\displaystyle\int \frac{4x^2-3x-3}{x^3-x}\,dx$

(i) $\displaystyle\int \frac{4}{(x+1)^2(x-1)^2}\,dx$　(j) $\displaystyle\int \frac{4}{x(x+1)(x+2)^2}\,dx$

(k) $\displaystyle\int \frac{x^2}{(x-1)^3}\,dx$　(l) $\displaystyle\int \frac{10x-7}{(x-1)^2(x+2)}\,dx$

〈2〉次の不定積分を計算せよ.

(a) $\displaystyle\int \frac{x+1}{(x-1)(x^2+2x+2)}\,dx$　(b) $\displaystyle\int \frac{2x}{x^2-2x+5}\,dx$

(c) $\displaystyle\int \frac{x^3+1}{x^2+2x+10}\,dx$　(d) $\displaystyle\int \frac{5x}{(x-2)(x^2+2x+2)}\,dx$

(e) $\displaystyle\int \frac{2x+1}{(x-1)^2(x^2+1)}\,dx$　(f) $\displaystyle\int \frac{1}{x^3+1}\,dx$

(g) $\displaystyle\int \frac{1}{x^4-1}\,dx$　(h) $\displaystyle\int \frac{x^2-1}{x^4-1}\,dx$

(i) $\displaystyle\int \frac{x+4}{(2x-1)(x+1)}\,dx$

(j) $\displaystyle\int \left(\frac{1}{x^2+3x+2}+\frac{1}{x^2+5x+6}+\frac{1}{x^2+7x+12}\right)dx$

(k) $\displaystyle\int \frac{2}{x^3+x^2+x+1}\,dx$

**発展 13**

〈1〉不定積分 $\displaystyle\int \frac{x^2-1}{x^4+1}\,dx$ を計算せよ.

〈2〉$a$ を定数とし，$f_a(x)=\dfrac{1}{x^2+4x+a}$ とおく.

(a) 不定積分 $\displaystyle\int f_a(x)\,dx$ を求めよ.

(b) $f_a(x)$ の原始関数 $F_a(x)$ を 1 つとり $G_a=F_a(2)-F_a(1)$ とおくと，$G_a$ は原始関数 $F_a(x)$ のとり方によらない数となる．このとき，$\displaystyle\lim_{a\to4+0}G_a=G_4=\lim_{a\to4-0}G_a$ を確かめよ.

---

● **例題 13 解答**

〈1〉(a) $\dfrac{3x+2}{x^2-4}=\dfrac{3x+2}{(x-2)(x+2)}=\dfrac{a}{x-2}+\dfrac{b}{x+2}$ とおき，右辺を通分して両辺の分子を比較すると

$$3x+2=a(x+2)+b(x-2)=(a+b)x+(2a-2b).$$

$x$ の各次の係数を比べて $\begin{cases}a+b=3\\2a-2b=2\end{cases}\Leftrightarrow\begin{cases}a=2\\b=1\end{cases}$ とすればよい．すなわち

$$\int\frac{3x+2}{x^2-4}\,dx=\int\left\{\frac{2}{x-2}+\frac{1}{x+2}\right\}dx$$
$$=2\log|x-2|+\log|x+2|+C=\log\left\{|x+2|(x-2)^2\right\}+C.$$

(b) $\displaystyle\int \frac{x^2-6x+7}{x^2-5x+6}\,dx$

$$=\int\left(1+\frac{-x+1}{x^2-5x+6}\right)dx=x-\int\frac{x-1}{(x-2)(x-3)}\,dx$$
$$=x-\int\left\{\frac{2}{x-3}-\frac{1}{x-2}\right\}dx$$
$$=x+\log|x-2|-2\log|x-3|+C=x+\log\frac{|x-2|}{(x-3)^2}+C.$$

(c) $\dfrac{2}{(x-1)(x-2)(x-3)}=\dfrac{a}{x-1}+\dfrac{b}{x-2}+\dfrac{c}{x-3}$ とおき，右辺を通分して両辺の分子を比較して

$$2=a(x-2)(x-3)+b(x-1)(x-3)+c(x-1)(x-2)$$

---

vi) (a) $\dfrac{3x+2}{(x-2)(x+2)}=\dfrac{a}{x-2}+\dfrac{b}{x+2}$　(b) まず割り算.　(c) $\dfrac{2}{(x-1)(x-2)(x-3)}=\dfrac{a}{x-1}+\dfrac{b}{x-2}+\dfrac{c}{x-3}$
(d) $\dfrac{x+1}{x^3+x^2-2x}=\dfrac{a}{x}+\dfrac{b}{x-1}+\dfrac{c}{x+2}$　(e) 先に約分してから $\dfrac{x^2+1}{(x-1)^3}=\dfrac{a}{x-1}+\dfrac{b}{(x-1)^2}+\dfrac{c}{(x-1)^3}$

vii) (a) 分母を平方完成.　(b) 前問との違いに注目.　(c) $\dfrac{x-11}{x^3+1}=\dfrac{a}{x+1}+\dfrac{bx+c}{x^2-x+1}$　(d) まず割り算.
(e) $\dfrac{x-1}{(x+1)(x^2+1)}=\dfrac{a}{x+1}+\dfrac{bx+c}{x^2+1}$　(g) 教科書（例 13.1）通りだと $\dfrac{5x^2-8x+1}{2x(x-1)^2}=\dfrac{\frac{5}{2}x^2-4x+\frac{1}{2}}{x(x-1)^2}=\dfrac{a}{x}+\dfrac{b}{x-1}+\dfrac{c}{(x-1)^2}$．$\dfrac{5x^2-8x+1}{2x(x-1)^2}=\dfrac{a}{2x}+\dfrac{b}{x-1}+\dfrac{c}{(x-1)^2}$ でもよい．　(h) $\dfrac{5x^2-3x-1}{x^2(x-1)}=\dfrac{ax+b}{x^2}+\dfrac{c}{x-1}$ または $\dfrac{5x^2-3x-1}{x^2(x-1)}=\dfrac{a}{x}+\dfrac{b}{x^2}+\dfrac{c}{x-1}$

viii) まず約分.

$$= (a+b+c)x^2 + (-5a-4b-3c)x + (6a+3b+2c).$$

$x$ の各次の係数を比べて $\begin{cases} a+b+c=0 \\ -5a-4b-3c=0 \\ 6a+3b+2c=2 \end{cases} \Leftrightarrow \begin{cases} a=1 \\ b=-2 \\ c=1 \end{cases}$

とすればよい．よって

$$\int \frac{2}{(x-1)(x-2)(x-3)}\,dx$$
$$= \int \left\{ \frac{1}{x-1} + \frac{-2}{x-2} + \frac{1}{x-3} \right\} dx$$
$$= \log \frac{|(x-1)(x-3)|}{(x-2)^2} + C.$$

(d) 分母の因数分解 $x^3+x^2-2x = x(x-1)(x+2)$ より $\frac{x+1}{x^3+x^2-2x} = \frac{x+1}{x(x-1)(x+2)} = \frac{a}{x} + \frac{b}{x-1} + \frac{c}{x+2}$ の形の部分分数分解を探す．右辺を通分して分子を比較すると

$$x+1 = (x-1)(x+2)a + x(x+2)b + x(x-1)c.$$

例えば $x=0,1,-2$ を代入して $a=-\frac{1}{2}$, $b=\frac{2}{3}$, $c=-\frac{1}{6}$ が分かる．

$$\int \frac{x+1}{x^3+x^2-2x}\,dx = \int \left\{ \frac{\frac{-1}{2}}{x} + \frac{\frac{2}{3}}{x-1} + \frac{\frac{-1}{6}}{x+2} \right\} dx$$
$$= -\frac{1}{2}\log|x| + \frac{2}{3}\log|x-1| - \frac{1}{6}\log|x+2| + C$$
$$= \frac{1}{6}\log \frac{(x-1)^4}{|x^3(x+2)|} + C.$$

(e) $\frac{x^3+x}{x(x-1)^3} = \frac{x^2+1}{(x-1)^3} = \frac{a}{x-1} + \frac{b}{(x-1)^2} + \frac{c}{(x-1)^3}$ とおき右辺を通分して両辺の分子を比較すると

$$x^2+1 = a(x-1)^2 + b(x-1) + c$$
$$= ax^2 + (-2a+b)x + (a-b+c).$$

$x$ の各次の係数を比較して $\begin{cases} a=1 \\ -2a+b=0 \\ a-b+c=1 \end{cases} \Leftrightarrow \begin{cases} a=1 \\ b=2 \\ c=2 \end{cases}$

とすればよい．したがって

$$\int \frac{x^3+x}{x(x-1)^3}\,dx = \int \left\{ \frac{1}{x-1} + \frac{2}{(x-1)^2} + \frac{2}{(x-1)^3} \right\} dx$$
$$= \log|x-1| - \frac{2x-1}{(x-1)^2} + C.$$

〈2〉 (a) 分母の 2 次式は判別式が負なので平方完成して考える [ix]．

$$\int \frac{x}{x^2-2x+5}\,dx = \int \left\{ \frac{\frac{1}{2}(2x-2)}{(x-1)^2+4} + \frac{1}{(x-1)^2+4} \right\} dx$$
$$= \frac{1}{2}\log\left\{(x-1)^2+4\right\} + \frac{1}{2}\arctan\frac{x-1}{2} + C.$$

(b) $\int \frac{x-1}{x^2-2x+5}\,dx = \frac{1}{2}\int \frac{(x^2-2x+5)'}{x^2-2x+5}\,dx$
$= \frac{1}{2}\log(x^2-2x+5) + C.$

(c) 分母は $x^3+1 = (x+1)\left(x^2-x+1\right)$ と因数分解できるので $\frac{x-11}{x^3+1} = \frac{a}{x+1} + \frac{bx+c}{x^2-x+1}$ とおき，右辺を通分して両辺の分子を比較；$x-11 = \left(x^2-x+1\right)a + (x+1)(bx+c)$ が恒等的に成り立つように $a,b,c$ を定める．（例えば $x=0,1,-1$ を代入して考えると）$a=-4, b=4, c=-7$ を得るから

$$\int \frac{x-11}{x^3+1}\,dx = \int \left\{ \frac{-4}{x+1} + \frac{4x-7}{x^2-x+1} \right\} dx$$
$$= -4\log|x+1| + \int \frac{4\left(x-\frac{1}{2}\right)}{\left(x-\frac{1}{2}\right)^2+\frac{3}{4}}\,dx + \int \frac{-5}{\left(x-\frac{1}{2}\right)^2+\frac{3}{4}}\,dx$$
$$= -4\log|x+1| + 2\log\left\{\left(x-\frac{1}{2}\right)^2+\frac{3}{4}\right\}$$
$$- \frac{10}{\sqrt{3}}\arctan\frac{2x-1}{\sqrt{3}} + C.$$

(d) (分子の次数)≧(分母の次数) であるからまず割り算を行う．

$$\int \frac{x^3+4x^2+2x+1}{x^2+3}\,dx = \int \left\{ x+4 - \frac{x+11}{x^2+3} \right\} dx$$
$$= \int (x+4)\,dx - \int \frac{x+11}{x^2+3}\,dx$$
$$= \frac{1}{2}x^2 + 4x - \frac{1}{2}\int \frac{2x}{x^2+3}\,dx - 11\int \frac{1}{x^2+3}\,dx$$
$$= \frac{1}{2}x^2 + 4x - \frac{1}{2}\log(x^2+3) - \frac{11}{\sqrt{3}}\arctan\frac{x}{\sqrt{3}} + C.$$

(e) $\int \frac{x-1}{(x+1)(x^2+1)}\,dx \underset{x)}{=} \int \left\{ \frac{x}{x^2+1} - \frac{1}{x+1} \right\} dx$
$= \frac{1}{2}\log(x^2+1) - \log|x+1| + C = \log\frac{\sqrt{x^2+1}}{|x+1|} + C.$

(f) $\int \frac{x-4}{x(x^2+x+1)}\,dx = \int \left( -\frac{4}{x} + \frac{4x+5}{x^2+x+1} \right) dx$

$$= \int \left\{ -\frac{4}{x} + \frac{2(2x+1)}{x^2+x+1} + \frac{3}{\left(x+\frac{1}{2}\right)^2 + \left(\frac{\sqrt{3}}{2}\right)^2} \right\} dx$$
$$= -4\log|x| + 2\log(x^2+x+1) + \frac{3}{\frac{\sqrt{3}}{2}}\arctan\frac{x+\frac{1}{2}}{\frac{\sqrt{3}}{2}}$$
$$= 2\log\frac{x^2+x+1}{x^2} + 2\sqrt{3}\arctan\frac{2x+1}{\sqrt{3}} + C.$$

(g) $\int \frac{5x^2-8x+1}{2x(x-1)^2}\,dx = \int \left\{ \frac{1}{2x} + \frac{2}{x-1} - \frac{1}{(x-1)^2} \right\} dx$
$= \frac{1}{2}\log|x| + 2\log|x-1| + \frac{1}{x-1} + C.$

---

[ix] 判別式が正の場合に平方完成しても自然に因数分解に導かれるだけで実害はない（$a^2-b^2=(a-b)(a+b)$）．

[x] $\frac{x-1}{(x+1)(x^2+1)} = \frac{a}{x+1} + \frac{bx+c}{x^2+1}$ とおき，両辺に $(x+1)$ を掛けてから $x=-1$ を代入すると $a=-1$ が分かる．両辺に $(x^2+1)$ を掛けてから $x=i$ を代入すると $bi+c = \frac{i-1}{i+1} = \frac{(i-1)}{(i+1)(i-1)} = \frac{-2i}{-2} = i$ より $b=1, c=0$ が分かる．

(h) $\int \frac{5x^2-3x-1}{x^2(x-1)}\,dx = \int \left\{ \frac{4}{x} + \frac{1}{x^2} + \frac{1}{x-1} \right\} dx$
$= \log|x^4(x-1)| - \frac{1}{x} + C.$

**● 類題 13 解答**（積分定数は省略する.）

**〈1〉** (a) $\frac{1}{8}\log\left|\frac{x-7}{x+1}\right|$　(b) $\frac{1}{2}\log\frac{|(x-2)(x-4)|}{(x-3)^2}$

(c) $\log\left\{(x-1)^2|x-2|^3\right\}$　(d) $\frac{1}{3}\log\left|\frac{x-1}{x+2}\right| - \frac{1}{x-1}$

(e) $\frac{x^2}{2} + 5x + \log\frac{|x-3|^{27}}{(x-2)^8}$　(f) $\frac{x^2}{2} + x + 8\log|x-3|$

(g) $\log\frac{|x-1|^3}{|x-4|}$　(h) $\log\frac{|x^3(x+1)^2|}{|x-1|}$

(i) $\log\left|\frac{x+1}{x-1}\right| - \frac{2x}{x^2-1}$　(j) $\log\frac{|x(x+2)^3|}{(x+1)^4} - \frac{2}{x+2}$

(k) $\log|x-1| - \frac{4x-3}{2(x-1)^2}$　(l) $3\log\left|\frac{x-1}{x+2}\right| - \frac{1}{x-1}$

**〈2〉** (a) $\frac{1}{5}\log\frac{(x-1)^2}{x^2+2x+2} + \frac{1}{5}\arctan(x+1)$

(b) $\log\left(x^2-2x+5\right) + \arctan\frac{x-1}{2}$

(c) $\frac{1}{2}x^2 - 2x - 3\log(x^2+2x+10) + 9\arctan\frac{x+1}{3}$

(d) $\log|x-2| - \frac{1}{2}\log(x^2+2x+2) + 2\arctan(x+1)$

(e) $-\frac{3}{2(x-1)} - \frac{1}{2}\log|x-1| - \arctan x + \frac{1}{4}\log(x^2+1)$

(f) $\frac{1}{6}\log\frac{(x+1)^2}{x^2-x+1} + \frac{1}{\sqrt{3}}\arctan\frac{2x-1}{\sqrt{3}}$

(g) $\frac{1}{4}\log\left|\frac{x-1}{x+1}\right| - \frac{1}{2}\arctan x$

(h) $\arctan x$（まずは約分する）.

(i) $\frac{3}{2}\log|2x-1| - \log|x+1|$　(j) $\log\left|\frac{x+1}{x+4}\right|$

(k) $\log|x+1| - \frac{1}{2}\log(x^2+1) + \arctan x$[xi)]

**● 発展 13 解答**（積分定数は省略する.）

**〈1〉** $x^4+1 = (x^2+1)^2 - (\sqrt{2}x)^2$
$= (x^2+1-\sqrt{2}x)(x^2+1+\sqrt{2}x)$ より

$$\int \frac{x^2-1}{x^4+1}\,dx = \frac{-1}{2\sqrt{2}}\int\left(\frac{2x+\sqrt{2}}{x^2+\sqrt{2}x+1} - \frac{2x-\sqrt{2}}{x^2-\sqrt{2}x+1}\right)dx$$
$$= \frac{-1}{2\sqrt{2}}\log\left|\frac{x^2+\sqrt{2}x+1}{x^2-\sqrt{2}x+1}\right|.$$

**〈2〉** (a) $\frac{1}{x^2+4x+a} = \frac{1}{(x+2)^2+(a-4)}$ より $a>4$ のとき $\int f_a(x)\,dx = \frac{1}{\sqrt{a-4}}\arctan\left(\frac{x+2}{\sqrt{a-4}}\right)$.
$a=4$ のとき $\int f_a(x)\,dx = -\frac{1}{x+2}$，$a<4$ のとき
$\int f_a(x)\,dx = \frac{1}{2\sqrt{4-a}}\log\left|\frac{x+2-\sqrt{4-a}}{x+2+\sqrt{4-a}}\right|$.

(b)（略）

---

xi) 先に $\frac{2}{x^3+x^2+x+1} = \frac{2x}{x^4-1} - \frac{2}{x^4-1}$ と変形すると部分分数分解が少し楽.

# 第 14 章

# 定番の置換

第 13 章でみた有理関数の積分の計算方法は強力だった．置換積分によって有理関数の積分に持ち込める積分のパターンを整理しておくのは有益だろう．

## 14.1　三角関数

三角関数 $\cos x$ と $\sin x$ の**有理式**（それらと実数の有限個の和・差・積・商で作られる式）の積分

$$\int \frac{1}{\cos x+5}\,dx,\quad \int \frac{\sin x+7}{\cos^2 x+5}\,dx,\quad \int \frac{\sin^2 x+3\sin x\cos x+1}{\cos^3 x+2\cos x+\sin x}\,dx,\quad \cdots\cdots$$

などを考える．これらは，決まった置換により有理関数の不定積分の計算に帰着できる．

**三角関数の置換**

$t=\tan\dfrac{x}{2}$ $(-\pi<x<\pi)$ とおくと $\cos\dfrac{x}{2}=\dfrac{1}{\sqrt{t^2+1}}$, $\sin\dfrac{x}{2}=\dfrac{t}{\sqrt{t^2+1}}$ より（図 14.1）

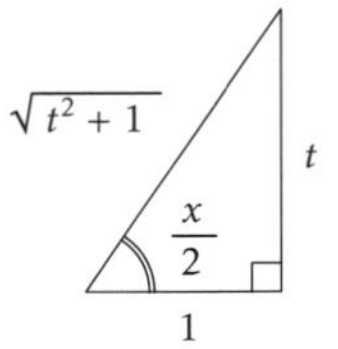

$$\boldsymbol{\cos x}=\cos^2\frac{x}{2}-\sin^2\frac{x}{2}=\left(\frac{1}{\sqrt{t^2+1}}\right)^2-\left(\frac{t}{\sqrt{t^2+1}}\right)^2=\boldsymbol{-\frac{t^2-1}{t^2+1}},\quad (14.1)$$

$$\boldsymbol{\sin x}=2\cos\frac{x}{2}\sin\frac{x}{2}=2\cdot\frac{1}{\sqrt{t^2+1}}\cdot\frac{t}{\sqrt{t^2+1}}=\boldsymbol{\frac{2t}{t^2+1}},\quad (14.2)$$

また
$$\frac{dt}{dx}=\frac{1}{2\cos^2\frac{x}{2}}=\frac{1}{2\left(\frac{1}{\sqrt{t^2+1}}\right)^2}=\frac{t^2+1}{2}\qquad \therefore\ \boldsymbol{dx=\frac{2}{t^2+1}\,dt}.\quad (14.3)$$

図 14.1　$t=\tan\dfrac{x}{2}$

この置換により，$\cos x$ と $\sin x$ の有理式の積分は $t$ に関する有理関数の積分になる．

**例 14.1**　$I=\displaystyle\int\frac{1}{\cos x}\,dx$ を計算しよう．$t=\tan\dfrac{x}{2}$ とおくと [i)]

$$I=\int\frac{1}{-\frac{t^2-1}{t^2+1}}\cdot\frac{2}{t^2+1}\,dt=\int\frac{-2}{t^2-1}\,dt=\int\left(\frac{1}{t+1}-\frac{1}{t-1}\right)dt$$

$$=\log|t+1|-\log|t-1|+C=\log\left|\frac{t+1}{1-t}\right|+C=\log\left|\frac{1+\tan\frac{x}{2}}{1-\tan\frac{x}{2}}\right|+C.$$

---

i) 【別解】$I=\int\frac{1}{\cos x}\,dx=\int\frac{\cos x}{\cos^2 x}\,dx=\int\frac{\cos x}{1-\sin^2 x}\,dx=\int\frac{1}{2}\left(\frac{\cos x}{1-\sin x}+\frac{\cos x}{1+\sin x}\right)dx=\frac{1}{2}\left\{-\log(1-\sin x)+\log(1+\sin x)\right\}+C=\frac{1}{2}\log\frac{1+\sin x}{1-\sin x}+C=\log\sqrt{\frac{1+\sin x}{1-\sin x}}+C$．これが上と一致することは $\left(\frac{t+1}{t-1}\right)^2=\frac{(t^2+1)+2t}{(t^2+1)-2t}=\frac{1+\frac{2t}{t^2+1}}{1-\frac{2t}{t^2+1}}=\frac{1+\sin x}{1-\sin x}$ から分かる．

**例 14.2** $I=\int \frac{1}{4+5\sin x}dx$ を計算しよう．$t=\tan\frac{x}{2}$ とおくと

$$I=\int \frac{1}{4+5\cdot\frac{2t}{t^2+1}}\cdot\frac{2}{t^2+1}dt=\int\frac{1}{2\left(t+\frac{1}{2}\right)(t+2)}dt=\int\left(\frac{\frac{1}{3}}{t+\frac{1}{2}}-\frac{\frac{1}{3}}{t+2}\right)dt$$
$$=\frac{1}{3}\left(\log\left|t+\frac{1}{2}\right|-\log|t+2|\right)+C=\frac{1}{3}\log\left|\frac{t+\frac{1}{2}}{t+2}\right|+C=\frac{1}{3}\log\left|\frac{\frac{1}{2}+\tan\frac{x}{2}}{2+\tan\frac{x}{2}}\right|+C.$$

**例 14.3** $I=\int \frac{1}{5+4\sin x}dx$ を計算しよう．$t=\tan\frac{x}{2}$ とおくと

$$I=\int\frac{1}{5+4\cdot\frac{2t}{t^2+1}}\cdot\frac{2}{t^2+1}dt=\int\frac{2}{5(t^2+1)+8t}dt=\frac{2}{5}\int\frac{1}{\left(t+\frac{4}{5}\right)^2+\left(\frac{3}{5}\right)^2}dt$$
$$=\frac{2}{5}\cdot\frac{5}{3}\arctan\frac{t+\frac{4}{5}}{\frac{3}{5}}+C=\frac{2}{3}\arctan\frac{5t+4}{3}+C=\frac{2}{3}\arctan\frac{5\tan\frac{x}{2}+4}{3}+C.$$

## 14.2 無理式を含む関数

計算方法を手っ取り早く知りたければ，§14.2.3 のみを読んでもよい．

### 14.2.1 1 次式の平方根を含む関数の有理化

有理関数と $\sqrt{\quad}$ や $\sqrt[3]{\quad}$, $\sqrt[4]{\quad}$, ... の合成の不定積分は一般に初等的な関数では表せない．ただし，特別な場合にはうまい置換によって有理関数の不定積分に帰着（**有理化**）できる．

被積分関数が $\sqrt{(x\text{ の 1 次式})}$ と $x$ の有理式なら $\boldsymbol{t=\sqrt{(x\text{ の 1 次式})}}$ とすればよい．

**例 14.4** $I=\int\frac{\sqrt{x+1}}{x}dx$ に対して $t=\sqrt{x+1}$ とおくと $x=t^2-1$ $\quad\therefore\ \frac{dx}{dt}=2t$ より

$$I=\int\frac{t}{t^2-1}\cdot 2t\,dt=\int\frac{2t^2}{t^2-1}dt=\int\left(2+\frac{2}{t^2-1}\right)dt=\int\left(2+\frac{1}{t-1}-\frac{1}{t+1}\right)dt$$
$$=2t+\log\left|\frac{t-1}{t+1}\right|+C=2\sqrt{x+1}+\log\left|\frac{\sqrt{x+1}-1}{\sqrt{x+1}+1}\right|+C.$$

置換により $\sqrt{(x\text{ の 1 次式})}$ と $x$ の両方を（結果として $\frac{dx}{dt}$ も）$t$ の有理式で表せたことが上の計算のポイントである．これを踏まえると，置換 $\boldsymbol{t=\sqrt{\frac{(x\text{ の 1 次式})}{(x\text{ の 1 次式})}}}$ や $\boldsymbol{t=\sqrt[m]{(x\text{ の 1 次式})}}$ $(m=1,2,3,\ldots)$ による有理化がうまくいく場合は類推できるだろう．

**例 14.5** $I=\int\sqrt{\frac{1-x}{x+2}}dx$ を計算しよう．$t=\sqrt{\frac{1-x}{x+2}}$ とおくと $t^2=\frac{1-x}{x+2}$ より

$$x=-\frac{2t^2-1}{t^2-1}=-2+\frac{3}{t^2+1}\quad\therefore\ \frac{dx}{dt}=-\frac{6t}{(t^2+1)^2}\quad\therefore\ dx=\frac{-6t}{(t^2+1)^2}dt.$$

$$\therefore\ I=\int t\cdot\frac{-6t}{(t^2+1)^2}\,dt=-6\int\frac{t^2}{(t^2+1)^2}\,dt=-6\int\left(\frac{1}{t^2+1}-\frac{1}{(t^2+1)^2}\right)dt$$
$$=-6\left\{\arctan t-\frac{1}{2}\left(\arctan t+\frac{t}{t^2+1}\right)\right\}+C \qquad \text{（式 (12.3) を使った）}$$
$$=3\left(\frac{t}{t^2+1}-\arctan t\right)+C=\sqrt{(x+2)(1-x)}-3\arctan\sqrt{\frac{1-x}{x+2}}+C.$$

**例 14.6**　$I=\int\frac{1}{\sqrt{x}+\sqrt[3]{x}}\,dx$ を計算しよう．$t=\sqrt[6]{x}$ とおくと $t^6=x$ より $\frac{dx}{dt}=6t^5$ だから

$$I=\int\frac{1}{t^3+t^2}\cdot 6t^5\,dt=6\int\frac{t^3}{t+1}\,dt=6\int\left(t^2-t+1-\frac{1}{t+1}\right)dt$$
$$=2t^3-3t^2+6t-6\log|t+1|+C=2\sqrt{x}-3\sqrt[3]{x}+6\sqrt[6]{x}-6\log\left(\sqrt[6]{x}+1\right)+C.$$

### 14.2.2　2次式の平方根を含む関数の有理化

$x$ と $Y=\sqrt{ax^2+bx+c}$ の有理式の積分を考える（$a,b,c$ は実数，$a\neq 0$）．$D=b^2-4ac$ が 0 に等しいときは $\sqrt{\ }$ が外せる．「$D<0$ かつ $a<0$」の場合は $ax^2+bx+c$ が恒等的に負となるので考えなくてよい．すなわち $D$ または $a$ のいずれかは正であるとしてよい．

（イ）$D>0$ の場合：$ax^2+bx+c=a(x-\alpha)(x-\beta)$ と因数分解できる．そうすると

$$Y=\sqrt{ax^2+bx+c}=\sqrt{a(x-\alpha)(x-\beta)}=\pm(x-\alpha)\sqrt{\frac{a(x-\beta)}{x-\alpha}}$$

より，前の $\sqrt{\frac{(x\text{ の 1 次式})}{(x\text{ の 1 次式})}}$ の場合とみなせるから $\boldsymbol{t=\sqrt{\frac{a(x-\beta)}{x-\alpha}}}$ とおけば有理化できる．

**例 14.7**　$I=\int\frac{1}{\sqrt{(x+2)(1-x)}}\,dx$ に対して $t=\sqrt{\frac{1-x}{x+2}}$ とおくと $x=-\frac{2t^2-1}{t^2+1}$，$1-x=\frac{3t^2}{t^2+1}$ である．また，$\frac{dx}{dt}=-\frac{6t}{(t^2+1)^2}$ より $dx=\frac{-6t}{(t^2+1)^2}\,dt$ であるから

$$I=\int\frac{1}{\sqrt{(x+2)(1-x)}}\,dx=\int\frac{1}{1-x}\sqrt{\frac{1-x}{x+2}}\,dx=\int\frac{t^2+1}{3t^2}\cdot t\cdot\frac{-6t}{(t^2+1)^2}\,dt$$
$$=-2\int\frac{1}{t^2+1}\,dt=-2\arctan t+C=-2\arctan\sqrt{\frac{1-x}{x+2}}+C^{\text{ii)}}.$$

（ロ）$a>0$ の場合：$D=b^2-4ac$ とおくと

$$Y=\sqrt{ax^2+bx+c}=\sqrt{a}\sqrt{x^2+\frac{b}{a}x+\frac{c}{a}}=\sqrt{a}\sqrt{\left(x+\frac{b}{2a}\right)^2-\frac{D}{4a^2}}$$

と変形できる．いまやりたいことは，$x$ と $Y$ の両方を，あるいは $x$ と $y=\frac{Y}{\sqrt{a}}=\sqrt{\left(x+\frac{b}{2a}\right)^2-\frac{D}{4a^2}}$ の両方をある変数 $t$ の有理式として表すことである．さて式変形により，点 $(x,y)$ は双曲線

---

ii) $\int\frac{1}{\sqrt{(x+2)(1-x)}}\,dx=\int\frac{1}{\sqrt{\frac{9}{4}-\left(x+\frac{1}{2}\right)^2}}\,dx=\arcsin\frac{2x+1}{3}+C$（例 12.3）の計算結果と等しいことを確かめよ．

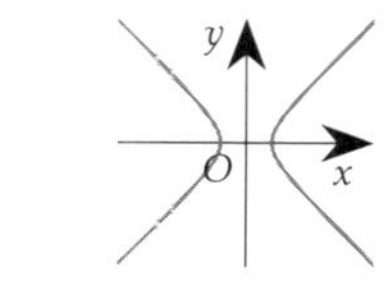


図 14.2 $x^2 - y^2 = A\ (>0)$

または $\begin{cases} x = \frac{\sqrt{A}}{2}\left(t + \frac{1}{t}\right) \\ y = \frac{\sqrt{A}}{2}\left(t - \frac{1}{t}\right) \end{cases}$

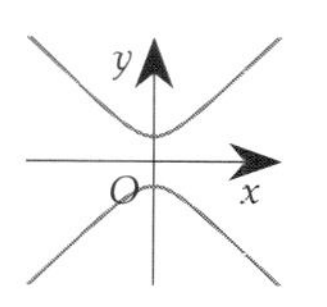


図 14.3 $y^2 - x^2 = A\ (>0)$

または $\begin{cases} x = \frac{\sqrt{A}}{2}\left(t - \frac{1}{t}\right) \\ y = \frac{\sqrt{A}}{2}\left(t + \frac{1}{t}\right) \end{cases}$



$$\left(x + \frac{b}{2a}\right)^2 - y^2 = \frac{D}{4a^2}$$

上にあることが分かる．よって註 6.14 から（図 14.2，図 14.3 参照）

$$x + \frac{b}{2a} = \frac{\sqrt{\pm D}}{4a}\left(t \pm \frac{1}{t}\right), \qquad y = \frac{\sqrt{\pm D}}{4a}\left(t \mp \frac{1}{t}\right) \qquad (\text{複号は } \pm D > 0 \text{ となる方を選ぶ})$$

のように，$x$ と $y$ の両方をパラメータ $t$ の有理式として表せる．この 2 式の辺々を加えて整理すると

$$t = \frac{2a}{\sqrt{|D|}}\left\{\left(x + \frac{b}{2a}\right) + y\right\} = \frac{2a}{\sqrt{|D|}}\left\{\left(x + \frac{b}{2a}\right) + \sqrt{x^2 + \frac{b}{a}x + \frac{c}{a}}\right\} \tag{14.4}$$

となる．一般に，$t$ の有理式は（実数 $p, q$ に対して）$pt + q$ の有理式としても表せるから，式 (14.4) の代わりに $t = x + \sqrt{x^2 + \frac{b}{a}x + \frac{c}{a}}$ あるいは $t = \sqrt{a}x + \sqrt{ax^2 + bx + c}$ とおいてもうまくいく．大抵は $\boldsymbol{t - \sqrt{a}x = \sqrt{ax^2 + bx + c}}$ の形で覚えておくと便利である．

**例 14.8** $I = \displaystyle\int \frac{1}{x\sqrt{x^2 - x + 1}}\,dx$ を計算しよう．$t - x = \sqrt{x^2 - x + 1}$ とおくと

$$t^2 - 2tx + x^2 = x^2 - x + 1 \qquad \therefore\ x = \frac{t^2 - 1}{2t - 1} \qquad \therefore\ \frac{dx}{dt} = \frac{2(t^2 - t + 1)}{(2t - 1)^2}.$$

$$\therefore\ I = \int \frac{1}{\frac{t^2-1}{2t-1}\left(t - \frac{t^2-1}{2t-1}\right)} \cdot \frac{2(t^2 - t + 1)}{(2t - 1)^2}\,dt = \int \frac{2}{t^2 - 1}\,dt = \int \left(\frac{1}{t - 1} - \frac{1}{t + 1}\right) dt$$

$$= \log\left|\frac{t - 1}{t + 1}\right| + C = \log\left|\frac{x - 1 + \sqrt{x^2 - x + 1}}{x + 1 + \sqrt{x^2 - x + 1}}\right| + C.$$

### 14.2.3 無理関数の不定積分：まとめ

無理式を含む関数の不定積分について，ここまでにみた技法をまとめる．なお，平方根の中が 3 次以上の多項式である場合の積分を扱うには，**楕円積分**，**超楕円積分**を学ぶ必要がある．

**「無理関数」の置換**

$a, b, c, d, \alpha, \beta$ を実数，$m_1, \ldots, m_k$ を自然数，$M$ を $m_1, \ldots, m_k$ の最小公倍数とする．以下の各 $R$ について $\displaystyle\int (x \text{ と } R \text{ の有理式})\,dx$ は右側の置換によって有理化できる．

（∗） $R = \left\{\sqrt[m_1]{ax + b},\ \ldots,\ \sqrt[m_k]{ax + b}\right\}$ ⇝ $t = \sqrt[M]{ax + b}$

（∗） $R = \left\{\sqrt[m_1]{\frac{ax + b}{cx + d}},\ \ldots,\ \sqrt[m_k]{\frac{ax + b}{cx + d}}\right\}$ ⇝ $t = \sqrt[M]{\frac{ax + b}{cx + d}}$

$$\text{（イ）}\quad R=\sqrt{ax^2+bx+c}\quad (b^2-4ac>0)\quad \rightsquigarrow\quad t=\sqrt{\frac{a(x-\beta)}{x-\alpha}}$$
$$=\sqrt{a(x-\alpha)(x-\beta)}$$
$$\text{（ロ）}\quad R=\sqrt{ax^2+bx+c}\quad (a>0)\quad \rightsquigarrow\quad t-\sqrt{a}x=\sqrt{ax^2+bx+c}$$

$R=\sqrt{ax^2+bx+c}$ の場合で，$a>0$ かつ $D=b^2-4ac>0$ であるときは（イ）と（ロ）のいずれの方法によってもよいが，（ロ）の計算の方が易しい場合が多い．

**例 14.9**　$I=\displaystyle\int\frac{1}{\sqrt{x^2-1}}dx$ を2通りの方法で計算してみよう [iii]．

（イ）$\dfrac{1}{\sqrt{x^2-1}}=\dfrac{1}{x-1}\sqrt{\dfrac{x-1}{x+1}}$ を考慮して $t=\sqrt{\dfrac{x-1}{x+1}}$ とおくと $x=-\dfrac{t^2+1}{t^2-1}$ より

$$x-1=-\frac{2t^2}{t^2-1}\quad \text{また}\quad \frac{dx}{dt}=\frac{4t}{(t^2-1)^2}.$$

$$\therefore\ I=-\int\frac{t^2-1}{2t^2}\cdot t\cdot\frac{4t}{(t^2-1)^2}dt=-\int\frac{2}{t^2-1}dt=\int\left(\frac{1}{t+1}-\frac{1}{t-1}\right)dt$$

$$=\log\left|\frac{t+1}{t-1}\right|+C=\log\left|\frac{\sqrt{\frac{x-1}{x+1}}+1}{\sqrt{\frac{x-1}{x+1}}-1}\right|+C=\log\left|x+\sqrt{x^2-1}\right|+C.$$

（ロ）$t-x=\sqrt{x^2-1}$ とおくと，$x=\dfrac{1}{2}\left(t+\dfrac{1}{t}\right)$ より $\dfrac{dx}{dt}=\dfrac{1}{2}\left(1-\dfrac{1}{t^2}\right)=\dfrac{t^2-1}{2t^2}$ だから

$$I=\int\frac{1}{t-\frac{1}{2}\left(t+\frac{1}{t}\right)}\cdot\frac{t^2-1}{2t^2}dt=\int\frac{1}{t}dt=\log t+C=\log\left|x+\sqrt{x^2-1}\right|+C.$$

## 14.3　その他の例

有理関数は第13章でみた手順で部分分数分解すれば不定積分が計算できる．しかし闇雲に部分分数分解するのではなく，先に適切な式変形や置換積分をした方がよい場合が多い．

**例 14.10**　$I=\displaystyle\int\frac{x(x^2+3)}{(x^2-1)(x^2+1)^2}dx$ に対して $t=x^2$ とおくと [iv] $\dfrac{dt}{dx}=2x\quad \therefore\ xdx=\dfrac{1}{2}dt.$

$$\therefore\ I=\frac{1}{2}\int\frac{t+3}{(t-1)(t+1)^2}dt\underset{\text{v)}}{=}\frac{1}{2}\int\left(\frac{1}{t-1}+\frac{-1}{t+1}+\frac{-1}{(t+1)^2}\right)dt$$

$$=\frac{1}{2}\left(\log|t-1|-\log|t+1|+\frac{1}{t+1}\right)+C=\frac{1}{2}\left(\log\frac{|x^2-1|}{x^2+1}+\frac{1}{x^2+1}\right)+C.$$

---

[iii] $x=\cosh t$ の置換もうまくいく．実際 $x=\cosh t$ とおくと，$\frac{dx}{dt}=\sinh t$ より

$$I=\int\frac{1}{\sqrt{x^2-1}}dx=\int\frac{1}{\sqrt{\cosh^2 t-1}}\cdot\sinh t\,dt=\int\frac{1}{\sinh t}\cdot\sinh t\,dt=t+C=\operatorname{arcosh}x+C$$

である．$\operatorname{arcosh}x=\log(x+\sqrt{x^2-1})$（$x\geqq 0$）については [発展 6⟨4⟩] 参照.

また，三角関数の有理式の積分に対して置換 $t=\tan\dfrac{x}{2}$ は「万能薬」だが（§14.1），最良選択とは限らない．例えば被積分関数が**周期 $\pi$ を持つ場合**（$\cos^2 x$, $\sin^2 x$, $\cos 2x$, $\sin 2x$, $\tan x$ の有理式など）には，$\boldsymbol{t=\tan x}$ **と置換**する方がより簡便である．



**例 14.11** $I=\displaystyle\int\frac{1}{\sin x\cos^3 x}\,dx$ を計算しよう．$t=\tan x$ とおくと $\dfrac{dt}{dx}=\dfrac{1}{\cos^2 x}$ $\therefore \dfrac{1}{\cos^2 x}\,dx=dt$ より

$$I=\int\frac{\cos x}{\sin x}\cdot\frac{1}{\cos^2 x}\cdot\frac{1}{\cos^2 x}\,dx=\int\frac{\cos x}{\sin x}\cdot(\tan^2 x+1)\cdot\frac{1}{\cos^2 x}\,dx=\int\frac{1}{t}\cdot(t^2+1)\,dt$$
$$=\int\left(t+\frac{1}{t}\right)dt=\frac{t^2}{2}+\log|t|+C=\frac{\tan^2 x}{2}+\log|\tan x|+C.$$

**例 14.12** $I=\displaystyle\int\frac{1}{a\cos^2 x+b\sin^2 x}\,dx$ を計算しよう（$ab\neq 0$）．$t=\tan x$ とおくと $\dfrac{dt}{dx}=\dfrac{1}{\cos^2 x}$，すなわち $\dfrac{1}{\cos^2 x}\,dx=dt$ だから，註 12.15 より

$$I=\int\frac{1}{a+bt^2}\,dt=\frac{1}{b}\int\frac{1}{t^2+\frac{a}{b}}\,dt=\begin{cases}\dfrac{1}{\sqrt{ab}}\arctan\dfrac{bx}{\sqrt{ab}}+C & (ab>0)\\[2ex] \dfrac{1}{2\sqrt{-ab}}\log\left|\dfrac{bx-\sqrt{-ab}}{bx+\sqrt{-ab}}\right| & (ab<0).\end{cases}$$

より一般に，適当な有理式 $R(t)$ に対して $\displaystyle\int R(f(x))f'(x)\,dx$ の形に変形できる積分は，$t=f(x)$ の置換により有理関数の積分に持ち込める（表 14.1）．

表 14.1 $R(X)$ を $X$ の有理式とするとき，左の形の積分には右側に示す置換を試みるとよい．

| 不定積分 | 置換（有理化） |
|---|---|
| $\int R(x^2)\,x\,dx$ | $t=x^2$, $x\,dx=\frac{1}{2}dt$ |
| $\int R(e^x)\,e^x\,dx$ | $t=e^x$, $e^x\,dx=dt$ |
| $\int \frac{R(\log x)}{x}\,dx$ | $t=\log x$, $\frac{1}{x}\,dx=dt$ |

| 不定積分 | 置換（有理化） |
|---|---|
| $\int R(\cos x)\sin x\,dx$ | $t=\cos x$, $\sin x\,dx=-dt$ |
| $\int R(\sin x)\cos x\,dx$ | $t=\sin x$, $\cos x\,dx=dt$ |

**例 14.13** $I=\displaystyle\int\frac{1}{e^x+4e^{-x}+5}\,dx$ に対して $t=e^x$ とおくと $\dfrac{dt}{dx}=e^x=t$ $\therefore dx=\dfrac{1}{t}\,dt.$

$$\therefore I=\int\frac{1}{t+4t^{-1}+5}\cdot\frac{1}{t}\,dt=\int\frac{1}{t^2+5t+4}\,dt=\int\frac{1}{(t+1)(t+4)}\,dt$$
$$=\frac{1}{3}\int\left(\frac{1}{t+1}-\frac{1}{t+4}\right)dt=\frac{1}{3}\log\left|\frac{t+1}{t+4}\right|+C=\frac{1}{3}\log\frac{e^x+1}{e^x+4}+C.$$

---

iv) $\frac{x(x^2+3)}{(x^2-1)(x^2+1)^2}=\frac{x(x^2+3)}{(x-1)(x+1)(x^2+1)^2}$ を第 13 章の手順通り $\frac{\alpha}{x-1}+\frac{\beta}{x+1}+\frac{\gamma x+\delta}{x^2+1}+\frac{\varepsilon x+\zeta}{(x^2+1)^2}$ の形に部分分数分解するのは手間がかかるし，その後の積分の計算も大変である．

v) $\frac{t+3}{(t-1)(t+1)^2}=\frac{\alpha}{t-1}+\frac{\beta}{t+1}+\frac{\gamma}{(t+1)^2}$ の両辺に $t-1$ を掛けてから $t=1$ を代入すると $\alpha=1$，$(t+1)^2$ を掛けてから $t=-1$ を代入すると $\gamma=-1$，$t=0$ を代入すると $-3=-\alpha+\beta+\gamma$ より $\beta=-1$ を得る．

**例 14.14**　$I = \int \frac{1}{\cos^3 x}\,dx$ を計算しよう．$\frac{1}{\cos^3 x} = \frac{\cos x}{(\cos^2 x)^2} = \frac{\cos x}{(1-\sin^2 x)^2}$ を考慮して $t = \sin x$ とおくと $\frac{dt}{dx} = \cos x$　$\therefore\ \cos x\,dx = dt$ より

$$I = \int \frac{1}{(1-t^2)^2}\,dt = \int \frac{1}{(t-1)^2(t+1)^2}\,dt = \int \left\{ \frac{-\frac{1}{4}}{t-1} + \frac{\frac{1}{4}}{(t-1)^2} + \frac{\frac{1}{4}}{t+1} + \frac{\frac{1}{4}}{(t+1)^2} \right\} dt$$

$$= \frac{1}{4}\left\{ \log\left|\frac{t+1}{t-1}\right| - \frac{1}{t-1} - \frac{1}{t+1} \right\} + C = \frac{1}{4}\log\left|\frac{t+1}{1-t}\right| + \frac{2t}{1-t^2} + C = \frac{1}{4}\log\frac{1+\sin x}{1-\sin x} + \frac{2\sin x}{\cos^2 x} + C.$$

**例題 14**

〈1〉 次の関数の不定積分を計算せよ [vi].

(a) $\dfrac{1}{\sin x}$　(b) $\dfrac{1}{1-\cos x}$　(c) $\dfrac{1-\sin x}{1+\cos x}$

(d) $\dfrac{5\sin x}{\cos x(4\cos x-3\sin x)}$　(e) $\dfrac{\sin x}{\sin x+\cos x}$

(f) $\dfrac{\sin^3 x-1}{\cos^2 x}$

〈2〉 次の関数の不定積分を計算せよ [vii].

(a) $\dfrac{1}{\sqrt{(x-1)(x-2)}}$　(b) $\dfrac{1}{x\sqrt{1-x}}$　(c) $\dfrac{3\sqrt[4]{x}}{1+\sqrt{x}}$

(d) $\sqrt{e^x-1}$　(e) $\dfrac{e^x-1}{e^x+1}$　(f) $\dfrac{x-2}{x\sqrt{x+1}}$

〈3〉 $I=\int\sqrt{x^2+1}\,dx$ を以下の置換によってそれぞれ計算せよ.

(a) $\sqrt{x^2+1}=t-x$　(b) $x=\dfrac{e^t-e^{-t}}{2}$ $(=\sinh t)$

(c) $x=\tan\theta$

〈4〉 $t-x=\sqrt{x^2+1}$ の置換により,

$I=\int\log\left(x+\sqrt{x^2+1}\right)dx$ を計算せよ（例 12.11 参照）.

〈5〉 次の関数の不定積分を計算せよ [viii].

(a) $\dfrac{x^3}{(x^2+1)^2}$　(b) $\dfrac{(\log x+1)^3}{x}$　(c) $\dfrac{e^x+e^{-x}}{e^x-e^{-x}}$

**類題 14**

〈1〉 次の不定積分を計算せよ.

(a) $\int\dfrac{1}{1+\sin x}dx$　(b) $\int\dfrac{1}{2+\sin x}dx$

(c) $\int\dfrac{1}{\sin x+\cos x+2}dx$　(d) $\int\dfrac{1+\sin x}{(1+\cos x)\sin x}dx$

(e) $\int\dfrac{1}{2+2\sin x+\cos x}dx$　(f) $\int\dfrac{1}{\sin^2 x\cos^2 x}dx$

(g) $\int\dfrac{1+\sin x}{1+\cos x}dx$　(h) $\int\dfrac{1-\cos x}{1+\cos x}dx$　(i) $\int\tan^3 x\,dx$

〈2〉 次の不定積分を計算せよ.

(a) $\int\dfrac{1}{\sqrt{2x-x^2}}dx$　(b) $\int\dfrac{1}{(x+1)\sqrt{x-3}}dx$

(c) $\int\dfrac{1}{x+4+4\sqrt{x+1}}dx$　(d) $\int\dfrac{1}{x-2\sqrt{x-1}}dx$

(e) $\int\dfrac{\sqrt{x+1}}{\sqrt[3]{x+1}+1}dx$　(f) $\int\dfrac{1}{\cos 2x}dx$

**発展 14**

〈1〉 次の不定積分を, 括弧内に示される置換によって計算せよ. $A>0$ とする.

(a) $\int\sqrt{A-x^2}\,dx\ \left(x=\sqrt{A}\sin t\right)$

(b) $\int\sqrt{x^2-A}\,dx\ \left(x=\dfrac{\sqrt{A}}{2}\left(e^t+e^{-t}\right)\right)$

(c) $\int\sqrt{x^2+A}\,dx\ \left(x=\dfrac{\sqrt{A}}{2}\left(e^t-e^{-t}\right)\right)$

(d) $\int\dfrac{1}{\sqrt{x^2+A}}dx\ \left(\sqrt{x^2+A}=t-x\right)$

〈2〉 $a, b, c, k$ を定数とし, 2 次曲線 $C: ax^2+bxy+cy^2-k=0$ を考える.

(a) $P$ を $C$ 上の点とする. $P$ を通る傾き $t$ の直線 $\ell$ と曲線 $C$ の交点の $x$ 座標と $y$ 座標はそれぞれ $t$ の有理関数で表されることを示せ.

(b) $a=c=1,\ b=0,\ k=1$ また $P(-1,0)$ のとき, $C$ と $\ell$ の（点 $P$ と異なる）交点の $x$ 座標を求めよ. また, それを用いて $\int\dfrac{1}{\sqrt{1-x^2}}dx$ を計算せよ.

(c) $a=1,\ b=0,\ c=-1,\ k=1$ また $P(1,0)$ のとき, $C$ と $\ell$ の（点 $P$ と異なる）交点の $x$ 座標を求め, $\int\dfrac{1}{\sqrt{x^2-1}}dx$ を計算せよ.

---

**● 例題 14 解答**

〈1〉 $t=\tan\frac{x}{2}$ とおけば, $\sin x=\dfrac{2t}{1+t^2}$, $\cos x=\dfrac{1-t^2}{1+t^2}$, $dx=\dfrac{2}{1+t^2}dt$ である.

(a) $\int\dfrac{1}{\sin x}dx=\int\dfrac{1+t^2}{2t}\cdot\dfrac{2}{1+t^2}dt=\int\dfrac{1}{t}dt=\log|t|+C$
$=\log\left|\tan\frac{x}{2}\right|+C.$

(b) $\int\dfrac{1}{1-\cos x}dx=\int\dfrac{1}{1-\dfrac{1-t^2}{1+t^2}}\cdot\dfrac{2}{1+t^2}dt=\int\dfrac{1}{t^2}dt$
$=-\dfrac{1}{t}+C=-\dfrac{1}{\tan\frac{x}{2}}+C\ \left(=-\cot\frac{x}{2}+C\right).$

(c) $\int\dfrac{1-\sin x}{1+\cos x}dx=\int\dfrac{1-\dfrac{2t}{1+t^2}}{1+\dfrac{1-t^2}{1+t^2}}\cdot\dfrac{2}{1+t^2}dt$

$=\int\left(1-\dfrac{2t}{1+t^2}\right)dt=t-\log(t^2+1)+C$
$=\tan\frac{x}{2}-\log\left(\tan^2\frac{x}{2}+1\right)+C=\tan\frac{x}{2}+\log\cos^2\frac{x}{2}+C.$

(d) $\int\dfrac{5\sin x}{\cos x(4\cos x-3\sin x)}dx$

$=\int\dfrac{5\cdot\dfrac{2t}{1+t^2}}{\dfrac{1-t^2}{1+t^2}\left\{\dfrac{4(1-t^2)}{1+t^2}-\dfrac{3\cdot 2t}{1+t^2}\right\}}\cdot\dfrac{2}{1+t^2}dt$

$=\int\dfrac{10t}{(t+1)(2t-1)(t-1)(t+2)}dt$

$=\int\left(\dfrac{-\frac{5}{3}}{t+1}+\dfrac{-\frac{8}{3}}{2t-1}+\dfrac{\frac{5}{3}}{t-1}+\dfrac{\frac{4}{3}}{t+2}\right)dt$

$=\frac{1}{3}\{-5\log|t+1|-4\log|2t-1|+5\log|t-1|+4\log|t+2|\}$

---

vi) 必要に応じて式を整理してから, $t=\tan\frac{x}{2}$ と置換：$\cos x=\dfrac{1-t^2}{1+t^2}$, $\sin x=\dfrac{2t}{1+t^2}$, $dx=\dfrac{2}{1+t^2}dt$

vii) (a) $t=\sqrt{\dfrac{x-2}{x-1}}$　(b) $t=\sqrt{1-x}$　(c) $t=\sqrt[4]{x}$　(d) $t=\sqrt{e^x-1}$　(e) $t=e^x$　(f) $t=\sqrt{x+1}$

viii) (a) $t=x^2$　(b) $t=\log x$　(c) $t=e^x$

$+C=\frac{1}{3}\log\frac{|t-1|^5(t+2)^4}{|t+1|^5(2t-1)^4}+C$

$=\frac{1}{3}\log\frac{\left|\tan\frac{x}{2}-1\right|^5\left(\tan\frac{x}{2}+2\right)^4}{\left|\tan\frac{x}{2}+1\right|^5\left(2\tan\frac{x}{2}-1\right)^4}+C.$

(e) $\int\frac{\sin x}{\sin x+\cos x}dx=\int\frac{\frac{2t}{1+t^2}}{\frac{2t}{1+t^2}+\frac{1-t^2}{1+t^2}}\cdot\frac{2}{1+t^2}dt$

$=\int\frac{-4t}{(t-1-\sqrt{2})(t-1+\sqrt{2})(1+t^2)}dt$

$=\int\left(\frac{-\frac{1}{2}}{t-1-\sqrt{2}}+\frac{-\frac{1}{2}}{t-1+\sqrt{2}}+\frac{t+1}{t^2+1}\right)dt$

$=-\frac{1}{2}\log|t-1-\sqrt{2}|-\frac{1}{2}\log|t-1+\sqrt{2}|+\frac{1}{2}\log(t^2+1)$

$+\arctan t+C=\frac{x}{2}-\frac{1}{2}\log|\sin x+\cos x|+C.$

【別解】$I_s=\int\frac{\sin x}{\sin x+\cos x}dx$，$I_c=\int\frac{\cos x}{\sin x+\cos x}dx$ とおくと

$I_c+I_s=x+C$，$I_c-I_s=\log|\sin x+\cos x|+C$．よって $I_s=\frac{1}{2}(x-\log|\sin x+\cos x|)+C.$

(f) $\int\frac{\sin^3 x-1}{\cos^2 x}dx=\int\frac{\sin^3 x-1}{1-\sin^2 x}dx$

$=\int\left(-\sin x-\frac{1}{1+\sin x}\right)dx$

$=\cos x-\int\frac{1}{1+\frac{2t}{1+t^2}}\cdot\frac{2}{1+t^2}dt=\cos x-\int\frac{2}{(1+t)^2}dt$

$=\cos x-\frac{2}{1+t}+C=\cos x-\frac{2}{1+\tan\frac{x}{2}}+C.$

**⟨2⟩** (a) $t=\sqrt{\frac{x-2}{x-1}}$ とおくと $x-1=\frac{-1}{t^2-1}$ より $\frac{dx}{dt}=\frac{2t}{(t^2-1)^2}$　$\therefore dx=\frac{2t}{(t^2-1)^2}dt$ であるから

$\int\frac{1}{\sqrt{(x-1)(x-2)}}dx$

$=\int\frac{1}{\frac{-1}{t^2-1}\cdot t}\cdot\frac{2t}{(t^2-1)^2}dt=\int\frac{-2}{t^2-1}dt$

$=\int\left(\frac{-1}{t-1}+\frac{1}{t+1}\right)dt=\log|t+1|-\log|t-1|+C$

$=\log\left|\frac{\sqrt{x-2}+\sqrt{x-1}}{\sqrt{x-2}-\sqrt{x-1}}\right|+C.$

(b) $t=\sqrt{1-x}$ とおくと $x=1-t^2$ より $\frac{dx}{dt}=-2t$

$\therefore$ $dx=-2t\,dt$ であるから

$\int\frac{1}{x\sqrt{1-x}}dx=\int\frac{1}{(1-t^2)t}\cdot(-2t)\,dt=\int\frac{2}{t^2-1}dt$

$=\int\left(\frac{1}{t-1}-\frac{1}{t+1}\right)dt=\log|t-1|-\log|t+1|+C$

$=\log|\sqrt{1-x}-1|-\log|\sqrt{1-x}+1|+C$

$=\log\left|\frac{\sqrt{1-x}-1}{\sqrt{1-x}+1}\right|+C.$

(c) $t=\sqrt[4]{x}$ とおくと $t^4=x$ より $4t^3=\frac{dx}{dt}$

$\therefore$ $dx=4t^3\,dt$ であるから

$\int\frac{3\sqrt[4]{x}}{1+\sqrt{x}}dx=\int\frac{3t}{1+t^2}\cdot4t^3\,dt=12\int\frac{t^4}{t^2+1}dt$

$=12\int\left(t^2-1+\frac{1}{1+t^2}\right)dt=12\left(\frac{1}{3}t^3-t+\arctan t\right)+C$

$=4\sqrt[4]{x^3}-12\sqrt[4]{x}+12\arctan\sqrt[4]{x}+C.$

(d) $t=\sqrt{e^x-1}$ とおくと $t^2=e^x-1$ より

$2t\frac{dt}{dx}=e^x=t^2+1$ $\therefore$ $dx=\frac{2t}{t^2+1}dt$ であるから

$\int\sqrt{e^x-1}\,dx=\int t\cdot\frac{2t}{t^2+1}dt=2\int\frac{t^2}{t^2+1}dt$

$=2\int\left(1-\frac{1}{t^2+1}\right)dt=2(t-\arctan t)+C$

$=2\sqrt{e^x-1}-2\arctan\sqrt{e^x-1}+C.$

(e) $t=e^x$ とおくと $\frac{dt}{dx}=e^x=t$　$\therefore$ $dx=\frac{1}{t}dt$ であるから

$\int\frac{e^x-1}{e^x+1}dx=\int\frac{t-1}{t+1}\cdot\frac{1}{t}dt=\int\left(\frac{2}{t+1}-\frac{1}{t}\right)dt$

$=2\log|t+1|-\log|t|+C=2\log(e^x+1)-x+C.$

(f) $t=\sqrt{x+1}$ とおくと $x=t^2-1$ より $\frac{dx}{dt}=2t$

$\therefore$ $dx=2t\,dt$ であるから

$\int\frac{x-2}{x\sqrt{x+1}}dx=\int\frac{2(t^2-1)-2}{(t^2-1)t}\cdot2t\,dt$

$=\int\frac{4t^2-8}{t^2-1}dt=\int\left(\frac{2}{t+1}-\frac{2}{t-1}+4\right)dt$

$=2\log(t+1)-2\log(t-1)+4t+C$

$=2\left\{\log\left(\sqrt{x+1}+1\right)-\log\left(\sqrt{x+1}-1\right)+2\sqrt{x+1}\right\}+C$

$=2\log\frac{\sqrt{x+1}+1}{\sqrt{x+1}-1}+4\sqrt{x+1}+C.$

**⟨3⟩** (a) $\sqrt{x^2+1}=t-x$ とおく．両辺を 2 乗して

$x^2+1=x^2-2tx+t^2$　$\therefore$ $x=\frac{1}{2}\left(t-\frac{1}{t}\right)$ より

$\sqrt{x^2+1}=t-x=t-\frac{1}{2}\left(t-\frac{1}{t}\right)=\frac{1}{2}\left(t+\frac{1}{t}\right)=\frac{t^2+1}{2t}.$

また $\frac{dx}{dt}=\frac{1}{2}\left(1+\frac{1}{t^2}\right)=\frac{t^2+1}{2t^2}$ より $dx=\frac{t^2+1}{2t^2}dt$ であるから

$I=\int\sqrt{x^2+1}\,dx=\int\frac{(t^2+1)^2}{4t^3}dt=\frac{1}{4}\int\left(t+\frac{2}{t}+\frac{1}{t^3}\right)dt$

$=\frac{1}{8}\left(t^2-\frac{1}{t^2}\right)+\frac{1}{2}\log t+C$

$=\frac{1}{2}\left\{\frac{1}{2}\left(t-\frac{1}{t}\right)\cdot\frac{1}{2}\left(t+\frac{1}{t}\right)+\log t\right\}+C$

$=\frac{1}{2}\left\{x\sqrt{x^2+1}+\log\left(x+\sqrt{x^2+1}\right)\right\}+C.$

(b) $x=\frac{e^t-e^{-t}}{2}$ とおく．$e^{2t}-2xe^t-1=0$，$e^t>0$ より

$e^t=x+\sqrt{x^2+1}$ $\therefore t=\log\left(x+\sqrt{x^2+1}\right)$．また

$\sqrt{x^2+1}=\sqrt{\left(\frac{e^t-e^{-t}}{2}\right)^2+1}=\sqrt{\left(\frac{e^t+e^{-t}}{2}\right)^2}$

$=\frac{e^t+e^{-t}}{2}$，　$\frac{dx}{dt}=\frac{d}{dt}\left(\frac{e^t-e^{-t}}{2}\right)=\frac{e^t+e^{-t}}{2}.$

$\therefore$ $I=\int\sqrt{x^2+1}\,dx=\int\left(\frac{e^t+e^{-t}}{2}\right)^2dt$

$=\frac{1}{2}\int\left(\frac{e^{2t}+e^{-2t}}{2}+1\right)dt=\frac{1}{2}\left(\frac{e^{2t}-e^{-2t}}{4}+t\right)+C$

$=\frac{1}{2}\left(\frac{e^t-e^{-t}}{2}\cdot\frac{e^t+e^{-t}}{2}+t\right)+C$

$=\frac{1}{2}\left\{x\sqrt{x^2+1}+\log\left(x+\sqrt{x^2+1}\right)\right\}+C$[ix].

(c) $x=\tan\theta$ とおくと $\frac{dx}{d\theta}=\frac{1}{\cos^2\theta}$ $\therefore dx=\frac{1}{\cos^2\theta}d\theta.$

また $\sqrt{x^2+1}=\sqrt{\tan^2\theta+1}=\frac{1}{\cos\theta}$ より

$I=\int\sqrt{x^2+1}\,dx=\int\frac{1}{\cos\theta}\cdot\frac{1}{\cos^2\theta}d\theta$

$=\int\frac{1}{\cos^4\theta}\cdot\cos\theta\,d\theta$

ここでさらに $t=\sin\theta$ とおくと $\dfrac{dt}{d\theta}=\cos\theta$ より $\cos\theta\,d\theta=dt$ だから（p. 133）

$$=\int\frac{1}{(1-t^2)^2}dt$$
$$=\frac{1}{4}\int\left\{\frac{1}{(t-1)^2}+\frac{1}{(t+1)^2}-\frac{1}{t-1}+\frac{1}{t+1}\right\}dt$$
$$=\frac{1}{4}\left\{-\frac{1}{t-1}-\frac{1}{t+1}-\log|t-1|+\log|t+1|\right\}+C$$
$$=\frac{1}{2}\left\{\frac{t}{1-t^2}+\frac{1}{2}\log\left|\frac{t+1}{t-1}\right|\right\}+C$$
$$=\frac{1}{2}\left\{\frac{\sin\theta}{1-\sin^2\theta}+\frac{1}{2}\log\left|\frac{\sin\theta+1}{\sin\theta-1}\right|\right\}+C$$
$$=\frac{1}{2}\left\{\frac{\sin\theta}{\cos\theta}\cdot\frac{1}{\cos\theta}+\frac{1}{2}\log\left|\frac{\frac{\sin\theta}{\cos\theta}+\frac{1}{\cos\theta}}{\frac{\sin\theta}{\cos\theta}-\frac{1}{\cos\theta}}\right|\right\}+C$$
$$=\frac{1}{2}\left\{x\sqrt{x^2+1}+\frac{1}{2}\log\left|\frac{x+\sqrt{x^2+1}}{x-\sqrt{x^2+1}}\right|\right\}+C$$
$$=\frac{1}{2}\left\{x\sqrt{x^2+1}+\log\left(x+\sqrt{x^2+1}\right)\right\}+C.$$

**⟨4⟩** $t-x=\sqrt{x^2+1}$ より $t^2-2xt+x^2=x^2+1$

$\therefore x=\frac{1}{2}\left(t-\frac{1}{t}\right)$ だから $\dfrac{dx}{dt}=\frac{1}{2}\left(1+\frac{1}{t^2}\right)$.

$$I=\int\log\left(x+\sqrt{x^2+1}\right)dx=\frac{1}{2}\int\left(1+\frac{1}{t^2}\right)\log t\,dt$$
$$=\frac{1}{2}\left\{\left(t-\frac{1}{t}\right)\log t-\int\left(1-\frac{1}{t^2}\right)dt\right\}$$
$$=\frac{1}{2}\left\{\left(t-\frac{1}{t}\right)\log t-\left(t+\frac{1}{t}\right)\right\}+C$$
$$=x\log\left(x+\sqrt{x^2+1}\right)-\sqrt{x^2+1}+C^{x)}.$$

**⟨5⟩** (a) $t=x^2$ とすると $\dfrac{dt}{dx}=2x$　$\therefore\ x\,dx=\frac{1}{2}dt$ だから

$$\int\frac{x^3}{(x^2+1)^2}dx=\int\frac{x^2\cdot x}{(x^2+1)^2}dx$$
$$=\int\frac{t}{(t+1)^2}\cdot\frac{1}{2}dt=\frac{1}{2}\int\left\{\frac{1}{t+1}-\frac{1}{(t+1)^2}\right\}dt$$
$$=\frac{1}{2}\left\{\log|t+1|+\frac{1}{t+1}\right\}+C$$
$$=\frac{1}{2}\left\{\log\left(x^2+1\right)+\frac{1}{x^2+1}\right\}+C.$$

(b) $t=\log x$ とすると $\dfrac{dt}{dx}=\dfrac{1}{x}$　$\therefore\ \dfrac{1}{x}dx=dt$ だから

$$\int\frac{(\log x+1)^3}{x}dx=\int(t+1)^3dt=\frac{1}{4}(t+1)^4+C$$
$$=\frac{1}{4}(\log x+1)^4+C.$$

(c) $t=e^x$ とすると $\dfrac{dt}{dx}=e^x$　$\therefore\ e^x dx=dt$ だから

$$\int\frac{e^x+e^{-x}}{e^x-e^{-x}}dx=\int\frac{e^x+e^{-x}}{e^{2x}-1}e^x dx$$
$$=\int\frac{t+\frac{1}{t}}{t^2-1}dt=\int\frac{t^2+1}{t(t-1)(t-1)}dt$$
$$=\int\left(-\frac{1}{t}+\frac{1}{t-1}+\frac{1}{t+1}\right)dt=\log\left|t-\frac{1}{t}\right|+C$$
$$=\log\left|e^x-\frac{1}{e^x}\right|+C.$$

**● 類題 14 解答**（積分定数は省略する.）

**⟨1⟩** (a) $-\dfrac{2}{1+\tan\frac{x}{2}}$　(b) $\dfrac{2}{\sqrt{3}}\arctan\dfrac{2\tan\frac{x}{2}+1}{\sqrt{3}}$

(c) $\sqrt{2}\arctan\dfrac{\tan\frac{x}{2}+1}{\sqrt{2}}$

(d) $\frac{1}{2}\log\left|\tan\frac{x}{2}\right|+\tan\frac{x}{2}+\frac{1}{4}\tan^2\frac{x}{2}$

(e) $\log\left|\tan\frac{x}{2}+1\right|-\log\left|\tan\frac{x}{2}+3\right|$　(f) $\tan x-\dfrac{1}{\tan x}$

(g) $\tan\frac{x}{2}-2\log\left|\cos\frac{x}{2}\right|$　(h) $2\tan\frac{x}{2}-x$

(i) $\frac{1}{2}\tan^2 x+\log|\cos x|$

**⟨2⟩** (a) $-2\arcsin\sqrt{\dfrac{2-x}{2}}$　(b) $\arctan\dfrac{\sqrt{x-3}}{2}$

(c) $3\log|\sqrt{x+1}+3|-\log(\sqrt{x+1}+1)$

(d) $\log\left(x-2\sqrt{x-1}\right)-\dfrac{2}{\sqrt{x-1}-1}$

(e) $6\left(\dfrac{\sqrt[6]{x+1}^7}{7}-\dfrac{\sqrt[6]{x+1}^5}{5}+\dfrac{\sqrt{x+1}}{3}-\sqrt[6]{x+1}\right.$
$\left.+\arctan\sqrt[6]{x+1}\right)$

(f) $\frac{1}{2}\log\left|\dfrac{1+\tan x}{1-\tan x}\right|=\frac{1}{2}\log\left|\dfrac{1+\sin 2x}{\cos 2x}\right|$

**● 発展 14 解答**（積分定数は省略する.）

**⟨1⟩** (a) $\frac{1}{2}\left\{x\sqrt{A-x^2}+A\arcsin\dfrac{x}{\sqrt{A}}\right\}$

(b) $\frac{1}{2}\left\{x\sqrt{x^2-A}-A\log\left|x+\sqrt{x^2-A}\right|\right\}$

(c) $\frac{1}{2}\left\{x\sqrt{x^2+A}+A\log\left(x+\sqrt{x^2+A}\right)\right\}$

(d) $\log\left(x+\sqrt{A+x^2}\right)$

**⟨2⟩** (a) $P(x_0,y_0)$ とする. $\ell$ の方程式 $y=t(x-x_0)+y_0$ を $C$ の式に代入し $x$ の 2 次方程式を得る. この方程式が $x=x_0$ を解として持つことと, 解と係数の関係とから $x$ が $t$ の有理式であることが従う.

(b) $x^2+y^2-1=0$ と $y=t(x+1)$ を連立し, $x=\dfrac{1-t^2}{1+t^2}$ を得る. $dx=\dfrac{-4t}{(1+t^2)^2}dt$.

ここで $t>0$ とすると $t=\sqrt{\dfrac{1-x}{1+x}}$. これらより

$$\int\frac{1}{\sqrt{1-x^2}}dx=\int\frac{-2}{1+t^2}dt=-2\arctan\sqrt{\frac{1-x}{1+x}}.$$

(c) $x^2-y^2=1$ と $y=t(x-1)$ を連立し, $x=\dfrac{t^2+1}{t^2-1}$, $t=\sqrt{\dfrac{x+1}{x-1}}$, $dx=\dfrac{-4t}{(t^2-1)^2}dt$ より

$$\int\frac{1}{\sqrt{x^2-1}}dx=\int\frac{-2}{t^2-1}dt=\log\left|\frac{t+1}{t-1}\right|$$
$$=\log|x+\sqrt{x^2-1}|.$$

---

ix) $x=\sinh t$ とおくと $\frac{dx}{dt}=\cosh t$ また $\sqrt{x^2+1}=\sqrt{\sinh^2 t+1}=\sqrt{\cosh^2 t}=\cosh t$ であるから

$$\int\sqrt{x^2+1}\,dx=\int\cosh t\cdot\cosh t\,dt=\int\cosh^2 t\,dt=\int\frac{\cosh 2t+1}{2}dt=\frac{1}{2}\left(\frac{\sinh 2t}{2}-t\right)+C$$
$$=\frac{1}{2}(\sinh t\cosh t+t)+C=\frac{1}{2}\left\{x\sqrt{x^2+1}+\operatorname{arsinh}x\right\}+C.$$

なお $\operatorname{arsinh}x=\log\left(x+\sqrt{x^2+1}\right)$ である（[発展 6⟨4⟩]）.

x) すなわち $\int\operatorname{arsinh}x\,dx=x\log\left(x+\sqrt{x^2+1}\right)-\sqrt{x^2+1}+C$ である（§12.4 と [発展 6⟨4⟩] を参照）.

14 定番の置換

# 第15章 定積分

「積分」は「微分」の逆演算を意味すると同時に，**面積**を測る「定積分」の意味にも使われる．定積分は図形の面積として本来，不定積分や微分と無関係に定義される[i]．

面積は2次元的な広がりを表す概念である．長方形の面積を直交する2辺の長さの積と定めると，直角三角形の面積は合同な2枚で作られる長方形の面積の半分とできる．一般の三角形は適当な垂線で直角三角形2つに分割でき，多角形はいくつかの三角形に**分割**できるから和によって面積が計算できる．また Archimedes(アルキメデス) は円板を，内接および外接する正多角形の角の数を増やすときの**極限**とみなして，その面積を計算した．ここまでの図形の面積は小学校で学んだ．

同様に，つまり面積が確定している図形への分割と極限を頼りにして，一般の曲線で囲まれた図形の面積を定めたい．まず閉区間 $[a,b]$ 上有界な関数 $f(x)$ のグラフと $x$ 軸，および2直線 $x=a$, $x=b$ で囲まれた図形 $S$ の面積[ii]を考える．これを定めるのが定積分「$\int_a^b f(x)\,dx$」である．

## 15.1 Simpsonの公式

定積分の定義の前に，上述の図形 $S$ を分かりやすい図形によって分割する，また近似するとはどういうことかを考えよう．以下 $S$ の面積も $S$ で表し，簡単のため $f(x)>0$ としておく．

まず区間 $[a,b]$ をいくつかに分割し，各区間を底辺とするいくつかの長方形の面積の和で $S$ を近似することを考えてもよいだろう．例えば以下の方法を考える．

（イ）区間を2等分し，2つの長方形の高さを $f(a)$ および $f(b)$ とした場合（図15.2上段）．

（ロ）区間を4等分し，両端の長方形の高さを $f(a)$ および $f(b)$，それ以外の長方形の高さをすべて $f\left(\frac{a+b}{2}\right)$ とした場合（図15.3上段）．

（ハ）区間を6等分し，両端の長方形の高さを $f(a)$ および $f(b)$，それ以外の長方形の高さをすべて $f\left(\frac{a+b}{2}\right)$ とした場合（図15.4上段）．

方法（イ）は，点 $A(a,f(a))$ と点 $B(b,f(b))$ を結ぶグラフの一部を線分 $AB$ に置き換え，上底の長さ $f(a)$，下底の長さ $f(b)$，高さ $b-a$ の台形の面積で $S$ を「近似」する方法（**台形公式**）

$$S \fallingdotseq \frac{b-a}{2}\left\{f(a)+f(b)\right\} \tag{15.1}$$

と同等である（図15.2下段）．そうすると（ロ）は区間 $[a,b]$ を2等分してそれぞれに台形公式を適用したものであることが分かる（図15.3下段）．式で表せば

---

[i] この定義を知らずに第18章の重積分の定義を理解するのは難しい．

[ii] $x$ 軸より下にある部分の面積は負の値をとるものと定めて，**符号付面積**を考える．

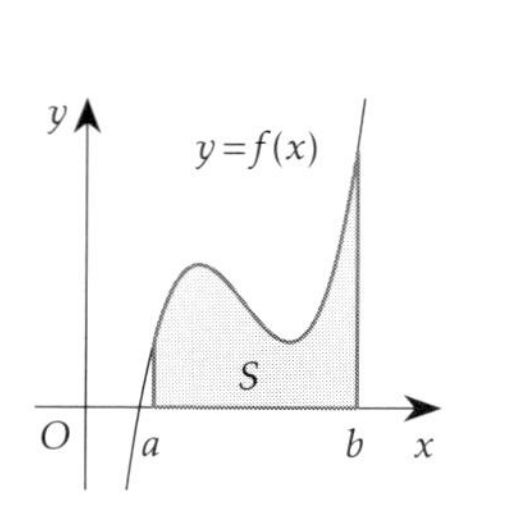


図 15.1 面積 $S$

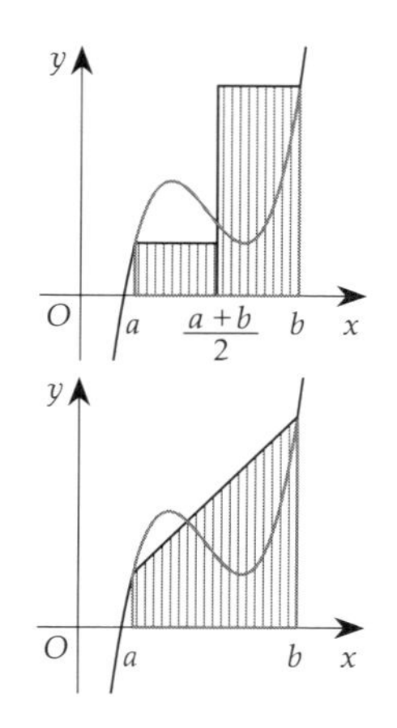


図 15.2 (イ) 台形公式

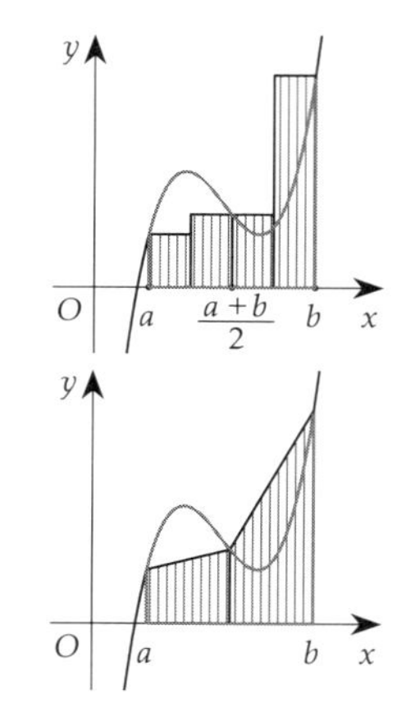


図 15.3 (ロ) 2 つの台形

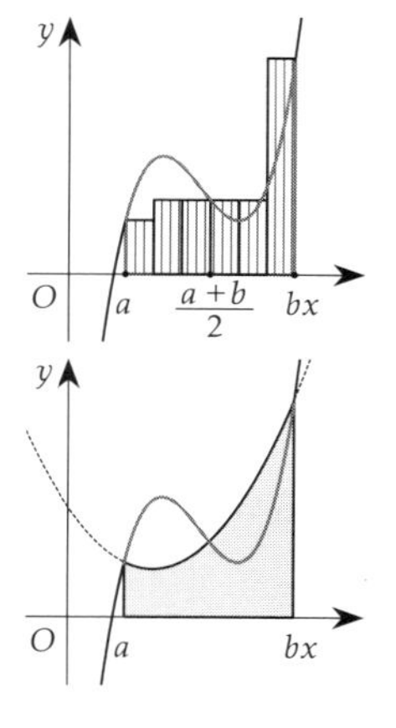


図 15.4 (ハ) 樽公式



$$S \fallingdotseq \frac{b-a}{4}\left\{f(a)+2f\left(\frac{a+b}{2}\right)+f(b)\right\}$$

となる.(ハ)は

$$\boldsymbol{S \fallingdotseq \frac{b-a}{6}\left\{f(a)+4f\left(\frac{a+b}{2}\right)+f(b)\right\}}. \tag{15.2}$$

と書ける(図 15.4 上段).この式 (15.2) は **Simpson の公式** (Simpson's rule) または **Kepler の樽公式** [iii] (Kepler's barrel rule) とよばれる.

実はこの Simpson の公式の元来のアイディアは,グラフの点 $A$ から点 $B$ までの部分を(線分ではなく)点 $A, B$ および点 $\left(\frac{a+b}{2}, f\left(\frac{a+b}{2}\right)\right)$ の 3 点を通る放物線 [iv] に置き換えた図形の面積を表すものであり(図 15.4 下段),その近似の結果が式 (15.2) の右辺に一致するのである.

このように,図形 $S$ を近似する様々な方法(図 15.2,図 15.3,図 15.4)を,結局「短冊状の」長方形の和として表すやり方に置き換えるのである(図 22.4 も参照).

なお Simpson の公式について以下の不思議なことが成り立つことは,記憶しておいて損はない.

**定理 15.1** 3 次以下の多項式関数 $f(x)$ とその原始関数 $F(x)$ に対して

$$\frac{b-a}{6}\left\{f(a)+4f\left(\frac{a+b}{2}\right)+f(b)\right\} = F(b)-F(a).$$

高校で学んだ「$S = \int_a^b f(x)\,dx = F(b)-F(a)$」を前提とすると,3 次以下の多項式関数 $f(x)$ に対しては Simpson の公式 (15.2) の右辺によって面積 $S$ を定めてもよいことになる [v].一般の $f(x)$ に対してはそうはいかない(誤差が出る)ことは明白である.

---

[iii] Kepler はワインの樽の容積をこの公式で表した(1615 年,Simpson より 100 年以上前).

[iv] この放物線を求めるには,未知係数を含む 2 次多項式に条件を当てはめてもいいし(**Vandermonde の行列式**が使える),**Lagrange の補間公式**を用いてもよい.

[v] 「理由」はともかく定理 15.1 を示すことは難しくない([例題 15⟨1⟩]).

**例 15.2**　関数 $g(x) = x^3 - 7x^2 + 15x - 8$ のグラフと $x$ 軸，および 2 直線 $x = 1$, $x = 4$ で囲まれた図形の面積（$S$ で表す）に台形公式 (15.1) を適用すると

$$S \fallingdotseq \frac{4-1}{2}\left\{g(4) + g(1)\right\} = \frac{15}{2}$$

となる．また，Simpson の公式 (15.2) を適用すると

$$S \fallingdotseq \frac{4-1}{6}\left\{g(1) + 4g\left(\frac{1+4}{2}\right) + g(4)\right\} = \frac{1}{2}\left(1 + 4\cdot\frac{11}{8} + 4\right) = \frac{21}{4}.$$

高校で学んだように $g(x)$ の原始関数 $G(x) = \frac{1}{4}x^4 - \frac{7}{3}x^3 + \frac{15}{2}x^2 - 8x$ を用いて $S$ を求めると

$$S = G(4) - G(1) = \frac{8}{3} - \left(-\frac{31}{12}\right) = \frac{21}{4}$$

となる．これは Simpson の公式が与える値に一致している．

次節（§15.2）で閉区間で有界な関数の定積分（面積 $S$）を定義する．定積分は不定積分を用いて計算できることが多いが（§15.3），不定積分の記述や極限の扱いが困難な場合には，Simpson の公式のような近似法やその誤差評価といった数値積分の理論が重要になる [vi)].

## 15.2　定積分

**定積分の定義**

閉区間 $[a,b]$ において有界な関数 $f(x)$ を考える．

⟨1⟩ $a$ と $b$ の間に

$$\Delta : a = a_0 < a_1 < a_2 < \cdots < a_{n-1} < a_n = b$$

という具合に**分点**をとり，区間 $[a,b]$ を小区間 $[a_0,a_1],[a_1,a_2],\ldots,[a_{n-1},a_n]$ に分割する．$\Delta$ を**分割**とよび，分割に伴う小区間の幅の最大値を $|\Delta|$ で表す．

⟨2⟩ 各小区間 $[a_{i-1},a_i]$（$i = 1,2,\ldots n$）での $f(x)$ の上限を $M_i$，下限を $m_i$ とし [vii)]，

$$L(f;\Delta) = \sum_{i=1}^{n} m_i(a_i - a_{i-1}), \qquad (\textbf{不足和}，図 15.5 上段)$$

$$U(f;\Delta) = \sum_{i=1}^{n} M_i(a_i - a_{i-1}) \qquad (\textbf{過剰和}，図 15.5 下段)$$

を考える [viii)]．常に $L(f;\Delta) \leqq U(f;\Delta)$ である．

⟨3⟩ 分割 $\Delta$ を，$\Delta$ に分点を追加したより細かい分割（分割 $\Delta$ の**細分**）に換えると，$L(f;\Delta)$ は（広義に）増加し，$U(f;\Delta)$ は（広義に）減少する．

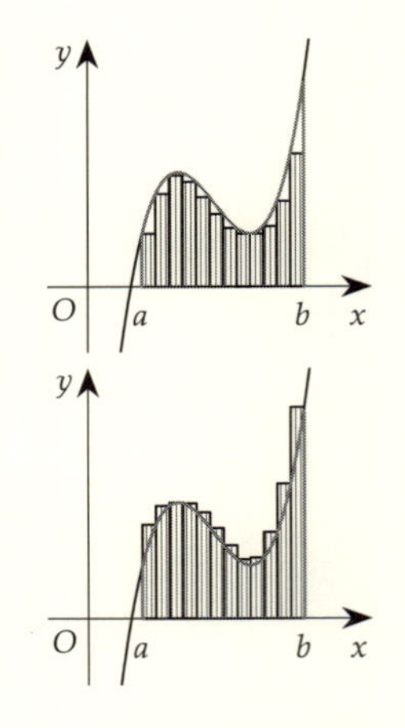


図 15.5　不足和・過剰和

---

vi) 微分方程式でも当然重要．

vii) §0.3.3 参照．いまは $[a_{i-1},a_i]$ において $m_i \leqq f(x) \leqq M_i$ が成り立つギリギリまで大きな数 $m_i$ とギリギリまで小さな数 $M_i$ を選ぶことになる．$f(x)$ が連続ならば，「上限・下限」を「最大値・最小値」に換えられる（定理 0.1）．

viii) 内接および外接する正多角形を利用して円板の面積を求めるときの，内接多角形の面積と外接多角形の面積に相当する．

〈4〉これを繰り返して最大幅 $|\Delta|$ を限りなく小さくしたとき，不足和と過剰和が同一の値 $S$ に限りなく近づくならば，$f(x)$ は**積分可能**という．この値 $S$ を $f(x)$ の $a$ から $b$ の**定積分**[ix] とよび，$f(x)$ のグラフと $x$ 軸，および 2 直線 $x=a,\ x=b$ で囲まれた図形の符号付面積と考える．

$$S=\int_a^b f(x)\,dx$$

の記号によって定積分を表す．$f(x)$ は**被積分関数**とよばれる．

〈5〉$a>b$ に対して $\int_a^b f(x)\,dx=-\int_b^a f(x)\,dx$ と定め，$\int_a^a f(x)\,dx=0$ とする．

上の定義により，任意の実数 $a,b,c$ に対して次式が成り立つ．

$$\int_a^b f(x)\,dx=\int_a^c f(x)\,dx+\int_c^b f(x)\,dx. \tag{15.3}$$

また，閉区間 $[a,b]$ で定義された有界な関数 $f(x),\ g(x)$ について，以下が分かる（$k$ は実数）．

- $f(x)\geqq g(x) \implies \int_a^b f(x)\,dx \geqq \int_a^b g(x)\,dx,$
- $\int_a^b kf(x)\,dx=k\int_a^b f(x)\,dx,$
- $\int_a^b \left\{f(x)\pm g(x)\right\}dx=\int_a^b f(x)\,dx\pm\int_a^b g(x)\,dx,$
- $\int_a^b 1\,dx=b-a.$

**註 15.3　閉区間で連続な関数は積分可能**である [4, 定理 31]．また閉区間で広義単調増加または広義単調減少な関数は（高々可算個の不連続点しか持たないので）積分可能である．

$f(x)$ が $[a,b]$ で積分可能（例えば連続関数）ならば，上の $\Delta$ の各小区間 $[a_{i-1},a_i]$（$i=1,2,\ldots,n$）から適当な代表点 $\xi_i$ を選ぶことにより，定積分を以下の式で計算できる．

$$\int_a^b f(x)\,dx=\lim_{|\Delta|\to 0}\sum_{i=1}^{n} f(\xi_i)(a_i-a_{i-1}).$$

さらに分割を $n$ 等分にとり，各小区間の右端を代表点 $\xi_i$ とすれば

$$\xi_i=a+\frac{b-a}{n}i,\qquad a_i-a_{i-1}=\frac{b-a}{n}$$

となり，以下の**区分求積法**の式が得られる．

$$\int_a^b f(x)\,dx=\lim_{n\to\infty}\sum_{i=1}^{n} f\left(a+\frac{b-a}{n}i\right)\frac{b-a}{n}=\boldsymbol{\lim_{n\to\infty}\frac{b-a}{n}\sum_{i=1}^{n} f\left(a+\frac{b-a}{n}i\right)}. \tag{15.4}$$

各小区間の左端を代表点とした場合は「$\sum_{i=1}^{n}$」が「$\sum_{i=0}^{n-1}$」に置き換わる．$a=0,\ b=1$ とした場合の形がよく利用される（§17.3 参照）．

## 15.3　微分積分学の基本定理

**定理 15.4（微分積分学の基本定理）**　関数 $F(x)$ の導関数 $f(x)$（$=F'(x)$）が閉区間 $[a,b]$ で有界で積分可能であるとき

$$\int_a^b f(x)\,dx=F(b)-F(a). \tag{15.5}$$

[ix] 正確には **Riemann**（リーマン）**積分**とよぶ．

**証明**　$[a,b]$ の分割 $\Delta: a=a_0<a_1<\cdots<a_{n-1}<a_n=b$ を考え，各小区間 $[a_{i-1},a_i]$ $(i=1,2,\ldots,n)$ での $f(x)$ の上限を $M_i$，下限を $m_i$ とする．〔平均値の〕定理 1.5 より，ある $a_{i-1}<c_i<a_i$ に対して $F'(c_i)=f(c_i)=\dfrac{F(a_i)-F(a_{i-1})}{a_i-a_{i-1}}$ となる．当然 $m_i \leqq f(c_i) \leqq M_i$ であるから

$$m_i \leqq \frac{F(a_i)-F(a_{i-1})}{a_i-a_{i-1}} \leqq M_i.$$

$$\therefore\ m_i(a_i-a_{i-1}) \leqq F(a_i)-F(a_{i-1}) \leqq M_i(a_i-a_{i-1}).$$

$$\therefore\ \underbrace{\sum_{i=1}^{n} m_i(a_i-a_{i-1})}_{\text{(不足和)}} \leqq \underbrace{\sum_{i=1}^{n}\Big\{F(a_i)-F(a_{i-1})\Big\}}_{F(b)-F(a)} \leqq \underbrace{\sum_{i=1}^{n} M_i(a_i-a_{i-1})}_{\text{(過剰和)}}.$$

$f(x)$ が積分可能であることから，$|\Delta|\to 0$（$n\to\infty$）のとき両側の不足和と過剰和（§15.2）はともに $\int_a^b f(x)\,dx$ に近づくので，$\int_a^b f(x)\,dx = F(b)-F(a)$ である．□

定理 15.4 は（$b=x$ と文字を換えて眺めれば）微分を積分するとほぼ元に戻るという主張である．積分を微分すると元に戻るというのが次のバージョンである．

**定理 15.5**（**微分積分学の基本定理**）　閉区間 $[a,b]$ で連続な関数 $f(x)$ に対して

$$F(x)=\int_a^x f(t)\,dt \quad (a \leqq x \leqq b)$$

と定めると，$F(x)$ は開区間 $(a,b)$ で微分可能で $F'(x)=f(x)$ である．

**証明**　$h>0$ を $x<x+h\leqq b$ となるように選ぶ．閉区間 $[x,x+h]$ における $f(x)$ の最小値を $m$，最大値を $M$ とする．

$$mh=\int_x^{x+h} m\,dt \leqq \int_x^{x+h} f(t)\,dt \leqq \int_x^{x+h} M\,dt = Mh$$

$$\therefore\ mh \leqq \underbrace{\int_a^{x+h} f(t)\,dt - \int_a^x f(t)\,dt}_{F(x+h)-F(x)} \leqq Mh \qquad \therefore\ m \leqq \frac{F(x+h)-F(x)}{h} \leqq M.$$

$f$ の連続性より $h\to+0$ のとき $m\to f(x)$ かつ $M\to f(x)$ だから，$\displaystyle\lim_{h\to+0}\frac{F(x+h)-F(x)}{h}=f(x)$ となる．$h<0$ のときは $[x+h,x]$ に対して同様の議論ができる．合わせて $F'(x)=f(x)$ を得る．□

**註 15.6**　$F(x)=\int_a^x f(t)\,dt$ を**積分関数**とよぶ．$f(x)$ が積分可能ならば，連続でなくても積分関数 $F(x)$ は定められるが，$F'(x)=f(x)$ が成り立つとは限らない．

**註 15.7**　定理 15.5 より，閉区間 $[a,b]$ で連続な関数 $f(x)$ には原始関数が存在する．実際，積分関数 $F(x)=\int_a^x f(t)\,dt$ に定数を加えたものはすべて原始関数であり，原始関数のうち $a$ における値が零になるものが $F(x)$ に他ならない．

## 15.4　定積分の計算

閉区間 $[a,b]$ で連続な関数 $f(x)$ は積分可能であるから，その定積分の計算は

$$\int_a^b f(x)\,dx = F(b) - F(a) \quad \text{（右辺をしばしば} \left[\boldsymbol{F(x)}\right]_{\boldsymbol{a}}^{\boldsymbol{b}} \text{と表す）} \qquad \text{(定理 15.4)}$$

より，原始関数 $F(x)$ を探すことに帰着される．したがって不定積分の計算で用いた部分積分，置換積分などの技法は定積分の計算においてもそのまま利用でき，重要である [x]．

**例 15.8** $I = \int_0^1 \frac{1}{x^2-2x+2}\,dx$ を計算しよう．$I = \int_0^1 \frac{1}{(x-1)^2+1}\,dx$ より $x-1=\tan\theta$ とおくと $\frac{d\theta}{dx} = \tan^2\theta + 1 \quad \therefore dx = (\tan^2\theta+1)\,d\theta$ である（式 (3.8)）．また $\begin{array}{c|cc} x & 0 & \to 1 \\ \hline \theta & -\frac{\pi}{4} & \to 0 \end{array}$，すなわち $x=0$ から $x=1$ まで $x$ が変化すると $\theta$ は $\theta = -\frac{\pi}{4}$ から 0 まで単調に増加するので

$$I = \int_{-\frac{\pi}{4}}^0 \frac{1}{\tan^2\theta+1}\cdot(\tan^2\theta+1)\,d\theta = \int_{-\frac{\pi}{4}}^0 1\,d\theta = \frac{\pi}{4}.$$

**註 15.9** 置換積分の式 (12.1) の右辺によって不定積分（左辺）を求める場合は $\varphi(t)$ の単調性を気にしたが（§12.2），定積分の場合 $\varphi(t)$ が（単調でなくても）$C^1$ 級でその値域において $f(x)$ が連続ならば置換積分と〔微分積分学の基本〕定理 15.4 によって計算を行っても問題は起きない．

**註 15.10** 被積分関数が積分区間に不連続点を含む場合は微分積分学の基本定理を迂闊に使えない．例えば $I = \int_0^3 \frac{x^2-x+1}{(x+1)(x-1)(x-2)}\,dx$ を例 13.4 で求めた原始関数の端点における値の差として計算することはできない．この場合，被積分関数（図 0.7）が $[0,3]$ 全体で定義されないので $I$ 自体が定義されていない．このような「定積分」$I$ については，第 16 章で考察する．

定積分に部分積分を使うときは，積分区間を順次消化する方がいい場合と逆の場合がある．

**例 15.11** $\int_1^4 \sqrt{x}\log x\,dx = \left[\frac{2}{3}x^{\frac{3}{2}}\log x\right]_1^4 - \frac{2}{3}\int_1^4 x^{\frac{1}{2}}\,dx = \frac{32}{3}\log 2 - \frac{2}{3}\left[\frac{2}{3}x^{\frac{3}{2}}\right]_1^4 = \frac{32}{3}\log 2 - \frac{28}{9}.$

**例 15.12** $\int_1^2 xe^x\,dx = \left[xe^x\right]_1^2 - \int_1^2 e^x\,dx = \left[xe^x\right]_1^2 - \left[e^x\right]_1^2 = \left[(x-1)e^x\right]_1^2 = e^2.$

---

x) しかし $\int_0^2 \sqrt{4-x^2}\,dx$ のような定積分は，図を描き瞬時に答え「$\pi$」を知るべきである．不定積分 $\int \sqrt{4-x^2}\,dx = \frac{x}{2}\sqrt{4-x^2} + 2\arcsin\frac{x}{2}$ を導出する必要も，答えを知っているかのような置換積分を行う必要もないだろう．定積分を定積分（図形の面積）として扱うことも大事である（§0.4.4）．例 15.8 の $\int_{-\frac{\pi}{4}}^0 1\,d\theta$ もそうである．

**例題 15**

**⟨1⟩** 以下の各 $f(x)$ に対して
$\int_a^b f(x)\,dx = \frac{b-a}{6}\left\{f(a)+4f\left(\frac{a+b}{2}\right)+f(b)\right\}$ を示せ.
(a) $f(x)=1$　(b) $f(x)=x$　(c) $f(x)=x^2$
(d) $f(x)=x^3$

**⟨2⟩** 次の定積分を置換積分を用いて計算せよ.
(a) $\int_0^{\frac{\pi}{4}} \tan x\,dx$　(b) $\int_0^1 \frac{x+3}{(x+2)^2}\,dx$　(c) $\int_0^1 \frac{x}{\sqrt{2-x^2}}\,dx$
(d) $\int_0^{\frac{\pi}{2}} \sin^5 x\cos^3 x\,dx$　(e) $\int_1^3 (x-2)(x^2-4x)^5\,dx$

**⟨3⟩** 次の定積分を部分積分を用いて計算せよ. ($a, b$ は定数)
(a) $I = \int_0^{\pi} e^{2x}\sin x\,dx$　(b) $I_1 = \int_0^1 \arctan x\,dx$
(c) $I_2 = \int_1^e x(\log x)^2\,dx$

**⟨4⟩** $I = \int_0^{\frac{\pi}{2}} \frac{\sin x}{1+\sin x+\cos x}\,dx$ を計算せよ.

**⟨5⟩** (a) 定数 $a, b$ に対し
$\int_a^b f(x)\,dx = \int_a^b f(a+b-x)\,dx$ (**キング・プロパティ** (King's rule)) を示せ.
(b) $\int_0^{\frac{\pi}{2}} \frac{\sin x}{\sin x+\cos x}\,dx$ を求めよ.

**⟨6⟩** $n=1,2,3,\ldots$ に対して $J_n = \int_0^{\frac{\pi}{2}} \sin^n x\,dx$ を求めよ.

**⟨7⟩** 自然数 $m, n$ に対して
$\int_{-\pi}^{\pi} \cos mx\cos nx\,dx = \begin{cases} 0 & (m \neq n) \\ \pi & (m = n) \end{cases}$ を示せ.

**⟨8⟩** 連続関数 $f(x)$ と実数 $a$ に対して
$\frac{d}{dx}\int_a^x (x-t)f'(t)\,dt = f(x)-f(a)$ を示せ.

**⟨9⟩** (a) 任意の実数 $x$ に対して $\int_x^{x+1}\left(at^2+bt+c\right)dt = x^2$ となる実数 $a$, $b$, $c$ を求めよ.
(b) (a) を利用して級数 $1^2+2^2+3^2+\cdots+n^2$ の和 $S$ を求めよ.

**類題 15**

**⟨1⟩** 次の定積分を計算せよ.
(a) $\int_1^2 (x-1)^3(x-2)^3\,dx$　(b) $\int_1^2 (2x-3)^5\,dx$
(c) $\int_0^{\pi} \sin(-3x)\,dx$　(d) $\int_0^2 e^{-3x+2}\,dx$
(e) $\int_0^{\frac{\pi}{2}} \frac{\sin x}{1+\cos^2 x}\,dx$　(f) $\int_{-3}^0 \frac{2}{x-1}\,dx$
(g) $\int_0^{\frac{\pi}{3}} \cos^2 x\sin x\,dx$　(h) $\int_0^{\pi} x\cos x\,dx$
(i) $\int_1^e x\log x\,dx$　(j) $\int_2^3 x(x-3)^5\,dx$　(k) $\int_0^1 (x+2)e^{-x}\,dx$
(l) $\int_0^1 x^2e^x\,dx$　(m) $\int_0^1 x^3e^x\,dx$　(n) $\int_0^{\frac{\pi}{2}} x^2\sin x\,dx$
(o) $\int_2^3 x(x-1)^5\,dx$　(p) $\int_1^e x^2\log x\,dx$
(q) $\int_0^{\frac{\pi}{2}} e^{-x}\sin x\,dx$　(r) $\int_0^1 \arctan x\,dx$

**⟨2⟩** 自然数 $m, n$ に対して
$\int_{-\pi}^{\pi} \sin mx\sin nx\,dx = \begin{cases} 0 & (m \neq n) \\ \pi & (m = n) \end{cases}$ を示せ.

**⟨3⟩** (a) 任意の実数 $x$ に対して $\int_x^{x+1} f(t)\,dt = x^3$ となる 3 次多項式 $f(t)$ を求めよ.
(b) (a) を利用して級数 $1^3+2^3+3^3+\cdots+n^3$ の和 $S$ を求めよ.

**発展 15**

**⟨1⟩** 定積分を計算せよ ($m, n$ は自然数とする).
(a) $\int_{-2}^1 (x+1)\sqrt{x+2}\,dx$　(b) $\int_{-\frac{1}{3}}^{\frac{1}{3}} \sqrt{9x^2+1}\,dx$
(c) $\int_{-4}^{-2} \frac{2}{\sqrt{-x^2-6x-5}}\,dx$
(d) $J_{m,n} = \int_a^b (x-a)^m(x-b)^n\,dx$

**⟨2⟩** $n=1,2,3,\ldots$ に対し $P_n(x) = \frac{1}{2^n n!}\frac{d^n}{dx^n}(x^2-1)^n$ を $n$ 次 **Legendre（ルジャンドル）多項式**という.
(a) $\int_{-1}^1 P_m(x)P_n(x)\,dx = 0\ (m \neq n)$ を示せ.
(b) $P_3(x)$ を求め, $P_3(x)=0$ となる $x$ を求めよ.
(c) 5 次以下の多項式 $f(x)$ に対し
$$\int_{-1}^1 f(x)\,dx = \frac{8}{9}f(0)+\frac{5}{9}f\left(-\sqrt{\frac{3}{5}}\right)+\frac{5}{9}f\left(\sqrt{\frac{3}{5}}\right)$$
(**Gauss–Legendre の公式**) を示せ.

**⟨3⟩** $f(x) = \begin{cases} 0 & (x \leqq 1) \\ 1 & (1 < x) \end{cases}$ は連続ではないが
$F(x) = \int_0^x f(t)\,dt$ は連続関数であることを確かめよ.

---

**● 例題 15 解答**

**⟨1⟩** (a) (左辺) $= \int_a^b 1\,dx = [x]_a^b = b-a$.
(右辺) $= \frac{b-a}{6}(1+4\cdot 1+1) = b-a$.
(b) (左辺) $= \int_a^b x\,dx = \left[\frac{1}{2}x^2\right]_a^b = \frac{1}{2}\left(b^2-a^2\right)$.
(右辺) $= \frac{b-a}{6}\left\{a+4\left(\frac{a+b}{2}\right)+b\right\} = \frac{b-a}{6}\cdot 3(a+b)$
$= \frac{1}{2}\left(b^2-a^2\right)$.
(c) (左辺) $= \int_a^b x^2\,dx = \left[\frac{1}{3}x^3\right]_a^b = \frac{1}{3}\left(b^3-a^3\right)$.

$(右辺)=\frac{b-a}{6}\left\{a^2+4\left(\frac{a+b}{2}\right)^2+b^2\right\}$
$=\frac{b-a}{6}\cdot 2\left(a^2+ab+b^2\right)=\frac{1}{3}\left(b^3-a^3\right).$
(d) $(左辺)=\int_a^b x^3\,dx=\left[\frac{1}{4}x^4\right]_a^b=\frac{1}{4}\left(b^4-a^4\right).$
$(右辺)=\frac{b-a}{6}\left\{a^3+4\left(\frac{a+b}{2}\right)^3+b^3\right\}$
$=\frac{b-a}{6}\cdot\frac{3}{2}\left(a^3+a^2b+ab^2-b^3\right)=\frac{1}{4}\left(b^4-a^4\right).$
なお，これらと積分の線形性を組み合わせることで定理15.1 が示される．

**〈2〉** (a) $\int_0^{\frac{\pi}{4}}\tan x\,dx=-\int_0^{\frac{\pi}{4}}\frac{(\cos x)'}{\cos x}\,dx=-[\log|\cos x|]_0^{\frac{\pi}{4}}$
$=\frac{1}{2}\log 2.$
(b) $t=x+2$ とおくと $x=t-2$ より
$\frac{dx}{dt}=1,\ dx=dt,\ \begin{array}{c|c} x & 0\to 1 \\ \hline t & 2\to 3\end{array}$ であるから
$\int_0^1\frac{x+3}{(x+2)^2}\,dx=\int_2^3\frac{t+1}{t^2}\,dt=\int_2^3\left(\frac{1}{t}+\frac{1}{t^2}\right)dt$
$=\left[\log t-\frac{1}{t}\right]_2^3=\left(\log 3-\frac{1}{3}\right)-\left(\log 2-\frac{1}{2}\right)=\log\frac{3}{2}+\frac{1}{6}.$
(c) $t=2-x^2$ とおくと $\frac{dt}{dx}=-2x$ より
$x\,dx=-\frac{1}{2}dt,\ \begin{array}{c|c} x & 0\to 1 \\ \hline t & 2\to 1\end{array}$ であるから
$\int_0^1\frac{x}{\sqrt{2-x^2}}\,dx=\int_2^1\frac{-\frac{1}{2}}{\sqrt{t}}\,dt=\frac{1}{2}\int_1^2\frac{1}{\sqrt{t}}\,dt=\left[\sqrt{t}\right]_1^2$
$=\sqrt{2}-1.$

【別解】 $x=\sqrt{2}\sin\theta$ とおくと $\frac{dx}{d\theta}=\sqrt{2}\cos\theta$ より
$dx=\sqrt{2}\cos\theta\,d\theta,\ \begin{array}{c|c} \theta & 0\to\frac{\pi}{4} \\ \hline x & 0\to 1\end{array}$ だから xi)
$\int_0^1\frac{x}{\sqrt{2-x^2}}\,dx=\int_0^{\frac{\pi}{4}}\frac{\sqrt{2}\sin\theta}{\sqrt{2-2\sin^2\theta}}\cdot\sqrt{2}\cos\theta\,d\theta$
$=\int_0^{\frac{\pi}{4}}\sqrt{2}\sin\theta\,d\theta=\left[-\sqrt{2}\cos\theta\right]_0^{\frac{\pi}{4}}=\sqrt{2}-1.$
(d) $t=\sin x$ とおくと $\frac{dt}{dx}=\cos x,$
$\cos x\,dx=dt,\ \begin{array}{c|c} x & 0\to\frac{\pi}{2} \\ \hline t & 0\to 1\end{array}$ であるから
$\int_0^{\frac{\pi}{2}}\sin^5 x\cos^3 x\,dx=\int_0^{\frac{\pi}{2}}\sin^5 x\cos^2 x\cos x\,dx$
$=\int_0^{\frac{\pi}{2}}\sin^5 x(1-\sin^2 x)\cos x\,dx$
$=\int_0^1 t^5(1-t^2)\,dt=\left[\frac{t^6}{6}-\frac{t^8}{8}\right]_0^1=\frac{1}{24}.$
(e) $t=x^2-4x$ とおくと $(x-2)dx=\frac{1}{2}\,dt,\ \begin{array}{c|c} x & 1\to 3 \\ \hline t & -3\to -3\end{array}$ より $\int_1^3(x-2)(x^2-4x)^5\,dx=\int_{-3}^{-3}\frac{1}{2}t^5\,dt=0.$

**〈3〉** (a) $I=\left[\frac{1}{2}e^{2x}\sin x\right]_0^{\pi}-\int_0^{\pi}\frac{1}{2}e^{2x}\cos x\,dx$
$=-\frac{1}{2}\left\{\left[\frac{e^{2x}}{2}\cos x\right]_0^{\pi}+\int_0^{\pi}\frac{e^{2x}}{2}\sin x\,dx\right\}$
$=\frac{1}{4}(e^{2\pi}+1)-\frac{1}{4}I.$
よって $I=\frac{1}{5}(e^{2\pi}+1).$
(b) $I_1=[x\arctan x]_0^1-\int_0^1 x\cdot\frac{1}{x^2+1}\,dx$
$=\frac{\pi}{4}-\frac{1}{2}[\log|1+x^2|]_0^1=\frac{\pi}{4}-\frac{1}{2}\log 2.$
(c) $I_3=\left[\frac{1}{2}x^2\left(\log x)^2\right)\right]_1^e-\int_1^e\frac{1}{2}x^2\cdot 2\log x\cdot\frac{1}{x}\,dx$
$=\frac{1}{2}e^2-\int_1^e x\log x\,dx$
$=\frac{1}{2}e^2-\left(\left[\frac{1}{2}x^2\log x\right]_1^e-\int_1^e\frac{1}{2}x^2\cdot\frac{1}{x}\,dx\right)$
$=\frac{1}{2}e^2-\left(\frac{1}{2}e^2-\int_1^e\frac{1}{2}x\,dx\right)=\left[\frac{1}{4}x^2\right]_1^e=\frac{1}{4}\left(e^2-1\right).$

**〈4〉** $t=\tan\frac{x}{2}$ とおくと $x=2\arctan t$ より
$\frac{dx}{dt}=\frac{2}{t^2+1},\ dx=\frac{2}{t^2+1}\,dt,\ \begin{array}{c|c} x & 0\to\frac{\pi}{2} \\ \hline t & 0\to 1\end{array}$ であり
$\sin x=\frac{\sin x}{1}=\frac{2\sin\frac{x}{2}\cos\frac{x}{2}}{\cos^2\frac{x}{2}+\sin^2\frac{x}{2}}=\frac{2\tan\frac{x}{2}}{1+\tan^2\frac{x}{2}}=\frac{2t}{t^2+1},$
$\cos x=\frac{\cos x}{1}=\frac{\cos^2\frac{x}{2}-\sin^2\frac{x}{2}}{\cos^2\frac{x}{2}+\sin^2\frac{x}{2}}=\frac{1-\tan^2\frac{x}{2}}{1+\tan^2\frac{x}{2}}=\frac{1-t^2}{t^2+1}.$
$\therefore\ I=\int_0^1\frac{\frac{2t}{t^2+1}}{1+\frac{1-t^2}{t^2+1}+\frac{2t}{t^2+1}}\cdot\frac{2}{t^2+1}\,dt$
$=\int_0^1\frac{2t}{2+2t}\cdot\frac{2}{t^2+1}\,dt=\int_0^1\frac{2t}{(t+1)(t^2+1)}\,dt$
$\underset{\text{xii)}}{=}\int_0^1\left(\frac{t+1}{t^2+1}-\frac{1}{t+1}\right)dt$
$=\int_0^1\left(\frac{t}{t^2+1}+\frac{1}{t^2+1}-\frac{1}{t+1}\right)dt$
$=\left[\frac{1}{2}\log(t^2+1)+\arctan t-\log(t+1)\right]_0^1$
$=\frac{1}{2}\log 2+\arctan 1-\log 2=\frac{\pi}{4}-\frac{1}{2}\log 2.$

**〈5〉** (a) $t=a+b-x$ とすると
$\int_a^b f(a+b-x)\,dx=-\int_b^a f(t)\,dt=\int_a^b f(x)\,dx.$
(b) $I=\int_0^{\frac{\pi}{2}}\frac{\sin x}{\sin x+\cos x}\,dx$
$=\int_0^{\frac{\pi}{2}}\frac{\sin(\frac{\pi}{2}-x)}{\sin(\frac{\pi}{2}-x)+\cos(\frac{\pi}{2}-x)}\,dx=\int_0^{\frac{\pi}{2}}\frac{\cos x}{\sin x+\cos x}\,dx$
より
$I=\frac{1}{2}\int_0^{\frac{\pi}{2}}\frac{\sin x+\cos x}{\sin x+\cos x}\,dx=\frac{\pi}{4}.$

---

xi) 同じ置換で $\begin{array}{c|c} \theta & \pi\to\frac{3\pi}{4} \\ \hline x & 0\to 1\end{array}$ と考えると，$\pi\leqq\theta\leqq\frac{3\pi}{4}$ において $\cos\theta<0$ だから，$\sqrt{2-2\sin^2\theta}=\sqrt{2\cos^2\theta}=-2\cos\theta$ であり $\int_0^1\frac{x}{\sqrt{2-x^2}}\,dx=\int_{\pi}^{\frac{3\pi}{4}}\frac{\sqrt{2}\sin\theta}{\sqrt{2-2\sin^2\theta}}\cdot\sqrt{2}\cos\theta\,d\theta=\int_{\pi}^{\frac{3\pi}{4}}-\sqrt{2}\sin\theta\,d\theta=\left[\sqrt{2}\cos\theta\right]_{\pi}^{\frac{3\pi}{4}}=\sqrt{2}-1$ となる．

xii) $\frac{2t}{(t+1)(t^2+1)}=\frac{At+B}{t^2+1}+\frac{C}{t+1}$ とおく．両辺に $(t+1)$ を掛けてから $t=-1$ を代入すると $C=-1$；両辺に $t=0$ を代入すると $B=1$；両辺に $t=1$ を代入すると $A=1$ と必要（十分）条件を得る．

〈6〉[例題 12〈6〉(b)] より
$J_n = \frac{n-1}{n} J_{n-2} - \frac{1}{n}[\cos x \sin^{n-1} x]_0^{\frac{\pi}{2}}$. よって
$k = 1, 2, 3, \cdots$ に対して
$n = 2k$ のとき $J_n = \frac{(2k-1)(2k-3)\cdots\cdot 3\cdot 1}{2k(2k-2)\cdots\cdot 4\cdot 2} J_0$
$= \frac{(2k-1)(2k-3)\cdots\cdot 3\cdot 1}{2k(2k-2)\cdots\cdot 4\cdot 2}\cdot\frac{\pi}{2}$,
$n = 2k-1$ のとき $J_n = \frac{(2k-2)(2k-4)\cdots\cdot 4\cdot 2}{(2k-1)(2k-3)\cdots\cdot 3\cdot 1} J_1$
$= \frac{(2k-2)(2k-4)\cdots\cdot 4\cdot 2}{(2k-1)(2k-3)\cdots\cdot 3\cdot 1}$.

〈7〉積→和の公式[xiii] より
$\cos mx \cos nx = \frac{1}{2}\{\cos(m+n)x + \cos(m-n)x\}$ である.

$$\int_{-\pi}^{\pi} \cos mx \cos nx \, dx = \begin{cases} \frac{1}{2}\left[\frac{1}{m+n}\sin(m+n)x + \frac{1}{m-n}\sin(m-n)x\right]_{-\pi}^{\pi} = 0 \ {}^{\text{xiv)}} & (m \neq n), \\ \frac{1}{2}\int_{-\pi}^{\pi}\{\cos 2nx + 1\}\,dx = \frac{1}{2}\left[\frac{1}{2n}\sin 2nx + x\right]_{-\pi}^{\pi} = \pi & (m = n). \end{cases}$$

〈8〉$F(x)$ を $f(x)$ の原始関数とすると
$\int_a^x (x-t)f'(t)\,dt = [(x-t)f(t)]_a^x - \left\{-\int_a^x f(t)\,dt\right\}$
$= -(x-a)f(a) + \{F(x) - F(a)\}$.
$\therefore\ \frac{d}{dx}\int_a^x (x-t)f'(t)\,dt = f(x) - f(a)$.

〈9〉(a) $F(t) = \int \left(at^2 + bt + c\right) dt$ とおくと $x^2 = F(x+1) - F(x)$. 両辺を $x$ で微分すると
$2x = F'(x+1) - F'(x) = a\left\{(x+1)^2 - x^2\right\} + b\{(x+1) - x\}$
$= 2ax + a + b$
となるので $a = 1$, $b = -1$ が必要である.
$\int_x^{x+1}\left(t^2 - t + c\right) dt = x^2$ において $x = 0$ とすれば
$\int_0^1 \left(t^2 - t + c\right) dt = \left[\frac{t^3}{3} - \frac{t^2}{2} + ct\right]_0^1 = -\frac{1}{6} + c = 0$ より
$c = \frac{1}{6}$　$\therefore\ a = 1,\ b = -1,\ c = \frac{1}{6}$.
(b) (a) より $S = \int_1^2 \left(t^2 - t + \frac{1}{6}\right) dt + \int_2^3 \left(t^2 - t + \frac{1}{6}\right) dt + \cdots$
$+ \int_n^{n+1}\left(t^2 - t + \frac{1}{6}\right) dt = \int_1^{n+1}\left(t^2 - t + \frac{1}{6}\right) dt$
$= \left[\frac{t^3}{3} - \frac{t^2}{2} + \frac{t}{6}\right]_1^{n+1} = \frac{n^3}{3} + \frac{n^2}{2} + \frac{n}{6}$
$= \frac{n(n+1)(2n+1)}{6}$.

**●類題 15 解答**

〈1〉(a) $-\frac{1}{140}$　(b) 0　(c) $-\frac{2}{3}$　(d) $\frac{1}{3}\left(e^2 - e^{-4}\right)$
(e) $\frac{\pi}{4}$　(f) $-4\log 2$　(g) $\frac{7}{24}$　(h) $-2$　(i) $\frac{1}{4}\left(e^2 + 1\right)$
(j) $-\frac{5}{14}$　(k) $-\frac{4}{e} + 3$　(l) $e - 2$　(m) $-2e + 6$
(n) $\pi - 2$　(o) $\frac{401}{14}$　(p) $\frac{1}{9}\left(2e^3 + 1\right)$　(q) $\frac{1}{2}\left(1 - e^{-\frac{\pi}{2}}\right)$
(r) $\frac{\pi}{4} - 2\log 2$

〈2〉（略）

〈3〉(a) $F(t) = \int f(t)\,dt$ とおくと $x^3 = F(x+1) - F(x)$. 両辺を $x$ で微分して $3x^2 = f(x+1) - f(x)$ より
1, 2, 3 次の係数を決定. これと $\int_0^1 f(t)\,dt = 1$ により定数項を決定. $f(t) = t^3 - \frac{3}{2}t^2 + \frac{1}{2}t$.
(b) $S = \int_1^{n+1} f(t)\,dt = \left\{\frac{n(n+1)}{2}\right\}^2$.

**●発展 15 解答**

〈1〉(a) $\frac{8\sqrt{3}}{5}$　(b) $\frac{\sqrt{2}}{3} + \frac{1}{6}\log(3 + 2\sqrt{2})$　(c) $\frac{2\pi}{3}$
(d) $n \geqq 1$ のとき $J_{m,n} = \int_a^b (x-a)^m (x-b)^n\,dx$
$= \left[\frac{(x-a)^{n+1}}{n+1}(x-b)^m\right]_a^b - \int_a^b \frac{(x-a)^{n+1}(x-b)^{m-1}}{m(n+1)}\,dx$
$= \frac{-1}{m(n+1)} J_{m+1,n-1}$.
これを繰り返して $J_{m,n} = \frac{(-1)^m m!}{(m+n+1)!m!}(b-a)^{m+n+1}$.

〈2〉(a)（略）
(b) $P_1(x) = x$, $P_2(x) = \frac{3}{2}x^2 - \frac{1}{2}$, $P_3(x) = \frac{5}{2}x^3 - \frac{3}{2}x$.
$P_3(x) = 0$ となるのは $x = 0, \pm\sqrt{\frac{3}{5}}$.
(c)（略）

〈3〉（略）一般に $[a, b]$ で有界な関数 $f(x)$ の積分 $\int_a^x f(t)\,dt$ は $[a, b]$ 上の連続関数となる.

---

[xiii] $\cos(\alpha \pm \beta) = \cos\alpha\cos\beta \mp \sin\alpha\sin\beta$ より $\cos\alpha\cos\beta = \frac{1}{2}\{\cos(\alpha+\beta) + \cos(\alpha-\beta)\}$.

[xiv] $[-\pi, \pi]$ 上の連続関数 $f(x)$, $g(x)$ に対して $\langle f(x), g(x)\rangle = \int_{-\pi}^{\pi} f(x)g(x)\,dx$ とおくと, $m \neq n$ のとき $\langle\cos mx, \cos nx\rangle = 0$ となる. これは 2 つの関数 $\cos mx$ と $\cos nx$ が「内積」$\langle\ ,\ \rangle$ に関して「直交」すると解釈できる. このことは **Fourier（フーリエ）変換** で重要になる. 他の内積や直交する関数の活用例は [発展 15〈2〉] を参照.

# 第16章

# 広義積分

第 15 章で有界な区間において有界な関数の定積分を定義した．これを積分区間または関数が有界でない場合に拡張したい．有限個の点の近くで有界でない場合を扱う．

## 16.1　広義積分

関数 $\dfrac{1}{\sqrt{1-x^2}}$ は $x=1$ の近くで非有界だから，$\displaystyle\int_0^1 \frac{1}{\sqrt{1-x^2}}\,dx$ のようなものは，第 15 章の意味での定積分として扱えない．しかし，$0 \leqq b < 1$ に対し $\displaystyle\int_0^b \frac{1}{\sqrt{1-x^2}}\,dx = \Big[\arcsin x\Big]_0^b = \arcsin b$ であり（図 16.1），$b \to 1$ のとき $\arcsin b \to \dfrac{\pi}{2}$ だから

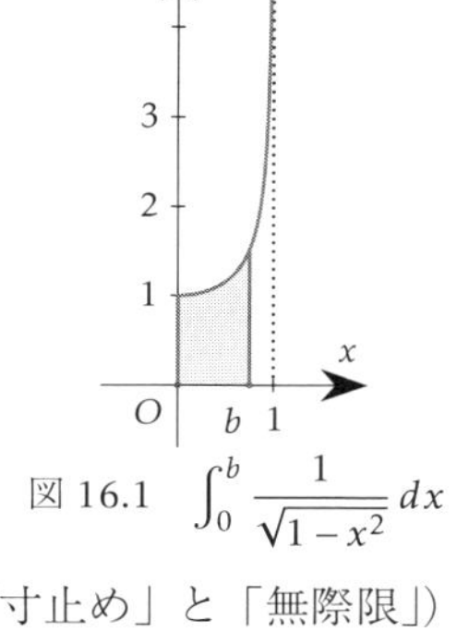

図 16.1　$\displaystyle\int_0^b \frac{1}{\sqrt{1-x^2}}\,dx$

$$\lim_{b\to 1-0}\left(\int_0^b \frac{1}{\sqrt{1-x^2}}\,dx\right) = \lim_{b\to 1-0}\left(\Big[\arcsin x\Big]_0^b\right) = \lim_{b\to 1-0} \arcsin b = \frac{\pi}{2}$$

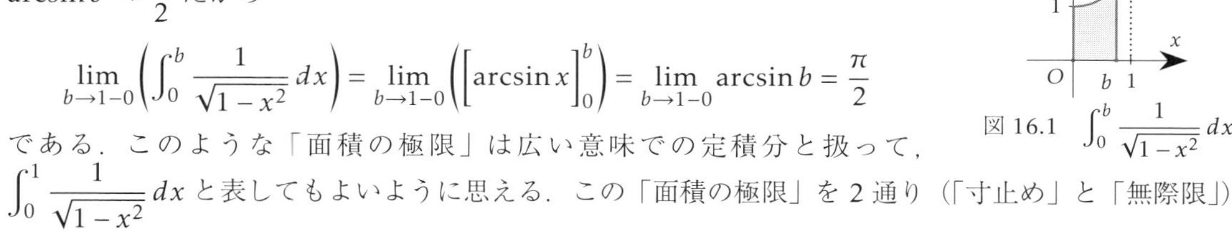

である．このような「面積の極限」は広い意味での定積分と扱って，$\displaystyle\int_0^1 \frac{1}{\sqrt{1-x^2}}\,dx$ と表してもよいように思える．この「面積の極限」を 2 通り（「寸止め」と「無際限」）の場合に分けて考える．

### 16.1.1　非有界な関数の定積分

**非有界な関数の広義積分**

関数 $f(x)$ が区間 $[a,b]$ の下端 $a$ の近くで非有界，そこを除く $[a+\varepsilon, b]$ で有界かつ積分可能で $\displaystyle\lim_{\varepsilon\to+0}\int_{a+\varepsilon}^b f(x)\,dx$ が収束するとき（$\varepsilon > 0$），その極限値を $\displaystyle\int_a^b f(x)\,dx$ で表す：

$$\int_a^b f(x)\,dx = \lim_{\varepsilon\to+0}\int_{a+\varepsilon}^b f(x)\,dx.$$

同様に $f(x)$ が，区間 $[a,b]$ の上端 $b$ の近くで非有界，$[a, b-\varepsilon]$ で有界かつ積分可能であるとき

$$\int_a^b f(x)\,dx = \lim_{\varepsilon\to+0}\int_a^{b-\varepsilon} f(x)\,dx$$

と定義する．これらを（以下に扱う場合も含めて）**広義積分**とよぶ[i]．

区間の両端の近傍で非有界であり $[a-\varepsilon, b-\varepsilon']$ において $f(x)$ が有界かつ積分可能ならば

---

[i] 右辺の極限が収束しないときは「この広義積分は存在しない」のようにいう．

$$\int_a^b f(x)\,dx = \lim_{\substack{\varepsilon\to+0\\ \varepsilon'\to+0}} \left\{\int_{a+\varepsilon}^{b-\varepsilon'} f(x)\,dx\right\}$$

と定義する．やはり右辺が有限値に収束するときの話である．

**例 16.1** $\displaystyle\int_{-1}^1 \frac{1}{\sqrt{1-x^2}}\,dx = \lim_{\substack{a\to1\\ b\to-1}} \Big[\arcsin x\Big]_a^b = \lim_{\substack{a\to1\\ b\to-1}} (\arcsin b - \arcsin a)$ $= \pi$　（図 16.2）．

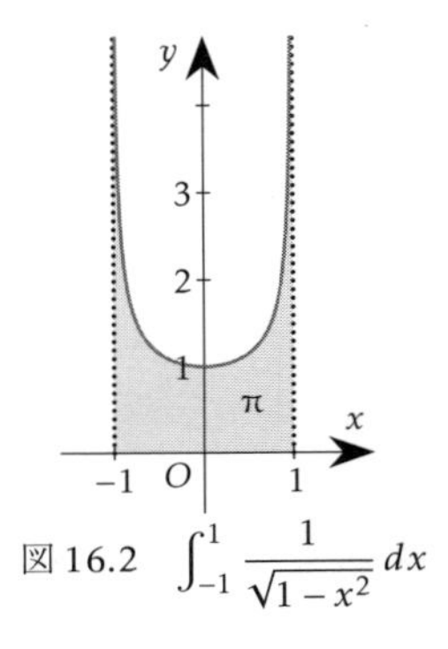


図 16.2　$\displaystyle\int_{-1}^1 \frac{1}{\sqrt{1-x^2}}\,dx$

区間 $[a,b]$ の内部の有限個の点 $c_1, c_2, \ldots, c_k$ の近傍で非有界であるときには

$$\int_a^b = \int_a^{c_1} + \int_{c_1}^{c_2} + \cdots + \int_{c_k}^b \tag{16.1}$$

と積分区間を分割して，区間の端点の近くで非有界な場合の広義積分の和と考える[ii]．左辺が定まるのは，右辺のすべての項が定まる場合のみである．

**例 16.2** 関数 $\dfrac{1}{\sqrt[3]{x}}$ は $x=0$ の近くで非有界であるから（$\sqrt[3]{-1}=-1$ などに注意して）

$$\int_{-1}^1 \frac{1}{\sqrt[3]{x}}\,dx = \int_{-1}^0 \frac{1}{\sqrt[3]{x}}\,dx + \int_0^1 \frac{1}{\sqrt[3]{x}}\,dx = \lim_{\varepsilon\to+0}\left\{\int_{-1}^{-\varepsilon} \frac{1}{\sqrt[3]{x}}\,dx\right\} + \lim_{\varepsilon'\to+0}\left\{\int_{\varepsilon'}^1 \frac{1}{\sqrt[3]{x}}\,dx\right\}$$

$$= \lim_{\varepsilon\to+0}\left[\frac{3}{2}x^{\frac{2}{3}}\right]_{-1}^{-\varepsilon} + \lim_{\varepsilon'\to+0}\left[\frac{3}{2}x^{\frac{2}{3}}\right]_{\varepsilon'}^1 = \frac{3}{2}\lim_{\varepsilon\to+0}\left(-\varepsilon^{\frac{2}{3}}-1\right) + \frac{3}{2}\lim_{\varepsilon'\to+0}\left(1-\varepsilon'^{\frac{2}{3}}\right) = -\frac{3}{2}+\frac{3}{2} = 0.$$

**例 16.3** $\displaystyle\int_{-1}^1 \frac{1}{x}\,dx$ を考える．関数 $\dfrac{1}{x}$ は $x=0$ の近くで非有界であるから

$$\int_{-1}^1 \frac{1}{x}\,dx = \int_{-1}^0 \frac{1}{x}\,dx + \int_0^1 \frac{1}{x}\,dx$$

と考えると，右辺の第 2 項は

$$\lim_{\varepsilon\to+0}\left\{\int_\varepsilon^1 \frac{1}{x}\,dx\right\} = \lim_{\varepsilon\to+0}\Big[\log x\Big]_\varepsilon^1 = \lim_{\varepsilon\to+0}(0-\log\varepsilon) = \infty$$

と発散する（これを $\displaystyle\int_0^1 \frac{1}{x}\,dx = \infty$ のように表す場合もある）．したがって広義積分 $\displaystyle\int_{-1}^1 \frac{1}{x}\,dx$ は存在しない．

### 16.1.2　非有界な区間における定積分

**非有界な区間における広義積分**

**ここまで述べた意味で $\displaystyle\int_a^b f(x)\,dx$ が定まっている**とする．もし $b\to\infty$ または $a\to-\infty$ のときにそれが有限の値に収束するならば，それぞれの極限値によって

$$\int_a^\infty f(x)\,dx = \lim_{b\to\infty}\left\{\int_a^b f(x)\,dx\right\}, \qquad \int_{-\infty}^b f(x)\,dx = \lim_{a\to-\infty}\left\{\int_a^b f(x)\,dx\right\}$$

と定義する．同様に $\displaystyle\int_{-\infty}^\infty f(x)\,dx = \lim_{\substack{a\to-\infty\\ b\to\infty}}\left\{\int_a^b f(x)\,dx\right\}$ とする．

---

[ii] 面積が分かる図形に分割するのは面積を定めるときのポリシーである．

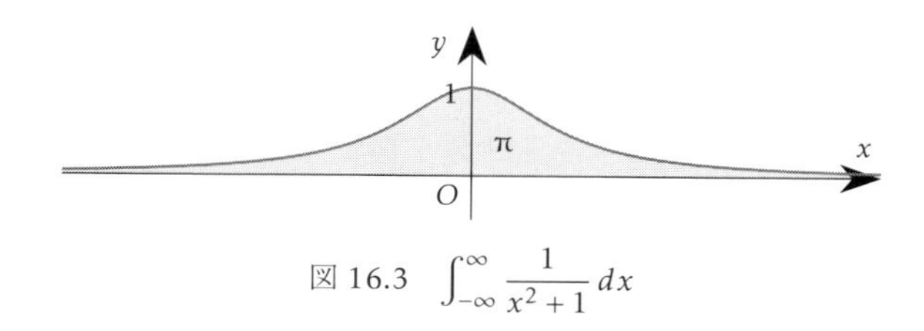


図 16.3　$\int_{-\infty}^{\infty} \frac{1}{x^2+1}\,dx$



**例 16.4**　$\int_a^b \frac{1}{x^2+1}\,dx = \Big[\arctan x\Big]_a^b = \arctan b - \arctan a$．また $x \to \pm\infty$ のとき $\arctan x \to \pm\frac{\pi}{2}$ より

$$\int_{-\infty}^{\infty} \frac{1}{x^2+1}\,dx = \lim_{\substack{a\to-\infty \\ b\to\infty}} \left\{ \int_a^b \frac{1}{x^2+1}\,dx \right\} = \lim_{\substack{a\to-\infty \\ b\to\infty}} (\arctan b - \arctan a) = \frac{\pi}{2} - \left(-\frac{\pi}{2}\right) = \pi$$

である（図 16.3）．$\int_{-\infty}^{\infty} \frac{1}{x^2+1}\,dx = [\arctan x]_{-\infty}^{\infty} = \pi$ のように表すこともある．

**例 16.5**　広義積分 $\int_0^{\infty} \frac{1}{(x+2)(x+4)}\,dx$ の値を求めよう．$b > 0$ に対し

$$\int_0^b \frac{1}{(x+2)(x+4)}\,dx = \int_0^b \frac{1}{2}\left(\frac{1}{x+2} - \frac{1}{x+4}\right)dx = \frac{1}{2}\left(\log\frac{b+2}{b+4} + \log 2\right).$$

$b \to \infty$ として $\int_0^{\infty} \frac{1}{(x+2)(x+4)}\,dx = \frac{1}{2}\log 2$ である．

**例 16.6**　似た形でも注意が必要である．

$$\int_0^{\infty} \frac{1}{(x-1)(x+3)}\,dx = \int_0^1 \frac{1}{(x-1)(x+3)}\,dx + \int_1^{\infty} \frac{1}{(x-1)(x+3)}\,dx.$$

第 1 項は $\lim_{\varepsilon\to+0} \left\{ \int_0^{1-\varepsilon} \frac{1}{(x-1)(x+3)}\,dx \right\} = \lim_{\varepsilon\to+0} \frac{1}{4}\log\left|\frac{(1-\varepsilon)-1}{(1-\varepsilon)+3}\right| \to -\infty$ と発散するので，この広義積分は存在しない．

**例 16.7**　$\alpha$ を実数，$0 < a < b$ とするとき，$x^\alpha$ の $a$ から $b$ までの定積分は

$$\int_a^b x^\alpha\,dx = \begin{cases} \Big[\log x\Big]_a^b = \log b - \log a & (\alpha = -1) \\ \left[\dfrac{x^{\alpha+1}}{\alpha+1}\right]_a^b = \dfrac{1}{\alpha+1}\left(b^{\alpha+1} - a^{\alpha+1}\right) & (\alpha \neq -1) \end{cases}$$

である．$a \to 0$ または $b \to \infty$ とした場合の広義積分は以下のようになる．

$$\text{(a)}\ \int_0^b x^\alpha\,dx = \begin{cases} \infty & (\alpha = -1), \\ \infty & (\alpha + 1 < 0), \\ \dfrac{b^{\alpha+1}}{\alpha+1} & (\alpha + 1 > 0). \end{cases} \qquad \text{(b)}\ \int_a^{\infty} x^\alpha\,dx = \begin{cases} \infty & (\alpha = -1), \\ -\dfrac{a^{\alpha+1}}{\alpha+1} & (\alpha + 1 < 0), \\ \infty & (\alpha + 1 > 0). \end{cases}$$

## 16.2　ガンマ関数とベータ関数

§16.1 の広義積分はすべて，被積分関数の不定積分を書き下せたので，極限の計算によって広義積分の存在が示せた．不定積分を書き下せないが，他の既知の広義積分を利用して収束性が示される広義積分もあり，重要な（面白い）例が多い．このような広義積分によって定義されるガンマ関数とベータ関数を紹介しよう．定義の妥当性（広義積分の収束）については §16.3 で触れる．

**ガンマ関数 $\Gamma(s)$**

$s > 0$ に対して，広義積分

$$\int_0^{\infty} x^{s-1} e^{-x}\, dx \tag{16.2}$$

は収束する [iii]．これを $s > 0$ 上定義された関数とみて**ガンマ関数 $\boldsymbol{\Gamma(s)}$** という．

**定理 16.8（ガンマ関数の性質）**　ガンマ関数 $\Gamma(s)$ に対し以下が成り立つ（[例題 16⟨3⟩] 参照）．

- $\Gamma(1) = 1$
- 実数 $s > 0$ に対し $\boldsymbol{\Gamma(s+1) = s\Gamma(s)}$
- 自然数 $n$ に対し $\boldsymbol{\Gamma(n) = (n-1)!}$.

**註 16.9**　定理 16.8 により $\Gamma(s)$ を，「階乗関数」$(n-1)!$ の定義域を自然数 $n$ から正の実数全体へ拡張するものと思える（図 16.4）．例えば $\Gamma\left(\frac{1}{2}+1\right) = \Gamma\left(\frac{3}{2}\right)$ は「$\frac{1}{2}$ の階乗 $\left(\frac{1}{2}\right)!$」とみなせる．$\Gamma\left(\frac{3}{2}\right)$ のような正の半整数における値については §21.3 で調べる [iv]．

ベータ関数はガンマ関数に深く関係する．ここでは定義のみ与え，§21.3 に活用例を紹介する．

**ベータ関数**

$p > 0$ かつ $q > 0$ に対して

$$\int_0^1 x^{p-1}(1-x)^{q-1}\, dx$$

は収束する [v]．これを 2 変数 $p, q$ の関数とみなし**ベータ関数 $\boldsymbol{B(p,q)}$** という（図 16.5）．

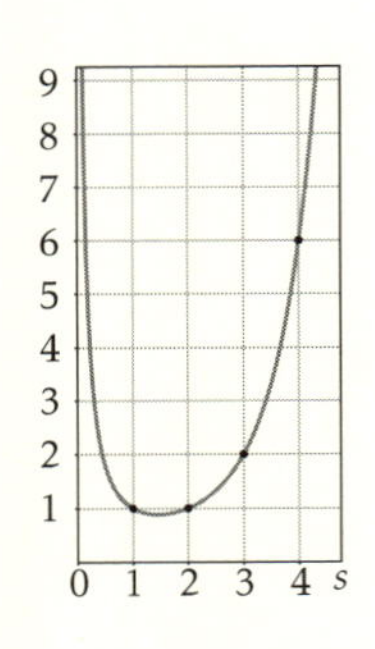


図 16.4　$\Gamma(s)$ のグラフ

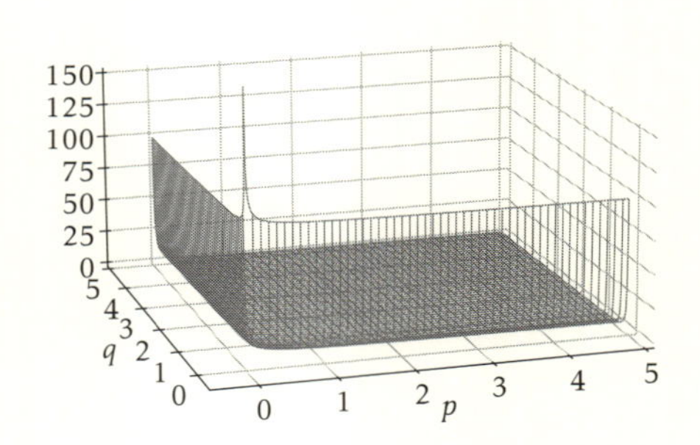


図 16.5　$B(p,q)$ のグラフ

---

[iii] 証明は例 16.12 参照．

[iv] 置換 $x = t^2$, $dx = 2t\,dt$ により $\Gamma(s) = \int_0^{\infty} x^{s-1}e^{-x}\,dx = \int_0^{\infty} t^{2s-2}e^{-t^2}\cdot 2t\,dt = 2\int_0^{\infty} t^{2s-1}e^{-t^2}\,dt$．ここで $s = \frac{1}{2}$ とすれば $\Gamma\left(\frac{1}{2}\right) = 2\int_0^{\infty} e^{-t^2}\,dt$ である．この値を，広義重積分を利用して求める方法を §21.1，§21.3 で紹介する．[発展 16⟨3⟩] も参照．

[v] $0 < p < 1$ または $0 < q < 1$ のときは広義積分である．証明は例 16.11 参照．

**註 16.10** 置換積分 $x=\cos^2\theta$ すなわち $dx=-2\cos\theta\sin\theta\,d\theta$ を考えると

$$\boldsymbol{B(p,q)=\int_0^1 x^{p-1}(1-x)^{q-1}\,dx=2\int_0^{\frac{\pi}{2}}\cos^{2p-1}\theta\sin^{2q-1}\theta\,d\theta} \tag{16.3}$$

となる．したがって，例えば定積分 $\int_0^{\frac{\pi}{2}}\cos^3\theta\sin^5\theta\,d\theta$ はベータ関数によって $\frac{1}{2}B(2,3)$ と表される．§21.3 でガンマ関数とベータ関数の関係を学ぶと，この定積分をさらにガンマ関数で記述することができ，この値が $\frac{1}{2}B(2,3)=\frac{1}{24}$ に等しいことが分かる（例 21.7）．



## 16.3 優関数の原理

ガンマ関数とベータ関数の収束性について少しだけ議論する．不定積分を書き下さずに広義積分の存在を示す必要がある．この目的のためには次の原理がよく利用される．

**優関数の原理**

$[a,b)$ において連続な $f(x)$ に対し，

- $[a,b)$ において $\boldsymbol{|f(x)|\leqq g(x)}$ が成り立ち，
- 広義積分 $\boldsymbol{\int_a^b g(x)\,dx}$ **が収束**する

ような $g(x)$ があれば，広義積分 $\int_a^b f(x)\,dx$ は収束する．ただし $b$ は $\infty$ でもよい（[6, p. 108]）．

優関数の原理における $g(x)$ としては，$x$ や $(1-x)$ の冪（べき）が利用されることが多い．

さて，例 16.7(a) で $b=1$，$\alpha+1=p$ とすると，

$$p>0 \iff \int_0^1 x^{p-1}\,dx \text{ が収束} \tag{16.4}$$

を，さらに $x=1-t$ と置換して [vi)]

$$q>0 \iff \int_0^1 (1-x)^{q-1}\,dx \text{ が収束} \tag{16.5}$$

を得る．これらを利用してベータ関数の収束を示そう．

**例 16.11（ベータ関数の収束性）** ベータ関数を定義する式 $x^{p-1}(1-x)^{q-1}$ の $[0,1]$ における積分を考える（$p>0,\ q>0$）．$\boldsymbol{p\geqq 1}$ **かつ** $\boldsymbol{q\geqq 1}$ **ならば通常の定積分**である．しかし

$$\int_0^1 x^{p-1}(1-x)^{q-1}\,dx=\int_0^{\frac{1}{2}} x^{p-1}(1-x)^{q-1}\,dx+\int_{\frac{1}{2}}^1 x^{p-1}(1-x)^{q-1}\,dx$$

について，右辺の第 1 項は $0<p<1$ のとき広義積分であり，第 2 項は $0<q<1$ のとき広義積分である．式 (16.4) と (16.5) を用いてこの広義積分を調べよう．

$0<p<1$ のとき：

- $0<x\leqq\frac{1}{2}$ に対し $\left|x^{p-1}(1-x)^{q-1}\right|\leqq 2x^{p-1}$ であり（$\because 1<\frac{1}{1-x}\leqq 2$ また $1-q<1$），
- 式 (16.4) より $\int_0^{\frac{1}{2}} 2x^{p-1}\,dx\leqq 2\int_0^1 x^{p-1}\,dx$ は収束する．

したがって，優関数の原理によって，これらから $\int_0^{\frac{1}{2}} x^{p-1}(1-x)^{q-1}\,dx$ の収束性が示される．

---

vi) $\int_0^1 x^{p-1}\,dx=-\int_1^0(1-t)^{p-1}\,dt=\int_0^1(1-t)^{p-1}\,dt.$

$0 < q < 1$ のとき：

- $\frac{1}{2} \leqq x < 1$ に対し $\left|x^{p-1}(1-x)^{q-1}\right| \leqq 2(1-x)^{q-1}$ であり（$\because 1 < \frac{1}{x} \leqq 2$ また $1-p < 1$），
- 式 (16.5) より $\int_{\frac{1}{2}}^{1} 2(1-x)^{q-1}\,dx \leqq 2\int_0^1 (1-x)^{q-1}\,dx$ は収束する

から，同様に優関数の原理によって $\int_{\frac{1}{2}}^{1} x^{p-1}(1-x)^{q-1}\,dx$ の収束性が分かる．

よって $p > 0$ かつ $q > 0$ に対して $B(p,q) = \int_0^1 x^{p-1}(1-x)^{q-1}\,dx$ が確定する（[6, 第 5 章] など）．

**例 16.12（ガンマ関数の収束性）** 式 (16.2) の被積分関数 $x^{s-1}e^{-x}$ は（$s < 1$ のときには）$x \to 0$ で発散する．適当な $b$ について $\int_0^{\infty} x^{s-1}e^{-x}\,dx = \int_0^b x^{s-1}e^{-x}\,dx + \int_b^{\infty} x^{s-1}e^{-x}\,dx$ と分割して考える．

$\int_b^{\infty} x^{s-1}e^{-x}\,dx$ について：$x$ が十分大きいときは $x^{s+1} < e^x$ より（両辺に $e^{-x}x^{-2}$ を掛けて）$x^{s-1}e^{-x} < x^{-2}$ となるので，例 16.7(b) と優関数の原理より適当な $b$ について $\int_b^{\infty} x^{s-1}e^{-x}\,dx$ は収束する．

$\int_0^b x^{s-1}e^{-x}\,dx$ について：$0 \leqq x$ より $x^{s-1}e^{-x} \leqq x^{s-1}$ だから，$s > 0$ ならば例 16.7(a) と優関数の原理より $\int_0^b x^{s-1}e^{-x}\,dx$ は収束する．

よって $s > 0$ に対して $\Gamma(s) = \int_0^{\infty} x^{s-1}e^{-x}\,dx$ が確定する（[6, 第 5 章]）．

**例題 16**

〈1〉 次の広義積分を計算せよ.

(a) $\int_1^\infty \frac{1}{x^2}\,dx$　(b) $\int_1^\infty e^{2-3x}\,dx$　(c) $\int_{-\infty}^\infty \frac{1}{x^2+4}\,dx$

(d) $\int_1^\infty \frac{1}{x\sqrt{x}}\,dx$　(e) $\int_1^\infty \frac{1}{x(x+1)}\,dx$

(f) $\int_0^1 (1-x)^{-\frac{1}{3}}\,dx$　(g) $\int_0^2 \frac{1}{\sqrt{x(2-x)}}\,dx$

(h) $\int_0^2 \frac{1}{\sqrt[3]{(x-1)^2}}\,dx$　(i) $\int_0^2 \frac{1}{(x-1)^2}\,dx$　(j) $\int_0^1 \log x\,dx$

(k) $\int_0^\infty \frac{1}{(x^2+1)(x^2+2)}\,dx$

〈2〉 実数 $a>0$, $b$ に対して次を示せ.

(a) $\int_0^\infty e^{-ax}\cos bx\,dx = \frac{a}{a^2+b^2}$

(b) $\int_0^\infty e^{-ax}\sin bx\,dx = \frac{b}{a^2+b^2}$

〈3〉 ガンマ関数 $\Gamma(s)=\int_0^\infty x^{s-1}e^{-x}\,dx$ $(s>0)$ について以下の問に答えよ.

(a) $\Gamma(1)$ を求めよ.

(b) 実数 $s>0$ に対して $\Gamma(s+1)=s\Gamma(s)$ を示せ.

(c) 自然数 $n$ に対して $\Gamma(n)$ を求めよ.

**類題 16**

〈1〉 次の広義積分を計算せよ.

(a) $\int_0^1 \frac{1}{\sqrt{x}}\,dx$　(b) $\int_0^\infty e^{-x}\,dx$　(c) $\int_1^\infty \frac{1}{x}\,dx$

(d) $\int_0^\infty \frac{1}{1+x^2}\,dx$　(e) $\int_{-1}^1 \frac{1}{\sqrt{|x|}}\,dx$　(f) $\int_{-1}^1 \frac{1}{x^2}\,dx$

(g) $\int_1^\infty \frac{1}{x^3}\,dx$　(h) $\int_1^4 \frac{1}{\sqrt[3]{(x-2)^2}}\,dx$

(i) $\int_0^\infty \frac{1}{\sqrt{x}(x+1)}\,dx$　(j) $\int_{-1}^1 \frac{1}{(2+x)\sqrt{1-x^2}}\,dx$

(k) $\int_{-\infty}^\infty \frac{1}{e^x+e^{-x}}\,dx$

**発展 16**

〈1〉 広義積分 $\int_0^\infty \frac{\sin x}{x}\,dx$ が存在することを示せ [vii].

〈2〉 次の積分をベータ関数を用いて表せ.

(a) $I=\int_a^b (x-a)^\alpha(b-x)^\beta\,dx$ （$\alpha,\ \beta>1$, $a\neq b$ は定数）

(b) $J=\int_0^1 \frac{dx}{\sqrt{1-x^3}}\,dx$　(c) $K=\int_0^1 \frac{x^2}{\sqrt{1-x^4}}\,dx$

(d) $L=\int_0^1 (1-t^{\frac{1}{p}})^q\,dt$ （$p>0,\ q>-1$）

〈3〉 $g(t)=\left(\int_0^t e^{-x^2}\,dx\right)^2+\int_0^1 \frac{e^{-t^2(1+x^2)}}{1+x^2}\,dx$ の両辺を $t$ で（微分と積分の順序交換をみとめて）微分することにより $g(t)=\frac{\pi}{4}$（定数関数）を示し，それを利用して $\int_0^\infty e^{-x^2}\,dx=\frac{\sqrt{\pi}}{2}$ を示せ [viii].

---

● **例題 16 解答**

〈1〉 (a) $\int_1^\infty \frac{1}{x^2}\,dx=\lim_{b\to+\infty}\left\{\int_1^b \frac{1}{x^2}\,dx\right\}$

$=\lim_{b\to+\infty}\left[-\frac{1}{x}\right]_1^b=\lim_{b\to+\infty}\left(-\frac{1}{b}-\left(-\frac{1}{1}\right)\right)=1.$

(b) $\int_1^\infty e^{2-3x}\,dx=\left[-\frac{1}{3}e^{2-3x}\right]_1^\infty=-\frac{1}{3}\left(0-e^{-1}\right)=\frac{1}{3e}.$

(c) $\int_{-\infty}^\infty \frac{1}{x^2+4}\,dx=\left[\frac{1}{2}\arctan\frac{x}{2}\right]_{-\infty}^\infty=\frac{1}{2}\left\{\frac{\pi}{2}-\left(-\frac{\pi}{2}\right)\right\}$
$=\frac{\pi}{2}.$

(d) $\int_1^\infty \frac{1}{x\sqrt{x}}\,dx=\lim_{b\to\infty}\left\{\int_1^b \frac{1}{x\sqrt{x}}\,dx\right\}=\lim_{b\to\infty}[-2x^{-\frac{1}{2}}]_1^b$
$=\lim_{b\to\infty}(-2b^{-\frac{1}{2}}+2)=2.$

(e) $\int_1^\infty \frac{1}{x(x+1)}\,dx=\lim_{b\to\infty}\int_1^b\left(\frac{1}{x}-\frac{1}{x+1}\right)dx$
$=\lim_{b\to\infty}\left[\log\frac{x}{x+1}\right]_1^b=\lim_{b\to\infty}\left(\log\frac{b}{b+1}-\log\frac{1}{2}\right)$
$=\lim_{b\to\infty}\left(\log\frac{1}{1+1/b}-\log\frac{1}{2}\right)=0-\log\frac{1}{2}=\log 2.$

(f) $\int_0^1 (1-x)^{-\frac{1}{3}}\,dx=\lim_{\varepsilon\to+0}\left[-\frac{3}{2}(1-x)^{\frac{2}{3}}\right]_0^{1-\varepsilon}$
$=-\frac{3}{2}\lim_{\varepsilon\to+0}\left(\varepsilon^{\frac{2}{3}}-1\right)=\frac{3}{2}.$

(g) $\int_0^2 \frac{1}{\sqrt{x(2-x)}}\,dx=\lim_{\substack{\varepsilon\to+0\\ \varepsilon'\to+0}}\left\{\int_\varepsilon^{2-\varepsilon'}\frac{1}{\sqrt{x(2-x)}}\,dx\right\}$
$=\lim_{\substack{\varepsilon\to+0\\ \varepsilon'\to+0}}[\arcsin(x-1)]_\varepsilon^{2-\varepsilon'}$
$=\lim_{\substack{\varepsilon\to+0\\ \varepsilon'\to+0}}\{\arcsin(1-\varepsilon')-\arcsin(-1+\varepsilon)\}$
$=\arcsin 1-\arcsin(-1)=\frac{\pi}{2}-\left(-\frac{\pi}{2}\right)=\pi.$

(h) $\int_0^2 \frac{1}{\sqrt[3]{(x-1)^2}}\,dx=$
$\int_0^1 \frac{1}{\sqrt[3]{(x-1)^2}}\,dx+\int_1^2 \frac{1}{\sqrt[3]{(x-1)^2}}\,dx$
$=\lim_{\varepsilon\to+0}\left\{\int_0^{1-\varepsilon}(x-1)^{-\frac{2}{3}}\,dx\right\}+\lim_{\varepsilon\to+0}\left\{\int_{1+\varepsilon}^2(x-1)^{-\frac{2}{3}}\,dx\right\}$
$=\lim_{\varepsilon\to+0}\left[3(x-1)^{\frac{1}{3}}\right]_0^{1-\varepsilon}+\lim_{\varepsilon\to+0}\left[3(x-1)^{\frac{1}{3}}\right]_{1+\varepsilon}^2$
$\underset{\text{ix)}}{=}3\lim_{\varepsilon\to+0}\left\{(-\varepsilon)^{\frac{1}{3}}+1\right\}+3\lim_{\varepsilon\to+0}\left(1-\varepsilon^{\frac{1}{3}}\right)=6.$

(i) $\int_0^2 \frac{1}{(x-1)^2}\,dx=\int_0^1 \frac{1}{(x-1)^2}\,dx+\int_1^2 \frac{1}{(x-1)^2}\,dx$ の右辺第 1 項の広義積分は

---

vii) この積分は **Dirichlet**（ディレクレ）**積分** とよばれる．値は $\frac{\pi}{2}$ である（[発展 21〈3〉] も参照）.

viii) Méray, Hugues Charles Robert: *Leçons nouvelles sur l'analyse infinitésimale et ses applications géométriques* (1894), p. 38 より.

ix) $(-1)^{\frac{1}{3}}=\sqrt[3]{-1}=-1$ に注意.

$\int_0^1 \frac{1}{(x-1)^2}\,dx = \lim_{\varepsilon\to+0}\left\{\int_0^{1-\varepsilon}\frac{1}{(x-1)^2}\,dx\right\}$
$= \lim_{\varepsilon\to+0}\left[-(x-1)^{-1}\right]_0^{1-\varepsilon} = \lim_{\varepsilon\to+0}\left(\frac{1}{\varepsilon}-1\right) = \infty$ と存在しないのでこの広義積分は存在しない（実際第2項の広義積分も存在しない）.

(j) $\int_0^1 \log x\,dx = \lim_{\varepsilon\to+0}\int_\varepsilon^1 \log x\,dx = \lim_{\varepsilon\to+0}[x\log x - x]_\varepsilon^1$
$= \lim_{\varepsilon\to+0}(-1-\varepsilon\log\varepsilon+\varepsilon) \underset{\text{x)}}{=} -1.$

(k) $\int_0^\infty \frac{1}{(x^2+1)(x^2+2)}\,dx$
$= \lim_{b\to\infty}\left\{\int_0^b\left(\frac{1}{x^2+1}-\frac{1}{x^2+2}\right)dx\right\}$
$= \lim_{b\to\infty}\left[\arctan x - \frac{1}{\sqrt{2}}\arctan\frac{x}{\sqrt{2}}\right]_0^b = \frac{\pi}{2}-\frac{1}{\sqrt{2}}\cdot\frac{\pi}{2}$
$= \frac{2-\sqrt{2}}{4}\pi.$

〈2〉 (a) [例題 12〈7〉] より,
$\int e^{-ax}\cos bx\,dx = \frac{e^{-ax}}{a^2+b^2}(b\sin bx - a\cos bx)$. よって
$\int_0^\infty e^{-ax}\cos bx\,dx = \lim_{\beta\to\infty}\left[\frac{e^{-ax}}{a^2+b^2}(b\sin bx-a\cos bx)\right]_0^\beta$
$= \frac{a}{a^2+b^2}.$
(b) 同様.

〈3〉 (a) $\Gamma(1) = \int_0^\infty e^{-x}\,dx = [-e^{-x}]_0^\infty = 0-(-1) = 1.$
(b) $\Gamma(s+1) = \int_0^\infty x^s e^{-x}\,dx \underset{\text{部分積分}}{=} [x^s(-e^{-x})]_0^\infty - \int_0^\infty sx^{s-1}(-e^{-x})\,dx = \left[-\frac{x^s}{e^x}\right]_0^\infty + s\int_0^\infty x^{s-1}e^{-x}\,dx = s\Gamma(s).$
(c) $\Gamma(n) = (n-1)\Gamma(n-1) = (n-1)(n-2)\Gamma(n-2) = \cdots = (n-1)(n-2)(n-3)\cdot\cdots\cdot 3\cdot 2\cdot\Gamma(1) = (n-1)!.$

**● 類題 16 解答**

〈1〉 (a) 2　(b) 1　(c) この広義積分は存在しない　(d) $\frac{\pi}{2}$　(e) 4　(f) この広義積分は存在しない
(g) $\frac{1}{2}$　(h) $3(1+\sqrt[3]{2})$　(i) $\pi$　(j) $\frac{\pi}{\sqrt{3}}$　(k) $\frac{\pi}{2}$

**● 発展 16 解答**

〈1〉 $\lim_{x\to0}\frac{\sin x}{x} = 1$ だから $\int_1^\infty \frac{\sin x}{x}\,dx$ の存在を示せば十分である. 部分積分により

$$\int_1^N \frac{\sin x}{x}\,dx = \left[\frac{-\cos x}{x}\right]_1^N - \int_1^N \frac{\cos x}{x^2}\,dx.$$

第1項については, $N$ が十分大きければ $\left|\left[\frac{-\cos x}{x}\right]_1^N\right| < 1$ である.

第2項については, $\left|\frac{\cos x}{x^2}\right| < \frac{1}{x^2}$ と $\int_1^\infty \frac{1}{x^2}\,dx = \left[-\frac{1}{x}\right]_1^\infty = 1$ に優関数の原理を適用すればよい.

〈2〉 (a) $I = (b-a)^{\alpha+\beta+1}B(\alpha+1,\beta+a)$ [xi]（$t = \frac{x-a}{b-a}$ と置換.）
(b) $J = \frac{1}{3}B\left(\frac{1}{3},\frac{1}{2}\right)$（$t = x^3$ と置換.）
(c) $K = \frac{1}{4}B\left(\frac{3}{4},\frac{1}{2}\right)$（$t = x^4$ と置換.）
(d) $L = pB(p,q+1)$（$x = t^{\frac{1}{p}}$ と置換.）

〈3〉 $g'(t) = 2e^{-t^2}\int_0^t e^{-x^2}\,dx + \int_0^1 -2te^{-t^2(1+x^2)}\,dx$
（第2項を $u = xt$ と置換）
$= 2e^{-t^2}\int_0^t e^{-x^2}\,dx + \int_0^t -2te^{-t^2(1+\frac{u^2}{t^2})}\cdot\frac{1}{t}\,du$
$= 2e^{-t^2}\int_0^t e^{-x^2}\,dx - 2\int_0^t e^{-(t^2+u^2)}\,du$
$= 2e^{-t^2}\left(\int_0^t e^{-x^2}\,dx - \int_0^t e^{-u^2}\,du\right) = 0$ より $g(t)$ は定数関数, すなわち $g(t) = g(0) = [\arctan x]_0^1 = \frac{\pi}{4}$ である.
$t\to\infty$ のときを考えると $\int_0^1 \frac{e^{-t^2(1+x^2)}}{1+x^2}\,dx < \int_0^1 e^{-t^2}\,dx = e^{-t^2}\int_0^1 1\,dx = e^{-t^2} \to 0$ より $\left(\int_0^\infty e^{-x^2}\,dx\right)^2 + 0 = \frac{\pi}{4}$ である.

---

x) $t = -\log\varepsilon$ とおくと $\varepsilon\to+0$ のとき $t\to\infty$ であるから $\lim_{\varepsilon\to+0}\varepsilon\log\varepsilon = -\lim_{t\to\infty}\frac{t}{e^t} = 0.$

xi) [発展 15〈1〉(d)] と比較せよ.

# 第 17 章

# 積分の応用 1

## 17.1 曲線の長さ

### 17.1.1 パラメータ表示の曲線の長さ

$C^1$ 級（すなわち連続な $\phi'(t)$, $\psi'(t)$ が存在する）関数 $\phi(t)$, $\psi(t)$ に対し，パラメータ表示 $\begin{cases} x = \phi(t), \\ y = \psi(t) \end{cases}$ によって表される $xy$ 平面内の曲線を考える．この曲線の $a \leqq t \leqq b$ の部分の長さを考えたい．

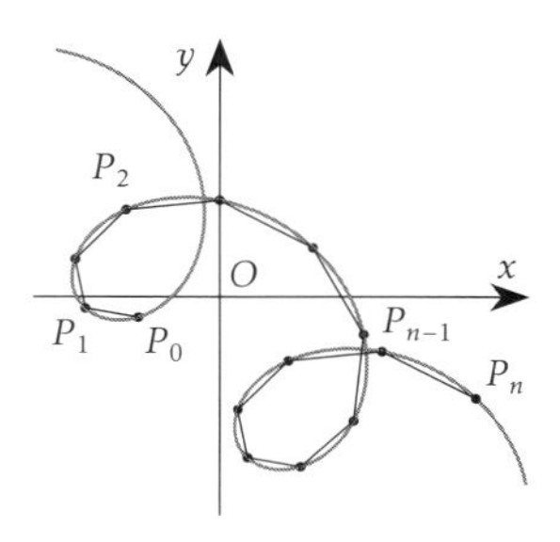

図 17.1　曲線の長さ

閉区間 $[a,b]$ に対し，$a$ と $b$ の間に $(n-1)$ 個の分点をとることにより，分割

$$\Delta : a = t_0 < t_1 < \cdots < t_{n-1} < t_n = b$$

を考える．$t_0, t_1, t_2, \ldots, t_n$ に対応する曲線上の点を $P_0, P_1, P_2, \ldots, P_n$ とし（図 17.1[i]），分割に伴う小区間の幅の最大値を $|\Delta|$ で表す．また

$$\Delta x_i = \phi(t_i) - \phi(t_{i-1}), \qquad \Delta y_i = \psi(t_i) - \psi(t_{i-1}), \qquad \Delta t_i = t_i - t_{i-1}$$

とおく．分点の個数を増やして $|\Delta|$ を限りなく小さくしたとき，分点を結ぶ折れ線の長さの極限

$$\begin{aligned} \lim_{|\Delta|\to 0} (P_0P_1 + P_1P_2 + \cdots + P_{n-1}P_n) &= \lim_{|\Delta|\to 0} \sum_{i=1}^{n} \sqrt{(\Delta x_i)^2 + (\Delta y_i)^2} = \lim_{|\Delta|\to 0} \sum_{i=1}^{n} \sqrt{\left(\frac{\Delta x_i}{\Delta t_i}\right)^2 + \left(\frac{\Delta y_i}{\Delta t_i}\right)^2}\, \Delta t_i \\ &= \lim_{|\Delta|\to 0} \sum_{i=1}^{n} \sqrt{\{\phi'(\alpha_i)\}^2 + \{\psi'(\beta_i)\}^2}\, \Delta t_i \underset{\text{ii)}}{=} \int_a^b \sqrt{\{\phi'(t)\}^2 + \{\psi'(t)\}^2}\, dt \end{aligned}$$

を曲線の長さとする（なお，〔平均値の〕定理 1.5 によって $\frac{\Delta x_i}{\Delta t_i} = \phi'(\alpha_i)$, $\frac{\Delta y_i}{\Delta t_i} = \psi'(\beta_i)$ なる $\alpha_i$, $\beta_i \in (t_{i-1}, t_i)$ を選んだ）．

**パラメータ表示された曲線の長さ**

曲線 $\begin{cases} x = \phi(t), \\ y = \psi(t) \end{cases}$（ただし $\phi(t), \psi(t)$ は $C^1$ 級とする）の $a \leqq t \leqq b$ の部分の長さ $\ell$ は

$$\ell = \int_a^b \sqrt{\{\phi'(t)\}^2 + \{\psi'(t)\}^2}\, dt = \int_a^b \sqrt{\left(\frac{dx}{dt}\right)^2 + \left(\frac{dy}{dt}\right)^2}\, dt. \tag{17.1}$$

---

[i] 図 17.1 の曲線は $\begin{cases} x = \cos 4t + t, \\ y = \sin 4t - t. \end{cases}$

[ii] 詳しい証明は [4, §40] を参照のこと．

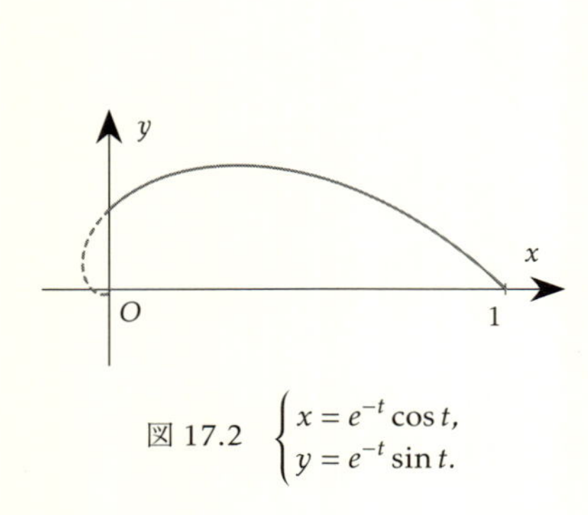


図 17.2 $\begin{cases} x = e^{-t}\cos t, \\ y = e^{-t}\sin t. \end{cases}$

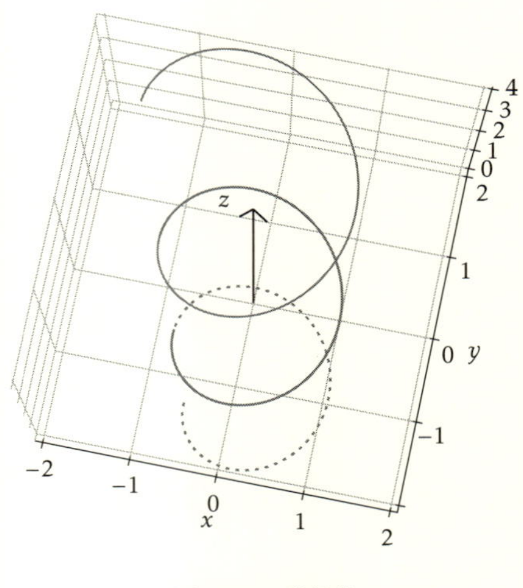


図 17.3　常螺旋

**例 17.1**　曲線 $\begin{cases} x = e^{-t}\cos t, \\ y = e^{-t}\sin t \end{cases}$ $\left(0 \leqq t \leqq \frac{\pi}{2}\right)$（図 17.2）の長さは

$$\int_0^{\frac{\pi}{2}} \sqrt{\left(\frac{dx}{dt}\right)^2 + \left(\frac{dy}{dt}\right)^2}\, dt = \int_0^{\frac{\pi}{2}} \sqrt{\{e^{-t}(-\cos t - \sin t)\}^2 + \{e^{-t}(-\sin t + \cos t)\}^2}\, dt$$
$$= \int_0^{\frac{\pi}{2}} \sqrt{2(e^{-t})^2}\, dt = \sqrt{2}\int_0^{\frac{\pi}{2}} e^{-t}\, dt = \sqrt{2}\Big[-e^{-t}\Big]_0^{\frac{\pi}{2}} = \sqrt{2}\left(1 - \frac{1}{e^{\frac{\pi}{2}}}\right).$$

式 (17.1) は空間内の曲線についても同様に成り立つ.

**例 17.2**　$xyz$ 空間内の曲線 $\begin{cases} x = \cos t, \\ y = \sin t, \\ z = t \end{cases}$（**常螺旋**（じょうらせん），図 17.3）の $0 \leqq t \leqq 2\pi$ の部分の長さ $\ell$ は

$$\ell = \int_0^{2\pi} \sqrt{\left(\frac{dx}{dt}\right)^2 + \left(\frac{dy}{dt}\right)^2 + \left(\frac{dz}{dt}\right)^2}\, d\theta = \int_0^{2\pi} \sqrt{(-\sin t)^2 + (\cos t)^2 + 1^2}\, d\theta = \Big[\sqrt{2}t\Big]_0^{2\pi} = 2\sqrt{2}\pi.$$

### 17.1.2　極表示の曲線の長さ

極方程式 $r = f(\theta)$ が表す曲線は $\begin{cases} x = r\cos\theta = f(\theta)\cos\theta, \\ y = r\sin\theta = f(\theta)\sin\theta \end{cases}$ とパラメータ表示できるので

$$\left(\frac{dx}{d\theta}\right)^2 + \left(\frac{dy}{d\theta}\right)^2 = \Big\{f'(\theta)\cos\theta - f(\theta)\sin\theta\Big\}^2 + \Big\{f'(\theta)\sin\theta + f(\theta)\cos\theta\Big\}^2 = \Big\{f(\theta)\Big\}^2 + \Big\{f'(\theta)\Big\}^2$$

に注意すれば，式 (17.1) より次を得る.

**極方程式によって表される曲線の長さ**

$C^1$ 級の極方程式 $r = f(\theta)$（$\alpha \leqq \theta \leqq \beta$）が表す曲線の長さ $\ell$ は次式で与えられる.

$$\ell = \int_\alpha^\beta \sqrt{\{f(\theta)\}^2 + \{f'(\theta)\}^2}\, d\theta. \tag{17.2}$$

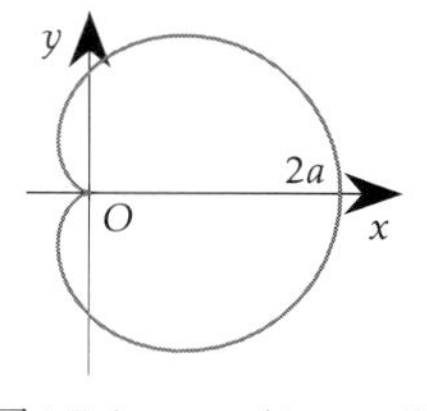

図 17.4 $r=a(1+\cos\theta)$

**例 17.3** $a>0$ とする．極方程式 $r=a(1+\cos\theta)$ $(0\leqq\theta\leqq 2\pi)$ によって表される曲線（図 17.4），**カージオイド**（cardioid）の長さ $\ell$ は，式 (17.2) より

$$\ell=\int_0^{2\pi}\sqrt{\{-a\sin\theta\}^2+\{a(1+\cos\theta)\}^2}\,d\theta=2a\int_0^{\pi}\sqrt{2+2\cos\theta}\,d\theta$$
$$=2a\int_0^{\pi}\sqrt{\cos^2\frac{\theta}{2}}\,d\theta=2a\int_0^{\pi}\cos\frac{\theta}{2}\,d\theta=4a\left[2\sin\frac{\theta}{2}\right]_0^{\pi}=8a.$$

### 17.1.3 曲線 $y=f(x)$ の長さ

$C^1$ 級関数のグラフ $y=f(x)$ $(a\leqq x\leqq b)$ の長さを求めたければ，$x$ をパラメータとみなし $\begin{cases}x=x,\\ y=f(x)\end{cases}$ に公式 (17.1) を適用すればよい．$\left(\dfrac{dx}{dx}\right)^2+\left(\dfrac{dy}{dx}\right)^2=1+\left\{f'(x)\right\}^2$ であるから次を得る．

**関数のグラフとして表された曲線の長さ**

$C^1$ 級関数 $f(x)$ に対して曲線 $y=f(x)$ $(a\leqq x\leqq b)$ の $a\leqq x\leqq b$ の部分の長さ $\ell$ は

$$\ell=\int_a^b\sqrt{1+\{f'(x)\}^2}\,dx. \tag{17.3}$$

**例 17.4** 曲線 $y=\dfrac{1}{2}x^2$ の $0\leqq x\leqq 1$ の部分の長さは，式 (17.3) より

$$\int_0^1\sqrt{1+\left(\frac{dy}{dx}\right)^2}\,dx=\int_0^1\sqrt{1+x^2}\,dx\underset{\text{iii)}}{=}\frac{1}{2}\left[x\sqrt{x^2+1}+\log\left(x+\sqrt{x^2+1}\right)\right]_0^1=\frac{1}{2}\left\{\sqrt{2}+\log\left(1+\sqrt{2}\right)\right\}.$$

## 17.2 様々な面積

**平面図形の面積**

$xy$ 平面内の図形の $x$ 軸に垂直な切り口の長さがある連続関数 $\ell(x)$ で表されているとき，その図形の $a\leqq x\leqq b$ の部分の面積は $\displaystyle\int_a^b\ell(x)\,dx$ で表される．

**例 17.5** $[a,b]$ において $f(x)\geqq g(x)$ なる連続関数 $f(x)$, $g(x)$ について，曲線 $y=f(x)$, $y=g(x)$ と直線 $x=a$, $x=b$ で囲まれた図形の面積は $\displaystyle\int_a^b\{f(x)-g(x)\}\,dx$ に等しい．

**例 17.6** 2 つの曲線 $y=\cos x$, $y=\sin x$ $(0\leqq x\leqq 2\pi)$ によって囲まれた図形の面積は（図 17.5 より）$\displaystyle\int_{\frac{\pi}{4}}^{\frac{5\pi}{4}}(\sin x-\cos x)\,dx=\Big[-\cos x-\sin x\Big]_{\frac{\pi}{4}}^{\frac{5\pi}{4}}=2\sqrt{2}$ である．

---

iii) $\displaystyle\int\sqrt{x^2+1}\,dx=\frac{1}{2}\left\{x\sqrt{x^2+1}+\log\left(x+\sqrt{x^2+1}\right)\right\}+C$ （[例題 14⟨3⟩] 参照）．

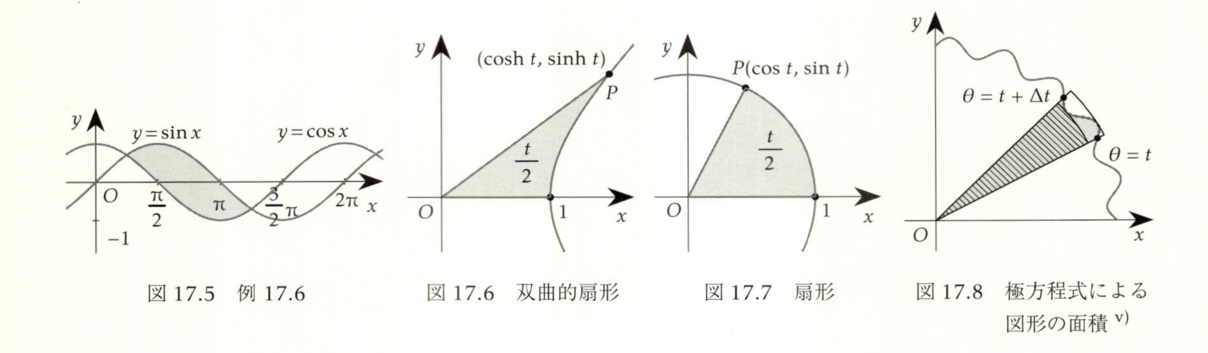


図 17.5 例 17.6　図 17.6 双曲的扇形　図 17.7 扇形　図 17.8 極方程式による図形の面積 v)

**例 17.7** 双曲線 $C: x^2 - y^2 = 1$ の第1象限にある部分に点 $P(\cosh t, \sinh t)$ をとる（§6.3）. 双曲線 $C$ と線分 $OP$, $x$ 軸によって囲まれた部分（**双曲的扇形**）の面積 $S$ を求めよう（図 17.6 iv)）.

点 $P$ から $x$ 軸に下した垂線の足を $H(\cosh t, 0)$ とすると

$$S = \triangle POH - \int_1^{\cosh t} \sqrt{x^2-1}\,dx \underset{x=\cosh s}{=} \frac{\cosh t \sinh t}{2} - \int_0^t \sqrt{\cosh^2 s - 1} \cdot \sinh s\, ds$$

$$= \frac{\sinh 2t}{4} - \int_0^t \sinh^2 s\, ds = \frac{\sinh 2t}{4} - \int_0^t \frac{\cosh 2s - 1}{2}\, ds = \frac{\sinh 2t}{4} - \frac{\sinh 2t}{4} + \frac{t}{2} = \frac{t}{2}$$

である. 双曲線関数の倍角の公式（[類題 6⟨4⟩]）を何度か用いた.

極方程式で表される曲線によって囲まれる図形の面積を求めるときには次が役立つ（例 19.5 も参照）.

**極方程式で表される曲線が囲む図形の面積**

連続な極方程式 $r = f(\theta) \geqq 0$（$\alpha \leqq \theta \leqq \beta$）で表される曲線 $C$ と2つの半直線 $\theta = \alpha$, $\theta = \beta$ とで囲まれる図形の面積を $S$ とすると

$$S = \frac{1}{2}\int_\alpha^\beta \left\{f(\theta)\right\}^2 d\theta. \tag{17.4}$$

**証明** 曲線 $C$ と半直線 $\theta = \alpha$, $\theta = t$（$\alpha \leqq t \leqq \beta$）とで囲まれる図形の面積を $S(t)$ とする.

$\alpha < t < \beta$ および十分小さな $\Delta t > 0$ に対し, $[t, t+\Delta t]$ における $f(\theta)$ の最小値と最大値をそれぞれ $m$ と $M$ とする. このとき $S(t+\Delta t)$ と $S(t)$ の差は, 半径 $m$ で中心角 $\Delta t$ の扇形の面積以上であり, 半径 $M$ で中心角 $\Delta t$ の扇形の面積以下であるから（図 17.8）, 式 (3.1) より

$$\frac{m^2 \Delta t}{2} \leqq S(t+\Delta t) - S(t) \leqq \frac{M^2 \Delta t}{2} \qquad \therefore\ \frac{m^2}{2} \leqq \frac{S(t+\Delta t) - S(t)}{\Delta t} \leqq \frac{M^2}{2}$$

が分かる. $\Delta t < 0$ の場合には $[t+\Delta t, t]$ に対して同様の議論を行えば, 同じ不等式を得る.

ここで $\Delta t \to 0$ とすると $f(\theta)$ の連続性から $m \to f(t)$, $M \to f(t)$ であるから, $S'(t) = \frac{1}{2}\left\{f(t)\right\}^2$ を得る. $S = S(\beta)$ と $S(\alpha) = 0$ に注意すれば

$$S = S(\beta) = S(\beta) - S(\alpha) = \int_\alpha^\beta S'(t)\,dt = \int_\alpha^\beta \frac{1}{2}\left\{f(t)\right\}^2 dt. \qquad \square$$

---

iv) 図 17.6 の $t$ を**双曲角**とよぶ. 円周角 $t$ の通常の扇形の面積（図 17.7）と比較せよ.

v) 図 17.8 の曲線は極方程式 $r = 1 - \frac{\sin(20\theta)}{20}$ が表す曲線（$0 \leqq \theta \leqq \frac{\pi}{2}$）.

**例 17.8**　極方程式 $r = \sin 2\theta \left(0 \leqq \theta \leqq \frac{\pi}{2}\right)$ が表す曲線が囲む部分の面積 $S$ を求めよう．この曲線は図 17.9 の実線部分であるから[vi)]

$$S = \frac{1}{2}\int_0^{\frac{\pi}{2}} \sin^2 2\theta \, d\theta = \frac{1}{2}\int_0^{\frac{\pi}{2}} \frac{1-\cos 4\theta}{2}\, d\theta = \frac{1}{4}\left[\theta - \frac{1}{4}\sin 4\theta\right]_0^{\frac{\pi}{2}} = \frac{\pi}{8}.$$

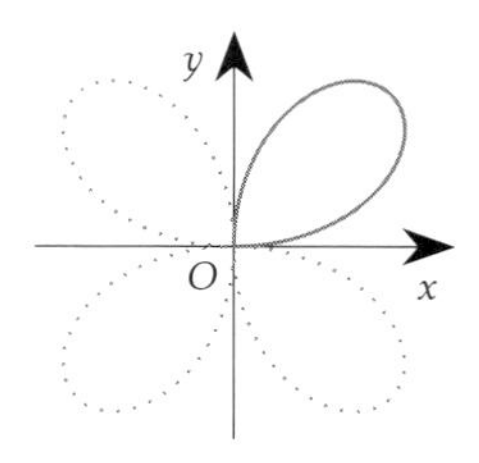

図 17.9　$r = \sin 2\theta$

## 17.3　区分求積法の応用

§15.2 の区分求積法の式 (15.4) において，特に $a = 0$, $b = 1$ とすると以下を得る．

**区分求積法**

$$\int_0^1 f(x)\,dx = \lim_{n\to\infty} \frac{1}{n}\sum_{i=1}^{n} f\left(\frac{i}{n}\right). \tag{17.5}$$

式 (17.5) は以下の手順で級数の計算に利用されることが多い．

〈1〉 全体から $\dfrac{1}{n}$ をくくり出す．

〈2〉 $\dfrac{i}{n}$ についての式 $f\left(\dfrac{i}{n}\right)$ を見出す．

〈3〉 $f$ に式 (17.5) を適用して定積分の計算に持ち込む．

**例 17.9**　区分求積法を利用して $\displaystyle\lim_{n\to\infty}\left\{\frac{n}{(n+1)^2} + \frac{n}{(n+2)^2} + \cdots + \frac{n}{(n+n)^2}\right\}$ を計算しよう．

$$\begin{aligned}
\lim_{n\to\infty}\left\{\frac{n}{(n+1)^2} + \frac{n}{(n+2)^2} + \cdots + \frac{n}{(n+n)^2}\right\} &= \lim_{n\to\infty}\frac{1}{n}\left\{\frac{n^2}{(n+1)^2} + \frac{n^2}{(n+2)^2} + \cdots + \frac{n^2}{(n+n)^2}\right\} \\
&= \lim_{n\to\infty}\frac{1}{n}\left\{\frac{1}{\left(1+\frac{1}{n}\right)^2} + \frac{1}{\left(1+\frac{2}{n}\right)^2} + \cdots + \frac{1}{\left(1+\frac{n}{n}\right)^2}\right\} = \lim_{n\to\infty}\frac{1}{n}\sum_{i=1}^{n}\frac{1}{\left(1+\frac{i}{n}\right)^2} \\
&= \int_0^1 \frac{1}{(1+x)^2}\,dx = \left[-\frac{1}{1+x}\right]_0^1 = \frac{1}{2}.
\end{aligned}$$

級数の和ではなく数列自体の極限の計算にも使える場合もある．

**例 17.10**　数列 $a_n = \dfrac{1}{n}\sqrt[n]{\dfrac{(2n)!}{n!}}$ の極限を求めよう．

$$\begin{aligned}
\log a_n &= \log\sqrt[n]{\frac{n+1}{n}\cdot\frac{n+2}{n}\cdot\cdots\cdot\frac{n+n}{n}} = \frac{1}{n}\log\left(\frac{n+1}{n}\cdot\frac{n+2}{n}\cdot\cdots\cdot\frac{n+n}{n}\right) \\
&= \frac{1}{n}\left\{\log\left(1+\frac{1}{n}\right) + \log\left(1+\frac{2}{n}\right) + \cdots + \log\left(1+\frac{n}{n}\right)\right\} = \frac{1}{n}\sum_{k=1}^{n}\log\left(1+\frac{k}{n}\right)
\end{aligned}$$

だから

---

vi) $\theta = 0$ と $\theta = \frac{\pi}{2}$ のとき原点を通り $0 < \theta < \frac{\pi}{2}$ で同じ点を通らないことは明らかだから，原点から始まって第 1 象限を通って原点に戻る閉じた曲線である．曲線の正確な形が分からなくても，囲む図形の面積は計算できる．

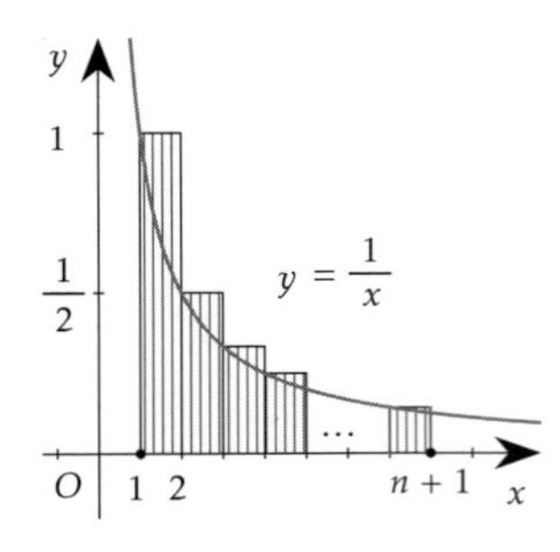


図 17.10　$\log(n+1) < 1 + \frac{1}{2} + \frac{1}{3} + \cdots + \frac{1}{n}$

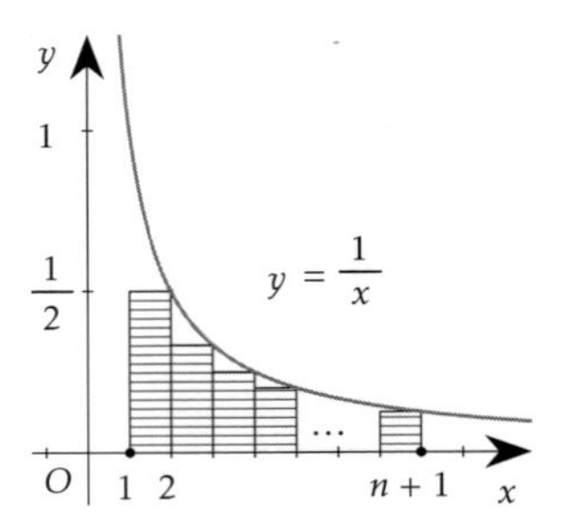


図 17.11　$\frac{1}{2} + \frac{1}{3} + \cdots + \frac{1}{n+1} < \log(n+1)$
（[発展 17⟨3⟩]）

$$\lim_{n\to\infty} \log a_n = \lim_{n\to\infty} \frac{1}{n} \sum_{k=1}^{n} \log\left(1 + \frac{k}{n}\right) = \int_0^1 \log(1+x)\,dx = [(1+x)\log(1+x) - x]_0^1 = 2\log 2 - 1$$

となる．したがって $\lim_{n\to\infty} a_n = e^{2\log 2-1} = e^{\log 4} \cdot e^{-1} = \frac{4}{e}$ である．

区分求積法の式 (15.4) の一歩手前，$n$ 等分割に関する不足和・過剰和（§15.2）の考えが役に立つ場合もある．

**例 17.11**　自然数 $n$ に対して不等式

$$\log(n+1) < 1 + \frac{1}{2} + \frac{1}{3} + \cdots + \frac{1}{n} \tag{17.6}$$

を示そう．関数 $y = \frac{1}{x}$ は狭義単調減少関数だから，$k > 0$ に対して $\int_k^{k+1} \frac{1}{x}\,dx < \frac{1}{k}$ が成り立つ（図 17.10）．したがって

$$\int_1^{n+1} \frac{1}{x}\,dx = \int_1^2 \frac{1}{x}\,dx + \int_2^3 \frac{1}{x}\,dx + \cdots + \int_n^{n+1} \frac{1}{x}\,dx < 1 + \frac{1}{2} + \frac{1}{3} + \cdots + \frac{1}{n}$$

である．左辺は $\int_1^{n+1} \frac{1}{x}\,dx = \Big[\log x\Big]_1^{n+1} = \log(n+1)$ と計算できるから，不等式を得る．

**註 17.12**　不等式 (17.6) で $n \to \infty$ とすれば，無限級数 $1 + \frac{1}{2} + \frac{1}{3} + \cdots + \frac{1}{n} + \cdots$ が発散することが分かる．**調和級数**とよばれるこの無限級数の第 $n$ 項は $n \to \infty$ のとき 0 に収束する．つまり「塵も積もれば山となる」を実現している．

**例題 17**

**〈1〉 サイクロイド**（cycloid）$\begin{cases} x = \theta - \sin\theta, \\ y = 1 - \cos\theta \end{cases}$（$0 \leqq \theta \leqq 2\pi$）の長さを求めよ（図 2.4）.

**〈2〉 懸垂曲線**（**カテナリー**，catenary）$y = \dfrac{e^x + e^{-x}}{2}$ の $-a \leqq x \leqq a$ の部分の長さを求めよ（図 6.2）.

**〈3〉** 極座標による式 $r^2 = a^2 \cos 2\theta$ $(a > 0)$ で与えられる曲線**レムニスケート**（lemniscate[vii]）（または**連珠形**）が囲む図形の面積 $S$ を求めよ（図 17.12）.

**〈4〉**（区分求積法を利用して）次の極限値を求めよ.

(a) $\displaystyle\lim_{n\to\infty}\left(\frac{1}{n+1} + \frac{1}{n+2} + \cdots + \frac{1}{n+n}\right)$

(b) $\displaystyle\lim_{n\to\infty} n\left(\frac{1}{n^2+1} + \frac{1}{n^2+2^2} + \cdots + \frac{1}{n^2+n^2}\right)$

**類題 17**

**〈1〉** パラメータ表示された以下の曲線の括弧内に示す部分の長さを求めよ.

(a) $\begin{cases} x = 2t^3, \\ y = 3t^2 \end{cases}$（$-\sqrt{3} < t < \sqrt{3}$）（図 17.13）

(b) $\begin{cases} x = a\theta\cos\theta, \\ y = a\theta\sin\theta \end{cases}$ $(a > 0)$（$0 \leqq \theta \leqq 4\pi$）（図 17.14）

(c) **クロソイド曲線**（clothoid curve）$\begin{cases} x(t) = \int_0^t \cos\theta^2\, d\theta, \\ y(t) = \int_0^t \sin\theta^2\, d\theta \end{cases}$（$0 \leqq t \leqq 4$）（図 17.15）

**〈2〉** 極方程式 $r = e^{-\theta}$ $\left(0 \leqq \theta \leqq \dfrac{\pi}{2}\right)$ で表される曲線 $C$ について

(a) $C$ の長さを求めよ.

(b) $C$ と $x$ 軸，$y$ 軸とで囲まれた部分の面積を求めよ.

**〈3〉 アストロイド**（astroid）または**星芒形** $x^{\frac{2}{3}} + y^{\frac{2}{3}} = a^{\frac{2}{3}}$ $(a > 0)$ について（図 17.16）

(a) $x = a\cos^3\theta,\ y = a\sin^3\theta$（$0 \leqq \theta \leqq 2\pi$）とパラメータ表示できることを確かめよ.

(b) 周の長さを求めよ.

(c) 囲む部分の面積を求めよ.

**〈4〉** 点のまわりを回転運動する点が単位時間に進む角度を**角速度**とよぶ．$xy$ 平面の原点を中心とする半径 $r$ の円周上を点 $(r, 0)$ から角速度 $\omega$ で反時計回りに等速円運動する点 $P$ の座標は $\begin{cases} x = r\cos\omega t, \\ y = r\sin\omega t \end{cases}$ である.

さて，$xy$ 平面の点 $E$ が原点を中心に半径 5，角速度 1 で反時計回りに等速円運動しており，点 $M$ が点 $E$ の周りを半径 1，角速度 5 で反時計回りに等速円運動している（図 17.17）．ただし，時刻 $t = 0$ において点 $E$ と点 $M$ はともに $x$ 軸上の正の部分にあったとする．以下を求めよ.

(a) 点 $E$ の運動のパラメータ $t$ による表示.

(b) $t = 0$ から $t = 2\pi$ までに点 $E$ が動く距離.

(c) 点 $M$ の運動のパラメータ $t$ による表示.

(d) $t = 0$ から $t = 2\pi$ までに点 $M$ が動く距離.

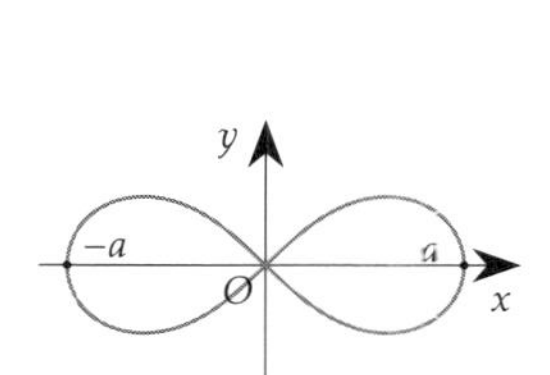

図 17.12　$r^2 = a^2\cos 2\theta$

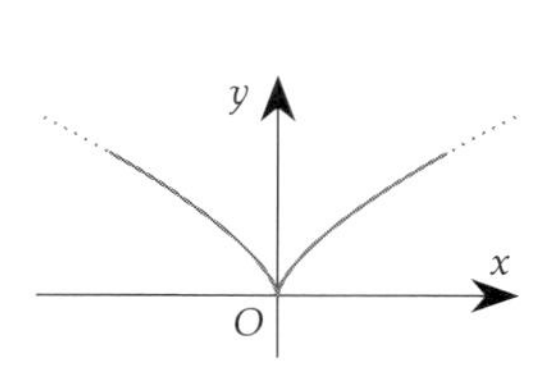

図 17.13　$\begin{cases} x = 2t^3, \\ y = 3t^2 \end{cases}$

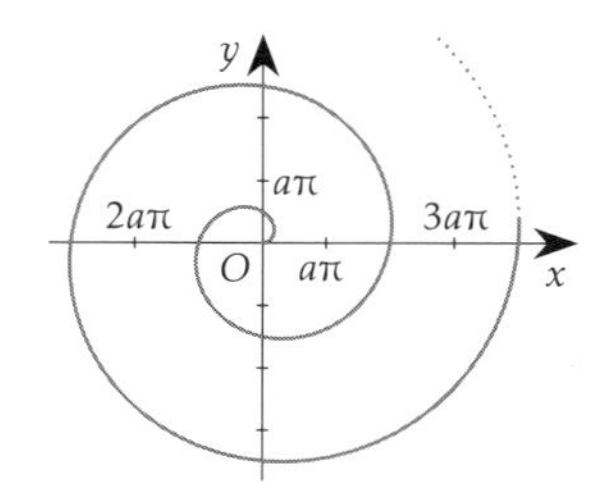

図 17.14　$\begin{cases} x = a\theta\cos\theta, \\ y = a\theta\sin\theta \end{cases}$

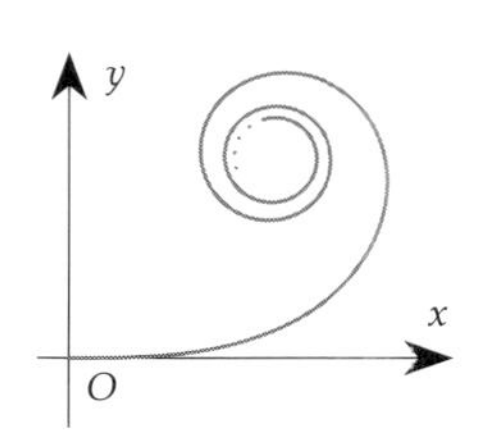

図 17.15　クロソイド

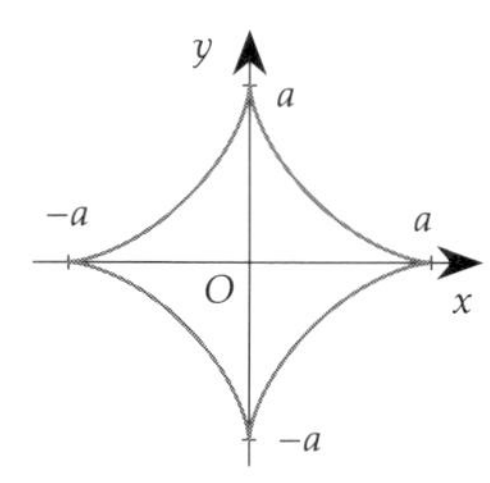

図 17.16　$x^{\frac{2}{3}} + y^{\frac{2}{3}} = a^{\frac{2}{3}}$

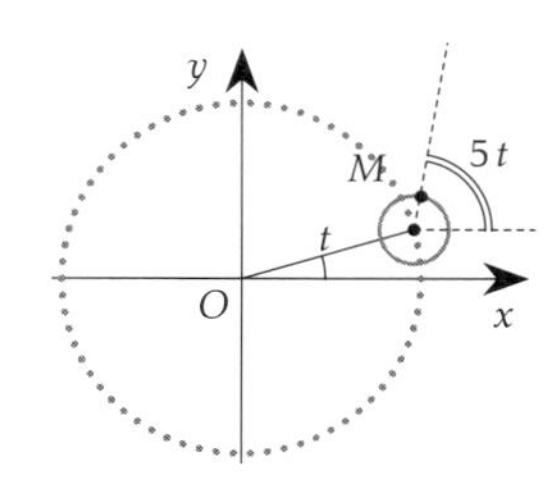

図 17.17　公転と自転

vii) ギリシャ語でリボン.

**〈5〉**（区分求積法を利用して）次の極限値を求めよ．

(a) $\displaystyle\lim_{n\to\infty}\frac{\sqrt{1}+\sqrt{2}+\cdots+\sqrt{n}}{n\sqrt{n}}$

(b) $\displaystyle\lim_{n\to\infty}\frac{1}{n}\left\{\sin\frac{\pi}{n}+\sin\frac{2\pi}{n}+\cdots+\sin\frac{n\pi}{n}\right\}$

(c) $\displaystyle\lim_{n\to\infty}\left\{\frac{n}{9n^2+1}+\frac{n}{9n^2+4}+\frac{n}{9n^2+9}+\cdots+\frac{n}{9n^2+n^2}\right\}$

**発展 17**

**〈1〉** $(x^2+y^2-2x)^2=4(x^2+y^2)$ が表す $xy$ 平面上の曲線 $C$ について

(a) $C$ を極方程式で表せ．

(b) $C$ が囲む部分の面積 $S$ を求めよ．

**〈2〉** レムニスケート $r^2=a^2\cos 2\theta\ (a>0)$ の長さ $\ell$ をベータ関数を用いて表せ（[例題 17〈3〉]）．

**〈3〉** 自然数 $n$ に対し不等式 $\dfrac{1}{2}+\cdots+\dfrac{1}{n+1}<\log(n+1)$ を示せ．

**〈4〉** 数列 $a_n=\sqrt[n]{\dfrac{{}_{3n}C_n}{{}_{2n}C_n}}$ の極限を求めよ．

---

**●例題 17 解答**

**〈1〉** $\displaystyle\int_0^{2\pi}\sqrt{\left(\frac{dx}{d\theta}\right)^2+\left(\frac{dy}{d\theta}\right)^2}\,d\theta$

$\displaystyle=\int_0^{2\pi}\sqrt{(1-\cos\theta)^2+(\sin\theta)^2}\,d\theta=\int_0^{2\pi}\sqrt{2-2\cos\theta}\,d\theta$

$\displaystyle=\int_0^{2\pi}\sqrt{4\sin^2\frac{\theta}{2}}\,d\theta=\int_0^{2\pi}2\sin\frac{\theta}{2}\,d\theta=-4\left[\cos\frac{\theta}{2}\right]_0^{2\pi}=8.$

**〈2〉** $\displaystyle\int_{-a}^{a}\sqrt{1+(y')^2}\,dx=\int_{-a}^{a}\sqrt{1+\left\{\tfrac{1}{2}(e^x-e^{-x})\right\}^2}\,dx$

$\displaystyle=\int_{-a}^{a}\sqrt{1+\tfrac{1}{4}(e^{2x}+e^{-2x}-2)}\,dx$

$\displaystyle=\int_{-a}^{a}\sqrt{\tfrac{1}{4}(e^{2x}+e^{-2x}+2)}\,dx=\int_{-a}^{a}\tfrac{1}{2}(e^x+e^{-x})\,dx$

$\displaystyle=\left[\frac{1}{2}(e^x-e^{-x})\right]_{-a}^{a}=e^a-e^{-a}.$

**〈3〉** $r^2=a^2\cos 2\theta\geqq 0$ より $-\dfrac{\pi}{4}\leqq\theta\leqq\dfrac{\pi}{4}$ または $\dfrac{3\pi}{4}\leqq\theta\leqq\dfrac{5\pi}{4}$ である．対称性から $0\leqq\theta\leqq\dfrac{\pi}{4}$ が囲む部分を 4 倍すればよい．$\displaystyle S=4\int_0^{\frac{\pi}{4}}\frac{r^2}{2}\,d\theta=2a^2\int_0^{\frac{\pi}{4}}\cos 2\theta\,d\theta$ $=a^2[\sin 2\theta]_0^{\frac{\pi}{4}}=a^2$.

**〈4〉** (a) $\displaystyle\lim_{n\to\infty}\left(\frac{1}{n+1}+\frac{1}{n+2}+\cdots+\frac{1}{n+n}\right)$

$\displaystyle=\lim_{n\to\infty}\frac{1}{n}\left(\frac{1}{1+\frac{1}{n}}+\frac{1}{1+\frac{2}{n}}+\cdots+\frac{1}{1+\frac{n}{n}}\right)$

$\displaystyle=\lim_{n\to\infty}\sum_{i=1}^{n}\left(\frac{1}{1+\frac{i}{n}}\right)\cdot\frac{1}{n}=\int_0^1\frac{1}{1+x}\,dx$

$=[\log(1+x)]_0^1=\log 2.$

(b) $\displaystyle\lim_{n\to\infty}n\left(\frac{1}{n^2+1}+\frac{1}{n^2+2^2}+\cdots+\frac{1}{n^2+n^2}\right)$

$\displaystyle=\lim_{n\to\infty}\frac{1}{n}\left\{\frac{1}{1+\left(\frac{1}{n}\right)^2}+\frac{1}{1+\left(\frac{2}{n}\right)^2}+\cdots+\frac{1}{1+\left(\frac{n}{n}\right)^2}\right\}$

$\displaystyle=\lim_{n\to\infty}\sum_{i=1}^{n}\frac{1}{1+\left(\frac{i}{n}\right)^2}\cdot\frac{1}{n}=\int_0^1\frac{1}{1+x^2}\,dx$

$\displaystyle=[\arctan x]_0^1=\frac{\pi}{4}.$

**●類題 17 解答**

**〈1〉** (a) 28

(b) $\dfrac{a}{2}\left\{4\pi\sqrt{16\pi^2+1}+\log\left(4\pi+\sqrt{16\pi^2+1}\right)\right\}$

（極座標を用いると $r=a\theta$ となる．よって求める長さは $\displaystyle a\int_0^{4\pi}\sqrt{\theta^2+1}\,d\theta$．以降の計算は [例題 14〈3〉] 参照．）

(c) 4[viii]

**〈2〉** (a) $\sqrt{2}\left(1-e^{\frac{\pi}{2}}\right)$（図 17.2 と同じ曲線）

(b) $-\dfrac{1}{4}(1-e^{\pi})$

**〈3〉** (a)（略）　(b) $6a$

(c) $\dfrac{3\pi a^2}{8}$　（求める面積は $\displaystyle 4\int_0^a y\,dx$ $\displaystyle=4\int_{\frac{\pi}{2}}^{0}a\sin^3\theta\cdot\frac{dx}{d\theta}\,d\theta=12a^2\int_0^{\frac{\pi}{2}}\sin^4\theta\cos^2\theta\,d\theta.$ あとは $\cos^2\theta=1-\sin^2\theta$ と書き換えて $\displaystyle\int_0^{\frac{\pi}{2}}\sin^n x\,dx$ の計算に帰着させる（[例題 15〈4〉]）．または $\theta$ を $\dfrac{\pi}{2}-\theta$ と置き換えてキング・プロパティ（[例題 15〈5〉]）を用いてもよい．）

**〈4〉** (a) $\begin{cases}x=5\cos t,\\ y=5\sin t\end{cases}$　(b) $10\pi$

(c) $\begin{cases}x=5\cos t+\cos 5t,\\ y=5\sin t+\sin 5t\end{cases}$（図 17.18）　(d) $20\pi$

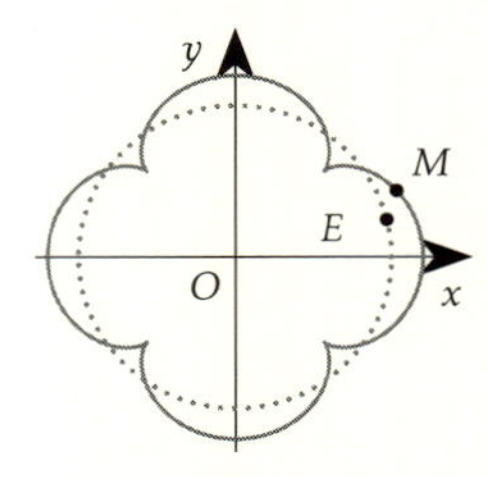


図 17.18　$\begin{cases}x=5\cos t+\cos 5t,\\ y=5\sin t+\sin 5t\end{cases}$

---

viii) クロソイド曲線は道路や線路が直線から曲線に移る際の緩和曲線としても使われる．ジェットコースターにも見ることができる（図 5.3）．

〈5〉 (a) $\frac{2}{3}$　(b) $\frac{2}{\pi}$　(c) $\log\frac{10}{9}$

**●発展 17 解答**

〈1〉 (a) $\begin{cases} x = r\cos\theta, \\ y = r\sin\theta \end{cases}$ $(0 \leqq \theta \leqq 2\pi)$ を代入．
$r = 2(1+\cos\theta)$（図 17.4 参照）
(b) $S = \frac{1}{2}\int_0^{2\pi} 4(1+\cos\theta)^2\,d\theta$
$= \int_0^{2\pi}(2+4\cos\theta+\cos 2\theta+1)\,d\theta = 6\pi.$

〈2〉 $r^2+(r')^2 = \dfrac{2a^2}{2\cos^2\theta-1}$ より
$\ell = 4\int_0^{\frac{\pi}{4}}\sqrt{\dfrac{2a^2}{2\cos^2\theta-1}}\,d\theta$（積分区間は [例題 17〈3〉] の解答と同様）．
$t=\tan\theta$ とすると，$d\theta = \dfrac{1}{1+t^2}dt$, $\cos^2\theta = \dfrac{1}{1+t^2}$ などにより $\dfrac{\ell}{4} = \sqrt{2}a\int_0^1(1-t^4)^{-\frac{1}{2}}\,dt$ となる．
さらに $u=t^4$ とおくと
$\int_0^1(1-t^4)^{-\frac{1}{2}}\,dt = \frac{1}{4}\int_0^1 u^{-\frac{3}{4}}(1-u)^{-\frac{1}{2}}\,du = \frac{1}{4}B\left(\frac{1}{4},\frac{1}{2}\right).$
よって $\ell = \sqrt{2}aB\left(\frac{1}{4},\frac{1}{2}\right).$

〈3〉 $k>0$ に対し $\dfrac{1}{k+1} < \int_k^{k+1}\dfrac{1}{x}\,dx$（図 17.11）より，
$\frac{1}{2}+\cdots+\frac{1}{n+1} < \int_1^{n+1}\frac{1}{x}\,dx = \log(n+1)$[ix]．

〈4〉 $\log a_n \to \int_0^1\log\dfrac{x+2}{x+1}\,dx = \log\dfrac{27}{16}$ $(n\to\infty)$ より $\dfrac{27}{16}$．



---

ix) 例 17.11 と合わせて $\frac{1}{2}+\frac{1}{3}+\cdots+\frac{1}{n+1} < \log(n+1) < 1+\frac{1}{2}+\frac{1}{3}+\cdots+\frac{1}{n}$.

# 第IV部

# 積分（2変数）

# 第18章

# 2重積分

2変数関数の「定積分」を考える．1変数関数の定積分が数直線上の閉区間で考えられたのと異なり，2変数関数では平面内の矩形（くけい）（長方形）領域だけでなく，より複雑な領域における積分を考えなければならない点が難しい．結局のところ計算したいのは図18.1のような立体の体積である．

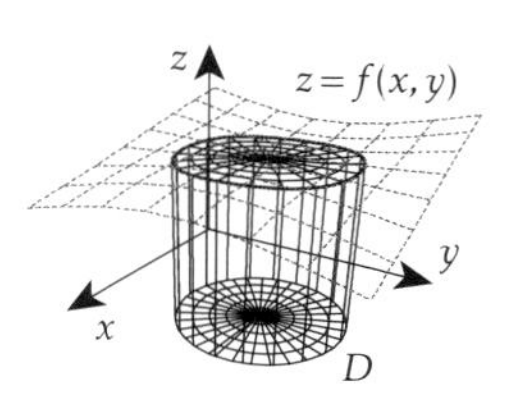

図18.1

## 18.1　矩形領域における2重積分

$xy$ 平面内の**矩形領域**（長方形領域）

$$K = \left\{(x,y) \in \mathbb{R}^2 \;\middle|\; a \leqq x \leqq b,\ c \leqq y \leqq d\right\}^{\text{i)}} \qquad \text{（図 18.2）}$$

上で定義された有界な関数 $f(x,y)$ に対し，積分 $\iint_K f(x,y)\,dxdy$ を以下のように定義する．

区間 $(a,b)$ 内に $a_i$（$i = 1,2,\ldots,m-1$）を，区間 $(c,d)$ 内に $c_j$（$j = 1,2,\ldots,n-1$）を

$$a = a_0 < a_1 < a_2 < \cdots < a_m = b, \qquad c = c_0 < c_1 < c_2 < \cdots < c_n = d$$

となるように選び，$K$ を $m \times n$ 個の小矩形

$$K_{ij} = \left\{(x,y) \in \mathbb{R}^2 \;\middle|\; a_{i-1} \leqq x \leqq a_i,\ c_{j-1} \leqq y \leqq c_j\right\}$$

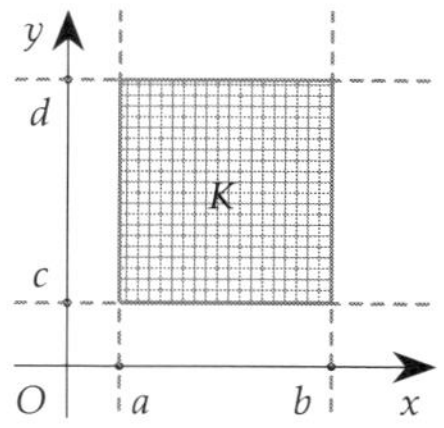

図18.2　矩形領域

に分割する．この分割を $\Delta$ で表す．各 $K_{ij}$ における $f(x,y)$ の上限を $M_{ij}$，下限を $m_{ij}$ ii) とし

$$L(f;\Delta) = \sum_{i=1}^{m}\sum_{j=1}^{n} m_{ij}(a_i - a_{i-1})(c_j - c_{j-1}), \qquad \text{（不足和）}$$

$$U(f;\Delta) = \sum_{i=1}^{m}\sum_{j=1}^{n} M_{ij}(a_i - a_{i-1})(c_j - c_{j-1}) \qquad \text{（過剰和）}$$

を考える．当然 $L(f;\Delta) \leqq U(f;\Delta)$ である．別の分割 $\Delta'$ をとると，$\Delta$ と $\Delta'$ を重ね合わせることによりどちらよりも細かい分割 $\Delta''$ が得られ（図18.3），明らかに

$$L(f;\Delta) \leqq L(f;\Delta'') \leqq U(f;\Delta'') \leqq U(f;\Delta),$$

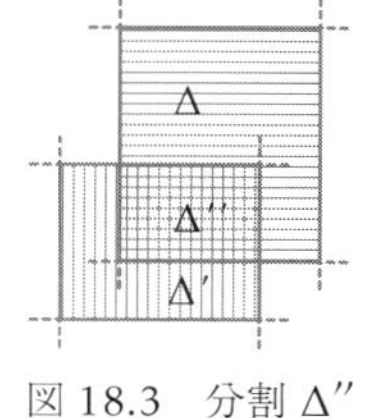

図18.3　分割 $\Delta''$

i) $K$ を閉区間 $[a,b]$ と $[c,d]$ の**直積**とよび，$[a,b]\times[c,d]$ とも表す．

ii) §0.3.3 参照．$K_{ij}$ において $m_{ij} \leqq f(x,y) \leqq M_{ij}$ を満たすギリギリまで大きな数 $m_{ij}$ と小さな数 $M_{ij}$ を選ぶ．

$$L(f;\Delta') \leqq L(f;\Delta'') \leqq U(f;\Delta'') \leqq U(f;\Delta')$$

である．すなわちどのような2つの分割 $\Delta$ と $\Delta'$ に対しても

$$L(f;\Delta') \leqq U(f;\Delta) \quad \text{かつ} \quad L(f;\Delta) \leqq U(f;\Delta')$$

である．したがって，矩形領域 $K$ の**すべての分割 $\boldsymbol{\Delta}$ を考えたとき**，不足和 $L(f;\Delta)$ の上限は過剰和 $U(f;\Delta)$ の下限を超えないことが分かるが，ここで

$$\text{（不足和の上限）} = \text{（過剰和の下限）} \tag{18.1}$$

となるとき，この値を $\iint_K \boldsymbol{f(x,y)\,dxdy}$ で表し，$f(x,y)$ の $K$ 上の**2重積分**（または単に**重積分**）とよぶ[iii]．このとき $f(x,y)$ は $K$ で**積分可能**であるという．

**註 18.1**　式(18.1)はいつでも成り立つわけではないが，矩形領域 $K$ では「良い」関数は積分可能である．例えば**矩形領域 $\boldsymbol{K}$ 上の連続関数は積分可能**である（[4, p. 351]）．

## 18.2　有界領域における2重積分

$xy$ 平面の一般の有界集合 $D$ 上で有界な関数 $f(x,y)$ の2重積分を以下のように考える．

$D$ を含むある矩形領域 $K$ を選び（図18.4），$f(x,y)$ を次のやり方で $K$ 上に拡張する．

$$f_K(x,y) = \begin{cases} f(x,y) & (x,y) \in D, \\ 0 & (x,y) \in K - D.^{\text{iv)}} \end{cases}$$

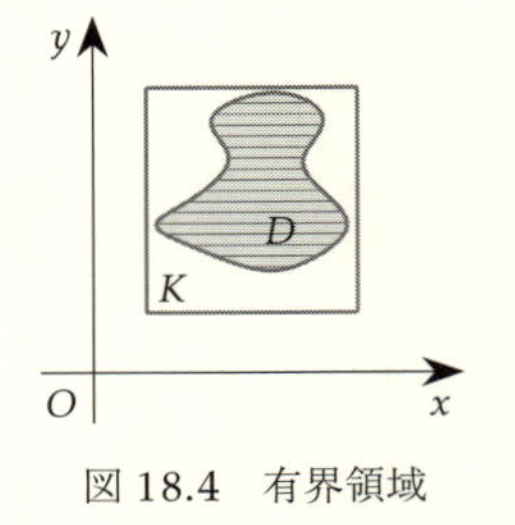

図18.4　有界領域

この $f_K(x,y)$ が $K$ で積分可能であるとき，$f(x,y)$ の $D$ 上の**2重積分**を

$$\iint_D f(x,y)\,dxdy = \iint_K f_K(x,y)\,dxdy$$

と定め，$f(x,y)$ は $D$ で**積分可能**であるという．$D$ を**積分領域**とよぶ．$\iint_D f(x,y)\,dxdy$ は図18.1のような立体の体積を表す．

**註 18.2**　註18.1の状況とは違い，「良い」関数であっても積分領域 $D$ の「タチの悪さ」のせいで積分不可能となる場合がある．例えば $f(x,y)=1$（定数関数）が積分不可能となる積分領域とてある．集合 $D$ 上で定数関数1が積分可能であるとき $D$ は**面積確定**であるといい，$\iint_D 1\,dxdy$ を $D$ の**面積**という．**面積確定な有界閉領域 $\boldsymbol{D}$ 上の連続関数は積分可能**である（[4, 定理77]）．

**定理 18.3**　面積確定な有界閉領域 $D$, $D_1$, $D_2$ 上の連続関数 $f(x,y)$, $g(x,y)$ に対し次が成り立つ（[4, p. 351]）．

- $\iint_D \{f(x,y)+g(x,y)\}\,dxdy = \iint_D f(x,y)\,dxdy + \iint_D g(x,y)\,dxdy.$

---

iii) 正しくは**多重 Riemann（リーマン）積分**とよぶ．

iv) $K-D$ は $K$ の中から $D$ に属する点を取り去ってできる集合である．関数 $f(x,y)$ が $D$ 上連続である場合でも $f_K(x,y)$ が $K$ 上（$D$ の「境界」部分で）連続になるとは限らない．

- $\iint_D kf(x,y)\,dxdy = k\iint_D f(x,y)\,dxdy$（$k$ は実数）.
- $D$ 上で $f(x,y) \geqq g(x,y)$ ならば $\iint_D f(x,y)\,dxdy \geqq \iint_D g(x,y)\,dxdy$.
- $D = D_1 \cup D_2$ であり，$D_1$ と $D_2$ が境界以外に共有点をもたないとき

$$\iint_D f(x,y)\,dxdy = \int_{D_1} f(x,y)\,dxdy + \int_{D_2} f(x,y)\,dxdy.$$

## 18.3　累次積分



重積分の計算方法は，定理 18.3 の性質や変数変換（第 19 章）を利用して，「縦線（じゅうせん）領域または横線（おうせん）領域における累次積分」にどうにか帰着させることにほぼ尽きる．

まず矩形領域 $K = \left\{ (x,y) \in \mathbb{R}^2 \;\middle|\; \begin{array}{l} a \leqq x \leqq b, \\ c \leqq y \leqq d \end{array} \right\} = [a,b] \times [c,d]$ で連続な $f(x,y)$ に対しては

$$\iint_K f(x,y)\,dxdy = \int_a^b \left\{ \int_c^d f(x,y)\,dy \right\} dx \tag{18.2}$$

が成り立つ．右辺の $\int_c^d f(x,y)\,dy$ の存在は $f(x,y)$ の連続性から示されるが，それがさらに $x$ について積分可能で，その値が左辺（註 18.1）に一致するという主張である（[4, 定理 78]）．このような 1 変数の定積分の反復を**累次積分**とよぶ．実は式 (18.2) は，$f(x,y)$ が $K$ 上連続でなくても，**$\int_c^d f(x,y)\,dy$ が存在すれば成立する**（[4, 定理 79]）．以下が典型的な場合である．

閉区間 $[a,b]$ 上連続かつ $\varphi(x) \leqq \psi(x)$ を満たす関数 $\varphi(x)$, $\psi(x)$ に対して

$$D = \left\{ (x,y) \in \mathbb{R}^2 \;\middle|\; \begin{array}{c} a \leqq x \leqq b, \\ \varphi(x) \leqq y \leqq \psi(x) \end{array} \right\} \quad (\text{図 } 18.5) \tag{18.3}$$

を**縦線領域**とよぶ．縦線領域 $D$ 上で連続な $f(x,y)$ に対し，§18.2 の方法で，すなわち $f$ を適当な矩形領域 $K = \{(x,y) \mid a \leqq x \leqq b,\ c \leqq y \leqq d\}$（$\supset D$）上の関数 $f_K$ に拡張することにより，$\iint_D f(x,y)\,dxdy = \iint_K f_K(x,y)\,dxdy$ を考える．このとき $f_K$ は一般に $K$ 上で連続ではないが，各縦線上で $y$ に関する不連続点は高々 2 点（$D$ の境界上の点）に過ぎないことから

$$\int_c^d f_K(x,y)\,dy = \int_{\varphi(x)}^{\psi(x)} f_K(x,y)\,dy = \int_{\varphi(x)}^{\psi(x)} f(x,y)\,dy$$

が確定する．つまり $f_K$ について式 (18.2) が成立する．同様に，閉区間 $[c,d]$ 上連続かつ $\varphi(y) \leqq \psi(y)$ を満たす $\varphi(y)$, $\psi(y)$ に対して，**横線領域**

$$D = \left\{ (x,y) \in \mathbb{R}^2 \;\middle|\; \begin{array}{c} c \leqq y \leqq d, \\ \varphi(y) \leqq x \leqq \psi(y) \end{array} \right\} \quad (\text{図 } 18.6) \tag{18.4}$$

を考えても同じ結論を得る．したがって以下が正しい（[4, p. 362]）．

**累次積分**

- 式 (18.3) で与えられる縦線領域 $D$（図 18.5）で連続な関数 $f(x,y)$ について

$$\iint_D f(x,y)\,dxdy = \int_a^b \left\{ \int_{\varphi(x)}^{\psi(x)} f(x,y)\,dy \right\} dx.$$

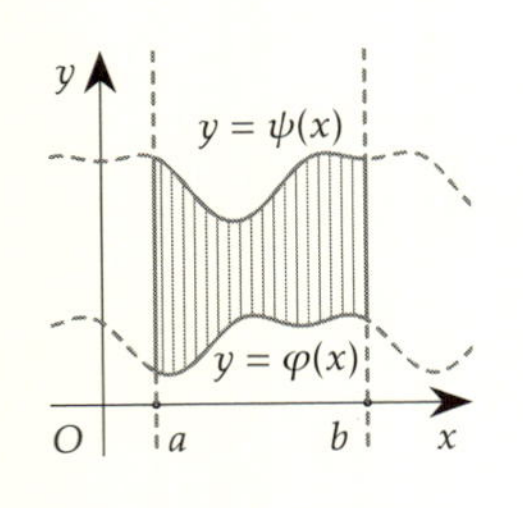


図 18.5　縦線領域

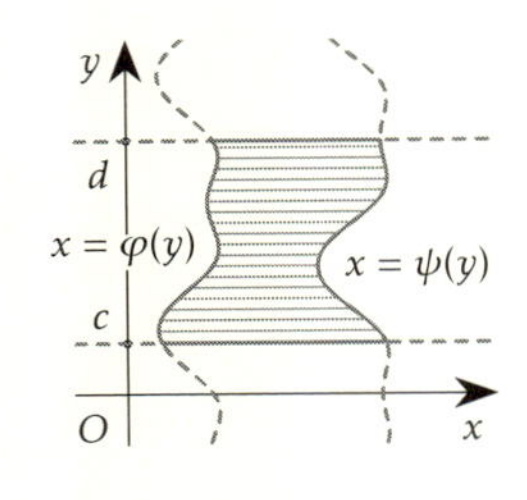


図 18.6　横線領域

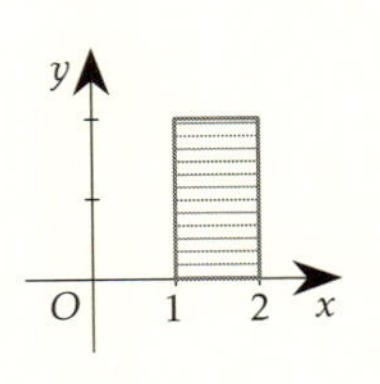


図 18.7

- 式 (18.4) で与えられる横線領域 $D$（図 18.6）で連続な関数 $f(x,y)$ について

$$\iint_D f(x,y)\,dxdy = \int_c^d \left\{ \int_{\varphi(y)}^{\psi(y)} f(x,y)\,dx \right\} dy.$$

**註 18.4**　式 (18.3) において $f(x,y)=1$ とすると

$$\iint_D 1\,dxdy = \int_a^b \left\{ \int_{\varphi(x)}^{\psi(x)} 1\,dy \right\} dx = \int_a^b \Big[ y \Big]_{y=\varphi(x)}^{y=\psi(x)} dx = \int_a^b \left\{ \varphi(x)-\psi(x) \right\} dx$$

となる．これは 2 曲線 $y=\varphi(x)$, $y=\psi(x)$ と 2 直線 $x=a$, $x=b$ によって囲まれた図形（つまり $D$）の面積である（例 17.5）.

**註 18.5**　$\int_a^b \left\{ \int_{\varphi(x)}^{\psi(x)} f(x,y)\,dy \right\} dx$ は $\int_a^b \int_{\varphi(x)}^{\psi(x)} f(x,y)\,dy\,dx$ とも書かれる．$\boldsymbol{\int_a^b dx \int_{\varphi(x)}^{\psi(x)} f(x,y)\,dy}$[v] と書かれることもある.

具体的な問題では積分領域を縦線または横線領域として表し，累次積分を行うことをまず考える．積分領域が縦線領域かつ横線領域である場合は累次積分の計算が容易である方を選ぶ.

**例 18.6**　$D=\left\{(x,y)\in\mathbb{R}^2 \,\middle|\, 1 \leqq x \leqq 2,\ 0 \leqq y \leqq 2\right\}$ に対し重積分 $\iint_D e^x y\,dxdy$ を計算しよう.
$D$ は図 18.7 のような矩形領域だから

$$\iint_D e^x y\,dxdy = \int_0^2 \int_1^2 e^x y\,dxdy = \int_0^2 y \left( \int_1^2 e^x\,dx \right) dy$$
$$= \left( \int_1^2 e^x\,dx \right) \left( \int_0^2 y\,dy \right) = [e^x]_1^2 \cdot \left[ \frac{1}{2} y^2 \right]_0^2 = 2e(e-1).$$

**註 18.7**　$K=[a,b]\times[c,d]$ 上で連続な $f(x,y)$ が $f(x,y)=g(x)h(y)$ と表せるとき

$$\iint_K \boldsymbol{f(x,y)\,dxdy} = \int_a^b \left\{ \int_c^d g(x)h(y)\,dy \right\} dx = \int_a^b g(x) \left\{ \int_c^d h(y)\,dy \right\} dx = \left( \boldsymbol{\int_a^b g(x)\,dx} \right) \left( \boldsymbol{\int_c^d h(y)\,dy} \right).$$

**例 18.8**　$D=\left\{(x,y)\in\mathbb{R}^2 \,\middle|\, 0 \leqq x \leqq 1,\ 0 \leqq y \leqq x^2\right\}$ に対し重積分 $\iint_D (x-y)\,dxdy$ を計算しよう.
$D$ は図 18.8 に示すような縦線領域であるから

$$\iint_D (x-y)\,dxdy = \int_0^1 \left\{ \int_0^{x^2} (x-y)\,dy \right\} dx = \int_0^1 \left[ xy - \frac{y^2}{2} \right]_{y=0}^{y=x^2} dx$$

---

[v] この式を $\left\{\int_a^b 1\,dx\right\}\left\{\int_{\varphi(x)}^{\psi(x)} f(x,y)\,dy\right\}$ と混同してはいけない.

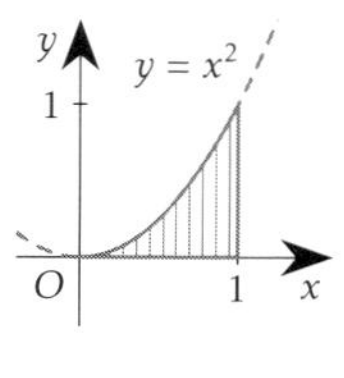

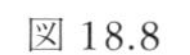

図 18.8

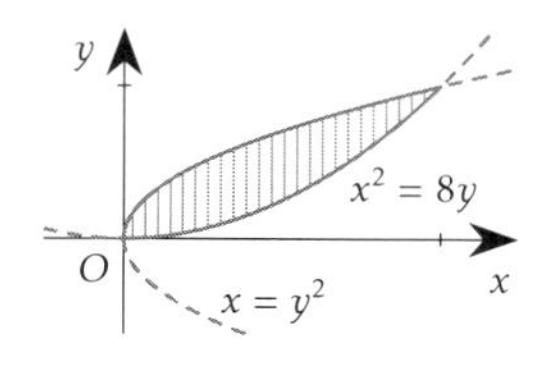


図 18.9

$$= \int_0^1 \left( x^3 - \frac{x^4}{2} \right) dx = \left[ \frac{x^4}{4} - \frac{x^5}{10} \right]_{x=0}^{x=1} = \frac{3}{20}.$$



**註 18.9**　例 18.8 は，$D = \left\{ (x,y) \in \mathbb{R}^2 \;\middle|\; 0 \leqq y \leqq 1,\ \sqrt{y} \leqq x \leqq 1 \right\}$ のような横線領域とみて計算することもできる．

$$\iint_D (x-y)\,dxdy = \int_0^1 \left\{ \int_{\sqrt{y}}^1 (x-y)\,dx \right\} dy = \int_0^1 \left[ \frac{x^2}{2} - xy \right]_{x=\sqrt{y}}^{x=1} dy$$

$$= \int_0^1 \left( \frac{1}{2} - \frac{3y}{2} + y^{\frac{3}{2}} \right) dy = \left[ \frac{y}{2} - \frac{3y^2}{4} + \frac{2y^{\frac{5}{2}}}{5} \right]_{y=0}^{y=1} = \frac{3}{20}.$$

**例 18.10**　$D = \left\{ (x,y) \in \mathbb{R}^2 \;\middle|\; x^2 \leqq 8y,\ x \geqq y^2 \right\}$ に対し重積分 $\iint_D xy\,dxdy$ を計算しよう．

$D$ は図 18.9 の通りであるから，

$$\iint_D xy\,dxdy = \int_0^4 \int_{\frac{x^2}{8}}^{\sqrt{x}} xy\,dy\,dx = \int_0^4 x \left( \int_{\frac{x^2}{8}}^{\sqrt{x}} y\,dy \right) dx = \int_0^4 x \left[ \frac{1}{2} y^2 \right]_{\frac{x^2}{8}}^{\sqrt{x}} dx$$

$$= \frac{1}{2} \int_0^4 x \left( x - \frac{x^4}{64} \right) dx = \frac{1}{2} \left[ \frac{1}{3} x^3 - \frac{1}{6 \cdot 64} x^6 \right]_0^4 = \frac{1}{2} \cdot \frac{32}{3} = \frac{16}{3}.$$

## 18.4　積分の順序交換

累次積分の形の式が与えられたとき，それを適切な積分領域上の重積分とみて積分順序を交換すると計算が楽になる場合がある．

**例 18.11**　$I = \int_0^{2\pi} \left\{ \int_0^1 \sin(x - x^2 + y)\,dx \right\} dy$ をそのまま計算するのは難しい．そこで $I$ を

$$D = \{ (x,y) \mid 0 \leqq x \leqq 1,\ 0 \leqq y \leqq 2\pi \}$$

上の重積分と考えると，$D$ は縦線かつ横線領域だから $x$ と $y$ に関する積分の順序を交換できて

$$I = \iint_D \sin(x - x^2 + y)\,dxdy = \int_0^1 \left\{ \int_0^{2\pi} \sin(x - x^2 + y)\,dy \right\} dx$$

$$= \int_0^1 \left[ -\cos(x - x^2 + y) \right]_{y=0}^{y=2\pi} dx = -\int_0^1 \left\{ \cos(x - x^2 + 2\pi) - \cos(x - x^2 + 0) \right\} dx = 0.$$

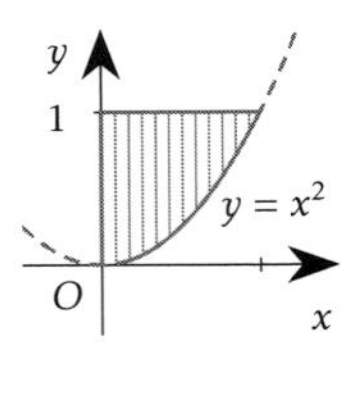


図 18.10

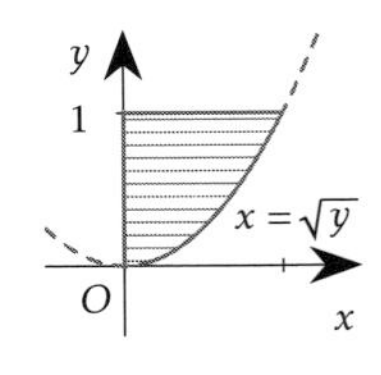


図 18.11

**例 18.12**　$I = \int_0^1 \left( \int_{x^2}^1 xe^{y^2}\, dy \right) dx$ は難しい．$I$ を領域 $D = \left\{ (x, y) \in \mathbb{R}^2 \;\middle|\; \begin{array}{c} x^2 \leqq y \leqq 1, \\ 0 \leqq x \leqq 1 \end{array} \right\}$ 上の重積分と考え，$D$ を図示する（図 18.10）と，$D$ は横線領域 $\left\{ (x, y) \in \mathbb{R}^2 \;\middle|\; \begin{array}{c} 0 \leqq x \leqq \sqrt{y}, \\ 0 \leqq y \leqq 1 \end{array} \right\}$（図 18.11）とも思えるので

$$
\begin{aligned}
I = \iint_D xe^{y^2}\, dxdy &= \int_0^1 \left( \int_0^{\sqrt{y}} xe^{y^2}\, dx \right) dy = \int_0^1 e^{y^2} \left( \int_0^{\sqrt{y}} x\, dx \right) dy \\
&= \int_0^1 e^{y^2} \left[ \frac{1}{2} x^2 \right]_{x=0}^{x=\sqrt{y}} dy = \frac{1}{2} \int_0^1 ye^{y^2}\, dy = \frac{1}{2} \left[ \frac{1}{2} e^{y^2} \right]_{y=0}^{y=1} = \frac{1}{4}(e-1).
\end{aligned}
$$

**例題 18**

〈1〉 以下の各問の空欄 □ に数式または数を入れよ．

(a) 点 $(0,0)$, $(2,0)$, $(0,1)$ を頂点とする三角形が囲む閉集合を $D_1$ とするとき，

$$\iint_{D_1} xy\,dxdy = \int_{\square}^{\square}\left(\int_{\square}^{\square} xy\,dx\right)dy = \int_{\square}^{\square}\left(\int_{\square}^{\square} xy\,dy\right)dx = \square.$$

(b) 直線 $x+y=2$, $x=2$, $y=2$ で囲まれた閉集合を $D_2$ とするとき，

$$\iint_{D_2} 1\,dxdy = \int_{\square}^{\square}\left(\int_{\square}^{\square} 1\,dx\right)dy = \int_{\square}^{\square}\left(\int_{\square}^{\square} 1\,dy\right)dx = \square.$$

〈2〉 重積分 $I = \iint_D (xy+y)\,dxdy$, $D = \left\{(x,y) \in \mathbb{R}^2 \;\middle|\; 1 \leqq x \leqq 2,\ 3 \leqq y \leqq 4\right\}$ を計算せよ．

〈3〉 重積分 $I = \iint_D xe^y\,dxdy$, $D = \left\{(x,y) \in \mathbb{R}^2 \;\middle|\; 0 \leqq x \leqq 1,\ 0 \leqq y \leqq x^2\right\}$ を計算せよ．

〈4〉 重積分 $I = \iint_D \sin y\,dxdy$, $D = \left\{(x,y) \in \mathbb{R}^2 \;\middle|\; 0 \leqq x \leqq \pi,\ \frac{\pi}{2} - x \leqq y \leqq \pi + x\right\}$ を計算せよ．

〈5〉 直線 $y = x$ と放物線 $y = x^2$ で囲まれた閉集合 $D$ に対して重積分 $I = \iint_D x^2\,dxdy$ を計算せよ．

〈6〉 積分順序の変更によって累次積分の値を求めよ．

(a) $I = \int_0^{\sqrt{\pi}}\left(\int_{2y}^{2\sqrt{\pi}} \cos\frac{x^2}{8}\,dx\right)dy$

(b) $I = \int_{-1}^{0}\left(\int_{-\sqrt{y+1}}^{0} e^{\frac{y}{x+1}}\,dx\right)dy$

(c) $I = \int_{-1}^{1}\left\{\int_{y^2-1}^{0} \sin(x^3y+y)\,dx\right\}dy$

**類題 18**

〈1〉 次の重積分を計算せよ．ただし，$[a,b]\times[c,d] = \left\{(x,y) \;\middle|\; a \leqq x \leqq b,\ c \leqq y \leqq d\right\}$ である．

(a) $\iint_D xy\,dxdy$, $D = [1,2]\times[0,2]$

(b) $\iint_D xy^2\,dxdy$, $D = [0,3]\times[0,2]$

(c) $\iint_D \left(x^2+y^2\right)dxdy$, $D = [0,4]\times[0,3]$

(d) $\iint_D \left(x^3+xy^2+y+1\right)dxdy$, $D = [0,2]\times[0,3]$

(e) $\iint_D e^{x+y}\,dxdy$, $D = [0,1]\times[0,1]$

(f) $\iint_D \sin(x+y)\,dxdy$, $D = [0,\frac{\pi}{2}]\times[0,\frac{\pi}{2}]$

(g) $\iint_D xy(x-y)\,dxdy$, $D = [0,a]\times[0,b]$

(h) $\iint_D |x+1|e^y\,dxdy$, $D = [-2,2]\times[0,1]$

〈2〉 次の重積分を計算せよ．

(a) $\iint_D x^2y\,dxdy$, $D = \left\{(x,y) \in \mathbb{R}^2 \;\middle|\; y \leqq x \leqq 1,\ 0 \leqq y \leqq 1\right\}$

(b) $\iint_D \frac{y+1}{x}\,dxdy$, $D = \left\{(x,y) \in \mathbb{R}^2 \;\middle|\; 1 \leqq x \leqq y+1,\ 0 \leqq y \leqq 1\right\}$

(c) $\iint_D \frac{1}{xy}\,dxdy$, $D = \left\{(x,y) \in \mathbb{R}^2 \;\middle|\; 1 \leqq x \leqq 2,\ 1 \leqq y \leqq x+1\right\}$

(d) $\iint_D \cos(x+y)\,dxdy$, $D = \left\{(x,y) \in \mathbb{R}^2 \;\middle|\; y \leqq x \leqq 2y,\ \pi \leqq y \leqq 2\pi\right\}$

(e) $\iint_D xy\,dxdy$, $D = \left\{(x,y) \in \mathbb{R}^2 \;\middle|\; 1 \leqq x \leqq 2,\ 0 \leqq y \leqq x^2\right\}$

〈3〉 次の重積分を計算せよ．

(a) $\iint_D e^{x+y}\,dxdy$, $D = \left\{(x,y) \in \mathbb{R}^2 \;\middle|\; x+y \leqq 1,\ 0 \leqq x,\ 0 \leqq y\right\}$

(b) $\iint_D xy\,dxdy$, $D = \left\{(x,y) \in \mathbb{R}^2 \;\middle|\; x^2 \leqq y \leqq 2x\right\}$

(c) $\iint_D (x^2+y^2)\,dxdy$, $D = \left\{(x,y) \in \mathbb{R}^2 \;\middle|\; y^2 \leqq x \leqq y\right\}$

(d) $\iint_D xy\,dxdy$, $D = \left\{(x,y) \in \mathbb{R}^2 \;\middle|\; 0 \leqq x \leqq y \leqq 2, xy \leqq 1\right\}$

〈4〉 $y = x^2$ と $y = x^3$ で囲まれた閉集合 $D$ に対して重積分 $\iint_D (x+2y)\,dxdy$ を計算せよ．

〈5〉 積分順序の変更によって次の累次積分の値を求めよ．

(a) $\int_0^1\left(\int_y^1 e^{x^2}\,dx\right)dy$　(b) $\int_0^{\sqrt{\pi}}\left\{\int_x^{\sqrt{\pi}} \sin\left(y^2\right)dy\right\}dx$

(c) $\int_0^1\left(\int_0^{\sqrt{1-x^2}} x\sqrt{x^2+y^2}\,dy\right)dx$

**発展 18**

〈1〉 重積分 $I = \iint_D \sqrt{y}\,dxdy$, $D = \left\{(x,y) \in \mathbb{R}^2 \;\middle|\; x^2+y^2 \leqq y\right\}$ を計算せよ．

---

**● 例題 18 解答**

〈1〉 (a) $\iint_{D_1} xy\,dxdy = \int_0^1\left(\int_0^{-2y+2} xy\,dx\right)dy = \int_0^2\left(\int_0^{-\frac{x}{2}+1} xy\,dy\right)dx = \frac{1}{6}$

(b) $\iint_{D_2} dxdy = \int_0^2\left(\int_{2-y}^2 dx\right)dy = \int_0^2\left(\int_{2-x}^2 dy\right)dx = 2.$

〈2〉 $I = \int_3^4\left\{\int_1^2 (x+1)y\,dx\right\}dy = \left\{\int_1^2 (x+1)\,dx\right\}\left(\int_3^4 y\,dy\right) = \left[\frac{1}{2}x^2+x\right]_{x=1}^{x=2}\cdot\left[\frac{1}{2}y^2\right]_{y=3}^{y=4} = \frac{35}{4}.$

〈3〉 $D$ を図 18.8 のような縦線領域とみて

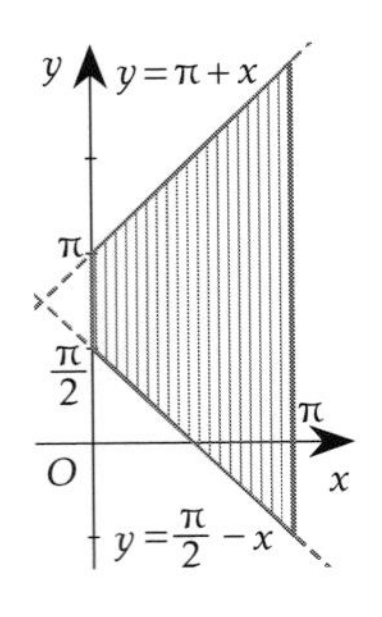


図 18.12

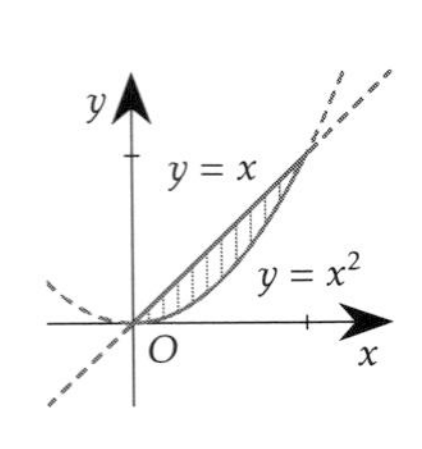


図 18.13

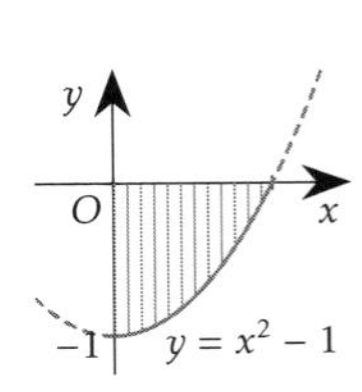


図 18.14

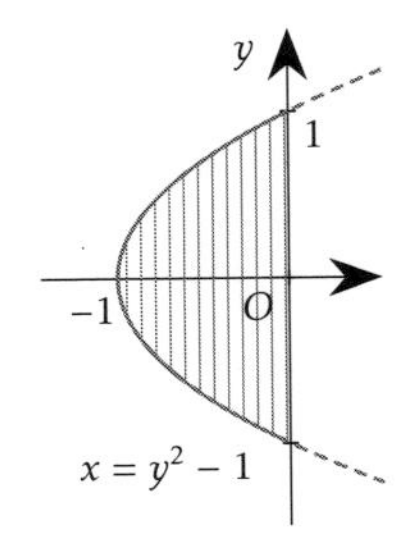


図 18.15

$$I=\int_0^1\left(\int_0^{x^2} xe^y\,dy\right)dx=\int_0^1 x\left(\int_0^{x^2} e^y\,dy\right)dx$$
$$=\int_0^1 x\,[e^y]_{y=0}^{y=x^2}\,dx=\int_0^1\left(xe^{x^2}-x\right)dx=\left[\frac{1}{2}e^{x^2}-\frac{1}{2}x^2\right]_0^1$$
$$=\frac{e-2}{2}.$$

**⟨4⟩** $D$ を図 18.12 のような縦線領域とみて

$$\iint_D \sin y\,dxdy=\int_0^{\pi}\int_{\frac{\pi}{2}-x}^{\pi+x}\sin y\,dy\,dx$$
$$=\int_0^{\pi}[-\cos y]_{y=\frac{\pi}{2}-x}^{y=\pi+x}\,dx$$
$$=\int_0^{\pi}\left\{-\cos(\pi+x)+\cos\left(\frac{\pi}{2}-x\right)\right\}dx$$
$$=\int_0^{\pi}\left\{-\cos(x+\pi)+\cos\left(x-\frac{\pi}{2}\right)\right\}dx$$
$$=\left[-\sin(x+\pi)+\sin\left(x-\frac{\pi}{2}\right)\right]_0^{\pi}=2.$$

**⟨5⟩** $D$ を図 18.13 のような縦線領域とみて

$$\iint_D x^2\,dxdy=\int_0^1\int_{x^2}^{x} x^2\,dy\,dx$$
$$=\int_0^1 x^2\left(\int_{x^2}^{x}1\,dy\right)dx=\int_0^1 x^2(x-x^2)\,dx$$
$$=\left[\frac{1}{4}x^4-\frac{1}{5}x^5\right]_0^1=\frac{1}{20}.$$

**⟨6⟩** (a) $I=\int_0^{2\sqrt{\pi}}\left\{\int_0^{\frac{x}{2}}\cos\left(\frac{x^2}{8}\right)dy\right\}dx$

$$=\int_0^{2\sqrt{\pi}}\frac{x}{2}\cos\left(\frac{x^2}{8}\right)dx=\left[2\sin\left(\frac{x^2}{8}\right)\right]_0^{2\sqrt{\pi}}=2.$$

(b) 図 18.14 上の重積分となっているから

$$I=\int_0^1\left(\int_{x^2-1}^{0}e^{\frac{y}{x+1}}\,dy\right)dx=\int_0^1\left[(x+1)e^{\frac{y}{x+1}}\right]_{y=x^2-1}^{y=0}dx$$

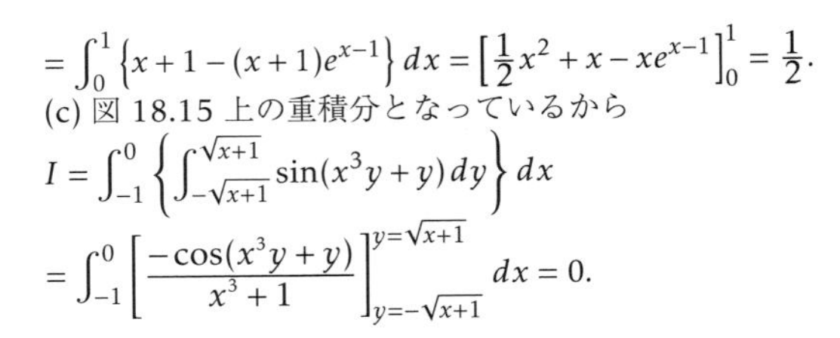

$$=\int_0^1\left\{x+1-(x+1)e^{x-1}\right\}dx=\left[\frac{1}{2}x^2+x-xe^{x-1}\right]_0^1=\frac{1}{2}.$$

(c) 図 18.15 上の重積分となっているから

$$I=\int_{-1}^{0}\left\{\int_{-\sqrt{x+1}}^{\sqrt{x+1}}\sin(x^3y+y)\,dy\right\}dx$$
$$=\int_{-1}^{0}\left[\frac{-\cos(x^3y+y)}{x^3+1}\right]_{y=-\sqrt{x+1}}^{y=\sqrt{x+1}}dx=0.$$

**● 類題 18 解答**

**⟨1⟩** (a) 3　(b) 12　(c) 100　(d) 45　(e) $(e-1)^2$　(f) 2　(g) $\frac{1}{6}a^2b^2(a-b)$　(h) $5(e-1)$

**⟨2⟩** (a) $\frac{1}{10}$　(b) $2\log 2-\frac{3}{4}$　(c) $\frac{1}{2}(\log 2)^2$　(d) $-\frac{2}{3}$　(e) $\frac{21}{4}$

**⟨3⟩** (a) 1　(b) $\frac{8}{3}$　(c) $\frac{3}{35}$　(d) $\frac{1}{8}+\frac{1}{2}\log 2$

**⟨4⟩** $\frac{3}{28}$

**⟨5⟩** (a) $\frac{1}{2}e-\frac{1}{2}$　(b) 1　(c) $\frac{1}{4}$

**● 発展 18 解答**

**⟨1⟩** $\frac{8}{15}$

# 第19章

# 重積分の変数変換

## 19.1　変数変換

1 変数関数の定積分について置換積分の公式があった．すなわち，$[\alpha,\beta]$ 上で定義され，$(\alpha,\beta)$ 上 $C^1$ 級である（$\varphi'(t)>0$ または $\varphi'(t)<0$ を満たす）i) 関数 $\varphi$（ファイ）$(t)$ と $\varphi([\alpha,\beta])$ 上の連続関数 $f(x)$ に対して

$$\int_{\varphi(\alpha)}^{\varphi(\beta)} f(x)\,dx = \int_{\alpha}^{\beta} f(\varphi(t))\cdot\varphi'(t)\,dt. \tag{19.1}$$

証明はとても大変だが（[3, pp. 94-102] 参照），2 重積分でも類似の公式が成り立つ．

**定理 19.1**（**変数変換**）　$C^1$ 級写像 $\varphi(u,v):\begin{cases} x=x(u,v),\\ y=y(u,v)\end{cases}$ によって $uv$ 平面の面積確定領域 $R$ が $xy$ 平面の領域 $\varphi(R)$ に 1 対 1 に写され，2 重積分 $\iint_{\varphi(R)} f(x,y)\,dxdy$ が存在すれば

$$\begin{aligned}\iint_{\varphi(R)} \boldsymbol{f(x,y)\,dxdy} &= \iint_R f(\varphi(u,v))\left|\det J\varphi\right|\,dudv \\ &= \iint_R f\left(x(u,v),y(u,v)\right)\left|\det J(u,v)\right|\,dudv\end{aligned} \tag{19.2}$$

が成り立つ．ただし

$$J\varphi = J(u,v) = \begin{bmatrix} x_u & x_v \\ y_u & y_v \end{bmatrix} = \begin{bmatrix} \dfrac{\partial x}{\partial u} & \dfrac{\partial x}{\partial v} \\ \dfrac{\partial y}{\partial u} & \dfrac{\partial y}{\partial v} \end{bmatrix} \tag{19.3}$$

は Jacobi 行列（註 8.3）であり，$|\det J\varphi|$ はその行列式（ヤコビアン）の絶対値 ii) である．

---

i) 仮に 1 変数の定積分を常に区間の下端から上端まで行う約束なら，式 (19.1) の $\varphi'(t)$ を $\left|\varphi'(t)\right|$ とする必要がある．しかし実際には区間を逆向きに積分できるので，$\varphi'(t)>0$ であっても $\varphi'(t)<0$ であっても式 (19.1) は成り立つし，$\varphi$ が $C^1$ 級ならば $\varphi'(t)=0$ となる部分の像は孤立点の集合であって積分値に影響しない．つまり，$\varphi$ が単調である部分に積分区間を分割して考えれば，**$\varphi$ が $(\alpha,\beta)$ 上 $C^1$ 級でその値域が $f$ の定義域に含まれていれば** $\varphi'(t)$ の正負にかかわらず式 (19.1) が成り立つことが分かる．

ii) 重積分の積分領域に「向き」を考えていないので，その面積を正にするために $\det J\varphi$ に絶対値が必要である．積分領域および重積分の向きや符号をうまく定めれば式 (19.2) が絶対値なしに成り立つかというと，領域内でヤコビアン $\det J\varphi$ が定符号（$\det J\varphi>0$ または $\det J\varphi<0$）で $\varphi$ が 1 対 1 ならば，そうである．Sard（サード）の定理 [5, p. 81] から $\det J\varphi=0$ なる点の集合の像は「零集合」であって重積分の値に影響しないので，さらに「$\det J\varphi$ が定符号で $\varphi$ が 1 対 1」の条件を外せるかというと，そうではない（$xy$ 平面の部分集合 $A$ が**零集合**，正しくは **Jordan（ジョルダン）零集合**とは任意の $\varepsilon>0$ に対して総面積が $\varepsilon$ 以下の有限個の三角形で $A$ を覆えることである）．積分領域 $R$ の内部で $\det J\varphi$ の符号が変わる場合，$R$ を $\det J\varphi$ の符号の正負によって分割し各分割領域における重積分の値を（適切な符号を付けて）足し合わせても，$\varphi(R)$ における重積分の値に一般には一致しないことが図 19.1 から理解できる．さらに言えば，$\det J\varphi$ が定符号であっても $\varphi$ が 1 対 1 であるとは限らない（図 19.2）ので，結局（「向き」で苦労する

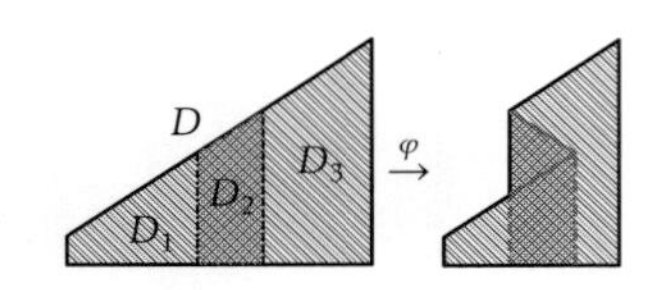


図 19.1 $\int_{\varphi(D)} \neq \int_{\varphi(D_1)} - \int_{\varphi(D_2)} + \int_{\varphi(D_3)}$

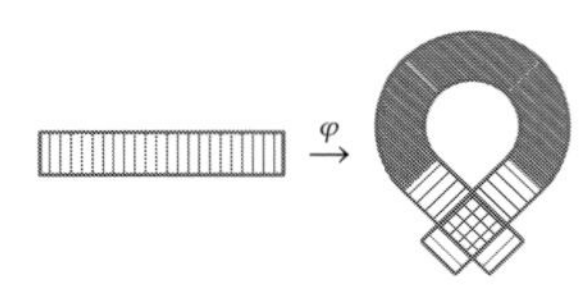


図 19.2 定符号だが非 1 対 1

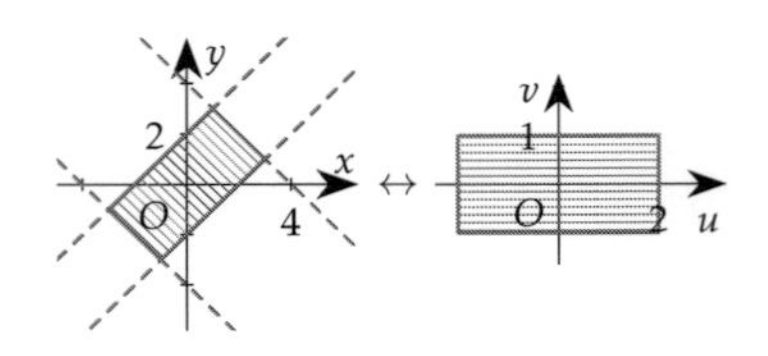


図 19.3 $D \leftrightarrow E$（例 19.2）

**例 19.2** 2 重積分 $\iint_D (x-2y)\,dxdy,\ D = \left\{(x,y) \in \mathbb{R}^2 \,\middle|\, \begin{array}{l} |x+y| \leqq 2, \\ |x-y| \leqq 1 \end{array}\right\}$ を計算しよう. $\begin{cases} u = x+y, \\ v = x-y \end{cases}$ とおくと，$uv$ 平面内の矩形領域 $E = \left\{(u,v) \,\middle|\, \begin{array}{l} -2 \leqq u \leqq 2, \\ -1 \leqq v \leqq 1 \end{array}\right\}$ は $D$ と 1 対 1 に対応する（図 19.3）. この変換のヤコビアンは $\det\begin{bmatrix} \frac{1}{2} & \frac{1}{2} \\ \frac{1}{2} & -\frac{1}{2} \end{bmatrix} = -\frac{1}{2}$ であるから

$$\iint_D (x-2y)\,dxdy = \iint_E \{(u+v)-2(u-v)\} \cdot \left|-\frac{1}{2}\right| dudv = \frac{1}{2}\int_{-1}^{1}\int_{-2}^{2}(-u+3v)\,du\,dv$$

$$= \frac{1}{2}\int_{-1}^{1}\left[-\frac{1}{2}u^2 + 3vu\right]_{u=-2}^{u=2} dv = \frac{1}{2}\int_{-1}^{1} 12v\,dv = 0.$$

## 19.2 極座標変換

2 重積分の積分領域が円板の部分で構成されている場合は，極座標変換が効果的である.

**例 19.3** 2 重積分

$$I = \iint_D e^{-(x^2+y^2)}\,dxdy, \quad D = \left\{(x,y) \in \mathbb{R}^2 \,\middle|\, 1 \leqq x^2+y^2 \leqq 9,\ y \geqq 0\right\}$$

を考える. 積分領域 $D$ は図 19.4 上段のような円板の一部分である. 領域 $D$ は**極座標変換**

$$\begin{cases} x = r\cos\theta, \\ y = r\sin\theta \end{cases} \quad (r \geqq 0,\ 0 \leqq \theta < 2\pi)$$

によって $r\theta$ 平面の矩形領域（図 19.4 下段）

$$E = \left\{(r,\theta) \in \mathbb{R}^2 \,\middle|\, 1 \leqq r \leqq 3,\ 0 \leqq \theta \leqq \pi\right\}$$

と 1 対 1 に対応する. この変換のヤコビアンを計算すると

$$\begin{vmatrix} x_r & x_\theta \\ y_r & y_\theta \end{vmatrix} = \begin{vmatrix} \cos\theta & -r\sin\theta \\ \sin\theta & r\cos\theta \end{vmatrix} = r$$

となるから，定理 19.1 により

$$I = \iint_D e^{-(x^2+y^2)}\,dxdy = \iint_E e^{-r^2} \cdot r\,drd\theta = \int_0^{\pi}\int_1^3 re^{-r^2}\,dr\,d\theta$$

$$= \int_0^{\pi}\left[-\frac{1}{2}e^{-r^2}\right]_{r=1}^{r=3} d\theta = -\frac{1}{2}\int_0^{\pi}\left(e^{-9}-e^{-1}\right) d\theta = \frac{1}{2}\left(\frac{1}{e}-\frac{1}{e^9}\right)\pi.$$

---

より）定理 19.1 のように「1 対 1」と「絶対値」を使うのが実用的だろう. 厳密に言えば式 (19.2) は左辺が広義重積分（第 21 章）となる場合も含んでの等式である.

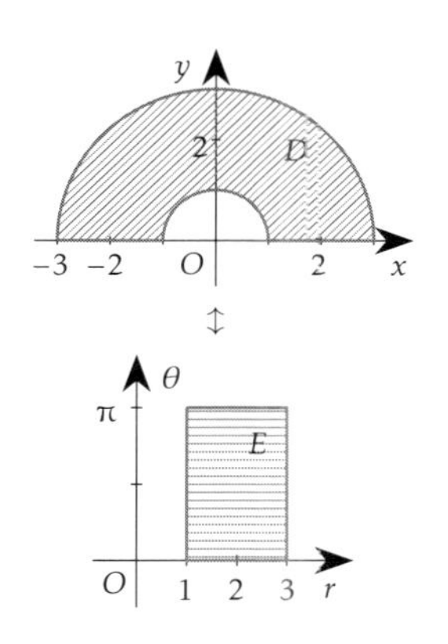


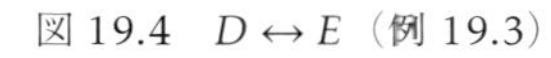
図 19.4 $D \leftrightarrow E$（例 19.3）

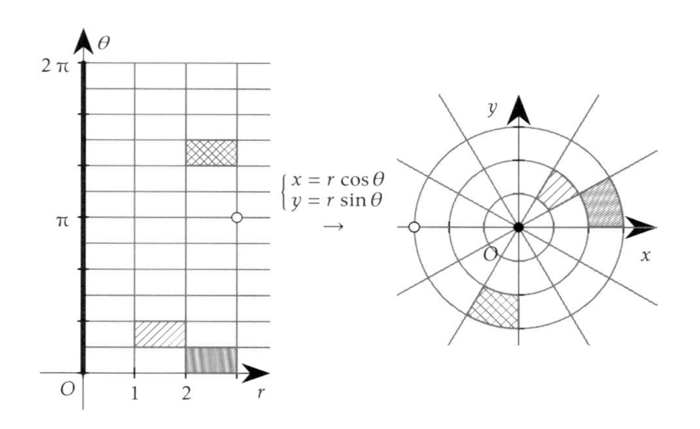


図 19.5 極座標変換



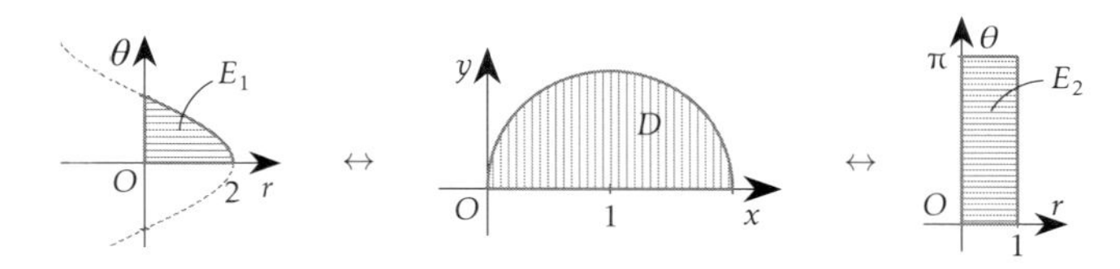


図 19.6 $E_1 \leftrightarrow D \leftrightarrow E_2$（例 19.4）

**2 重積分の極座標変換**

極座標変換 $\varphi(r,\theta):\begin{cases} x = r\cos\theta, \\ y = r\sin\theta \end{cases}$ $(0 \leqq \theta < 2\pi$ または $-\pi < \theta \leqq \pi)$[iii] と $r\theta$ 平面の面積確定領域 $E$ に対し，$\iint_{\varphi(E)} f(x,y)\,dxdy$ が存在すれば

$$\iint_{\varphi(E)} f(x,y)\,dxdy = \iint_E rf(r\cos\theta, r\sin\theta)\,drd\theta.$$

**例 19.4** 2 重積分 $I = \iint_D y\,dxdy,\ D = \left\{(x,y) \in \mathbb{R}^2 \,\middle|\, x^2+y^2 \leqq 2x,\ y \geqq 0\right\}$（図 19.6 中央）を計算しよう．

【解 1】極座標変換 $\begin{cases} x = r\cos\theta, \\ y = r\sin\theta \end{cases}$ により $D$ は $r\theta$ 平面内の領域（図 19.6 左）

$$E_1 = \left\{(r,\theta) \in \mathbb{R}^2 \,\middle|\, 0 \leqq r \leqq 2\cos\theta,\ 0 \leqq \theta \leqq \frac{\pi}{2}\right\}$$

に境界以外では 1 対 1 に対応する．よって

$$I = \iint_D y\,dxdy = \iint_E r\sin\theta \cdot r\,dr\,d\theta = \int_0^{\frac{\pi}{2}} \int_0^{2\cos\theta} r^2 \sin\theta\,dr\,d\theta$$
$$= \int_0^{\frac{\pi}{2}} \sin\theta \left[\frac{1}{3}r^3\right]_{r=0}^{r=2\cos\theta} d\theta = \frac{8}{3}\int_0^{\frac{\pi}{2}} \sin\theta\cos^3\theta\,d\theta = \frac{8}{3}\left[-\frac{1}{4}\cos^4\theta\right]_0^{\frac{\pi}{2}} = \frac{2}{3}.$$

---

[iii] $\theta$ の範囲を定めることにより極座標変換は $\{r=0\}$ の部分を除いて 1 対 1 対応となる（図 19.5）．$\{r=0\}$ のような零集合（§19.1 の脚註 ii)）上で 1 対 1 対応でないことは重積分の値には影響せず，定理 19.1 が成り立つ．

【解 2】 $D=\left\{(x,y)\in\mathbb{R}^2 \,\middle|\, (x-1)^2+y^2 \leqq 1,\ y \geqq 0\right\}$ と表せることから，極座標変換と平行移動の合成 $\begin{cases} x=1+r\cos\theta, \\ y=r\sin\theta \end{cases}$ を考える．この変換により $D$ は $r\theta$ 平面内の矩形領域（図 19.6 右）

$$E_2=\left\{(r,\theta)\in\mathbb{R}^2 \,\middle|\, 0\leqq r\leqq 1,\ 0\leqq\theta\leqq\pi\right\}$$

に境界以外では 1 対 1 に対応する．ヤコビアンは $\begin{vmatrix} x_r & x_\theta \\ y_r & y_\theta \end{vmatrix}=\begin{vmatrix} \cos\theta & -r\sin\theta \\ \sin\theta & r\cos\theta \end{vmatrix}=r$ であるから

$$\begin{aligned}\iint_D y\,dxdy &= \iint_E r\sin\theta\cdot r\,dr\,d\theta=\int_0^\pi\int_0^1 r^2\sin\theta\,dr\,d\theta \\ &=\left(\int_0^1 r^2\,dr\right)\left(\int_0^\pi \sin\theta\,d\theta\right)=\frac{1}{3}\left[r^3\right]_0^1\cdot[-\cos\theta]_0^\pi=\frac{1}{3}\cdot 1\cdot 2=\frac{2}{3}.\end{aligned}$$

【解 3】 積分領域 $D$（図 19.6 中央）は縦線領域だから累次積分により

$$\iint_D y\,dxdy=\int_0^2\int_0^{\sqrt{2x-x^2}} y\,dy\,dx=\int_0^2\left[\frac{y^2}{2}\right]_{y=0}^{y=\sqrt{2x-x^2}}dx=\int_0^2\left(x-\frac{x^2}{2}\right)dx=\left[\frac{x^2}{2}-\frac{x^3}{6}\right]_0^2=\frac{2}{3}.$$

§17.2 で扱った，極方程式で表される曲線が囲む図形の面積の公式 (17.4) は，重積分の極座標変換を用いれば簡単に得られる．

**例 19.5**　連続な極方程式 $r=f(\theta)\geqq 0$（$\alpha\leqq\theta\leqq\beta$）で表される曲線 $C$ および 2 本の半直線 $\theta=\alpha$, $\theta=\beta$ とで囲まれる図形を $D$ とする．極座標変換 $\begin{cases} x=r\cos\theta, \\ y=r\sin\theta \end{cases}$ により $D$ は，$r\theta$ 平面内の領域 $E=\left\{(r,\theta)\in\mathbb{R}^2 \,\middle|\, \begin{array}{c} 0\leqq r\leqq f(\theta), \\ \alpha\leqq\theta\leqq\beta \end{array}\right\}$ に対応するので，$D$ の面積は以下のように計算できる（式 (17.4) 参照）．

$$\iint_D 1\,dxdy=\iint_E 1\cdot r\,drd\theta=\int_\alpha^\beta\int_0^{f(\theta)} r\,dr\,d\theta=\frac{1}{2}\int_\alpha^\beta\left\{f(\theta)\right\}^2 d\theta.$$

## 19.3　その他の例

**例 19.6**　$xy$ 平面の第一象限において，2 直線 $y=x$, $y=\dfrac{x}{2}$ および 2 つの双曲線 $y=\dfrac{1}{x}$, $y=\dfrac{2}{x}$ とで囲まれた領域を $D$ とする．このとき，$I=\iint_D e^{xy}\,dxdy$ を計算しよう．

$xy$ 平面内の領域

$$\begin{aligned}D&=\left\{(x,y)\in\mathbb{R}^2 \,\middle|\, \frac{x}{2}\leqq y\leqq x,\ \frac{1}{x}\leqq y\leqq\frac{2}{x},\ x>0\right\} \\ &=\left\{(x,y)\in\mathbb{R}^2 \,\middle|\, \frac{1}{2}\leqq\frac{y}{x}\leqq 1,\ 1\leqq xy\leqq 2,\ x>0\right\}\end{aligned}$$

は変数変換（図 19.7）

$$u=\frac{y}{x},\quad v=xy\qquad すなわち\qquad x=\sqrt{\frac{v}{u}},\quad y=\sqrt{uv}$$

により $uv$ 平面内の矩形領域 $E=\left\{(u,v)\in\mathbb{R}^2 \,\middle|\, \frac{1}{2}\leqq u\leqq 1,\ 1\leqq v\leqq 2\right\}$ に 1 対 1 に対応する．ヤコ

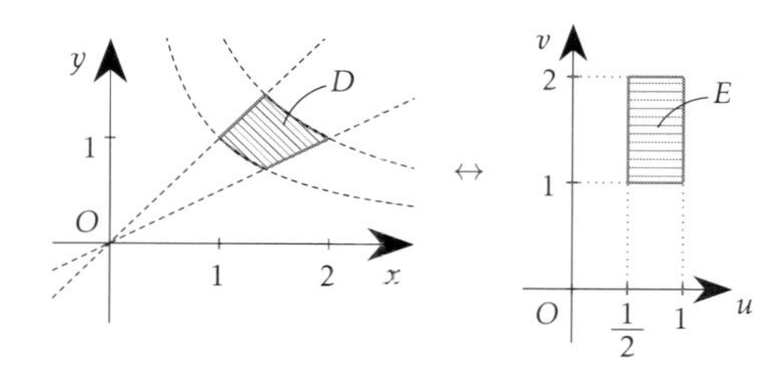


図 19.7　例 19.6

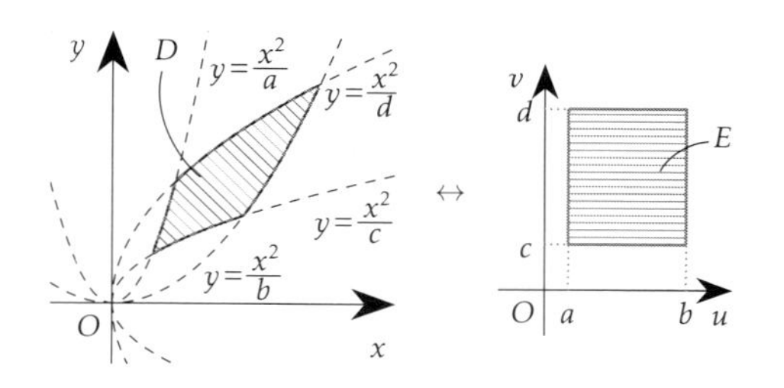


図 19.8　例 19.7

ビアンは

$$\begin{vmatrix} x_u & x_v \\ y_u & y_v \end{vmatrix} = \begin{vmatrix} -\frac{1}{2u}\sqrt{\frac{v}{u}} & \frac{1}{2\sqrt{uv}} \\ \frac{1}{2}\sqrt{\frac{v}{u}} & \frac{1}{2}\sqrt{\frac{u}{v}} \end{vmatrix} = -\frac{1}{2u}$$

$$\therefore\ I = \iint_E e^v \cdot \left|-\frac{1}{2u}\right| du dv = \frac{1}{2}\left(\int_{\frac{1}{2}}^1 \frac{1}{u}\,du\right)\left(\int_1^2 e^v\,dv\right) = \frac{1}{2}\cdot\log 2\cdot(e^2-e) = \frac{\log 2}{2}e(e-1).$$

変数変換は領域の面積を求めるときにも有用である.

**例 19.7**　$xy$ 平面の 4 つの放物線

$$y=\frac{x^2}{a},\quad y=\frac{x^2}{b},\quad x=\frac{y^2}{c},\quad x=\frac{y^2}{d}\qquad (0<a<b,\ 0<c<d)$$

で囲まれる部分 $D$ の面積を求めよう．変数変換

$$\begin{cases} x^2 = uy, \\ y^2 = vx \end{cases} \quad \text{すなわち} \quad \begin{cases} x = u^{\frac{2}{3}}v^{\frac{1}{3}}, \\ y = u^{\frac{1}{3}}v^{\frac{2}{3}} \end{cases}$$

により，$D$ と $uv$ 平面の矩形領域 $E=\left\{(u,v)\in\mathbb{R}^2 \,\middle|\, a\leqq u\leqq b,\ c\leqq v\leqq d\right\}$ が 1 対 1 に対応する（図 19.8)．ヤコビアンは

$$\begin{vmatrix} x_u & x_v \\ y_u & y_v \end{vmatrix} = \begin{vmatrix} \frac{2}{3}\left(\frac{v}{u}\right)^{\frac{1}{3}} & \frac{1}{3}\left(\frac{u}{v}\right)^{\frac{2}{3}} \\ \frac{1}{3}\left(\frac{v}{u}\right)^{\frac{2}{3}} & \frac{2}{3}\left(\frac{u}{v}\right)^{\frac{1}{3}} \end{vmatrix} = \frac{1}{3}$$

であるから

$$(D\text{ の面積}) = \iint_D 1\,dxdy = \iint_E 1\cdot\frac{1}{3}\,dudv = \frac{1}{3}\int_c^d\int_a^b 1\,du\,dv = \frac{1}{3}(b-a)(d-c).$$

楕円板の面積はたちどころに計算できる.

**例 19.8**　**楕円板** $D=\left\{(x,y)\in\mathbb{R}^2 \,\middle|\, \frac{x^2}{a^2}+\frac{y^2}{b^2}\leqq 1\right\}$（$a,b>0$）は，変数変換 $\begin{cases} x=au, \\ y=bv \end{cases}$ によって $uv$ 平面の単位円板 $E$ に 1 対 1 対応し，この変換のヤコビアンは $\begin{vmatrix} x_u & x_v \\ y_u & y_v \end{vmatrix} = \begin{vmatrix} a & 0 \\ 0 & b \end{vmatrix} = ab$ であるから

$$(D\text{ の面積}) = \iint_D 1\,dxdy = \iint_E 1\cdot ab\,dudv = ab\iint_E 1\,dudv = ab\cdot(E\text{ の面積}) = ab\pi.$$

次のようにしてもよいだろう．

**例 19.9**　楕円板 $D = \left\{ (x,y) \in \mathbb{R}^2 \;\middle|\; \dfrac{x^2}{a^2} + \dfrac{y^2}{b^2} \leqq 1 \right\}$ $(a, b > 0)$ の面積は，変数変換

$$\begin{cases} x = ar\cos\theta \\ y = br\sin\theta \end{cases} \quad \left( \begin{array}{c} r \geqq 0, \\ 0 \leqq \theta \leqq 2\pi \end{array} \right)$$

により

$$\begin{aligned} \iint_D 1\, dxdy &= \iint_{\{r^2 \leqq 1\}} 1 \cdot \begin{vmatrix} a\cos\theta & -ar\sin\theta \\ b\sin\theta & br\cos\theta \end{vmatrix} drd\theta \\ &= \int_0^{2\pi} \int_0^1 abr\, dr\, d\theta = ab \left( \int_0^{2\pi} 1\, d\theta \right) \left( \int_0^1 r\, dr \right) = ab \cdot 2\pi \cdot \frac{1}{2} = ab\pi. \end{aligned}$$

**例題 19**

**〈1〉** 次の重積分 $I$ を計算せよ．

(a) $\iint_D \sqrt{9-x^2-y^2}\,dxdy$,
$D=\left\{(x,y)\in\mathbb{R}^2 \,\middle|\, x^2+y^2\leqq 9\right\}$（図 19.9）

(b) $\iint_D \left(x^2+y^2\right)dxdy$,
$D=\left\{(x,y)\in\mathbb{R}^2 \,\middle|\, 1\leqq x^2+y^2\leqq 9,\ y\geqq 0\right\}$

(c) $\iint_D x^3\,dxdy$,
$D=\left\{(x,y)\in\mathbb{R}^2 \,\middle|\, x^2+y^2\leqq 2y,\ x\geqq 0\right\}$（図 19.10）

**〈2〉** 次の重積分 $I$ を計算せよ．

(a) $\iint_D (x+y)\,dxdy$,
$D=\left\{(x,y)\in\mathbb{R}^2 \,\middle|\, 0\leqq x+y\leqq 1,\ |x-y|\leqq 1\right\}$（図 19.11）

(b) $\iint_D (x+y)^2\sin(x-y)\,dxdy$,
$D=\left\{(x,y)\in\mathbb{R}^2 \,\middle|\, 0\leqq x+y\leqq \pi,\ 0\leqq x-y\leqq \pi\right\}$
（図 19.12）

(c) $\iint_D \dfrac{1}{x^2+y^2}\,dxdy$,
$D=\left\{(x,y)\in\mathbb{R}^2 \,\middle|\, 1\leqq x\leqq e,\ -x\leqq y\leqq x\right\}$

(d) $\iint_D y^2\,dxdy$,
$D=\left\{(x,y)\in\mathbb{R}^2 \,\middle|\, x^2+y^2\leqq 144,\ \dfrac{7}{2}\leqq |x|,\ \dfrac{7}{2}\leqq |y|\right\}$
（図 22.5）

**類題 19**

**〈1〉** 次の重積分 $I$ を計算せよ．

(a) $\iint_D y\,dxdy$, $D=\left\{(x,y)\in\mathbb{R}^2 \,\middle|\, x^2+y^2\leqq 1,\ y\geqq 0\right\}$

(b) $\iint_D \log\left(x^2+y^2+1\right)dxdy$,
$D=\left\{(x,y)\in\mathbb{R}^2 \,\middle|\, x^2+y^2\leqq 1\right\}$

(c) $\iint_D \dfrac{1}{x^2+y^2}\,dxdy$,
$D=\left\{(x,y)\in\mathbb{R}^2 \,\middle|\, 1\leqq x^2+y^2\leqq 2\right\}$

(d) $\iint_D \log\sqrt{x^2+y^2}\,dxdy$,
$D=\left\{(x,y)\in\mathbb{R}^2 \,\middle|\, 1\leqq x^2+y^2\leqq 4,\ 0\leqq y\right\}$

(e) $\iint_D \left(x^2-y^2\right)dxdy$,
$D=\left\{(x,y)\in\mathbb{R}^2 \,\middle|\, x^2+y^2\leqq 1,\ 0\leqq y\leqq x\right\}$

**〈2〉** 次の重積分 $I$ を計算せよ．

(a) $\iint_D xy\,dxdy$,
$D=\left\{(x,y)\in\mathbb{R}^2 \,\middle|\, 0\leqq x-y\leqq 1,\ 0\leqq y\leqq 1\right\}$

(b) $\iint_D x\,dxdy$,
$D=\left\{(x,y)\in\mathbb{R}^2 \,\middle|\, 0\leqq x-y\leqq 1,\ 0\leqq x+2y\leqq 1\right\}$

(c) $\iint_D xy\,dxdy$,
$D=\left\{(x,y)\in\mathbb{R}^2 \,\middle|\, 1\leqq x+y\leqq 3,\ -1\leqq x-y\leqq 1\right\}$

(d) $\iint_D (2x+3y)\,dxdy$,
$D=\left\{(x,y)\in\mathbb{R}^2 \,\middle|\, 0\leqq x+y\leqq 1,\ 0\leqq x-y\leqq 1\right\}$

(e) $\iint_D \left(x^2+y^2\right)dxdy$,
$D=\left\{(x,y)\in\mathbb{R}^2 \,\middle|\, 1\leqq xy\leqq 5,\ 1\leqq x^2-y^2\leqq 3,\ 0\leqq x,\ 0\leqq y\right\}$

**発展 19**

**〈1〉** 次の重積分 $I$ を計算せよ．

(a) $\iint_D y\,dxdy$,
$D=\left\{(x,y)\in\mathbb{R}^2 \,\middle|\, x^2+y^2\leqq 1,\ y\leqq x\right\}$（図 19.13）

(b) $\iint_D \sqrt{x^2+y^2}\,dxdy$,
$D=\left\{(x,y)\in\mathbb{R}^2 \,\middle|\, x\leqq x^2+y^2\leqq 1,\ 0\leqq x,\ 0\leqq y\right\}$
（図 19.14）

(c) $\iint_D \left(x^4-y^4\right)dxdy$,
$D=\left\{(x,y)\in\mathbb{R}^2 \,\middle|\, 1\leqq xy\leqq 3,\ 1\leqq x^2-y^2\leqq 4,\ 0\leqq x,\ 0\leqq y\right\}$
（図 19.15）

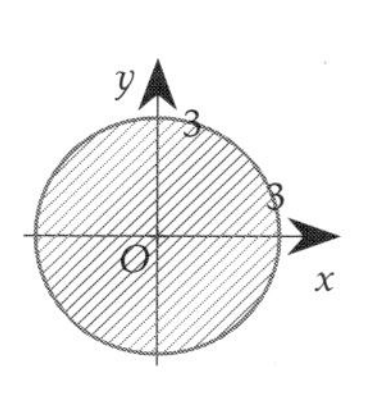

図 19.9

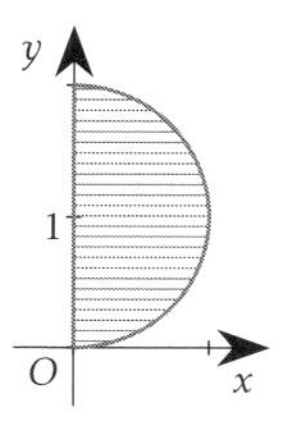

図 19.10

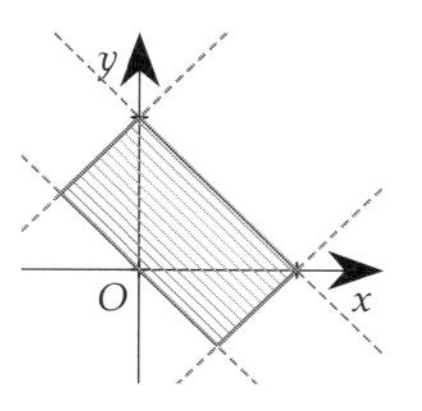

図 19.11

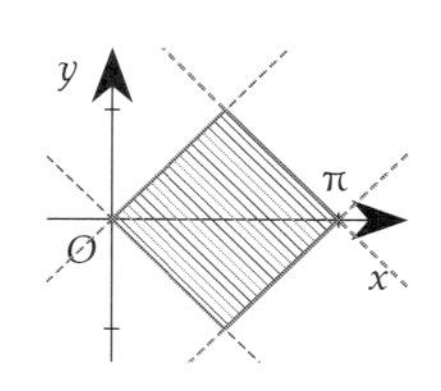

図 19.12

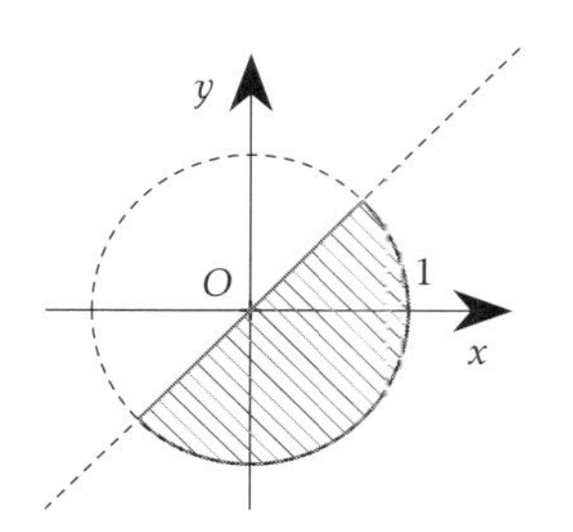

図 19.13

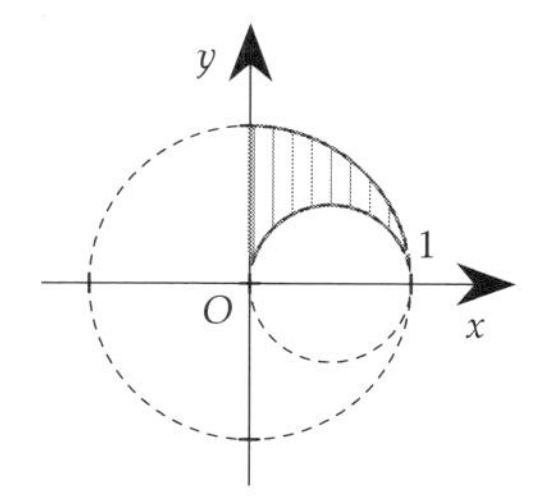

図 19.14

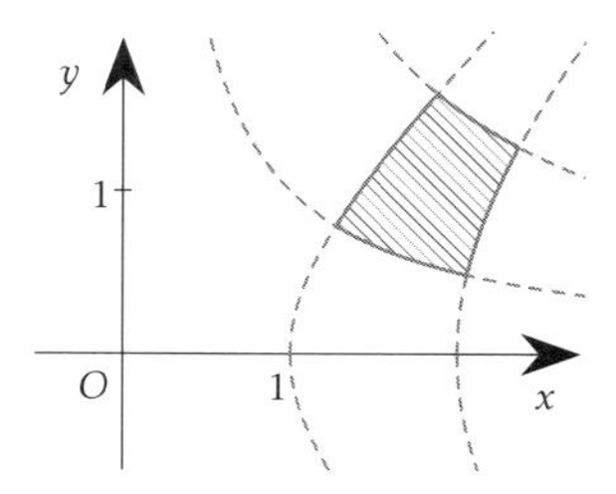

図 19.15

**● 例題 19 解答**

**⟨1⟩** 以下，極座標変換 $\begin{cases} x = r\cos\theta \\ y = r\sin\theta \end{cases}$ において $r \geqq 0$，状況により $0 \leqq \theta \leqq 2\pi$ または $-\frac{\pi}{2} \leqq \theta \leqq \frac{\pi}{2}$ とする．これにより極座標変換は $\{r=0\}$ の部分を除いて 1 対 1 対応となる．

(a) 極座標変換により矩形領域 $E = \left\{(r,\theta) \,\middle|\, \begin{array}{l} 0 \leqq r \leqq 3, \\ 0 \leqq \theta \leqq 2\pi \end{array}\right\}$ が $D$（図 19.9）に対応するので

$$I = \iint_E \sqrt{9-r^2}\cdot r\,dr\,d\theta = \int_0^{2\pi}\int_0^3 r\sqrt{9-r^2}\,dr\,d\theta$$
$$= \left(\int_0^{2\pi} 1\,d\theta\right)\left[-\frac{1}{3}\left(9-r^2\right)^{\frac{3}{2}}\right]_0^3 = 18\pi.$$

(b) 極座標変換により矩形領域 $E = \left\{(r,\theta) \,\middle|\, \begin{array}{l} 1 \leqq r \leqq 3, \\ 0 \leqq \theta \leqq \pi \end{array}\right\}$ が $D$（図 19.4 上段）に対応するので

$$I = \iint_E r^2\cdot r\,dr\,d\theta = \int_0^{\pi}\int_1^3 r^3\,dr\,d\theta$$
$$= \left[\frac{1}{4}r^4\right]_1^3\cdot\int_0^{\pi} 1\,d\theta = 20\pi.$$

(c) 集合 $D$ は図 19.10 の通りである．

【解 1】 極座標変換により横線領域 $\left\{(r,\theta) \,\middle|\, \begin{array}{c} 0 \leqq r \leqq 2\sin\theta, \\ 0 \leqq \theta \leqq \frac{\pi}{2} \end{array}\right\}$ が $D$ に対応するので

$$I = \int_0^{\frac{\pi}{2}}\int_0^{2\sin\theta} (r\cos\theta)^3\cdot r\,dr\,d\theta$$
$$= \int_0^{\frac{\pi}{2}} \cos^3\theta\left(\int_0^{2\sin\theta} r^4\,dr\right)d\theta$$
$$= \int_0^{\frac{\pi}{2}} \cos^3\theta\left[\frac{1}{5}r^5\right]_0^{2\sin\theta} d\theta = \frac{32}{5}\int_0^{\frac{\pi}{2}} \cos^3\theta\sin^5\theta\,d\theta$$
$$= \frac{32}{5}\int_0^{\frac{\pi}{2}} \cos\theta\left(1-\sin^2\theta\right)\sin^5\theta\,d\theta$$
$$= \frac{32}{5}\int_0^{\frac{\pi}{2}} \left(\cos\theta\sin^5\theta - \cos\theta\sin^7\theta\right)d\theta$$
$$= \frac{32}{5}\left[\frac{1}{6}\sin^6\theta - \frac{1}{8}\sin^8\theta\right]_0^{\frac{\pi}{2}} = \frac{32}{5}\cdot\frac{1}{24} = \frac{4}{15}.$$

【解 2】 変換 $\begin{cases} x = r\cos\theta \\ y = 1 + r\sin\theta \end{cases} \left(\begin{array}{c} r \geqq 0, \\ -\pi \leqq \theta \leqq \pi \end{array}\right)$ により矩形領域 $\left\{(r,\theta) \,\middle|\, \begin{array}{c} 0 \leqq r \leqq 1, \\ -\frac{\pi}{2} \leqq \theta \leqq \frac{\pi}{2} \end{array}\right\}$ は $D$ に境界以外で 1 対 1 に対応する．このヤコビアンは極座標変換のヤコビアンと等しいので

$$I = \int_0^1\int_{-\frac{\pi}{2}}^{\frac{\pi}{2}} r^3\cos^3\theta\,d\theta\cdot r\,dr = \int_0^1 r^4\left(\int_{-\frac{\pi}{2}}^{\frac{\pi}{2}} \cos^3\theta\,d\theta\right)dr$$
$$= \int_0^1 r^4\,dr\cdot\int_{-\frac{\pi}{2}}^{\frac{\pi}{2}} \cos\theta(1-\sin^2\theta)\,d\theta$$
$$= \left[\frac{1}{5}r^5\right]_0^1\left[\sin\theta - \frac{1}{3}\sin^3\theta\right]_{-\frac{\pi}{2}}^{\frac{\pi}{2}} = \frac{4}{15}.$$

【解 3】 $D$ を横線領域とみて

$$I = \int_0^2\int_0^{\sqrt{2y-y^2}} x^3\,dx\,dy = \int_0^2\left[\frac{1}{4}x^4\right]_0^{\sqrt{2y-y^2}} dy$$
$$= \frac{1}{4}\int_0^2 \left(2y-y^2\right)^2 dy = \frac{1}{4}\left[\frac{1}{5}y^5 - y^4 + \frac{4}{3}y^3\right]_0^2 = \frac{4}{15}.$$

**⟨2⟩** 1 変数関数の置換は被積分関数の形から考える場合が多いが，重積分では計算の頼みの綱がほぼ累次積分のみなので，積分領域の形をみて（可能ならそれが矩形領域に変換されるような）変数変換を考える方がよい．

(a) $D$（図 19.11）は変数変換 $\begin{cases} u = x+y \\ v = x-y \end{cases} \Leftrightarrow \begin{cases} x = \frac{u+v}{2} \\ y = \frac{u-v}{2} \end{cases}$ により，矩形領域 $E = \left\{(u,v) \,\middle|\, \begin{array}{c} 0 \leqq u \leqq 1, \\ -1 \leqq v \leqq 1 \end{array}\right\}$ に 1 対 1 に写される．この変換のヤコビアンは $\begin{vmatrix} x_u & x_v \\ y_u & y_v \end{vmatrix} = \begin{vmatrix} \frac{1}{2} & \frac{1}{2} \\ \frac{1}{2} & -\frac{1}{2} \end{vmatrix} = -\frac{1}{2}$ であるから

$$I = \iint_E u\cdot\left|-\frac{1}{2}\right|du\,dv = \frac{1}{2}\int_{-1}^1\left(\int_0^1 u\,du\right)dv$$
$$= \frac{1}{2}\int_0^1 u\,du\cdot\int_{-1}^1 1\,dv = \frac{1}{2}\cdot\frac{1}{2}\cdot 2 = \frac{1}{2}.$$

(b) $D$（図 19.12）は変数変換 $\begin{cases} u = x+y \\ v = x-y \end{cases} \Leftrightarrow \begin{cases} x = \frac{u+v}{2} \\ y = \frac{u-v}{2} \end{cases}$ により，矩形領域 $E = \left\{(u,v) \,\middle|\, \begin{array}{c} 0 \leqq u \leqq \pi, \\ 0 \leqq v \leqq \pi \end{array}\right\}$ に 1 対 1 に写される．この変換のヤコビアンは $\begin{vmatrix} x_u & x_v \\ y_u & y_v \end{vmatrix} = \begin{vmatrix} \frac{1}{2} & \frac{1}{2} \\ \frac{1}{2} & -\frac{1}{2} \end{vmatrix} = -\frac{1}{2}$ であるから

$$I = \iint_E u^2\sin v\left|-\frac{1}{2}\right|du\,dv = \frac{1}{2}\int_0^{\pi}\left(\int_0^{\pi} u^2\sin v\,du\right)dv$$
$$= \frac{1}{2}\int_0^{\pi} u^2\,du\int_0^{\pi}\sin v\,dv$$
$$= \frac{1}{2}\left[\frac{u^3}{3}\right]_0^{\pi}\cdot\left[-\cos v\right]_0^{\pi} = \frac{\pi^3}{3}.$$

(c)【解 1】 $D$ は変数変換 $\begin{cases} u = x \\ v = \frac{y}{x} \end{cases} \Leftrightarrow \begin{cases} x = u \\ y = uv \end{cases}$ により，矩形領域 $E = \left\{(u,v) \,\middle|\, \begin{array}{c} 1 \leqq u \leqq e, \\ -1 \leqq v \leqq 1 \end{array}\right\}$ に 1 対 1 に写される．この変換のヤコビアンは $\begin{vmatrix} x_u & x_v \\ y_u & y_v \end{vmatrix} = \begin{vmatrix} 1 & 0 \\ v & u \end{vmatrix} = u$ であるから

$$I = \iint_E \frac{u}{u^2+u^2v^2}\,du\,dv = \int_1^e\int_{-1}^1 \frac{1}{u}\cdot\frac{1}{1+v^2}\,dv\,du$$
$$= \left(\int_1^e \frac{1}{u}\,du\right)\left(\int_{-1}^1 \frac{1}{1+v^2}\,dv\right)$$
$$= [\log u]_1^e\,[\arctan v]_{-1}^1 = \frac{\pi}{2}.$$

【解 2】 極座標変換により，$D$ は $E = \left\{(r,\theta) \,\middle|\, -\frac{\pi}{4} \leqq \theta \leqq \frac{\pi}{4},\ \frac{1}{\cos\theta} \leqq r \leqq \frac{e}{\cos\theta}\right\}$ に対応するから

$$I = \int_E \frac{r}{r^2}\,dr\,d\theta = \int_{-\frac{\pi}{4}}^{\frac{\pi}{4}}\left(\int_{1/\cos\theta}^{e/\cos\theta}\frac{1}{r}\,dr\right)d\theta$$
$$= \int_{-\frac{\pi}{4}}^{\frac{\pi}{4}}\left(\log\frac{e}{\cos\theta} - \log\frac{1}{\cos\theta}\right)d\theta$$
$$= \int_{-\frac{\pi}{4}}^{\frac{\pi}{4}} 1\,d\theta = \frac{\pi}{2}.$$

(d) $D_1 = \left\{(x,y) \,\middle|\, x^2+y^2 \leqq 144\right\}$，
$D_2 = \left[-\frac{7}{2},\frac{7}{2}\right]\times\left[-\frac{7}{2},\frac{7}{2}\right]$ とおくと，$D = D_1 - D_2$ だから

$$I = \iint_{D_1} y^2\,dxdy - \iint_{D_2} y^2\,dxdy$$
$$= \int_0^{2\pi}\int_0^{12} r^3 \sin^2\theta\,dr\,d\theta - \int_{-\frac{7}{2}}^{\frac{7}{2}}\int_{-\frac{7}{2}}^{\frac{7}{2}} y^2\,dydx$$
$$= 5184\pi - \frac{2401}{12}.$$

**●類題 19 解答**

**〈1〉** (a) $\frac{2}{3}$　(b) $\pi(2\log 2 - 1)$　(c) $\pi\log 2$
(d) $\pi\left(2\log 2 - \frac{3}{4}\right)$　(e) $\frac{1}{8}$

**〈2〉** (a) $\frac{7}{12}$　(b) $\frac{1}{6}$　(c) 2　(d) $\frac{1}{2}$　(e) 4

**●発展 19 解答**

**〈1〉** (a) $\frac{-\sqrt{2}}{3}$　(b) $\frac{\pi}{6} - \frac{2}{9}$

(c) $\begin{cases} u = xy, \\ v = x^2 - y^2 \end{cases}$ とおき，それぞれ両辺を $u$, $v$ で偏微分すると $\begin{cases} 1 = x_u y + x y_u, \\ 0 = x_v y + x y_v \end{cases}$ かつ $\begin{cases} 0 = 2xx_u - 2yy_u, \\ 1 = 2xx_v - 2yy_v. \end{cases}$

$$\therefore \begin{bmatrix} 1 & 0 \\ 0 & 1 \end{bmatrix} = \begin{bmatrix} y & x \\ 2x & -2y \end{bmatrix}\begin{bmatrix} x_u & x_v \\ y_u & y_v \end{bmatrix}$$
$$\therefore 1 = -2(x^2 + y^2)\cdot\det\begin{bmatrix} x_u & x_v \\ y_u & y_v \end{bmatrix}.$$

また領域 $D$（図 19.15）は矩形領域
$E = \left\{(u, v) \,\middle|\, \begin{array}{l} 1 \leqq u \leqq 3, \\ 1 \leqq v \leqq 4 \end{array}\right\}$ に 1 対 1 対応するので

$$I = \iint_D \left(x^4 - y^4\right) dxdy$$
$$= \iint_E \left(x^4 - y^4\right)\cdot\left|-\frac{1}{2(x^2 + y^2)}\right| dudv$$
$$= \frac{1}{2}\iint_E \left(x^2 - y^2\right) dudv = \frac{1}{2}\int_1^4\int_1^3 v\,du\,dv$$
$$= \frac{1}{2}\int_1^3 1\,du \cdot \int_1^4 v\,dv = \frac{1}{2}\cdot 2\cdot\frac{15}{2} = \frac{15}{2}.$$

# 第 20 章

# 3 重積分と体積

## 20.1　3 重積分の計算

2 変数関数に対して 2 重積分を考えたように，3 変数関数に対して 3 重積分を考えることができる．2 重積分と同様の累次積分が使えるような例を主に扱う（[4, §93]）．

**矩形領域**

$xyz$ 空間内の直方体領域

$$V = \left\{ (x,y,z) \in \mathbb{R}^3 \,\middle|\, \begin{array}{l} a \leqq x \leqq b, \\ c \leqq y \leqq d, \\ p \leqq z \leqq q \end{array} \right\} = [a,b] \times [c,d] \times [p,q]$$

で連続な関数 $f(x,y,z)$ の 3 重積分 $\iiint_V f(x,y,z)\,dxdydz$ は存在し，累次積分

$$\iiint_V f(x,y,z)\,dxdydz = \int_p^q \left\{ \int_c^d \left\{ \int_a^b f(x,y,z)\,dx \right\} dy \right\} dz$$

により求められる．この場合，$x$, $y$, $z$ に関する積分をどの順序で行っても同じ値を得る．

**縦線領域**

$D$ を $xy$ 平面の面積確定な閉領域とする．また $\varphi_1(x,y)$, $\varphi_2(x,y)$ を $D$ 上連続な関数とし，$(x,y) \in D$ に対して $\varphi_1(x,y) \leqq \varphi_2(x,y)$ であるとする．このとき

$$V = \left\{ (x,y,z) \in \mathbb{R}^3 \,\middle|\, \begin{array}{c} (x,y) \in D, \\ \varphi_1(x,y) \leqq z \leqq \varphi_2(x,y) \end{array} \right\}$$

で連続な関数 $f(x,y,z)$ の 3 重積分 $\iiint_V f(x,y,z)\,dxdydz$ は存在し，累次積分

$$\iiint_V f(x,y,z)\,dxdydz = \iint_D \left\{ \int_{\varphi_1(x,y)}^{\varphi_2(x,y)} f(x,y,z)\,dz \right\} dxdy \tag{20.1}$$

により求められる（図 20.1）．$x$, $y$, $z$ の役割を取り換えても同様の式が成り立つ．

**註 20.1**　上の $V$ で，さらに $D$ が縦線領域 $\left\{ (x,y) \in \mathbb{R}^2 \,\middle|\, \begin{array}{c} a \leqq x \leqq b, \\ \psi_1(x) \leqq y \leqq \psi_2(x) \end{array} \right\}$ ならば，式 (18.3) より

$$\iiint_V f(x,y,z)\,dxdydz = \int_a^b \left\{ \int_{\psi_1(x)}^{\psi_2(x)} \left\{ \int_{\varphi_1(x,y)}^{\varphi_2(x,y)} f(x,y,z)\,dz \right\} dy \right\} dx.$$

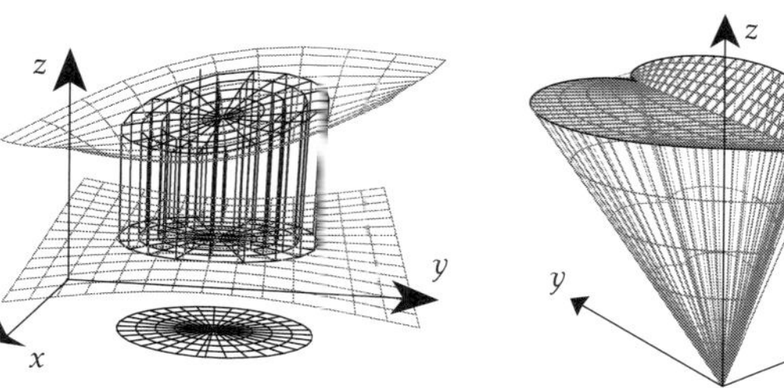


図 20.1 縦線領域

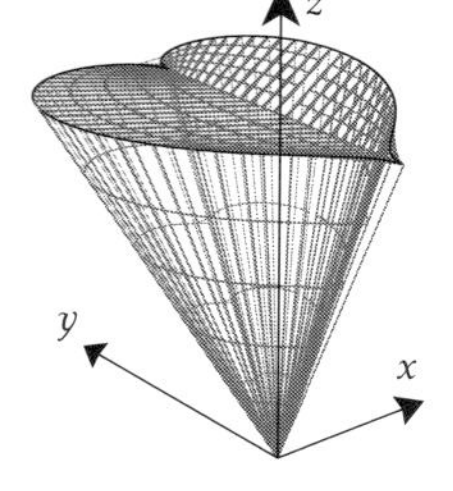


図 20.2 「横面」領域（錐体 i)）

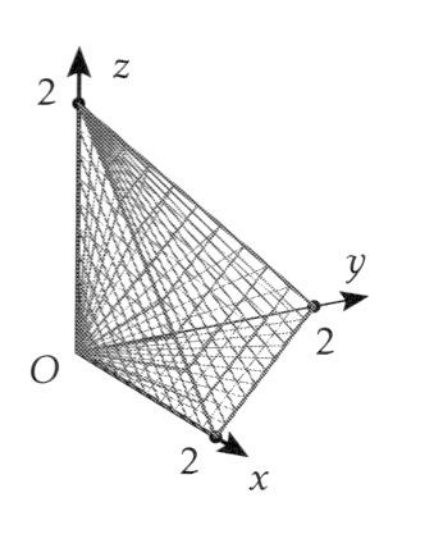


図 20.3

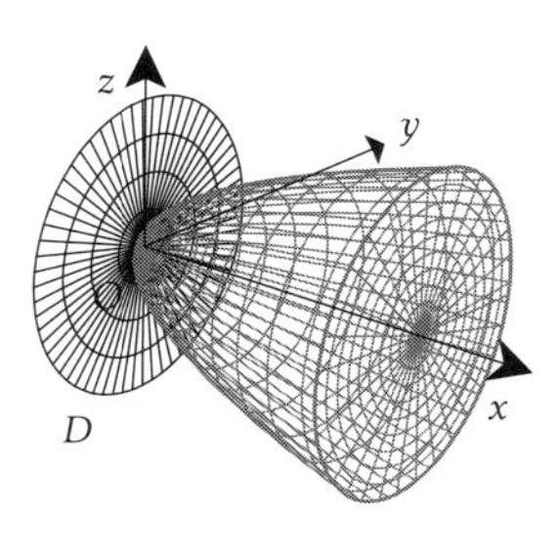


図 20.4 $y^2+z^2 \leqq x \leqq 4$

**「横面」領域**

$xyz$ 空間内の領域 $V$ の $z$ 軸への射影が線分 $[a,b]$ であり，$V$ の $z$ 軸に垂直な切断面 $D(z)$ が面積確定であるとき，$V$ 上で連続な関数 $f(x,y,z)$ について

$$\iiint_V f(x,y,z)\,dxdydz = \int_a^b \left\{ \iint_{D(z)} f(x,y,z)\,dxdy \right\} dz \tag{20.2}$$

である（図 20.2）．$x,\ y,\ z$ の役割を取り換えても同様の式が成り立つ．

**註 20.2** 式 (20.1) および式 (20.2) において $f(x,y,z)=1$ とすると，それぞれ

$$\iiint_V 1\,dxdydz = \iint_D \left\{ \varphi_2(x,y) - \varphi_1(x,y) \right\} dxdy, \tag{20.3}$$

$$\iiint_V 1\,dxdydz = \int_a^b \Big( \text{切断面 } D(z) \text{ の面積} \Big)\,dz \tag{20.4}$$

となる．これらはともに $V$ の**体積**を表す．§22.2 で用いる．

**例 20.3** 4 つの平面 $x+y+z=2,\ x=0,\ y=0,\ z=0$ で囲まれた四面体を $V$ とするとき（図 20.3），3 重積分 $I=\iiint_V x\,dxdydz$ を計算しよう．$V$ は

$$D = \left\{ (x,y) \in \mathbb{R}^2 \;\middle|\; 0 \leqq x \leqq 2,\ 0 \leqq y \leqq 2-x \right\}$$

上の，平面 $z=0$ と平面 $z=2-x-y$ で挟まれた部分であるから，式 (20.1) を利用すれば

$$\begin{aligned} I &= \iint_D \left\{ \int_0^{2-x-y} x\,dz \right\} dxdy = \iint_D x(2-x-y)\,dxdy \\ &= \int_0^2 \int_0^{2-x} x(2-x-y)\,dy\,dx = \int_0^2 x \left\{ \int_0^{2-x} (2-x-y)\,dy \right\} dx \\ &= \int_0^2 x \left[ -\frac{1}{2}(2-x-y)^2 \right]_{y=0}^{y=2-x} dx = \frac{1}{2}\int_0^2 x(2-x)^2\,dx = \frac{1}{2}\left[ \frac{1}{4}x^4 - \frac{4}{3}x^3 + 2x^2 \right]_{x=0}^{x=2} = \frac{2}{3}. \end{aligned}$$

**例 20.4** **放物面** $x=y^2+z^2$ と平面 $x=4$ で囲まれた立体 $V$（図 20.4）に対し，3 重積分

$$I = \iiint_V \sqrt{y^2+z^2}\,dxdydz$$

を考える．$V=\left\{ (x,y,z) \in \mathbb{R}^3 \;\middle|\; y^2+z^2 \leqq x \leqq 4 \right\}$ の $yz$ 空間への射影は $D=\left\{ (y,z) \in \mathbb{R}^2 \;\middle|\; y^2+z^2 \leqq 4 \right\}$

i) 図 20.2 で上面の境界は曲線 $y=\sqrt{|x|} \pm \sqrt{5-x^2}$，囲む面積は $5\pi$（2012 年信州大学理学部入試問題）．

20 3 重積分と体積

であるから，式 (20.1) により

$$I = \iint_D \left( \int_{y^2+z^2}^{4} \sqrt{y^2+z^2}\,dx \right) dydz = \iint_D \left( \sqrt{y^2+z^2} \int_{y^2+z^2}^{4} 1\,dx \right) dydz$$
$$= \iint_D \sqrt{y^2+z^2}\left\{4-\left(y^2+z^2\right)\right\} dydz \underset{(*)}{=} \int_0^{2\pi}\int_0^2 r\left(4-r^2\right)\cdot r\,dr\,d\theta$$
$$= \int_0^{2\pi} 1\,d\theta \cdot \left[\frac{4}{3}r^3 - \frac{1}{5}r^5\right]_0^2 = \frac{128}{15}\pi.$$

なお (*) では極座標変換 $\begin{cases} y = r\cos\theta, \\ z = r\sin\theta \end{cases}$ を用いた[ii]．

## 20.2　空間の極座標

3 重積分についても変数変換は有効である．すなわち，$C^1$ 級の写像

$$x = x(u,v,w), \quad y = y(u,v,w), \quad z = z(u,v,w)$$

により，$uvw$ 空間の領域 $W$ が $xyz$ 空間の領域 $V$ に 1 対 1 に写されるとき

$$\iiint_V f(x,y,z)\,dxdydz = \iiint_W f\left(x(u,v,w),y(u,v,w),z(u,v,w)\right)\left|\det J(u,v,w)\right| dudvdw \tag{20.5}$$

が成り立つ．ただし **$J(u,v,w)$** は **Jacobi 行列**または**関数行列**

$$J(u,v,w) = \begin{bmatrix} x_u & x_v & x_w \\ y_u & y_v & y_w \\ z_u & z_v & z_w \end{bmatrix} = \begin{bmatrix} \frac{\partial x}{\partial u} & \frac{\partial x}{\partial v} & \frac{\partial x}{\partial w} \\ \frac{\partial y}{\partial u} & \frac{\partial y}{\partial v} & \frac{\partial y}{\partial w} \\ \frac{\partial z}{\partial u} & \frac{\partial z}{\partial v} & \frac{\partial z}{\partial w} \end{bmatrix}$$

であり，$\left|\det J(u,v,w)\right|$ はその行列式（**ヤコビアン**または**関数行列式**）の絶対値である．

3 重積分に対する変数変換としては，空間の極座標変換がよく用いられる．

**空間の極座標変換**

$xyz$ 空間の点 $P(x,y,z)$ に対し，原点 $O$ と点 $P$ の距離を $r$ とし，線分 $OP$ と $z$ 軸とがなす角を $\theta$（$0 \leqq \theta \leqq \pi$）とする．$z = r\cos\theta$ である．次に点 $P$ から $xy$ 平面に下した垂線の足 $Q(x,y,0)$ を考え，線分 $OQ$ と $x$ 軸とがなす角を $\varphi$ とする（図 20.5）．$\varphi$ の範囲は $0 \leqq \varphi < 2\pi$ または $-\pi < \varphi \leqq \pi$ とする．線分 $OQ$ の長さが $r\sin\theta$ に等しいことに注意すれば，変数変換

$$x = r\sin\theta\cos\varphi, \quad y = r\sin\theta\sin\varphi, \quad z = r\cos\theta \tag{20.6}$$

を得る．組 $(r,\theta,\varphi)$ を**空間の極座標**とよび，式 (20.6) を**空間の極座標変換**とよぶ．

---

[ii] $I = \int_0^4 \int_{-\sqrt{4-y^2}}^{\sqrt{4-y^2}} \int_{-\sqrt{x-y^2}}^{\sqrt{x-y^2}} \sqrt{y^2+z^2}\,dz\,dy\,dx$ によって計算するのはとても大変．

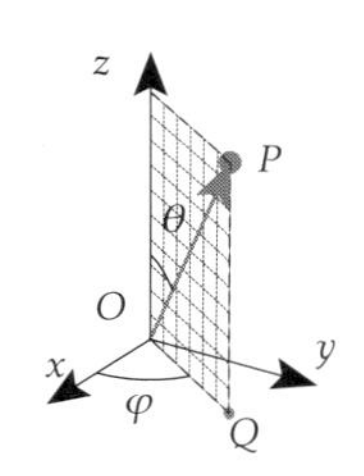

図 20.5　空間の極座標

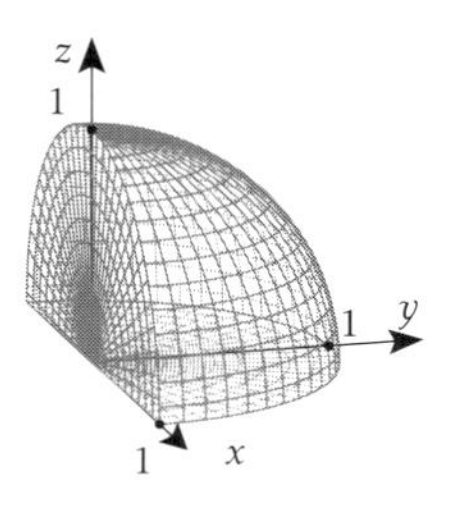

図 20.6　四分の一球体

**註 20.5**　式 (20.6) は $z$ 軸上の点に対して $\varphi$ が定まらず 1 対 1 対応にならない．しかし $z$ 軸上の点全体は零集合（§19.1 の脚註 ii)）であり，極座標変換による重積分の計算では問題にならない．

さて，極座標変換のヤコビアンは

$$\det\begin{bmatrix} x_r & x_\theta & x_\varphi \\ y_r & y_\theta & y_\varphi \\ z_r & z_\theta & z_\varphi \end{bmatrix} = \det\begin{bmatrix} \sin\theta\cos\varphi & r\cos\theta\cos\varphi & -r\sin\theta\sin\varphi \\ \sin\theta\sin\varphi & r\cos\theta\sin\varphi & r\sin\theta\cos\varphi \\ \cos\theta & -r\sin\theta & 0 \end{bmatrix} = r^2\sin\theta$$

である（例 8.8 参照）．$0 \leqq \theta \leqq \pi$ よりこれは非負である．極座標変換に対して式 (20.5) は次になる．

**3 重積分の極座標変換**

空間の極座標変換 $\overset{\text{プサイ}}{\psi}(r,\theta,\varphi)$ : $\begin{cases} x = r\sin\theta\cos\varphi, \\ y = r\sin\theta\sin\varphi, \\ z = r\cos\theta \end{cases}$ $\left(\begin{array}{c} 0 \leqq \theta \leqq \pi, \\ 0 \leqq \varphi < 2\pi \\ \text{または} -\pi < \varphi \leqq \pi \end{array}\right)$ と $r\theta\varphi$ 空間の領域 $W$ に対し，$\iiint_{\psi(W)} f(x,y,z)\,dxdydz$ が存在すれば

$$\iiint_{\psi(W)} f(x,y,z)\,dxdydz = \iiint_W f(r\sin\theta\cos\varphi, r\sin\theta\sin\varphi, r\cos\theta)\cdot \boldsymbol{r^2\sin\theta\,drd\theta d\varphi}. \quad (20.7)$$

**例 20.6**　3 重積分 $\iiint_V z\,dxdydz$, $V = \left\{(x,y,z) \in \mathbb{R}^3 \,\middle|\, x^2+y^2+z^2 \leqq 1,\ y \geqq 0,\ z \geqq 0\right\}$ を計算しよう．領域 $V$ は図 20.6 に示された四分の一球体である．空間の極座標変換 (20.6)

$$x = r\sin\theta\cos\varphi, \quad y = r\sin\theta\sin\varphi, \quad z = r\cos\theta$$

により $V$ は $r\theta\varphi$ 空間の中の直方体領域

$$W = \left\{(r,\theta,\varphi) \in \mathbb{R}^3 \,\middle|\, 0 \leqq r \leqq 1,\ 0 \leqq \theta \leqq \frac{\pi}{2},\ 0 \leqq \varphi \leqq \pi\right\}$$

に $z$ 軸以外で 1 対 1 に対応するから

$$\iiint_V z\,dxdydz = \iiint_W r\cos\theta\cdot r^2\sin\theta\,drd\theta d\varphi = \int_0^\pi\int_0^{\frac{\pi}{2}}\int_0^1 r^3\cos\theta\sin\theta\,dr\,d\theta\,d\varphi$$
$$= \left(\int_0^\pi 1\,d\varphi\right)\left(\int_0^{\frac{\pi}{2}}\cos\theta\sin\theta\,d\theta\right)\left(\int_0^1 r^3\,dr\right) = \pi\cdot\left[\frac{1}{2}\sin^2\theta\right]_0^{\frac{\pi}{2}}\cdot\left[\frac{1}{4}r^4\right]_0^1 = \pi\cdot\frac{1}{2}\cdot\frac{1}{4} = \frac{\pi}{8}.$$

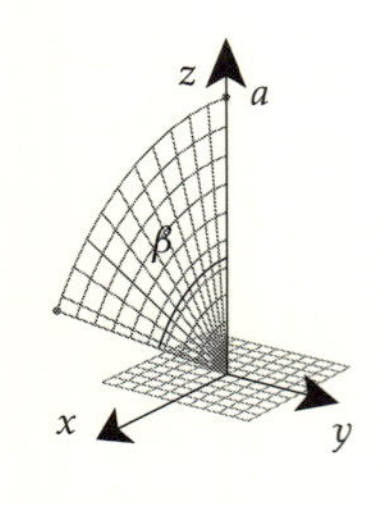


図 20.7　扇形

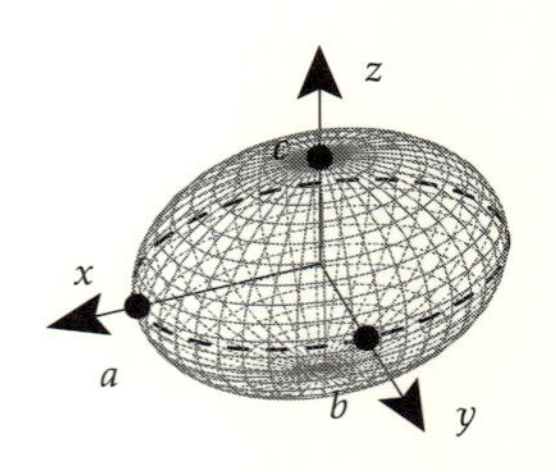


図 20.8　楕円面

**例 20.7**　半径 $a>0$ の球体 $V$ は空間の極座標変換により，$r\theta\varphi$ 空間の直方体領域 $[0,a]\times[0,\pi]\times[0,2\pi]$ に（$z$ 軸以外で 1 対 1 に）対応するから，その体積は以下のように求められる．

$$\iiint_V 1\,dxdydz = \int_0^{2\pi}\int_0^{\pi}\int_0^a 1\cdot r^2\sin\theta\,dr\,d\theta\,d\varphi$$
$$= \left(\int_0^{2\pi} 1\,d\varphi\right)\left(\int_0^{\pi}\sin\theta\,d\theta\right)\left(\int_0^a r^2\,dr\right) = 2\pi\cdot 2\cdot\frac{1}{3}a^3 = \frac{4}{3}a^3\pi.$$

高校までに学んだような**回転体**（平面図形を回転させたときにできる立体）の体積を求めたいときにも，空間の極座標変換 (20.6) が便利な場合がある．

**例 20.8**　図 20.7 のような半径 $a$，中心角 $\beta$ の扇形を $z$ 軸の周りに 1 回転させてできる回転体は空間の極座標変換により，$r\theta\varphi$ 空間の直方体領域 $[0,a]\times[0,\beta]\times[0,2\pi]$ に（ほとんど 1 対 1 に）対応するから，その体積は，例 20.7 の計算を眺めて以下のように求められる．

$$\left(\int_0^{2\pi} 1\,d\varphi\right)\left(\int_0^{\beta}\sin\theta\,d\theta\right)\left(\int_0^a r^2\,dr\right) = 2\pi\cdot(1-\cos\beta)\cdot\frac{1}{3}a^3 = \frac{2a^3\pi}{3}(1-\cos\beta).$$

## 20.3　体積

$xyz$ 空間内の立体 $V$ の求積は $\iiint_V 1\,dxdydz$ をどうにか計算することであるから，3 重積分の定番の応用である．変数変換によって既知の立体に変換して考えたり，式 (20.3) や式 (20.4) に持ち込んだりするのが常套である．うまくすると計算の手間をかけずに体積を求められる．

**例 20.9**　楕円面 $\dfrac{x^2}{a^2}+\dfrac{y^2}{b^2}+\dfrac{z^2}{c^2}=1$（$a,b,c>0$）（図 20.8）が囲む立体 $V$ の体積を求める．変数変換 $\begin{cases} x=au \\ y=bv \\ z=cw \end{cases}$ は $uvw$ 空間の球体 $B=\left\{(u,v,w)\in\mathbb{R}^3 \;\middle|\; u^2+v^2+w^2\leqq 1\right\}$ を $V$ に 1 対 1 に写す．この変換のヤコビアンは $\det\begin{bmatrix} a&0&0\\0&b&0\\0&0&c\end{bmatrix}=abc$ だから

$$(V\text{ の体積}) = \iiint_V 1\,dxdydz = \iiint_B 1\cdot abc\,dudvdw = abc\cdot(B\text{ の体積}) \underset{\text{例 20.7}}{=} \frac{4}{3}abc\pi.$$

**例 20.10** 曲線 $y=\dfrac{e^x+e^{-x}}{2}$（図 6.2）と $x$ 軸，および直線 $x=-1$, $x=1$ で囲まれた図形を $x$ 軸の周りに 1 回転させてできる回転体の体積は

$$\int_{-1}^{1}\left(\frac{e^x+e^{-x}}{2}\right)^2\pi\,dx=\frac{\pi}{2}\int_0^1\left(e^{2x}+2+e^{-2x}\right)dx=\frac{\pi}{2}\left[\frac{1}{2}e^{2x}+2x-\frac{1}{2}e^{-2x}\right]_0^1=\frac{\pi}{4}\left(e^2-e^{-2}+4\right).$$

次のような場合にも式 (20.2) が利用できる．

**例 20.11**（**Archimedes の相貫円柱**） 2 つの円柱 $\left\{(x,y,z)\in\mathbb{R}^3 \;\middle|\; x^2+z^2\leqq a^2\right\}$ と $\left\{(x,y,z)\in\mathbb{R}^3 \;\middle|\; y^2+z^2\leqq a^2\right\}$（$a>0$）の共通部分 $V$ の体積を求める（図 20.9）．$z$ 軸に垂直な平面 $z=z_0$ による $V$ の切断面は

$$\left\{(x,y)\;\middle|\; x^2\leqq a^2-z_0^2,\ y^2\leqq a^2-z_0^2\right\}$$
$$=\left\{(x,y)\;\middle|\; -\sqrt{a^2-z_0^2}\leqq x\leqq\sqrt{a^2-z_0^2},\ -\sqrt{a^2-z_0^2}\leqq y\leqq\sqrt{a^2-z_0^2}\right\}$$

が定める正方形であり，その面積は $4(a^2-z_0^2)$ に等しい．よって

$$(V\text{ の体積})=4\int_{-a}^{a}\left(a^2-z^2\right)dz=8\left[a^2z-\frac{1}{3}z^3\right]_{z=0}^{z=a}=\frac{16}{3}a^3.$$

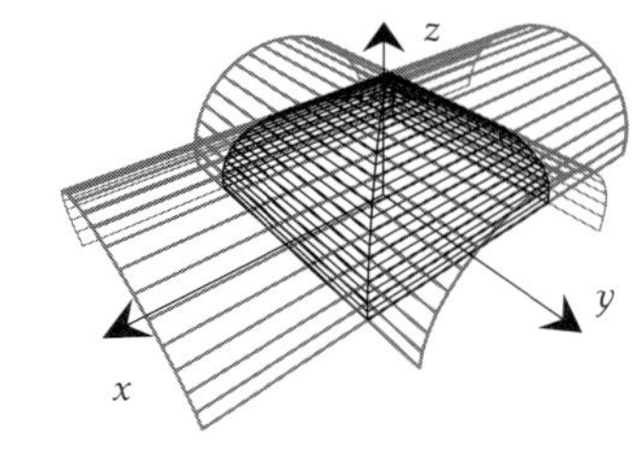

図 20.9 円柱の交わり

簡単な式で定められる立体の切断面は（例 20.11 のように）2 次式で表されることが多く，その場合は Simpson の公式（定理 15.1）が使える．例 20.9 の楕円体に使うと次のようになる．

**例 20.12** **楕円体** $V=\dfrac{x^2}{a^2}+\dfrac{y^2}{b^2}+\dfrac{z^2}{c^2}\leqq 1$（例 20.9）の $z$ 軸に垂直な切断面は楕円板 $\dfrac{x^2}{a^2}+\dfrac{y^2}{b^2}\leqq 1-\dfrac{z^2}{c^2}$ で，その面積は $D(z)=\pi ab\left(1-\dfrac{z^2}{c^2}\right)$ である（例 19.8）から，Simpson の公式より

$$(V\text{ の体積})=\frac{c-(-c)}{6}\left\{D(-c)+4D(0)+D(c)\right\}=\frac{c}{3}(0+4\pi ab+0)=\frac{4}{3}abc\pi.$$

**例題 20**

**⟨1⟩** 次の3重積分を計算せよ．

(a) $\int_0^1 \int_0^1 \int_0^1 (x+y-z)\,dx\,dy\,dz$

(b) $\iiint_V \sin(x+y+z)\,dxdydz$,

$$V = \left\{ (x,y,z) \in \mathbb{R}^3 \;\middle|\; \begin{array}{l} 0 \leqq x \leqq \frac{\pi}{2}, \\ 0 \leqq y \leqq \frac{\pi}{2}, \\ 0 \leqq z \leqq \frac{\pi}{2} \end{array} \right\}$$

(c) $\iiint_V \sqrt{1-y^2}\,dxdydz$,

$$V = \left\{ (x,y,z) \in \mathbb{R}^3 \;\middle|\; \begin{array}{c} y \leqq z \leqq 2y, \\ 0 \leqq y \leqq \sqrt{1-x^2}, \\ 0 \leqq x \leqq 1 \end{array} \right\}$$（図 20.10）

**⟨2⟩** 次の図形が囲む立体の体積 $V$ を求めよ（$a,\ b,\ c > 0$）．

(a) $\frac{x^2}{a^2} + \frac{y^2}{b^2} + \frac{z^4}{c^4} = 1$ iii)

(b) 球体 $x^2+y^2+z^2 \leqq a^2$ と円柱 $x^2+y^2=ax$

**⟨3⟩** 次の図形を $x$ 軸の周りに1回転させてできる立体の体積 $V$ を求めよ．

(a) 曲線 $y = \frac{\log x}{\sqrt{x}}$，$x$ 軸および直線 $x = e^2$ で囲まれた図形

(b) 2曲線 $y = x^4$，$x = y^4$ が囲む図形（図 20.11）

(c) 円板 $x^2 + (y-2)^2 \leqq 1$（図 20.12）

**⟨4⟩** 2つの球体

$$\left\{ (x,y,z) \in \mathbb{R}^3 \;\middle|\; x^2+y^2+\left(z-\frac{\sqrt{3}}{2}a\right)^2 \leqq a^2 \right\}$$ と

$$\left\{ (x,y,z) \in \mathbb{R}^3 \;\middle|\; x^2+y^2+\left(z+\frac{\sqrt{3}}{2}a\right)^2 \leqq a^2 \right\}$$ の共通部分 $L$

の体積を，**円柱座標** $(r,\theta,z)$ への座標変換

$$\begin{cases} x = r\cos\theta, \\ y = r\sin\theta, \\ z = z \end{cases} \left( \begin{array}{c} 0 \leqq r, \\ 0 \leqq \theta \leqq 2\pi \end{array} \right)$$ によって計算せよ（$a > 0$）．

**類題 20**

**⟨1⟩** 次の3重積分を計算せよ．$[a,b]\times[c,d]\times[p,q] = \{a \leqq x \leqq b,\ c \leqq y \leqq d,\ p \leqq x \leqq q\}$ である．

(a) $\iiint_V xyz\,dxdydz,\ V = [1,3]\times[2,4]\times[3,5]$

(b) $\iiint_V (x^2+y^2+z^2)\,dxdydz,\ V = [1,3]\times[2,4]\times[3,5]$

(c) $\iiint_V xy\cos 2z\,dxdydz,\ V = [0,1]\times[0,1]\times\left[0, \frac{\pi}{4}\right]$

**⟨2⟩** 次の3重積分を計算せよ．

(a) $\iiint_V 1\,dxdydz,\ V = \left\{ \begin{array}{c} 2x+3y+z \leqq 1, \\ x \geqq 0,\ y \geqq 0,\ z \geqq 0 \end{array} \right\}$

(b) $\iiint_V x\,dxdydz,\ V = \left\{ \begin{array}{c} x+y+z \leqq 1, \\ x \geqq 0,\ y \geqq 0,\ z \geqq 0 \end{array} \right\}$

(c) $\iiint_V xy\,dxdydz,\ V = \left\{ \begin{array}{c} x+y+z \leqq 1, \\ x \geqq 0,\ y \geqq 0,\ z \geqq 0 \end{array} \right\}$

(d) $\iiint_V |xyz|\,dxdydz,\ V = \left\{ \begin{array}{c} |x|+2y+z \leqq 1, \\ y \geqq 0,\ z \geqq 0 \end{array} \right\}$

(e) $\iiint_V y\,dxdydz,\ V = \left\{ \begin{array}{c} x^2+y^2+z^2 \leqq 1, \\ y \geqq 0,\ z \geqq 0 \end{array} \right\}$

(f) $\iiint_V xy\,dxdydz,\ V = \left\{ \begin{array}{c} x^2+y^2 \leqq 1-z, \\ x \geqq 0,\ y \geqq 0,\ z \geqq 0 \end{array} \right\}$

**⟨3⟩** **アストロイド**または**星芒形**（astroid）$x^{\frac{2}{3}} + y^{\frac{2}{3}} = a^{\frac{2}{3}}$ $(a>0)$（図 17.16）を $x$ 軸の周りに1回転してできる回転体の体積を求めよ．

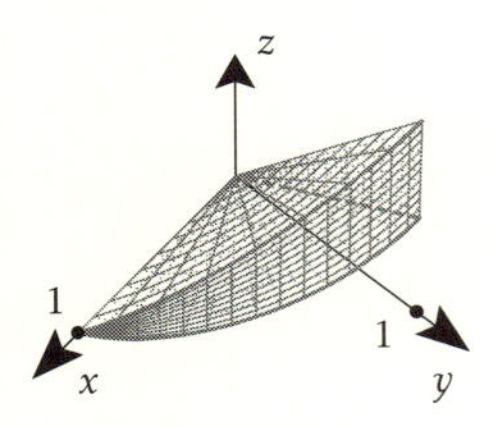


図 20.10

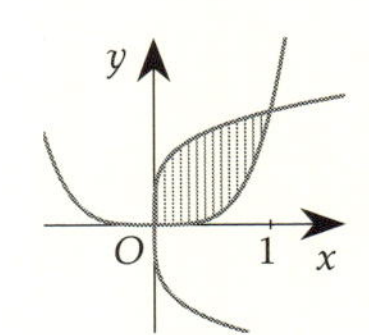


図 20.11　$y = x^4$ と $x = y^4$

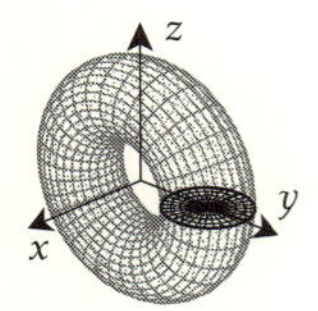


図 20.12　**ソリッドトーラス**（**円環体**）

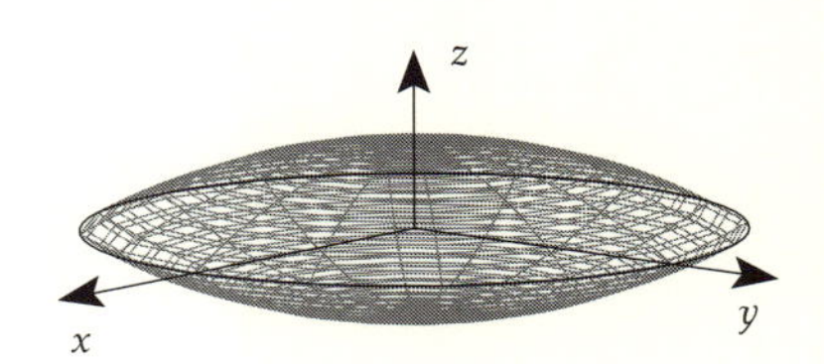


図 20.13　2球体の交わり

---

iii) 楕円板の面積の公式（例 19.8）は既知としてよい．

〈4〉 円柱 $x^2+y^2 \leqq a^2$ の $0 \leqq z \leqq y+a$ にある部分（図 20.14）の体積を求めよ．

〈5〉 底面積 $S$ で高さ $h$ の錐体 $V$ を，頂点を原点，底面を平面 $z=h$ 内として $xyz$ 空間におく．(図 20.2)．
(a) 高さ $z$ における $V$ の切り口の面積 $f(z)$ を求めよ．
(b) $V$ の体積が $\frac{1}{3}Sh$ に等しいことを示せ．

**発展 20**

〈1〉 2 つの曲面 $z=1-x^2-7y^2$ と $z=5x^2+5y^2-5$ によって囲まれた立体の体積を求めよ．

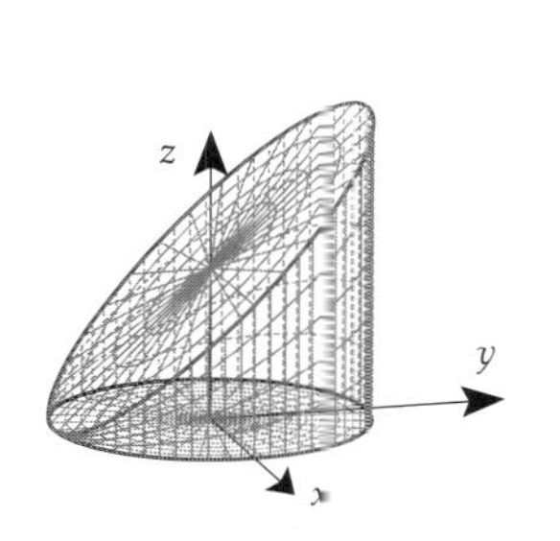

図 20.14　削ぎ竹

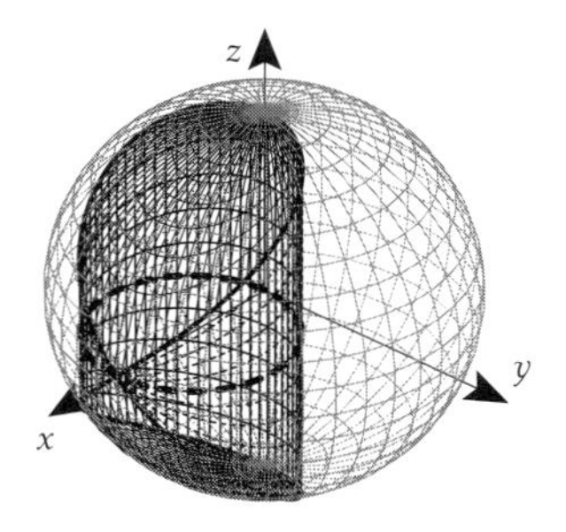

図 20.15　$x^2+y^2=ax$

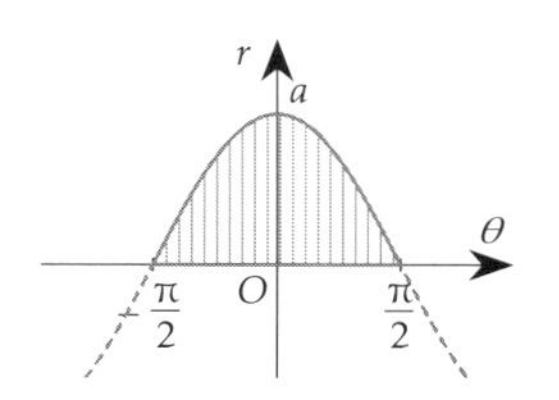

図 20.16　$r=a\cos\theta$



---

● **例題 20 解答**

〈1〉 (a) $\int_0^1\int_0^1\int_0^1 (x+y-z)\,dx\,dy\,dz$

$=\int_0^1\int_0^1\left[\frac{x^2}{2}+(y-z)x\right]_{x=0}^{x=1} dy\,dz$

$=\int_0^1\int_0^1\left(y-z+\frac{1}{2}\right)dy\,dz=\int_0^1\left[\frac{y^2}{2}-zy+\frac{y}{2}\right]_{y=0}^{y=1} dz$

$=\int_0^1(-z+1)\,dz=\left[-\frac{z^2}{2}+z\right]_{z=0}^{z=1}=\frac{1}{2}.$

(b) $\iiint_V \sin(x+y+z)\,dx\,dy\,dz$

$=\int_0^{\frac{\pi}{2}}\int_0^{\frac{\pi}{2}}\int_0^{\frac{\pi}{2}}\sin(x+y+z)\,dx\,dy\,dz$

$=\int_0^{\frac{\pi}{2}}\int_0^{\frac{\pi}{2}}[-\cos(x+y+z)]_{x=0}^{x=\frac{\pi}{2}}\,dy\,dz$

$=\int_0^{\frac{\pi}{2}}\int_0^{\frac{\pi}{2}}\left\{-\cos\left(\frac{\pi}{2}+y+z\right)+\cos(y+z)\right\}dy\,dz$

$\underset{\text{p. 37}}{=}\int_0^{\frac{\pi}{2}}[-\cos(y+z)+\sin(y+z)]_{y=0}^{y=\frac{\pi}{2}}\,dz$

$=\int_0^{\frac{\pi}{2}}\left\{-\cos\left(\frac{\pi}{2}+z\right)+\sin\left(\frac{\pi}{2}+z\right)+\cos z-\sin z\right\}dz$

$=[-\cos z+\sin z+\sin z+\cos z]_{z=0}^{z=\frac{\pi}{2}}=2.$

(c) $D=\left\{(x,y)\ \middle|\ \begin{array}{c}0\leqq y\leqq\sqrt{1-x^2},\\ 0\leqq x\leqq 1\end{array}\right\}$ とすると

$\iiint_V\sqrt{1-y^2}\,dxdydz=\iint_D\left\{\int_y^{2y}\sqrt{1-y^2}\,dz\right\}dydz$

$=\iint_D\sqrt{1-y^2}\left\{\int_y^{2y}1\,dz\right\}dydz=\iint_D y\sqrt{1-y^2}\,dydz$

$=\int_0^1\int_0^{\sqrt{1-x^2}}y\sqrt{1-y^2}\,dy\,dz$

$=\int_0^1\left[-\frac{1}{3}(1-y^2)^{\frac{3}{2}}\right]_{y=0}^{y=\sqrt{1-x^2}}dx=\frac{1}{3}\int_0^1(1-x^3)\,dx=\frac{1}{4}.$

〈2〉 (a) $z$ 軸に垂直な面による切り口は楕円板になり，その面積は例 19.8 より $ab\pi\left(1-\frac{z^4}{c^4}\right)$ に等しいから

$V=\int_{-c}^{c}ab\pi\left(1-\frac{z^4}{c^4}\right)dz=ab\pi\int_{-c}^{c}\left(1-\frac{z^4}{c^4}\right)dz$

$=ab\pi\left[z-\frac{z^5}{5c^4}\right]_{-c}^{c}=\frac{8abc\pi}{5}.$

(b) 上半球面 $z=\sqrt{a^2-x^2-y^2}$ と $xy$ 平面，および円柱 $x^2+y^2=ax$ で囲まれた部分の体積を 2 倍すればよい（図 20.15）．$D=\left\{(x,y)\ \middle|\ x^2+y^2\leqq ax\right\}$ とすると $V=2\iint_D\sqrt{a^2-x^2-y^2}\,dxdydz$ である．極座標変換によって $r\theta$ 平面内の領域 $\left\{(r,\theta)\ \middle|\ \begin{array}{c}0\leqq r\leqq a\cos\theta,\\ -\frac{\pi}{2}\leqq\theta\leqq\frac{\pi}{2}\end{array}\right\}$（図 20.16）が $D$ に対応するので

$V=2\int_{-\frac{\pi}{2}}^{\frac{\pi}{2}}\int_0^{a\cos\theta}\sqrt{a^2-r^2}\cdot r\,dr\,d\theta$

$=2\int_{-\frac{\pi}{2}}^{\frac{\pi}{2}}\left[-\frac{1}{3}\left(a^2-r^2\right)^{\frac{3}{2}}\right]_{r=0}^{r=a\cos\theta}d\theta$

$=-\frac{2}{3}\int_{-\frac{\pi}{2}}^{\frac{\pi}{2}}a^3\left\{\left(\sqrt{1-\cos^2\theta}\right)^3-1\right\}d\theta$

$\underset{\text{偶関数}}{=}-\frac{4a^3}{3}\int_0^{\frac{\pi}{2}}\left\{\left(\sqrt{1-\cos^2\theta}\right)^3-1\right\}d\theta$

$=-\frac{4a^3}{3}\int_0^{\frac{\pi}{2}}\left\{\sin\theta\left(1-\cos^2\theta\right)-1\right\}d\theta$

$=-\frac{4a^3}{3}\left[-\cos\theta+\frac{1}{3}\cos^3\theta-\theta\right]_0^{\frac{\pi}{2}}=\frac{2a^3}{9}(3\pi-4).$

〈3〉 (a) $V=\pi\int_1^{e^2}\left(\frac{\log x}{\sqrt{x}}\right)^2dx$ において，$t=\log x$ とおくと $dt=\frac{dx}{x}$ より $V=\pi\int_0^2 t^2\,dt=\frac{8}{3}\pi.$

(b) $x=(x^4)^4 \Leftrightarrow x(x^{15}-1)=0 \Leftrightarrow x=0,1$ より交点は点 $(0,0)$ および点 $(1,1)$ である（図 20.11）．

$V=\pi\int_0^1\left\{\left(\sqrt[4]{x}\right)^2-(x^4)^2\right\}dx=\pi\int_0^1\left\{x^{\frac{1}{2}}-x^8\right\}dx$

$= \pi\left[\frac{2}{3}x^{\frac{3}{2}} - \frac{1}{9}x^9\right]_0^1 = \frac{5}{9}\pi.$

(c) $y = 2 + \sqrt{1-x^2}$, $x = -1$, $x = 1$ および $x$ 軸が囲む部分の回転体の体積から

$y = 2 - \sqrt{1-x^2}$, $x = -1$, $x = 1$ および $x$ 軸が囲む部分の回転体の体積を引けばよいから

$V = \pi\int_{-1}^{1}\left(2+\sqrt{1-x^2}\right)^2 dx - \pi\int_{-1}^{1}\left(2-\sqrt{1-x^2}\right)^2 dx$

$= \pi\int_{-1}^{1}\left\{\left(2+\sqrt{1-x^2}\right)^2 - \left(2-\sqrt{1-x^2}\right)^2\right\} dx$

$= 8\pi\int_{-1}^{1}\sqrt{1-x^2}\,dx = 16\pi\int_0^1\sqrt{1-x^2}\,dx = 16\pi\cdot\frac{\pi}{4}$

$= 4\pi^2.$

【別解】[例題 22⟨5⟩] 参照.

**⟨4⟩** $L = \left\{(x,y,z)\in\mathbb{R}^3 \;\middle|\; x^2+y^2 \leqq \frac{a^2}{4},\ |z| \leqq \sqrt{a^2-x^2-y^2} - \frac{\sqrt{3}a}{2}\right\}$ である．円柱座標を用いると，$L$ は

$W = \left\{(r,\theta,z)\in\mathbb{R}^3 \;\middle|\; 0 \leqq r \leqq \frac{a}{2},\ 0 \leqq \theta \leqq 2\pi,\ |z| \leqq \sqrt{a^2-r^2} - \frac{\sqrt{3}a}{2}\right\}$

に写される．円柱座標への座標変換のヤコビアンは $r$ であり，

$\iiint_L dxdydz = \iiint_W r\,drd\theta dz$

$= 2\int_0^{2\pi}\left\{\int_0^{\frac{a}{2}}\left(\int_0^{\sqrt{a^2-r^2}-\frac{\sqrt{3}a}{2}} r\,dz\right)dr\right\}d\theta$

$= 4\pi\int_0^{\frac{a}{2}}\left(r\sqrt{a^2-r^2} - \frac{\sqrt{3}ar}{2}\right)dr$

$= 4\pi\left[-\frac{1}{3}(a^2-r^2)^{\frac{3}{2}} - \frac{\sqrt{3}}{4}ar^2\right]_0^{\frac{a}{2}} = \frac{16-9\sqrt{3}}{12}\pi a^3.$

**● 類題 20 解答**

**⟨1⟩** [iv] (a) 192　(b) 240　(c) $\frac{1}{8}$

**⟨2⟩** (a) $\frac{1}{36}$　(b) $\frac{1}{24}$　(c) $\frac{1}{120}$　(d) $\frac{1}{1440}$

(e) $\frac{1}{2}$（空間の極座標を用いよ.）

(f) $\frac{1}{24}$（円柱座標を用いよ.）

**⟨3⟩** $\frac{32\pi a^3}{105}$（円柱座標を用いよ.）

**⟨4⟩** $a^3\pi$（削いだ残りも同じく削ぎ竹.）

**⟨5⟩** (a) $f(z) = \frac{S}{h^2}z^2$　(b)（略）$\int_0^h f(z)\,dz$ を計算.

**● 発展 20 解答**

**⟨1⟩** $\int_{-1}^{1}\int_{-\sqrt{(1-x^2)/2}}^{\sqrt{(1-x^2)/2}}\int_{-5+5x^2+5y^2}^{1-x^2-7y^2} 1\,dz\,dy\,dx = \frac{3\pi}{\sqrt{2}}$

---

[iv] (a) と (c) では次を利用せよ：

$\iiint_V f(x)g(y)h(z)dx = \left(\int_a^b f(x)dx\right)\left(\int_c^d g(x)dy\right)\left(\int_p^q h(x)dz\right)$, $V = [a,b]\times[c,d]\times[p,q]$.

# 第21章

# 広義重積分

無限に広がる領域における重積分を扱うために，そのような積分領域を（例えば拡大する矩形の列や拡大する円板の列といった）有界集合の列の「極限」と捉えるのは自然だろう．この捉え方が多様であることが，1 変数のときにはなかった困難と面白さを引き起こす．

「広義重積分」の定義より先に，その有名な応用例を紹介しよう．

## 21.1 Gauss 積分

閉区間 $[a,b]$ と $[c,d]$ の直積 $K=[a,b]\times[c,d]$（矩形領域）で連続な $f(x,y)$ に対して，累次積分

$$\iint_K f(x,y)\,dxdy=\int_a^b\int_c^d f(x,y)\,dy\,dx \qquad (\text{式 (18.2)})$$

が成り立った．実は $b$ や $d$ が $\infty$ になることや $a$ や $c$ が $-\infty$ になることを許しても，$K$ 上 $\boldsymbol{f(x,y)>0}$ **ならば**（右辺が $+\infty$ となる場合も含めて）この式は成り立ち，変数変換なども可能である．

とりあえずこのことを利用して，1 変数の広義積分 $I=\int_0^\infty e^{-x^2}\,dx$（§16.2 の脚註 iv)）を計算しよう．

まず上の累次積分を逆方向に用いて（変数の文字は積分値に関係しないので）

$$I^2=\left(\int_0^\infty e^{-x^2}\,dx\right)\left(\int_0^\infty e^{-y^2}\,dy\right)=\int_0^\infty\int_0^\infty e^{-x^2}\cdot e^{-y^2}\,dx\,dy=\iint_D e^{-(x^2+y^2)}\,dxdy$$

を得る（註 18.7 と逆方向の式変形）．ただし

$$D=\left\{(x,y)\in\mathbb{R}^2 \,\middle|\, 0\leqq x,\ 0\leqq y\right\}=[0,\infty)\times[0,\infty) \qquad (\text{図 21.1})$$

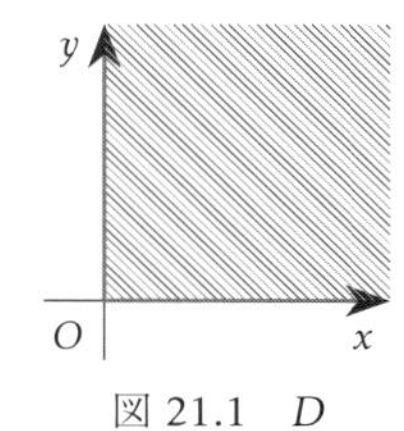

図 21.1　$D$

である．また極座標変換 $\begin{cases} x=r\cos\theta, \\ y=r\sin\theta \end{cases}$ により，$r\theta$ 平面内の集合

$$E=\left\{(r,\theta)\in\mathbb{R}^2 \,\middle|\, 0\leqq r,\ 0\leqq\theta\leqq\tfrac{\pi}{2}\right\}=[0,\infty)\times\left[0,\tfrac{\pi}{2}\right] \qquad (\text{図 21.2})$$

と $D$ が $xy$ 平面の原点以外において 1 対 1 に対応するので

$$\begin{aligned} I^2&=\iint_D e^{-(x^2+y^2)}\,dxdy=\iint_E e^{-r^2}\,r\,drd\theta=\int_0^{\frac{\pi}{2}}\int_0^\infty re^{-r^2}\,dr\,d\theta \\ &=\left(\int_0^{\frac{\pi}{2}}1\,d\theta\right)\left(\int_0^\infty re^{-r^2}\,dr\right)=\frac{\pi}{2}\lim_{R\to\infty}\left[-\frac{1}{2}e^{-r^2}\right]_0^R=\frac{\pi}{4}. \end{aligned}$$

$$\therefore\ I=\int_0^\infty e^{-x^2}\,dx=\frac{\sqrt{\pi}}{2} \tag{21.1}$$

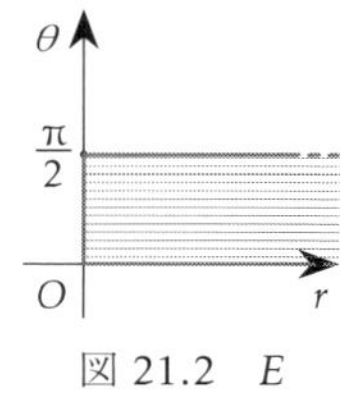

図 21.2　$E$

である．これは［発展 16⟨3⟩］の計算結果と一致している．

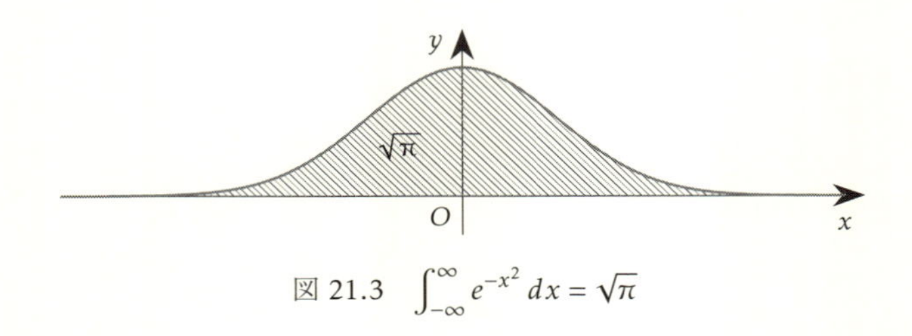


図 21.3　$\int_{-\infty}^{\infty} e^{-x^2}\,dx = \sqrt{\pi}$

**註 21.1**　関数 $e^{-x^2}$ は偶関数だから，式 (21.1) より **Gauss**（ガウス）**積分**の式

$$\int_{-\infty}^{\infty} e^{-x^2}\,dx = \sqrt{\pi} \tag{21.2}$$

を得る（図 21.3）．確率や統計の議論では必須の式である．

正確に言えば，上に現れたような無限に広がる（非有界な）積分領域 $D$ や $E$ における重積分の意味は今のところ定かではない．これを次節 §21.2 で考える．

## 21.2　広義重積分

平面上の必ずしも有界でない集合 $D$ 上の必ずしも有界でない $f(x,y)$ の重積分 $\iint_D f(x,y)\,dxdy$ を考えたい．このようなものを**広義重積分**とよぶ．まず（有界とは限らない）集合 $D$ が**面積確定**であるとは，原点を中心とする任意の半径の円板と $D$ の共通部分が面積確定であることと定める．

以下，$f(x,y) \geqq 0$ とする．面積確定な $D$ 内のすべての面積確定な有界閉領域 $K$ に対し $f(x,y)$ の $K$ 上の重積分の値がなす集合

$$\left\{ \iint_K f(x,y)\,dxdy \;\middle|\; K \text{ は } D \text{ 内の面積確定な有界閉領域} \right\} \tag{21.3}$$

が有界であるとき，$f(x,y)$ は $D$ 上**広義重積分可能**であるといい，(21.3) の上限を広義重積分 $\iint_D f(x,y)\,dxdy$ の値と定める [i]．

広義重積分可能であっても，この定義にしたがってその値を計算することは難しい．通常は $D$ を簡単な集合の列 $\{D_n\}$ の「極限」として表し，$D_n$ 上の重積分の値の極限を計算する．

**広義重積分の計算**

面積確定な集合 $D$ に含まれる面積確定な有界閉領域の無限列 $\{D_n\}$ であって

- $D_1 \subset D_2 \subset D_3 \subset \cdots \subset D$ であり
- $D$ の任意の面積確定有界閉領域はある $D_n$ に含まれる [ii]

ようなものを $D$ に**収束する増大列**とよび $\boldsymbol{D_n \to D}$ と表す．

$f(x,y)$ が $D$ 上 $\boldsymbol{f(x,y) \geqq 0}$ を満たすとき，$D$ に収束する任意の増大列 $\{D_n\}$ に対して

$$\iint_D f(x,y)\,dxdy = \lim_{n\to\infty} \iint_{D_n} f(x,y)\,dxdy$$

が成り立つ（右辺が $+\infty$ になる場合も含む）．

---

[i] $f(x,y) \geqq 0$ とは限らない場合は $f(x,y) \geqq 0$ の部分と $f(x,y) < 0$ の部分に分けて議論する [4, p. 368]．

[ii] この条件から $D$ の各点はある $D_n$ に含まれるから $\bigcup_{i=1}^{\infty} D_i = D$ である．したがって，感覚的な意味で「$n \to \infty$ のとき $D_n \to D$」である．

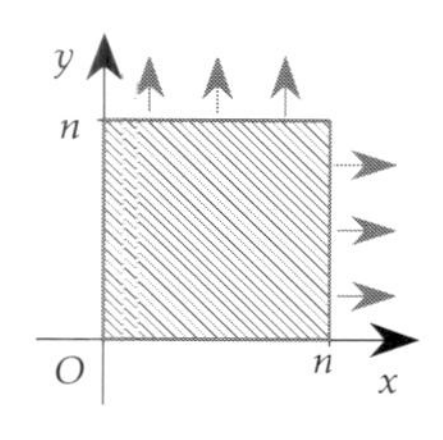


図 21.4 $D_n$（例 21.2）

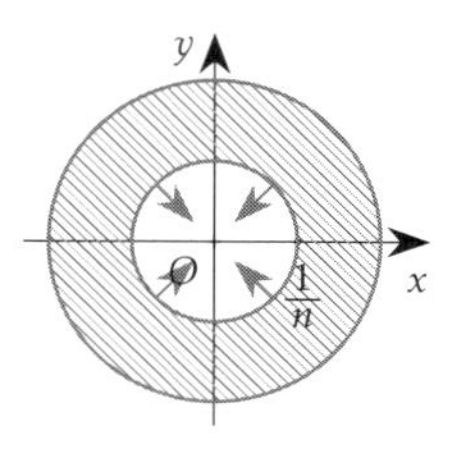


図 21.5 $D_n$（例 21.3）

つまり面積確定な $D$ 上で連続であり，$f(x,y) \geqq 0$ である関数 $f(x,y)$ の広義重積分は，$D$ に収束する増大列 $\{D_n\}$ を適当に選んで計算できる．そのような例をいくつか挙げる．

**例 21.2** $I = \iint_D \dfrac{1}{(x+y+1)^3}\,dxdy,\ D = \left\{(x,y) \in \mathbb{R}^2 \,\middle|\, x \geqq 0,\ y \geqq 0\right\}$ を考える（図 21.1）．積分領域 $D$ は有界でないので $I$ は広義重積分である．そこで，$xy$ 平面内の有界閉領域の列

$$D_n = \{(x,y) \mid 0 \leqq x \leqq n,\ 0 \leqq y \leqq n\} \qquad \text{（図 21.4）}$$

を考えると $D_n \to D$ である．このとき

$$\begin{aligned} I_n &= \iint_{D_n} \frac{1}{(x+y+1)^3}\,dxdy = \int_0^n \int_0^n \frac{1}{(x+y+1)^3}\,dx\,dy \\ &= \int_0^n \left[ -\frac{1}{2} \cdot \frac{1}{(x+y+1)^2} \right]_{x=0}^{x=n} dy = -\frac{1}{2} \int_0^n \left\{ \frac{1}{(y+n+1)^2} - \frac{1}{(y+1)^2} \right\} dy \\ &= -\frac{1}{2} \left[ -\frac{1}{y+n+1} + \frac{1}{y+1} \right]_{y=0}^{y=n} = -\frac{1}{2} \left\{ \left( -\frac{1}{2n+1} + \frac{1}{n+1} \right) - \left( -\frac{1}{n+1} + 1 \right) \right\} \end{aligned}$$

であり，$n \to \infty$ とすると $I_n \to \dfrac{1}{2}$ である．よって $I = \dfrac{1}{2}$ である [iii]．

**例 21.3** $\alpha < 1$ とし $I = \iint_D \dfrac{1}{(x^2+y^2)^\alpha}\,dxdy,\ D = \left\{(x,y) \in \mathbb{R}^2 \,\middle|\, x^2+y^2 \leqq 1\right\}$ を考える．被積分関数は原点で定義されないので $I$ は広義積分である．そこで，$xy$ 平面内の有界閉領域の列

$$D_n = \left\{(x,y) \in \mathbb{R}^2 \,\middle|\, \frac{1}{n^2} \leqq x^2+y^2 \leqq 1\right\} \qquad \text{（図 21.5）}$$

を考えると $D_n \to D$ である．極座標変換を利用して

$$\begin{aligned} I_n &= \iint_{D_n} \frac{1}{(x^2+y^2)^\alpha}\,dxdy = \int_0^{2\pi} \int_{\frac{1}{n}}^1 \frac{1}{(r^2)^\alpha} \cdot r\,dr\,d\theta = \left( \int_0^{2\pi} 1\,d\theta \right) \left( \int_{\frac{1}{n}}^1 r^{1-2\alpha}\,dr \right) \\ &= 2\pi \left[ \frac{1}{2-2\alpha} r^{2-2\alpha} \right]_{\frac{1}{n}}^1 = \frac{\pi}{1-\alpha} \left( 1 - \frac{1}{n^{2-2\alpha}} \right) \longrightarrow \frac{\pi}{1-\alpha}\ (n \to \infty) \qquad \therefore\ I = \frac{\pi}{1-\alpha}. \end{aligned}$$

**広義 3 重積分**を考えることもある．

[iii] [例題 21⟨1⟩(a)]，[類題 21⟨1⟩(a)] 参照．

**例 21.4**　$xyz$ 空間 $\mathbb{R}^3$ 全体を積分領域とする広義 3 重積分 $I = \iiint_{\mathbb{R}^3} \dfrac{1}{(1+x^2+y^2+z^2)^2}\,dxdydz$ を考える．$V_n = \left\{(x,y,z)\in\mathbb{R}^3 \,\middle|\, x^2+y^2+z^2 \leqq n^2\right\}$ とすると $V_n \to \mathbb{R}^3$ である．空間の極座標変換（式 (20.6)）

$$x = r\sin\theta\cos\varphi, \quad y = r\sin\theta\sin\varphi, \quad z = r\cos\theta$$

によって，$V_n$ と $r\theta\varphi$ 空間の中の直方体領域

$$W_n = \left\{(r,\theta,\varphi)\in\mathbb{R}^3 \,\middle|\, 0 \leqq r \leqq n,\ 0 \leqq \theta \leqq \pi,\ -\pi \leqq \varphi \leqq \pi\right\}$$

は $z$ 軸以外で 1 対 1 に対応するから

$$\begin{aligned}
I_n &= \iiint_{V_n} \frac{1}{(1+x^2+y^2+z^2)^2}\,dxdydz = \iiint_{W_n} \frac{1}{(1+r^2)^2}\cdot r^2\sin\theta\,dr\,d\theta\,d\varphi \\
&= \int_{-\pi}^{\pi}\int_0^{\pi}\int_0^{n} \frac{1}{(1+r^2)^2}\cdot r^2\sin\theta\,dr\,d\theta\,d\varphi = \int_{-\pi}^{\pi} 1\,d\varphi \cdot \int_0^{\pi}\sin\theta\,d\theta \cdot \int_0^{n}\frac{r^2}{(1+r^2)^2}\,dr \\
&= 2\pi\left[-\cos\theta\right]_0^{\pi}\cdot\int_0^n\left\{\frac{1}{1+r^2}-\frac{1}{(1+r^2)^2}\right\}dr \underset{\text{式 (12.3)}}{=} 4\pi\left[\arctan r - \frac{1}{2}\left(\arctan r + \frac{r}{1+r^2}\right)\right]_0^n \\
&= 2\pi\left(\arctan n - \frac{n}{1+n^2}\right) \longrightarrow \pi^2 \quad (n\to\infty). \qquad\qquad \therefore\ I = \pi^2.
\end{aligned}$$

## 21.3　ガンマ関数とベータ関数の関係

§16.2 でガンマ関数 $\Gamma(s)$（$s>0$）とベータ関数 $B(p,q)$（$p>0,\ q>0$）の定義を与えた．

$$\Gamma(s) = \int_0^{\infty} x^{s-1}e^{-x}\,dx, \qquad\qquad B(p,q) = \int_0^1 x^{p-1}(1-x)^{q-1}\,dx$$

である．また，任意の正の実数 $s$ に対して $\boldsymbol{\Gamma(s+1) = s\Gamma(s)}$ が成り立ち，$\boldsymbol{\Gamma(1) = 1}$ より正の整数 $n$ に対して $\Gamma(n) = (n-1)!$ が言えた（定理 16.8）．正の半整数 $n+\frac{1}{2}$ における値はどうなるだろうか．

**註 21.5**　§21.1 で扱った Gauss 積分 $\int_{-\infty}^{\infty} e^{-t^2}\,dt$ に，変数変換 $x = t^2$, $dt = \dfrac{1}{2\sqrt{x}}\,dx$ を施すと

$$\int_{-\infty}^{\infty} e^{-t^2}\,dt = 2\int_0^{\infty} e^{-t^2}\,dt = \int_0^{\infty}\frac{e^{-x}}{\sqrt{x}}\,dx = \int_0^{\infty} x^{\frac{1}{2}-1}e^{-x}\,dx = \Gamma\left(\frac{1}{2}\right)$$

となり，式 (21.2) により重要な値 $\Gamma\left(\frac{1}{2}\right) = \sqrt{\pi}$ が得られる．

あとは，$\Gamma(s+1) = s\Gamma(s)$ を繰り返し用いることにより

$$\boldsymbol{\Gamma\left(\frac{1}{2}\right) = \sqrt{\pi}}, \qquad \Gamma\left(\frac{3}{2}\right) = \frac{1}{2}\Gamma\left(\frac{1}{2}\right) = \frac{\sqrt{\pi}}{2}, \qquad \Gamma\left(\frac{5}{2}\right) = \frac{3}{2}\Gamma\left(\frac{3}{2}\right) = \frac{3\sqrt{\pi}}{4},$$

$$\Gamma\left(\frac{7}{2}\right) = \frac{5}{2}\Gamma\left(\frac{5}{2}\right) = \frac{15\sqrt{\pi}}{8}, \qquad \Gamma\left(\frac{9}{2}\right) = \frac{7}{2}\Gamma\left(\frac{7}{2}\right) = \frac{105\sqrt{\pi}}{16}, \qquad \cdots$$

という具合に半整数における値が計算できる．□

さて，ガンマ関数とベータ関数の上と異なる表示を与えておこう．まず，上で用いた置換 $x = t^2$ を $\Gamma(s)$ の定義式に適用すると（§16.2 の脚註 iv) 参照），$dx = 2t\,dt$ に注意して

$$\boldsymbol{\Gamma(s) = \int_0^{\infty} x^{s-1}e^{-x}\,dx \underset{(x=t^2)}{=} 2\int_0^{\infty} t^{2s-1}e^{-t^2}\,dt} \tag{21.4}$$

である．また，置換積分 $x=\cos^2\theta$ すなわち $dx=-2\cos\theta\sin\theta\,d\theta$ によって（註 16.10）

$$\boldsymbol{B(p,q)=\int_0^1 x^{p-1}(1-x)^{q-1}\,dx \underset{(x=\cos^2\theta)}{=} 2\int_0^{\frac{\pi}{2}}\cos^{2p-1}\theta\sin^{2q-1}\theta\,d\theta} \tag{21.5}$$

である．これらを利用して次を示すことができる．

**定理 21.6（ガンマ関数とベータ関数の関係）** $\boldsymbol{B(p,q)=\dfrac{\Gamma(p)\Gamma(q)}{\Gamma(p+q)}}$.

**証明**

$$\Gamma(p)\Gamma(q) \underset{\text{式 (21.4)}}{=} \left(2\int_0^\infty x^{2p-1}e^{-x^2}\,dx\right)\left(2\int_0^\infty y^{2q-1}e^{-y^2}\,dy\right)=4\int_0^\infty\int_0^\infty x^{2p-1}y^{2q-1}e^{-(x^2+y^2)}\,dx\,dy$$

$$\underset{\text{極座標変換}}{=} 4\int_0^{\frac{\pi}{2}}\int_0^\infty (r\cos\theta)^{2p-1}(r\sin\theta)^{2q-1}e^{-r^2}\cdot r\,dr\,d\theta \qquad (\text{§21.1 参照})$$

$$=4\int_0^{\frac{\pi}{2}}\int_0^\infty\left(r^{2(p+q)-1}e^{-r^2}\right)\left(\cos^{2p-1}\theta\sin^{2q-1}\theta\right)dr\,d\theta$$

$$=\underbrace{\left(2\int_0^\infty r^{2(p+q)-1}e^{-r^2}\,dr\right)}_{\Gamma(p+q)\text{（式 (21.4) より）}}\underbrace{\left(2\int_0^{\frac{\pi}{2}}\cos^{2p-1}\theta\sin^{2q-1}\theta\,d\theta\right)}_{B(p,q)\text{（式 (21.5) より）}}=\Gamma(p+q)B(p,q).$$ □

式 (21.5) と組み合わせれば

$$\int_0^{\frac{\pi}{2}}\cos^{2p-1}\theta\sin^{2q-1}\theta\,d\theta=\frac{1}{2}B(p,q)=\frac{\Gamma(p)\Gamma(q)}{2\Gamma(p+q)}$$

となるから（$a=2p-1$, $b=2q-1$ とし，$\theta$ を $x$ に換えれば），$a,b>-1$ に対して

$$\boldsymbol{\int_0^{\frac{\pi}{2}}\cos^a x\sin^b x\,dx=\frac{1}{2}B\left(\frac{a+1}{2},\frac{b+1}{2}\right)=\frac{\Gamma\left(\frac{a+1}{2}\right)\Gamma\left(\frac{b+1}{2}\right)}{2\Gamma\left(\frac{a+b+2}{2}\right)}}. \tag{21.6}$$

$a$, $b$ が非負整数のときには式 (21.6) の右辺に現れるガンマ関数の値は註 21.5 によって容易に計算できるから，以下のような定積分の計算に活用できる．

**例 21.7** $\displaystyle\int_0^{\frac{\pi}{2}}\cos^3 x\sin^5 x\,dx=\frac{1}{2}B(2,3)=\frac{\Gamma(2)\Gamma(3)}{2\Gamma(5)}=\frac{1!2!}{2\cdot 4!}=\frac{1}{24}$.

**例 21.8** $\displaystyle\int_0^{\frac{\pi}{2}}\cos x\sin^2 x\,dx=\frac{1}{2}B\left(1,\frac{3}{2}\right)=\frac{\Gamma(1)\Gamma\left(\frac{3}{2}\right)}{2\Gamma\left(\frac{5}{2}\right)}=\frac{1\cdot\frac{\sqrt{\pi}}{2}}{2\cdot\frac{3\sqrt{\pi}}{4}}=\frac{1}{3}$.

**例 21.9** $\displaystyle\int_0^{\frac{\pi}{2}}\cos^4 x\sin^3 x\,dx=\frac{1}{2}B\left(\frac{5}{2},2\right)=\frac{\Gamma\left(\frac{5}{2}\right)\Gamma(2)}{2\Gamma\left(\frac{9}{2}\right)}=\frac{\frac{3\sqrt{\pi}}{4}\cdot 1!}{2\cdot\frac{105\sqrt{\pi}}{16}}=\frac{2}{35}$.

**註 21.10** $y=\cos^a x\sin^b x$ のような関数は周期関数だから（図 21.6，図 21.7），（積分区間が $\left[0,\frac{\pi}{2}\right]$ に決め打ちの）定積分の公式 (21.6) は見掛け以上に使い途が広い．

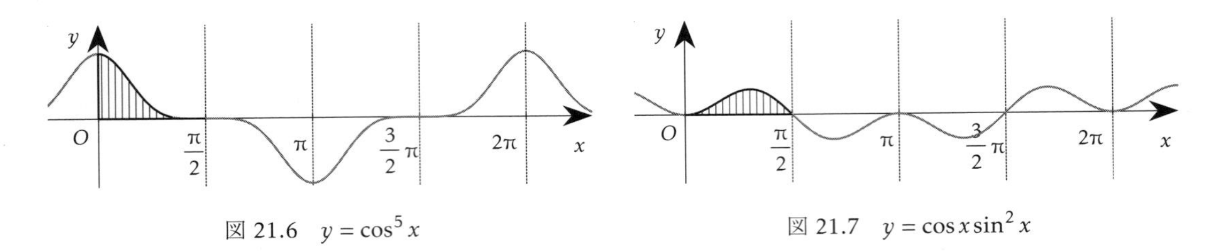


図 21.6　$y=\cos^5 x$　　図 21.7　$y=\cos x\sin^2 x$

**註 21.11**　式 (21.6) において $a=b=0$ とすると

$$\int_0^{\frac{\pi}{2}} 1\,dx=\frac{1}{2}B\left(\frac{1}{2},\frac{1}{2}\right)=\frac{\Gamma\left(\frac{1}{2}\right)\Gamma\left(\frac{1}{2}\right)}{2\Gamma(1)}=\frac{1}{2}\left\{\Gamma\left(\frac{1}{2}\right)\right\}^2=\frac{1}{2}\left(\int_{-\infty}^{\infty}e^{-x^2}\,dx\right)^2$$

となる．$\int_0^{\frac{\pi}{2}} 1\,dx=\frac{\pi}{2}$ であるから，定理 21.6 は Gauss 積分の計算（式 (21.2)）を含んでいる．

**註 21.12**　定理 21.6 の式は 2 項係数の式 (0.3)（の逆数）に形が似通っている．実際，非負の整数 $n$ と $k\ (\leqq n)$ に対して

$${}_nC_k=\binom{n}{k}=\frac{n!}{k!(n-k)!}=\frac{\Gamma(n+1)}{\Gamma(k+1)\Gamma(n-k+1)}=\frac{\frac{1}{n+1}\cdot\Gamma(n+2)}{\Gamma(k+1)\Gamma(n-k+1)}=\frac{1}{(n+1)B(k+1,n-k+1)}$$

となる．最後の式は $k+1>0,\ n-k+1>0$ なる（つまり $n\geqq k$ なる非負の）**実数** $n,k$ に対して意味を持つので，ベータ関数を用いて 2 項係数の一般化を与えることができる．

**例題 21**

〈1〉次の広義積分 $I$ は存在するか？存在するとき値を求めよ．$[a,b]\times[c,d]=\{a\leqq x\leqq b,\ c\leqq y\leqq d\}$ である．

(a) $\iint_D \frac{1}{(x+y+1)^4}\,dxdy,\ D=\left\{(x,y)\,\middle|\,0\leqq x,\ 0\leqq y\right\}$

(b) $\iint_D \frac{1}{(x+y+1)^2}\,dxdy,\ D=\left\{(x,y)\,\middle|\,0\leqq x,\ 0\leqq y\right\}$

(c) $\iint_D \frac{\sin\sqrt{x^2+y^2}}{\sqrt{x^2+y^2}}\,dxdy,\ D=\left\{(x,y)\,\middle|\,\pi\leqq\sqrt{x^2+y^2}\right\}$

(d) $\iint_D \frac{1}{\sqrt{1-x^2-y^2}}\,dxdy,\ D=\left\{(x,y)\,\middle|\,x^2+y^2\leqq 1\right\}$

(e) $\iint_D -\log(x^2+y^2)\,dxdy,\ D=\left\{(x,y)\,\middle|\,x^2+y^2\leqq 1\right\}$

(f) $\iint_D \frac{1}{x+y^2}\,dxdy,\ D=[0,1]\times[0,1]$

〈2〉広義積分 $\iint_D \frac{1}{x+y^2}\,dxdy$,
$D=\left\{(x,y)\,\middle|\,x^2+y^2\leqq 1,\ 0\leqq x,\ 0\leqq y\right\}$ が存在することを示せ．

〈3〉次の定積分の値を求めよ．

(a) $\int_0^{\frac{\pi}{2}}\cos^7\theta\sin^5\theta\,d\theta$　(b) $\int_0^{\frac{\pi}{2}}\cos^5\theta\sin^7\theta\,d\theta$

(c) $\int_0^{\frac{\pi}{2}}\cos^4\theta\sin^7\theta\,d\theta$　(d) $\int_0^{\frac{\pi}{2}}\cos^{11}\theta\,d\theta$

**類題 21**

〈1〉次の広義積分は存在するか？存在するとき値を求めよ．

(a) $\iint_D \frac{1}{(x+y+1)^a}\,dxdy$,
$D=\left\{(x,y)\,\middle|\,0\leqq x,\ 0\leqq y\right\}$ $(a>2)$ [iv]

(b) $\iint_D \frac{xy}{x+y}\,dxdy,\ D=[0,1]\times[0,1]$

(c) $\iint_D e^{\frac{y}{x}}\,dxdy,\ D=\left\{(x,y)\,\middle|\,0\leqq x\leqq 1,\ 0\leqq y\leqq x\right\}$

(d) $\iint_D e^{ax+by}\,dxdy$,
$D=\left\{(x,y)\,\middle|\,0\leqq x,\ 0\leqq y\right\}$ $(a<0,\ b<0)$

(e) $\iint_D 1\,dxdy,\ D=\left\{(x,y)\,\middle|\,x^2-1\leqq y^2\leqq x^2,\ 0\leqq x\right\}$

〈2〉次の定積分の値を求めよ．

(a) $\int_0^{\frac{\pi}{2}}\cos^9\theta\sin^7\theta\,d\theta$　(b) $\int_0^{\frac{\pi}{2}}\cos^7\theta\sin^9\theta\,d\theta$

(c) $\int_0^{\frac{\pi}{2}}\cos^4\theta\sin^5\theta\,d\theta$　(d) $\int_0^{\frac{\pi}{2}}\cos^9\theta\,d\theta$

**発展 21**

〈1〉ベータ関数 $B(p,q)$ $(p,\ q>0)$ について次を示せ．

(a) $B(p+1,q)=\frac{p}{p+q}B(p,q)$

(b) $B(p,q+1)=\frac{q}{p+q}B(p,q)$

〈2〉正の整数 $m,\ n$ に対するベータ関数の値 $B(m,n)$ について次に答えよ．

(a) $B(m,1)$ を求めよ．

(b) $n\geqq 2$ のとき $B(m,n)=\frac{n-1}{m}B(m+1,n-1)$ を示せ．

(c) $B(m,n)$ を求めよ [v]．

〈3〉以下の手順に従って Dirichlet（ディリクレ）積分 [vi] $\int_0^\infty \frac{\sin x}{x}\,dx$ を計算せよ．

(a) $0<x$ を定数とするとき $\int_0^\infty e^{-xy}\,dy=\frac{1}{x}$ を示せ．

(b) 積分順序の交換
$\int_0^\infty\left(\int_0^\infty e^{-xy}\sin x\,dy\right)dx=\int_0^\infty\left(\int_0^\infty e^{-xy}\sin x\,dx\right)dy$
を認めたうえで $\int_0^\infty \frac{\sin x}{x}\,dx$ の値を求めよ．

〈4〉広義積分 $I=\iint_D \frac{1}{1-x^2y^2}\,dxdy,\ D=[0,1]\times[0,1]$ とする．

(a) $\left\{0<x<1,\ 0<y<1\right\}$ に対し $x=\frac{\sin u}{\cos v}, y=\frac{\sin v}{\cos u}$ と座標変換することにより $I$ を計算せよ．

(b) $\iint_D\left(\sum_{k=0}^{\infty}x^2y^2\right)dxdy=\sum_{k=0}^{\infty}\left\{\iint_D\left(x^2y^2\right)^k dxdy\right\}$ を用い，累次積分により $I=\sum_{k=0}^{\infty}\frac{1}{(2k+1)^2}$ を示せ [vii]．

(c) $\sum_{k=1}^{\infty}\frac{1}{k^2}$ の値を求めよ．

---

**● 例題 21 解答**

〈1〉(a)（積分領域が非有界だから $I$ は広義積分．）
$D_n=\left\{(x,y)\,\middle|\,0\leqq x\leqq n,\ 0\leqq y\leqq n\right\}$ とすると $D_n\to D$.

$$\iint_{D_n}\frac{1}{(x+y+1)^4}\,dxdy=\int_0^n\int_0^n\frac{1}{(x+y+1)^4}\,dxdy$$
$$=-\frac{1}{3}\int_0^n\left[\frac{1}{(x+y+1)^3}\right]_{x=0}^{x=n}dy$$
$$=-\frac{1}{3}\int_0^n\left\{\frac{1}{(n+y+1)^3}-\frac{1}{(y+1)^3}\right\}dy$$
$$=\frac{1}{6}\left[\frac{1}{(n+y+1)^2}-\frac{1}{(y+1)^2}\right]_0^n$$
$$=\frac{1}{6}\left(1-\frac{2}{(n+1)^2}+\frac{1}{(2n+1)^2}\right)$$
$\to\frac{1}{6}\ (n\to\infty)$ より $I=\frac{1}{6}$.

iv) 例 21.2，[例題 21〈1〉(a)]，[例題 21〈1〉(b)] 参照．
v) 註 21.12 参照．
vi) [発展 16〈1〉] 参照．
vii) Maclaurin 展開 (0.9) を用いよ．

(b)（積分領域が非有界だから $I$ は広義積分.）
$D_n = \left\{(x,y) \,\middle|\, 0 \leqq x \leqq n,\ 0 \leqq y \leqq n\right\}$ とすると $D_n \to D$.
$\iint_{D_n} \frac{1}{(x+y+1)^2}\,dxdy = \int_0^n \int_0^n \frac{1}{(x+y+1)^2}\,dx\,dy$
$= -\int_0^n \left[\frac{1}{x+y+1}\right]_{x=0}^{x=n} dy = -\int_0^n \left\{\frac{1}{n+y+1} - \frac{1}{y+1}\right\} dy$
$= \left[\log\frac{y+1}{n+y+1}\right]_{y=0}^{y=n} = \log\frac{(n+1)^2}{2n+1} = \log\frac{n+1}{2-\frac{1}{n+1}} \to \infty\ (n \to \infty)$. よって $I$ は存在しない.
(c)（積分領域が非有界だから $I$ は広義積分.）
$D_n = \left\{(x,y) \,\middle|\, \pi \leqq \sqrt{x^2+y^2} \leqq n\pi\right\}$ とすると $D_n \to D$.
$\iint_{D_n} \frac{\sin\sqrt{x^2+y^2}}{\sqrt{x^2+y^2}}\,dxdy = \int_0^{2\pi}\int_\pi^{n\pi} \frac{\sin r}{r}\cdot r\,dr\,d\theta$
$= \int_0^{2\pi} 1\,d\theta \cdot [-\cos r]_{r=\pi}^{r=n\pi} = \begin{cases} 0 & (n：奇数), \\ -4\pi & (n：偶数) \end{cases}$
は $n \to \infty$ のとき収束しないので，$I$ は存在しない.
(d)（$x^2+y^2=1$ で被積分関数が非有界だから $I$ は広義積分.）$D_n = \left\{(x,y) \,\middle|\, \sqrt{x^2+y^2} \leqq 1-\frac{1}{n}\right\} \to D$.
$\iint_{D_n} \frac{1}{\sqrt{1-x^2-y^2}}\,dxdy = \int_0^{2\pi}\int_0^{1-\frac{1}{n}} \frac{1}{\sqrt{1-r^2}}\cdot r\,dr\,d\theta$
$= \int_0^{2\pi} 1\,d\theta \cdot \int_0^{1-\frac{1}{n}} \frac{r}{\sqrt{1-r^2}}\,dr$
$= 2\pi\left[-\sqrt{1-r^2}\right]_0^{1-\frac{1}{n}} \to 2\pi\ (n \to \infty)$ より $I = 2\pi$.
(e)（原点で被積分関数が非有界だから $I$ は広義積分.）
$D_n = \left\{(x,y) \,\middle|\, \frac{1}{n^2} \leqq x^2+y^2 \leqq 1\right\} \to D$.
$I_n = \iint_{D_n} -\log(x^2+y^2)\,dxdy$
$\underset{極座標変換}{=} \int_0^{2\pi}\int_{\frac{1}{n}}^1 -\log r^2 \cdot r\,dr\,d\theta$
$= -\int_0^{2\pi} 1\,d\theta \cdot \int_{\frac{1}{n}}^1 2r\log r\,dr$
$= -2\pi\left\{\left[r^2\log r\right]_{\frac{1}{n}}^1 - \int_{\frac{1}{n}}^1 r\,dr\right\} = -2\pi\left\{\left[r^2\log r - \frac{1}{2}r^2\right]_{\frac{1}{n}}^1\right\}$
$= -2\pi\left\{-\frac{1}{2} - \frac{1}{n^2}\log\frac{1}{n} + \frac{1}{2n^2}\right\} \to \pi \quad (n \to \infty)$.
(f)（原点で被積分関数が非有界だから $I$ は広義積分.）
$D_n = [0,1]\times\left[\frac{1}{n},1\right]$ とおくと $D_n \to D$ である.
$\iint_{D_n} \frac{1}{x+y^2}\,dxdy = \int_{\frac{1}{n}}^1 \left[\log\left(x+y^2\right)\right]_{x=0}^{x=1} dy$
$= \int_{\frac{1}{n}}^1 \log\frac{y^2+1}{y^2}\,dy$
$= \left[y\log\frac{y^2+1}{y^2}\right]_{\frac{1}{n}}^1 - \int_{\frac{1}{n}}^1 y\cdot\frac{y^2}{y^2+1}\cdot\left(-\frac{2}{y^3}\right)dy$
$= \left[y\log\frac{y^2+1}{y^2} + 2\arctan y\right]_{\frac{1}{n}}^1 \to \frac{\pi}{2} + \log 2\ (n \to \infty)$.
よって $I = \frac{\pi}{2} + \log 2$.

〈2〉 広義積分が存在するかどうかを論じる必要があるのは $(0,0)$ のみである．したがって $D' = [0,1]\times[0,1]$ としたとき，$\iint_D \frac{1}{x+y^2}\,dxdy$ の存在と $\iint_{D'} \frac{1}{x+y^2}\,dxdy$ の存在は同値である．正確には，次のように議論するとよい．$D$ は $D'$ 内の面積確定閉領域だから，重積分の定義（§21.2）より $\iint_{D'} f(x,y)\,dxdy$ が存在すれば $\iint_D f(x,y)\,dxdy$ は存在する（$f(x,y)$ によらない）．つまり [例題 21〈1〉(f)] より，この広義積分は存在する.

〈3〉 式 (21.6) を用いる.
(a) $\int_0^{\frac{\pi}{2}} \cos^7\theta\sin^5\theta\,d\theta = \frac{1}{2}B(4,3) = \frac{\Gamma(4)\Gamma(3)}{2\Gamma(7)}$
$= \frac{3!2!}{2\cdot 6!} = \frac{1}{120}$.
(b) $\int_0^{\frac{\pi}{2}} \cos^5\theta\sin^7\theta\,d\theta = \frac{1}{2}B(3,4) = \frac{\Gamma(3)\Gamma(4)}{2\Gamma(7)}$
$= \frac{2!3!}{2\cdot 6!} = \frac{1}{120}$.
(c) $\int_0^{\frac{\pi}{2}} \cos^4\theta\sin^7\theta\,d\theta = \frac{1}{2}B\left(\frac{5}{2},4\right) = \frac{\Gamma\left(\frac{5}{2}\right)\Gamma(4)}{2\Gamma\left(\frac{13}{2}\right)}$
$= \frac{\frac{3}{2}\cdot\frac{1}{2}\sqrt{\pi}\cdot 3!}{2\cdot\frac{11}{2}\cdot\frac{9}{2}\cdot\frac{7}{2}\cdot\frac{5}{2}\cdot\frac{3}{2}\cdot\frac{1}{2}\sqrt{\pi}} = \frac{16}{1155}$.
(d) $\int_0^{\frac{\pi}{2}} \cos^{11}\theta\,d\theta = \frac{1}{2}B\left(6,\frac{1}{2}\right) = \frac{\Gamma(6)\Gamma(\frac{1}{2})}{2\Gamma\left(\frac{13}{2}\right)}$
$= \frac{5!\cdot\sqrt{\pi}}{2\cdot\frac{11}{2}\cdot\frac{9}{2}\cdot\frac{7}{2}\cdot\frac{5}{2}\cdot\frac{3}{2}\cdot\frac{1}{2}\sqrt{\pi}} = \frac{256}{693}$.

**● 類題 21 解答**

〈1〉 (a) $\frac{1}{(1-a)(2-a)}$
(b) $-\frac{2}{3}\log 2 + \frac{2}{3}$（$\frac{xy}{x+y} = y - \frac{y^2}{x+y}$ と式変形して先に $x$ で積分せよ.）
(c) $\frac{e-1}{2}$　(d) $\frac{1}{ab}$
(e) 存在しない（図 21.8 参照．横線領域とみてまず $x$ で積分，例題 14〈3〉を利用せよ．あるいは $x = u+v,\ y = u-v$ と変数変換してもよい.）

〈2〉 (a) $\frac{1}{560}$　(b) $\frac{1}{560}$　(c) $\frac{8}{315}$　(d) $\frac{128}{315}$

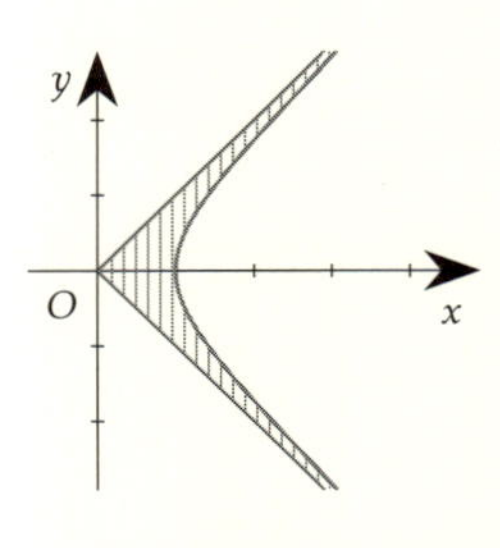


図 21.8

**● 発展 21 解答**

〈1〉（略）定理 21.3 と $\Gamma(s+1) = s\Gamma(s)$ による.

〈2〉 (a) $B(m,1) = \frac{1}{m}$　(b)（略）部分積分を行う.
(c) $B(m,n) = \frac{(m-1)!(n-1)!}{(m+n-1)!}$

〈3〉 (a)（略）　(b) $\int_0^\infty \frac{1}{x}\cdot\sin x\,dx$

$$\underset{(a)}{=} \int_0^\infty \left( \int_0^\infty e^{-xy}\, dy \right) \sin x\, dx = \int_0^\infty \left( \int_0^\infty e^{-xy} \sin x\, dy \right) dx$$
$$= \int_0^\infty \left( \int_0^\infty e^{-xy} \sin x\, dx \right) dy \underset{[例題 16\langle 2\rangle]}{=} \int_0^\infty \frac{1}{1+y^2}\, dy$$
$$= \Big[\arctan y\Big]_{y=0}^{y=\infty} = \frac{\pi}{2}.$$

**⟨4⟩** (a) ヤコビアンは $1 - \dfrac{\sin^2 u \sin^2 v}{\cos^2 u \cos^2 v} = 1 - x^2y^2$, $D$ は $E = \left\{ (u,v) \,\middle|\, 0 \leqq u,\ 0 \leqq v,\ u+v \leqq \frac{\pi}{2} \right\}$ に境界以外で 1 対 1 に写される．よって $I = \iint_E 1\, dudx = \frac{1}{2} \cdot \frac{\pi}{2} \cdot \frac{\pi}{2} = \frac{\pi^2}{8}$ [viii]．

(b) Maclaurin 展開 (0.9) より，$0 < xy < 1$ のとき

$$\frac{1}{1-x^2y^2} = 1 + (x^2y^2) + (x^2y^2)^2 + (x^2y^2)^3 + \cdots$$
$$= \sum_{k=0}^\infty (x^2y^2)^k.$$
$$\therefore\ I = \iint_D \frac{1}{1-x^2y^2}\, dxdy = \iint_D \left\{ \sum_{k=0}^\infty (x^2y^2)^k \right\} dxdy$$
$$= \sum_{k=0}^\infty \left\{ \iint_D (x^2y^2)^k\, dxdy \right\} = \sum_{k=0}^\infty \left\{ \int_0^1 x^{2k}\, dx \cdot \int_0^1 y^{2k}\, dy \right\}$$
$$= \sum_{k=0}^\infty \left\{ \frac{1}{2k+1} \cdot \frac{1}{2k+1} \right\} = \sum_{k=0}^\infty \frac{1}{(2k+1)^2}.$$

(c) $\displaystyle\sum_{k=1}^\infty \frac{1}{k^2} = \sum_{k=0}^\infty \frac{1}{(2k+1)^2} + \sum_{k=1}^\infty \frac{1}{(2k)^2} = \frac{\pi^2}{8} + \frac{1}{4}\sum_{k=1}^\infty \frac{1}{k^2}$ であるから $\displaystyle\sum_{k=1}^\infty \frac{1}{k^2} = \frac{4}{3} \cdot \frac{\pi^2}{8} = \frac{\pi^2}{6}$ [ix]．

---

viii) $u = \arccos\sqrt{\dfrac{1-x^2}{1-x^2y^2}}$, $v = \arccos\sqrt{\dfrac{1-y^2}{1-x^2y^2}}$ と書ける．

ix) $\displaystyle\sum_{k=1}^\infty \frac{1}{k^2} = \frac{\pi^2}{6}$ は **Euler（オイラー）級数**とよばれる．ここでの計算方法は F. Beukers, J. A. C. Kolk, E. Calabi: *Sums of generalized harmonic series and volumes*, Nieuw Archief voor Wiskunde (4) 11 (1993), pp. 217-224 による．

21 広義重積分

# 第 22 章

# 積分の応用 2

## 22.1　面積

定積分の計算によって $xy$ 平面内の図形 $D$ の面積を求める方法については，§17.2 でいくつか紹介した．また重積分によって $\iint_D 1\,dxdy$ を直接求めるのが効果的である場合について，§19.3 でいくつか扱った（例 19.7，例 19.8，例 19.9）．ここでは空間内の曲面の面積について考える．

### 22.1.1　グラフの曲面積

第 17 章で扱った曲線の長さの公式 (17.3) と類似の式を高い次元でも定式化できる．

**曲面の面積**

$xy$ 平面の領域 $D$ 上の $C^1$ 級関数 $f(x,y)$ が定める，$xyz$ 空間内の曲面 $S: z=f(x,y),\ (x,y)\in D$ の**曲面積**を次式で定める．

$$\iint_D \sqrt{1+\left\{f_x(x,y)\right\}^2+\left\{f_y(x,y)\right\}^2}\,dxdy. \tag{22.1}$$

**註 22.1**　$D$ を分割する各小矩形上の曲面積が平行四辺形の面積で近似できるとすると，式 (22.1) の意味は概ね分かる（正確な議論は複雑 [4, §97]）。実際，図 22.1 の平行四辺形の面積 $K$ は

$$\begin{cases} \text{内積}\,(\boldsymbol{a},\boldsymbol{b})=|\boldsymbol{a}||\boldsymbol{b}|\cos\theta, \\ K=|\boldsymbol{a}||\boldsymbol{b}||\sin\theta| \end{cases} \qquad \therefore K^2+(\boldsymbol{a},\boldsymbol{b})^2=|\boldsymbol{a}|^2|\boldsymbol{b}|^2 \qquad \therefore K=\sqrt{|\boldsymbol{a}|^2|\boldsymbol{b}|^2-(\boldsymbol{a},\boldsymbol{b})^2}$$

であり，$\begin{cases} \boldsymbol{a}=(\Delta x,0,f_x\Delta x)=(1,0,f_x)\Delta x \\ \boldsymbol{b}=(0,\Delta y,f_y\Delta y)=(0,1,f_y)\Delta y \end{cases}$ として次のように計算できるからである．

$$K=\sqrt{\left(1+{f_x}^2\right)\left(1+{f_y}^2\right)-\left(f_xf_y\right)^2}\,\Delta x\Delta y=\sqrt{1+{f_x}^2+{f_y}^2}\,\Delta x\Delta y.$$

**例 22.2**　放物面 $z=x^2+y^2$ の $z\leqq 1$ の部分 $S$ の曲面積を求めよう（図 22.2）．$S$ は $xy$ 平面内の円板 $D=\left\{(x,y)\in\mathbb{R}^2 \,\middle|\, x^2+y^2\leqq 1\right\}$ に（1 対 1 に）射影されるから

$$\begin{aligned}(S\text{ の曲面積}) &= \iint_D \sqrt{1+{z_x}^2+{z_y}^2}\,dxdy=\iint_D\sqrt{1+4x^2+4y^2}\,dxdy \\ &= \int_0^{2\pi}\int_0^1\sqrt{1+4r^2}\cdot r\,dr\,d\theta=2\pi\left[\frac{1}{12}\left(1+4r^2\right)^{\frac{3}{2}}\right]_0^1=\frac{5\sqrt{5}-1}{6}\pi.\end{aligned}$$

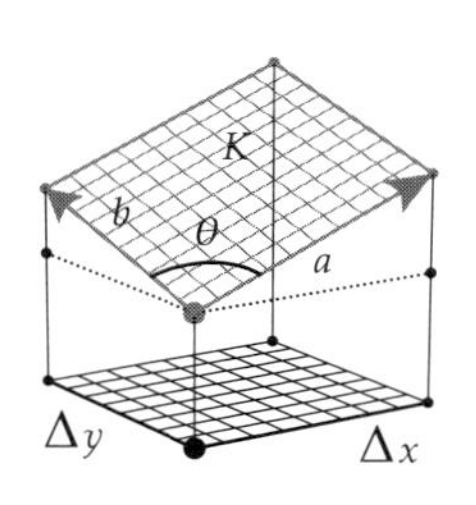

図 22.1　曲面積

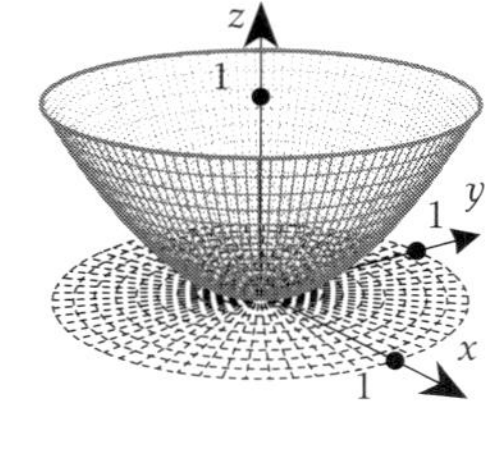

図 22.2　$z = x^2 + y^2$

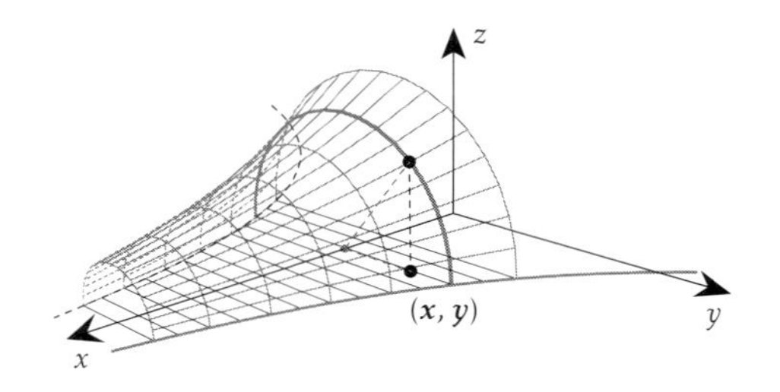

図 22.3　回転面の面積

### 22.1.2　回転面の面積（回転体の側面積）

$xy$ 平面の $C^1$ 級の曲線 $y = f(x) > 0$（$a \leqq x \leqq b$）を $x$ 軸の周りに 1 回転させてできる**回転面** $S$ を $xyz$ 空間内で考える．$S$ の $x$ 軸に垂直な切断面は半径 $f(x)$ の円周だから $S$ 上の点は $\left(x, y, \pm\sqrt{\{f(x)\}^2 - y^2}\right)$ と表せる．つまり $S$ の $z \geqq 0$ の部分は（図 22.3），曲面 $z = \sqrt{\{f(x)\}^2 - y^2}$ の領域 $D = \left\{(x, y) \,\middle|\, \begin{array}{c} -f(x) \leqq y \leqq f(x), \\ a \leqq x \leqq b \end{array}\right\}$ 上にある部分である．したがって式 (22.1) より

$$
\begin{aligned}
(S\text{ の面積}) &= 2\iint_D \sqrt{1 + (z_x)^2 + (z_y)^2}\, dxdy \\
&= 2\int_a^b \int_{-f(x)}^{f(x)} \sqrt{1 + \left\{\frac{f(x)f'(x)}{\sqrt{\{f(x)\}^2 - y^2}}\right\}^2 + \left\{\frac{-y}{\sqrt{\{f(x)\}^2 - y^2}}\right\}^2}\, dy\, dx \\
&= 2\int_a^b \int_{-f(x)}^{f(x)} \frac{f(x)\sqrt{1 + \{f'(x)\}^2}}{\sqrt{\{f(x)\}^2 - y^2}}\, dy\, dx = 2\int_a^b f(x)\sqrt{1 + \{f'(x)\}^2} \left\{2\int_0^{f(x)} \frac{1}{\sqrt{\{f(x)\}^2 - y^2}}\, dy\right\} dx \\
&\underset{\text{例 12.3}}{=} 4\int_a^b f(x)\sqrt{1 + \{f'(x)\}^2} \left[\arcsin\frac{y}{f(x)}\right]_{y=0}^{y=f(x)} dx = 4\int_a^b f(x)\sqrt{1 + \{f'(x)\}^2} \cdot \frac{\pi}{2}\, dx \\
&= 2\pi\int_a^b f(x)\sqrt{1 + \{f'(x)\}^2}\, dx.
\end{aligned}
$$

**回転面の面積**

$C^1$ 級曲線 $y = f(x) > 0$（$a \leqq x \leqq b$）を $x$ 軸の周りに 1 回転させてできる回転面 $S$ について

$$
(S\text{ の面積}) = 2\pi\int_a^b f(x)\sqrt{1 + \{f'(x)\}^2}\, dx.
$$

## 22.2　定積分と平均

東日本旅客鉄道（JR 東日本）の小海線（図 22.10）には小淵沢駅から小諸駅まで 31 の駅があり，中央本線に所属する小淵沢駅を除く 30 の駅における標高の平均は 844.2m[i] である．小海線全体の平均標高をより正確に求めたいときには [ii]，小淵沢駅（$a$）と小諸駅（$b$）の間に選んだ $n - 1$ の地点（例

---

[i] 諸説あり．

[ii] [6, §4.3 冒頭] 参照．

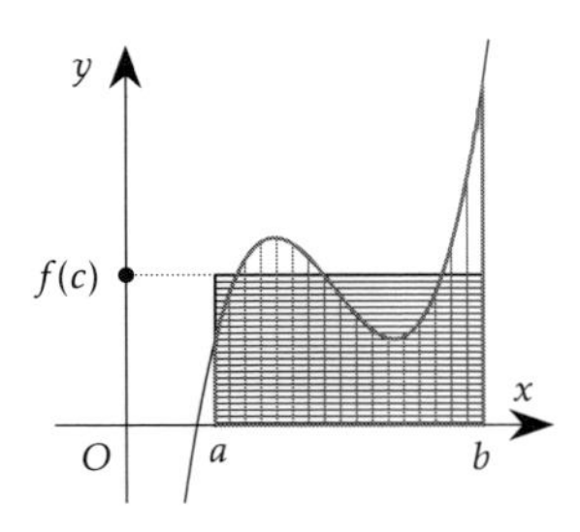


図22.4　関数の平均値

えば路線の長さを $n$ 等分する地点）$x_1, x_2, \ldots, x_{n-1}$ および $x_n = b$ の標高の平均を計算し，さらに $n$ を増やしていけばよい[iii]．つまり，地点 $x$ の標高を表す関数 $f(x)$ を用いて $\lim_{n\to\infty} \frac{1}{n}\sum_{k=1}^{n} f(x_k)$ を調べればよい．小海線の地図上の路線の長さを $L$ として[iv] この式を書き換えると

$$\lim_{n\to\infty} \frac{1}{n}\sum_{k=1}^{n} f(x_k) = \frac{1}{L}\lim_{n\to\infty} \frac{L}{n}\sum_{k=1}^{n} f(x_k) \underset{(15.4)}{=} \frac{1}{L}\int_a^b f(x)dx.$$

これを路線全体の平均標高とみなす．総和を個数で割ったもの（平均）の極限だからである．

定積分を長さで割ったものが関数の平均値である．閉区間 $[a,b]$ において連続な関数 $f(x)$ に対し

$$\frac{1}{b-a}\int_a^b f(x)\,dx$$

を $[a,b]$ における $f(x)$ の**平均値**という．この値は，底辺の長さが $(b-a)$ であり面積が $\int_a^b f(x)\,dx$ に等しい長方形の高さに等しく（図22.4），これが $[a,b]$ における $f(x)$ の最大値と最小値の間にあることは明らかである．よって〔中間値の〕定理0.2により次を得る．

**定理22.3**（**積分の平均値の定理**）　閉区間 $[a,b]$ 上連続な関数 $f(x)$ に対し

$$f(c) = \frac{1}{b-a}\int_a^b f(x)\,dx \left( = \frac{\int_a^b f(x)\,dx}{\int_a^b 1\,dx} \right) \tag{22.2}$$

を満たす $c$ が $a < c < b$ に存在する．

日常的には例えばある集団内に平均身長にピッタリ等しい身長のメンバーがいない場合もある（通常そうである）が，連続関数は平均値に等しい値を必ずとるということである．

多変数の連続関数についても，重積分の値を面積や体積で割ったものを関数の平均値とすれば，同様のことが示される．以下2重積分と3重積分について書くが，4変数以上でも同様である．

**定理22.4**（**重積分の平均値の定理**）

- 面積確定有界閉領域 $D$ 上連続な関数 $f(x,y)$ に対し

---

[iii] なお，路線上にとった約11000箇所の（国土地理院の地理院タイルによる）標高の平均は約966.6mとなった．各駅の標高の平均とのずれは標高の高い路線の南半分に駅数が少ないことに起因するのだろう．（このような原因究明によってではなく）極限操作によって「代表点」の選び方による偏りをなくすのが定積分の発想である．

[iv] この時点で小海線をあたかも数直線のようにみなしている．そうすると $L = b - a$ である．

$$f(a,b) = \frac{\iint_D f(x,y)\,dxdy}{\iint_D 1\,dxdy} \tag{22.3}$$

を満たす $(a,b)$ が $D$ の内部に存在する．右辺を $D$ における $f(x,y)$ の**平均値**という [v]．

- 体積確定有界閉領域 $V$ 上連続な関数 $f(x,y,z)$ に対し

$$f(a,b,c) = \frac{\iiint_V f(x,y,z)\,dxdydz}{\iiint_V 1\,dxdydz} \tag{22.4}$$

を満たす $(a,b,c)$ が $V$ の内部に存在する．右辺を $V$ における $f(x,y,z)$ の平均値という．

## 22.3　重心

§20.3 でみたように，式 (22.4) の右辺の分母に現れる $\iiint_V 1\,dxdydz$ は立体 $V$ の体積を表す．しかし，定数関数 1 で表される均質な**密度**（単位体積当たりの質量）を持つ現実の物体については，この式は質量を表すとも思える．密度 $\rho(x,y,z)$ が均質でない場合は $\iiint_V \rho(x,y,z)\,dxdydz$ が質量を表すだろう．このような場合を念頭に，〔積分の平均値の〕定理 22.3 を一般化する．

**定理 22.5**　$[a,b]$ において $f(x)$, $g(x)$ は連続で，$g(x) \geqq 0$ とする．このとき

$$f(c)\int_a^b g(x)\,dx = \int_a^b f(x)g(x)\,dx \tag{22.5}$$

となる $c$ が $(a,b)$ に存在する．

**証明**　$[a,b]$ において $f(x)$ の最大値を $U$，最小値を $L$ とすると，$g(x) \geqq 0$ より

$$Lg(x) \leqq f(x)g(x) \leqq Ug(x)$$

$$\therefore\ L\int_a^b g(x)\,dx \leqq \int_a^b f(x)g(x)\,dx \leqq U\int_a^b g(x)\,dx$$

である．もし $\int_a^b g(x)\,dx = 0$ ならば示すべきことがないので，$\int_a^b g(x)\,dx \neq 0$ とし

$$L \leqq \frac{\int_a^b f(x)g(x)\,dx}{\int_a^b g(x)\,dx} \leqq U$$

に〔中間値の〕定理 0.2 を使えばよい．　□

$f$ の値に「重み」$g$ を掛けて「足し合わせた」ものが，$f$ のある点での値と「全質量」の積と釣り合うというのが式 (22.5) である [vi]．上の証明は重積分でもうまくいく．

---

[v] 積分関数 $F(x) = \int_a^x f(t)\,dt$（註 15.6）を使って書けば，定理 22.3 の式は $f(c) = \frac{F(b)-F(a)}{b-a}$ である．区間 $[a,b]$ を 1 点 $c$ に縮めていくと右辺は $F'(c)$ に近づくので，それが $f(c)$ に等しいというのは〔微分積分学の基本〕定理 15.5 そのものである．定理 22.4 を「積分領域を 1 点に縮めていく（$D \to \{(a,b)\}$ など）と関数の平均値はその点における関数の値に近づく」という意味に捉えれば，定理 22.4 は微分積分学の基本定理の高次元化の一例とも思える．

[vi] **シーソー**（seesaw）の支点からの距離を表す関数を $f$ とすると，子供数人がシーソーの片側にバラバラに乗っている状況で，子らの総体重に等しい体重の大人 1 人が反対側にうまく（釣り合って）乗れることを保証している．

22
積分の応用 2

**定理 22.6**

- $f(x,y)$, $g(x,y)$ が面積確定有界閉領域 $D$ 上連続で $g(x,y) \geqq 0$ ならば,
$$f(a,b)\iint_D g(x,y)\,dxdy = \iint_D f(x,y)g(x,y)\,dxdy \tag{22.6}$$
を満たす $(a,b)$ が $D$ の内部に存在する.

- $f(x,y,z)$, $g(x,y,z)$ が体積確定有界閉領域 $V$ 上連続で $g(x,y,z) \geqq 0$ ならば,
$$f(a,b,c)\iiint_V g(x,y,z)\,dxdydz = \iiint_V f(x,y,z)g(x,y,z)\,dxdydz. \tag{22.7}$$
を満たす $(a,b,c)$ が $V$ の内部に存在する.

先に述べたように，$g$ が何らかの密度を表す場合がよく用いられる．例えば，必ずしも均質でない密度（単位面積当たりの質量）$\rho(x,y)$ $(>0)$ を持つ薄板が $xy$ 平面の有界閉領域 $D$ を占めているとする．式 (22.6) において $f(x,y)=x$，$g(x,y)=\rho(x,y)$ とすると $D$ 内のある点の $x$ 座標 $\bar{x}$ に対して

$$\bar{x}\iint_D \rho(x,y)\,dxdy = \iint_D x\rho(x,y)\,dxdy \qquad \therefore\ \iint_D (x-\bar{x})\rho(x,y)\,dxdy = 0$$

となる．$\rho(x,y)>0$ であるから，すなわち

$$\iint_{D\cap\{x\geqq\bar{x}\}}(x-\bar{x})\rho(x,y)\,dxdy = \iint_{D\cap\{x\leqq\bar{x}\}}(\bar{x}-x)\rho(x,y)\,dxdy.$$

この式は，$D$ の各点における密度に直線 $x=\bar{x}$ からの距離を掛け「足し合わせたもの」が，直線 $x=\bar{x}$ の両側で等しいこと，すなわち薄板 $D$ を直線 $x=\bar{x}$ で水平に支えられることを示している．

**定理 22.7**　平面図形が $xy$ 空間の有界閉領域 $D$ を占めていて，その密度が $\rho(x,y)$ $(>0)$ で表されるとき，$D$ の**質量** $M$ は $M=\iint_D \rho(x,y)\,dxdy$ で，$V$ の**重心**の座標 $(\bar{x},\bar{y})$ は次式で与えられる．

$$\bar{x} = \frac{\iint_D x\rho(x,y)\,dxdy}{M}, \qquad \bar{y} = \frac{\iint_D y\rho(x,y)\,dxdy}{M}.$$

**定理 22.8**　立体が $xyz$ 空間の有界閉領域 $V$ を占めていて，その密度が $\rho(x,y,z)$ で表されるとき，$V$ の**質量** $M$ は $M=\iiint_V \rho(x,y,z)\,dxdydz$ で，$V$ の**重心**の座標 $(\bar{x},\bar{y},\bar{z})$ は次式で与えられる．

$$\bar{x} = \frac{\iiint_V x\rho(x,y,z)\,dxdydz}{M}, \qquad \bar{y} = \frac{\iiint_V y\rho(x,y,z)\,dxdydz}{M}, \qquad \bar{y} = \frac{\iiint_V z\rho(x,y,z)\,dxdydz}{M}.$$

重心は一意的に定まるが，重心は積分領域に含まれるとは限らない（図 22.5）．数学で扱う平面図形を，均質な密度を持つ薄板とみなせば（$\rho=1$），重心を以下のように応用できる．

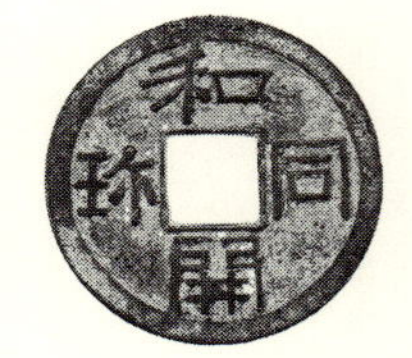

図 22.5　和同開珎 [vii)]

vii)「国立文化財機構所蔵品統合検索システム」(https://colbase.nich.go.jp/collection_items/tnm/E-8770) を加工して作成．

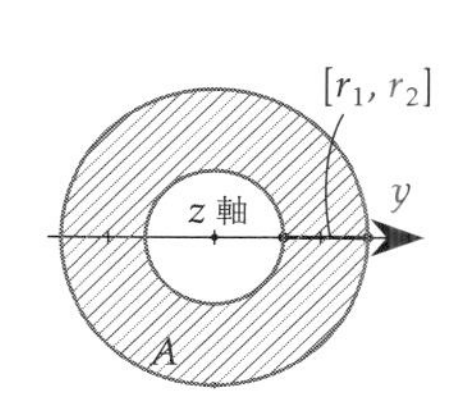


図 22.6 $A = r_2^2\pi - r_1^2\pi = 2\pi\int_{r_1}^{r_2} r\,dr$

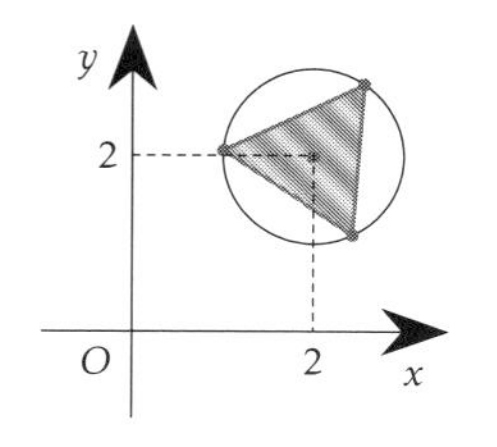


図 22.7 正三角形

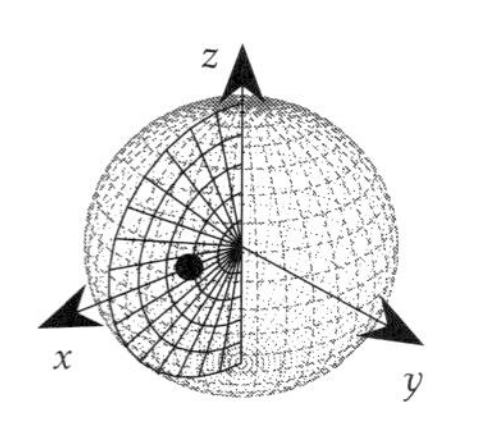


図 22.8 半円板の重心

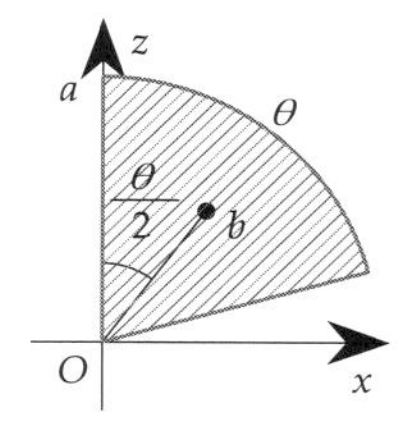


図 22.9 扇形の重心

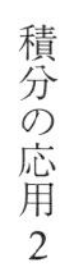


**定理 22.9**（**Pappus – Guldinus の定理**（パップス－ギュルダン））平面上に，図形 $D$ と $D$ と交わらない直線 $\ell$ を考える．$D$ の面積を $S$，$D$（が均質な密度を持つ薄板でできていると思ったとき）の重心と $\ell$ の距離を $R$，$D$ を $\ell$ を軸に一回転させてできる回転体を $V$ とするとき，次が成り立つ．

$$(V\text{ の体積}) = (D\text{ の面積 }S)\times(\text{重心の移動距離 }2\pi R) = 2\pi RS.$$

**証明** $D$ を $xyz$ 空間内の $yz$ 平面の $y>0$ の部分に配置する．$\ell$ を $z$ 軸にとりそれを軸に $D$ を 1 回転させる．$D$ の面積は $S = \iint_D 1\,dydz$，$D$ の重心の $y$ 座標は $R = \dfrac{\iint_D y\,dydz}{\iint_D 1\,dydz} = \dfrac{\iint_D y\,dydz}{S}$ である．

$D$ 内の点の $z$ 座標の最大値を $b$，最小値を $a$ とする．$D$ を直線 $z=(\text{一定})$ で切った切り口を $I(z)$ とすると，$I(z)$ はいくつかの閉区間の和集合になる．したがって $V$ を平面 $z=(\text{一定})$ で切った切り口は 2 つの同心円によって囲まれた領域（**アニュラス**）いくつかの和集合になり，その面積は $2\pi\int_{I(z)} y\,dy$ に等しい（図 22.6）．よって

$$(V\text{ の体積}) = \int_a^b 2\pi\int_{I(z)} y\,dy\,dz = 2\pi\int_a^b\left\{\int_{I(z)} y\,dy\right\}dz \underset{(20.2)}{=} 2\pi\iint_D y\,dydz = 2\pi RS. \qquad \square$$

**例 22.10** 円周 $(x-2)^2+(y-2)^2 \leqq 1$ に内接する正三角形（図 22.7）を $x$ 軸の周りに 1 回転させてできる回転体の体積 $V$ を求めよう．この正三角形の面積は $\frac{1}{2}\sin\frac{2}{3}\pi\cdot 3 = \frac{3\sqrt{3}}{2}$ であり，重心は $(2,2)$ にある．〔Pappus–Guldinus の〕定理 22.9 により $V = \frac{3\sqrt{3}}{2}\cdot 4\pi = 6\sqrt{3}\pi$ である．

立体の体積から重心の位置を知るために Pappus-Guldinus の定理を利用できる場合もある．

**例 22.11** （均質な密度を持つ）半円板の重心はどこにあるだろうか？ $xyz$ 空間内の半円板

$$D = \left\{(x,y,z)\ \middle|\ x^2+z^2 \leqq a^2,\ x \geqq 0,\ y=0\right\}$$

の重心の座標を $(R,0,0)$ とおく．$D$ の $z$ 軸まわりの回転体は半径 $a$ の球体だから，その体積について Pappus–Guldinus の定理より $\frac{4\pi a^3}{3} = \frac{\pi a^2}{2}\cdot 2\pi R$ が成り立つ．よって $R = \frac{4a}{3\pi}$ であり，重心は点 $\left(\frac{4a}{3\pi},0,0\right)$ にある（図 22.8）．

**例 22.12** 扇形の場合はどうなるだろうか？ 図 20.7 のような半径 $a$，中心角 $\theta$ の（均質な密度を持つ）扇形 $D$ を考える．$D$ の重心の座標は，原点からの距離を $b$ とすると $\left(b\sin\frac{\theta}{2},0,b\cos\frac{\theta}{2}\right)$ となる．$D$ の面積は $\frac{a^2\theta}{2}$ であり（式 (3.1)），$D$ の $z$ 軸まわりの回転体の体積は例 20.8 の計算により $\frac{2a^3\pi}{3}(1-\cos\theta)$ に等しいので，Pappus–Guldinus の定理により

$$\frac{2a^3\pi}{3}(1-\cos\theta) = \frac{a^2\theta}{2}\cdot 2\left(b\sin\frac{\theta}{2}\right)\pi \qquad \therefore\ b = \frac{2a(1-\cos\theta)}{3\theta\sin\frac{\theta}{2}} = \frac{2a\cdot 2\sin^2\frac{\theta}{2}}{3\theta\sin\frac{\theta}{2}} = \frac{4a}{3\theta}\sin\frac{\theta}{2}.$$

よって重心の座標は $\left(\frac{2a}{3\theta}(1-\cos\theta), 0, \frac{2a}{3\theta}\sin\theta\right)$ である（図 22.9）.

図 22.10　小海線には（架空にも実在にも）架線はない（非電化）[viii]

[viii] Photo by YT.

**例題 22**

**〈1〉** 曲線 $|x|^{\frac{5}{2}}+|y|^{\frac{5}{2}}=1$（図 22.11）[ix] が囲む図形の面積 $S$ をガンマ関数を用いて書き表せ．

**〈2〉** 曲面 $z=xy$ の $x^2+y^2 \leqq a^2$（$a>0$）を満たす部分の曲面積 $S$ を，式 (22.1) を利用して，求めよ．

**〈3〉** 球面 $x^2+y^2+z^2=a^2$（$a>0$）の表面積 $S$ を，式 (22.1) を利用して，求めよ．

**〈4〉** 上半球面 $x^2+y^2+z^2=4,\ z \geqq 0$ の $x^2+y^2 \leqq 2x$ を満たす部分の曲面積 $S$ を求めよ．

**〈5〉** 円板 $x^2+(y-a)^2 \leqq b^2$（$0<b<a$）を $x$ 軸周りに回転させてできる回転体（図 22.12）について
(a) 体積 $V$ を，〔Pappus–Guldinus の〕定理 22.9 によって，求めよ．　(b) 表面積 $S$ を求めよ．

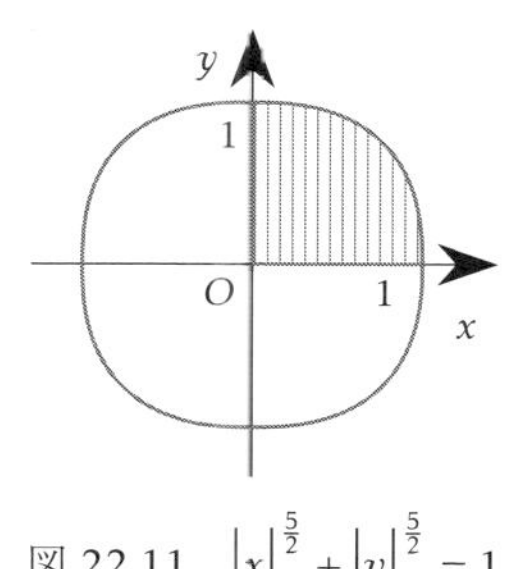

図 22.11　$|x|^{\frac{5}{2}}+|y|^{\frac{5}{2}}=1$

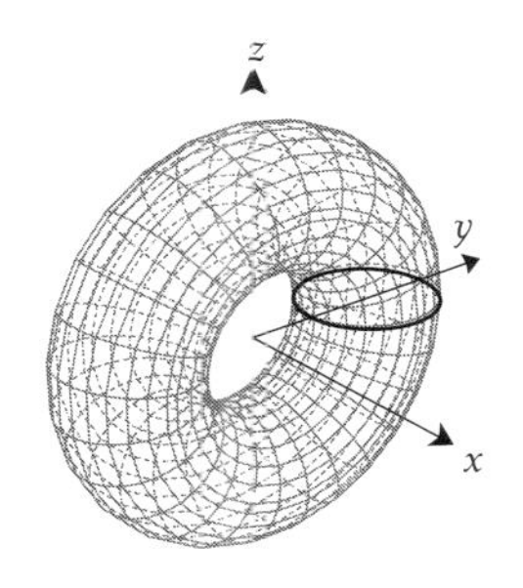

図 22.12　**トーラス**（**円環面**）

**〈6〉** 直線 $y=x$ と放物線 $y=x^2$ によって囲まれた領域 $D$ の重心の座標 $(\bar{x},\bar{y})$ を求めよ．

**〈7〉** 満タンの缶コーヒーの重心は缶の中心にあり，コーヒーが減り始めると重心の位置は下がっていく．しかし飲み干されたとき重心は（飲み口のことは考慮しなければ）再び缶の中心にあるはずだから，途中に重心が一番低くなるときがある．そのときの重心の位置とコーヒーの「水深」を求めよ．ただし，コーヒーの比重は 1g/cm$^3$，缶は底面積 20cm$^2$，高さ 10cm の円筒形で重さが 25g とし，缶の厚みは考慮しない [x]．

**類題 22**

**〈1〉** 曲線 $y=x^3$ の $0 \leqq x \leqq 1$ の部分を $x$ 軸のまわりに回転させてできる回転面の面積を求めよ．

**〈2〉** 曲線 $y=\sin x$，直線 $x=\dfrac{\pi}{2}$ および $x$ 軸とで囲まれた領域 $D$（図 0.25）の重心の座標 $(\bar{x},\bar{y})$ を求めよ．

**〈3〉** 楕円の上半分 $\dfrac{x^2}{a^2}+\dfrac{y^2}{b^2}=1,\ y \geqq 0$ と $x$ 軸が囲む領域 $D$ の重心を，〔Pappus–Guldinus の〕定理 22.9 によって，求めよ．

**〈4〉** (a) $f(x)=\cos x$ の $\left[0,\dfrac{\pi}{2}\right]$ における平均値を求めよ．
(b) $\displaystyle\int_0^{\frac{\pi}{2}}\left(\cos x-\frac{2}{\pi}\right)dx$ の値を求めよ．

**発展 22**

**〈1〉** 楕円 $\dfrac{x^2}{a^2}+y^2=1$（$a>1$）を $x$ 軸周りに回転させてできる回転面の面積を $S$ とする．
(a) $S=2\pi\displaystyle\int_{-a}^{a}\sqrt{1-\left(\frac{a^2-1}{a^4}\right)x^2}\,dx$ を示せ．
(b) $S$ を求めよ．

**〈2〉** [例題 22〈7〉] と同様のことを，コーヒーが円筒形とは限らない形状の容器に入っている場合に考える．重心が最も低くなるときの重心はそのときの水面（コーヒー面）と同じ高さにあることを示せ（底から高さ $x$ での容器の断面積を $S(x)$ とせよ）．

---

ix) $\dfrac{|x|^\alpha}{a^\alpha}+\dfrac{|y|^\alpha}{b^\alpha}=1$（$a,b>0$，$\alpha$ は有理数）が表す曲線を**スーパー楕円周**（super ellipse）または **Lamé**（ラメ）**曲線**（Lamé curve）とよぶ．建築や工業デザイン分野でも用いられる．楕円周やアストロイド（図 17.16）も含まれる．

x) Martin Gardner 著，赤攝也・赤冬子訳: マーチン・ガードナーの数学ゲーム II（別冊日経サイエンス）から．同書には微分や積分を使わない巧妙な解法が載っている．

**●例題 22 解答**

**⟨1⟩** $x \geqq 0$ かつ $y \geqq 0$ の部分の面積を求め 4 倍すればよい．$x \geqq 0$ かつ $y \geqq 0$ の部分では $y = \left(1 - x^{\frac{5}{2}}\right)^{\frac{2}{5}}$ と表せる．置換 $x = \sin^{\frac{4}{5}} t$ を考えると $\dfrac{dx}{dt} = \dfrac{4}{5}\sin^{-\frac{1}{5}} t \cos t$ より

$$S = 4\int_0^1 \left(1 - x^{\frac{5}{2}}\right)^{\frac{2}{5}} dx = 4\int_0^{\frac{\pi}{2}} \cos^{\frac{4}{5}} t \cdot \frac{4}{5}\sin^{-\frac{1}{5}} t \cos t\, dt$$
$$= \frac{16}{5}\int_0^{\frac{\pi}{2}} \sin^{-\frac{1}{5}} t \cos^{\frac{9}{5}} t\, dt = \frac{16}{5}\cdot\frac{1}{2}B\left(\frac{2}{5}, \frac{7}{5}\right)$$
$$= \frac{8\Gamma\left(\frac{2}{5}\right)\Gamma\left(\frac{7}{5}\right)}{5\Gamma\left(\frac{2}{5} + \frac{7}{5}\right)} = \frac{8\Gamma\left(\frac{2}{5}\right)\Gamma\left(\frac{7}{5}\right)}{5\Gamma\left(\frac{9}{5}\right)}$$
$$\underset{\text{定理 16.8}}{=} \frac{4\left\{\Gamma\left(\frac{2}{5}\right)\right\}^2}{5\Gamma\left(\frac{4}{5}\right)}$$ （表示は様々）.

**⟨2⟩** $D = \left\{(x, y) \,\middle|\, x^2 + y^2 \leqq a^2\right\}$ とする．曲面積 $S$（図 22.13）は，極座標変換を用いて

$$S = \iint_D \sqrt{1 + z_x^2 + z_y^2}\, dxdy = \iint_D \sqrt{1 + y^2 + x^2}\, dxdy$$
$$= \int_0^{2\pi}\int_0^a \sqrt{1 + r^2}\cdot r\, dr\, d\theta = \left\{\int_0^{2\pi} 1\, d\theta\right\}\left[\frac{1}{3}\left(1 + r^2\right)^{\frac{3}{2}}\right]_{r=0}^{r=a}$$
$$= 2\pi\cdot\frac{1}{3}\left\{\left(1 + a^2\right)^{\frac{3}{2}} - 1\right\} = \frac{2}{3}\pi\left\{\sqrt{\left(1 + a^2\right)^3} - 1\right\}.$$

**⟨3⟩** 〔陰関数〕定理 8.9 より

$$2x + 2z\frac{\partial z}{\partial x} = 0 \quad \therefore \frac{\partial z}{\partial x} = -\frac{x}{z},$$
$$2y + 2z\frac{\partial z}{\partial y} = 0 \quad \therefore \frac{\partial z}{\partial y} = -\frac{y}{z}.$$

よって，$xy$ 平面の円板 $x^2 + y^2 \leqq a^2$ を $D$ とすると，$x^2 + y^2 + z^2 = a^2$ の上半分の曲面積は

$$\frac{S}{2} = \iint_D \sqrt{1 + \left(-\frac{x}{z}\right)^2 + \left(-\frac{y}{z}\right)^2}\, dxdy$$
$$= \iint_D \sqrt{\frac{a^2}{a^2 - x^2 - y^2}}\, dxdy = a\iint_D \frac{1}{\sqrt{a^2 - x^2 - y^2}}\, dxdy$$
$$= a\int_0^{2\pi}\int_0^a \frac{1}{\sqrt{a^2 - r^2}}\cdot r\, dr\, d\theta$$
$$= 2a\pi\left[-\sqrt{a^2 - r^2}\right]_{r=0}^{r=a} = 2a^2\pi. \quad \therefore S = 4a^2\pi.$$

**⟨4⟩** 〔陰関数〕定理 8.9 より $z_x = -\dfrac{x}{z}$, $z_y = -\dfrac{y}{z}$ だから $D = \left\{x^2 + y^2 \leqq 2x\right\} = \left\{(x - 1)^2 + y^2 \leqq 1\right\}$ とすると（図 22.14）

$$S = \iint_D \sqrt{1 + z_x^2 + z_y^2}\, dxdy$$
$$= \iint_D \sqrt{1 + \left(-\frac{x}{z}\right)^2 + \left(-\frac{y}{z}\right)^2}\, dxdy$$
$$= 2\iint_D \left(4 - x^2 - y^2\right)^{-\frac{1}{2}}\, dxdy.$$

極座標変換 $\begin{cases} x = r\cos\theta \\ y = r\sin\theta \end{cases} \left(\begin{array}{c} r \geqq 0, \\ -\pi \leqq \theta \leqq \pi \end{array}\right)$ によって $r\theta$ 平面内の領域 $\left\{(r, \theta) \,\middle|\, \begin{array}{c} 0 \leqq r \leqq 2\cos\theta, \\ -\frac{\pi}{2} \leqq \theta \leqq \frac{\pi}{2} \end{array}\right\}$（図 20.16，$a = 2$）が $D$ に対応するので

$$S = 2\int_{-\frac{\pi}{2}}^{\frac{\pi}{2}}\int_0^{2\cos\theta} \left(4 - r^2\right)^{-\frac{1}{2}}\cdot r\, dr\, d\theta$$
$$= 2\int_{-\frac{\pi}{2}}^{\frac{\pi}{2}} \left[-\left(4 - r^2\right)^{\frac{1}{2}}\right]_{r=0}^{r=2\cos\theta} d\theta$$
$$= 2\int_{-\frac{\pi}{2}}^{\frac{\pi}{2}} \left\{-2\sqrt{1 - \cos^2\theta} + 2\right\} d\theta$$
$$\underset{\text{偶関数}}{=} -4\cdot 2\int_0^{\frac{\pi}{2}} \left\{\sqrt{1 - \cos^2\theta} - 1\right\} d\theta = -8\int_0^{\frac{\pi}{2}} (\sin\theta - 1)\, d\theta$$
$$= -8\left[-\cos\theta - \theta\right]_0^{\frac{\pi}{2}} = 4(\pi - 2).$$

**⟨5⟩** (a) 円板の重心は $(0, a)$ にあるので Pappus–Guldinus の定理より

$V$ = (円板の面積) × (重心の移動距離) = $b^2\pi \cdot 2a\pi$ = $2\pi^2 ab^2$ （[例題 20⟨3⟩(c)] と比較せよ）.

(b) $y = a + \sqrt{b^2 - x^2}$ を回転させてできる曲面（図 22.15）と $y = a - \sqrt{b^2 - x^2}$ を回転させてできる曲面（図 22.16）の曲面積 $S_+$, $S_-$ をそれぞれ，§22.1.2 の公式によって求め，足し合わせればよい．

$$S_+ = 2\pi\int_{-b}^{b} (a + \sqrt{b^2 - x^2})\sqrt{1 + \left(\frac{-x}{\sqrt{b^2 - x^2}}\right)^2}\, dx$$
$$= 2\pi\int_{-b}^{b} \frac{ab}{\sqrt{b^2 - x^2}}\, dx + 2\pi\int_{-b}^{b} b\, dx,$$
$$S_- = 2\pi\int_{-b}^{b} (a - \sqrt{b^2 - x^2})\sqrt{1 + \left(\frac{x}{\sqrt{b^2 - x^2}}\right)^2}\, dx$$
$$= 2\pi\int_{-b}^{b} \frac{ab}{\sqrt{b^2 - x^2}}\, dx - 2\pi\int_{-b}^{b} b\, dx$$
$$\therefore\ S = S_+ + S_- = 4\pi\int_{-b}^{b} \frac{ab}{\sqrt{b^2 - x^2}}\, dx = 4\pi^2 ab.$$

**⟨6⟩** 領域 $D$ の面積は $\int_0^1 \left(x - x^2\right) dx = \left[\frac{x^2}{2} - \frac{x^3}{3}\right]_0^1 = \frac{1}{6}$ だ

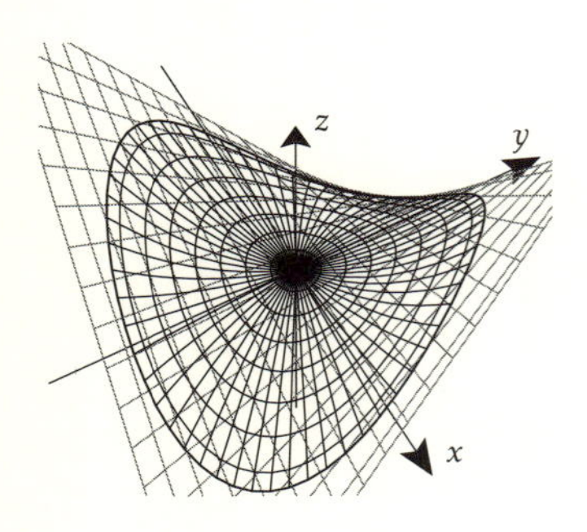


図 22.13　$z = xy$

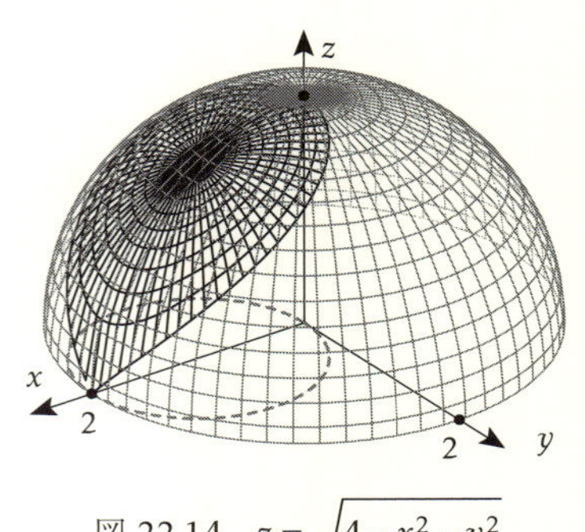


図 22.14　$z = \sqrt{4 - x^2 - y^2}$

から

$\bar{x} = 6\iint_D x\,dxdy = 6\int_0^1 x\left(\int_{x^2}^x 1\,dy\right)dx$
$= 6\int_0^1 x(x-x^2)\,dx = \frac{1}{2},$
$\bar{y} = 6\iint_D y\,dxdy = 6\int_0^1 \left(\int_{x^2}^x y\,dy\right)dx$
$= 6\int_0^1 \left(\frac{1}{2}x^2 - \frac{1}{2}x^4\right)dx = \frac{2}{5}.$

〈7〉 コーヒーの水深が $t$cm のとき全体の重心が缶の底から $G(t)$ の高さにあるとすると，缶の部分の重心が高さ 5cm にあることに注意して，

$$G(t) = \frac{\int_0^t 20x\,dx + 5\cdot 25}{\int_0^t 20\,dx + 25} = \frac{10t^2+125}{20t+25} = \frac{2t^2+25}{4t+5}$$

$$\therefore\ G'(t) = \frac{4(2t-5)(t+5)}{(4t+5)^2}$$

を得る．$t>0$ を考慮すれば $t = \frac{5}{2}$ のとき，$G'(t)=0$ となり，$G(t)$ は極小値 $G\left(\frac{5}{2}\right) = \frac{5}{2}$ をとる．つまり重心が最も低くなるときのコーヒーの深さ，およびそのときの重心の高さはともに $\frac{5}{2}$cm である．

**● 類題 22 解答**

〈1〉 $\frac{\pi}{27}\left(10\sqrt{10}-1\right)$

〈2〉 $\left(1, \frac{\pi}{8}\right)$

〈3〉 $\left(0, \frac{4|b|}{3\pi}\right)$

〈4〉 (a) $\frac{2}{\pi}$　(b) 0

**● 発展 22 解答**

〈1〉 (a) $y' = -\frac{x}{a^2y}$ を §22.1.2 の公式に代入．

(b) $\varepsilon = \sqrt{\frac{a^2-1}{a^2}}$ とする xi) とき $S = 2\pi + \frac{2a\pi}{\varepsilon}\arcsin\varepsilon$（$x = \frac{a}{\varepsilon}\sin\theta$ と置換するとよい．なお，$0<a<1$ のときは $S = 2\pi + \frac{a^2\arctan(\sqrt{1-a^2})}{\sqrt{1-a^2}}$ となる.）

〈2〉 （略）

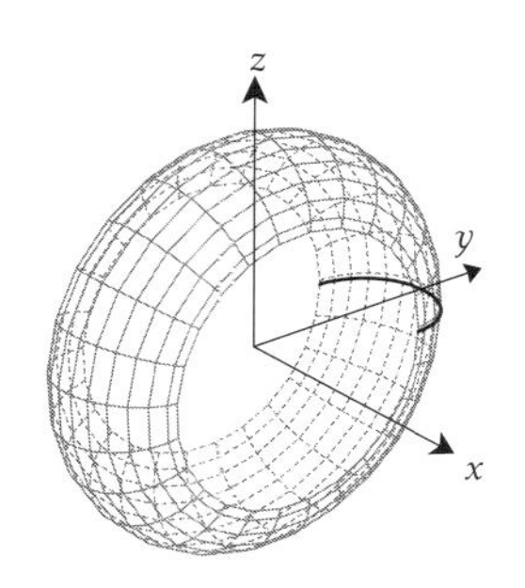

図 22.15　トーラスのせなか

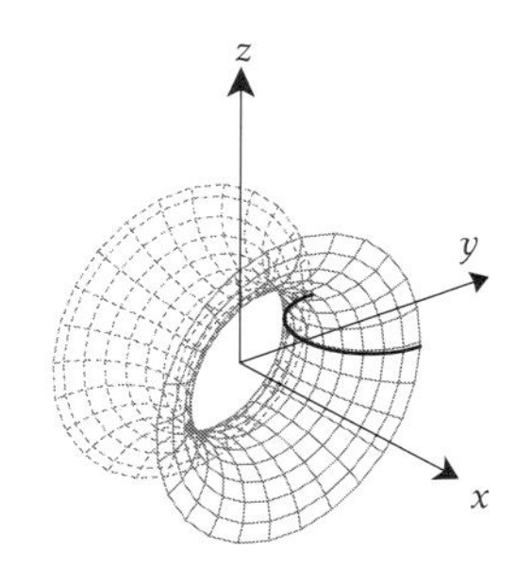

図 22.16　トーラスのおなか

xi) $\varepsilon = \sqrt{\frac{a^2-1}{a^2}}$ は楕円 $\frac{x^2}{a^2} + y^2 = 1$ の**離心率**である．

# 参考文献

[1] 清野和彦：全学体験ゼミナール「多変数関数の微分」東京大学講義資料.
[2] 小林昭七: 微分積分読本 1 変数, 裳華房.
[3] 小林昭七: 続 微分積分読本 多変数, 裳華房.
[4] 高木貞治: 定本 解析概論, 岩波書店.
[5] 一松信: 偏微分と極値問題, 現代数学社.
[6] 堀川穎二: 新しい解析入門コース, 日本評論社.

# 索　引

■ さ　行



■ た　行



■ な　行

■ は 行



■ ま 行



■ や 行



■ ら 行

Memorandum

〈著者紹介〉

**高瀬将道**（たかせ　まさみち）
2001 年　東京大学大学院数理科学研究科博士後期課程修了
現　在　成蹊大学理工学部 教授，博士（数理科学）
専　門　中次元トポロジー

**清水達郎**（しみず　たつろう）
2014 年　東京大学大学院数理科学研究科博士後期課程修了
現　在　慶應義塾大学総合政策学部 専任講師，博士（数理科学）
専　門　低次元トポロジー

微分・積分
*Rudimentary Calculus*

2025 年 4 月 10 日　初版 1 刷発行

検印廃止
NDC 413.3

ISBN 978–4–320–11584–2

著　者　高瀬将道・清水達郎　© 2025

発行者　南條光章

発行所　**共立出版株式会社**
〒112–0006
東京都文京区小日向 4–6–19
電話　03–3947–2511（代表）
振替口座　00110–2–57035
URL www.kyoritsu-pub.co.jp

印　刷　藤原印刷
製　本　協栄製本

一般社団法人
自然科学書協会
会員

Printed in Japan